普通高等教育规划教材

本书获东北大学“双一流”建设经费资助

智能控制理论与应用

李鸿儒　尤富强　主编

北　京
冶金工业出版社
2020

内容简介

本书从智能控制的起源开始，详细阐述了智能控制的基础、理论、方法和实用技术。全书共分9章，内容包括：绪论、专家系统、专家控制系统、模糊控制、神经网络控制、仿人智能控制、智能决策支持系统、现代优化方法在智能决策中的应用以及深度学习。本书理论联系实际，注重智能控制方法的实际应用，便于读者理解、掌握和实际应用。

本书可作为高等院校自动化、人工智能及其相关专业的教材，也可供有关科研人员以及工程技术人员学习和参考。

图书在版编目(CIP)数据

智能控制理论与应用/李鸿儒，尤富强主编. —北京：冶金工业出版社，2020. 12

普通高等教育规划教材

ISBN 978-7-5024-8514-6

Ⅰ. ①智…　Ⅱ. ①李…　②尤…　Ⅲ. ①智能控制—高等学校—教材　Ⅳ. ①TP273. 5

中国版本图书馆 CIP 数据核字（2020）第 264692 号

出 版 人　苏长永
地　　址　北京市东城区嵩祝院北巷 39 号　邮编　100009　电话　(010)64027926
网　　址　www. cnmip. com. cn　电子信箱　yjcbs@ cnmip. com. cn
责任编辑　王　颖　美术编辑　郑小利　版式设计　禹　蕊
责任校对　王永欣　责任印制　李玉山
ISBN 978-7-5024-8514-6
冶金工业出版社出版发行；各地新华书店经销；三河市双峰印刷装订有限公司印刷
2020 年 12 月第 1 版，2020 年 12 月第 1 次印刷
787mm×1092mm　1/16；19. 5 印张；472 千字；301 页
69. 90 元

冶金工业出版社　投稿电话　(010)64027932　投稿信箱　tougao@cnmip. com. cn
冶金工业出版社营销中心　电话　(010)64044283　传真　(010)64027893
冶金工业出版社天猫旗舰店　yjgycbs. tmall. com

前　言

控制理论经过了经典控制理论和现代控制理论两个具有里程碑意义的重要阶段，在科学理论和实际应用上都取得了辉煌的成就。智能控制起源于20世纪70年代，至今已有近50年的发展历史。到了20世纪80年代后期，很可能是得益于个人计算机的应用，以模糊推理、神经网络和专家系统为主要内容的传统智能控制取得了长足的发展，在一些非线性或难以建立对象解析模型的系统控制中发挥着重要作用。近年来，随着深度学习算法的兴起，人工智能又掀起了新一轮的热潮。

本书共分为9章。第1章介绍了控制理论的发展概况，分析了传统控制面临的问题和挑战，介绍了智能控制的相关基础，包括智能控制的定义、基本结构以及主要研究内容，并分析了智能控制和传统控制的关系。第2章介绍了专家系统的基本概念，简要地阐述了专家系统中知识的表示方法与获取途径；针对知识的不确定性分析了产生不确定性的原因，并介绍了不确定性推理的方法；针对知识库中知识的搜索问题，介绍了几种常用的搜索方法；最后，通过肺结核病诊断治疗专家系统介绍了专家系统在疾病诊断方面的应用。第3章介绍了专家控制系统的基本结构、基本原理，并介绍了直接专家控制系统和间接专家控制系统两种常用的专家控制系统；通过工业燃煤锅炉燃烧控制系统来说明专家控制系统的设计过程。第4章介绍了模糊控制，包括模糊控制的基本思想、数学基础、模糊控制原理以及应用实例。第5章介绍了神经网络控制，包括神经网络的基本概念、神经网络模型及神经网络控制系统。第6章介绍了仿人智能控制理论的基本概念、仿人智能控制系统的设计方法，以及几种常用的仿人智能控制器及应用实例。第7章介绍了面向管理决策者的计算机应用新技术——决策支持系统，以及将人工智能技术与其结合起来而形成的智能决策支持系统。第8章介绍了现代优化方法在智能决策中的应用，包括进化算法、粒子群算法、模拟退火算法和多目标优化的基本理论及其应用。第9章介绍了深度学习的一些主要知识，包括卷积神经网络、循环神经网络和递归神经网络，以及深度增强学习的相关内容。

本书第1章由李鸿儒编写；第2、7章由于丰编写；第3、6章由尤富强编写；第4、5章由赵露平编写；第8章由牛大鹏编写；第9章由杨英华编写。全书由李鸿儒和尤富强审定和统稿。东北大学信息学院的研究生王超在书稿的录入过程中做了大量工作，在此表示感谢。本书在编写过程中参考了有关文献，这些文献均列入本书的参考文献中，在此对文献作者表示诚挚的谢意。

由于作者水平所限，书中难免有不妥之处，恳请读者批评指正。

作　者
2020 年 10 月
于东北大学

目　　录

第1章　绪　　论

本章首先对控制理论的发展概况予以简要的回顾，分析了传统控制面临的问题和挑战。介绍了智能控制的相关基础，包括智能控制的定义，基本结构以及主要研究内容，并分析了智能控制和传统控制的关系，最后介绍了本书的内容安排。

1.1　自动控制的起源

自动控制理论作为一门科学，它的产生可追溯到18世纪中叶英国的第一次技术革命。1765年，瓦特（Jams Watt）发明了蒸汽机，进而应用离心式飞锤调速器原理控制蒸汽机，标志着人类以蒸汽为动力的机械化时代的开始。后来，J. K. Maxwell以离心式飞锤调速器为对象，对其进行稳定性分析，揭开了关于控制系统分析和反馈原理等基础研究的序幕。1892年，俄国数学家Lyapunov“运动稳定性的一般问题”的博士论文发表，建立了从概念到方法的关于系统稳定性理论的完整体系。但直到第二次世界大战后，由于非线性系统大范围稳定性研究的推动，才使得Lyapunov稳定性理论得到了应用和发展。

随着通信及信息处理技术的迅速发展，电气工程师发展了以实验为基础的频率响应分析法，1932年，美国贝尔实验室工程师奈奎斯特（H. Nyquist）发表了反馈放大器稳定性的著名论文，给出了系统稳定性的奈奎斯特判据。后来，苏联学者米哈依洛夫又把奈奎斯特判据推广到条件稳定和开环不稳定系统的一般情况。

在第二次世界大战期间，由于军事上的需要，雷达及火力控制系统有了较大发展，频率法被推广到离散系统、随机过程和非线性系统中。美国著名的控制论创始人维纳（N. Wiener）系统地总结了前人的成果，1948年，发表了有名的著作《控制论——关于在动物和机器中控制和通信的科学》，书中论述了控制理论的一般方法，推广了反馈的概念，为控制理论这门学科的产生奠定了基础。

维纳在创立控制论的初期，参加了火炮自动控制系统的研究工作，通过将火炮自动瞄准飞机与狩猎行为作类比，发现了反馈的重要概念。维纳等人认为：目的性行为可以用反馈来代替，从而突破了生命体控制与非生命体（机器）控制的界限，把目的性行为这个生物所特有的概念赋予机器，这就为创立控制论奠定了重要基础。

自动控制技术从模仿人的控制行为开始，以反馈理论为基础的自动调节原理起源于对人的手动控制的模仿。事实上，控制论从一开始就借鉴了生物界中的某些行为特性，具有“仿人”的特点。我们以电机转速控制为例，说明最早的经典控制与手动控制的区别。图1-1(a)是在人直接参与下维持电动机转速不变的例子。人通过肉眼观察与电动机同轴的转速表，看电动机转速是否符合期望的转速值，如果扰动使转速偏离了期望值，人根据偏差做出判断并及时向正确的方向调节电位器，使电动机转速恢复（或接近）期望值。上述过程，由于人的参与，克服了扰动产生的偏差。在此过程中，人起了主导作用，完成了：（1）观测转速；（2）将电动机转速期望值与实际值进行比较；（3）根据偏差执行正确的调节，使转速恢复到期望值3项工作。也就是说，由于人起了“观测、比较、执行”的作用，从而使这一问题得到了解决。因此，只要设计的控制装置能代替人自动地完成上述3项工作，就可实现自动控制。

图1-1（b）是按照控制论的观点建立的自动调速系统，我们发现，与手动控制不同的是，机器代替人完成了“观测、比较、执行”的任务。通过将经典控制与手动控制进行比较，可以说明以反馈理论为基础的自动调节原理就是对手动控制系统的模仿。

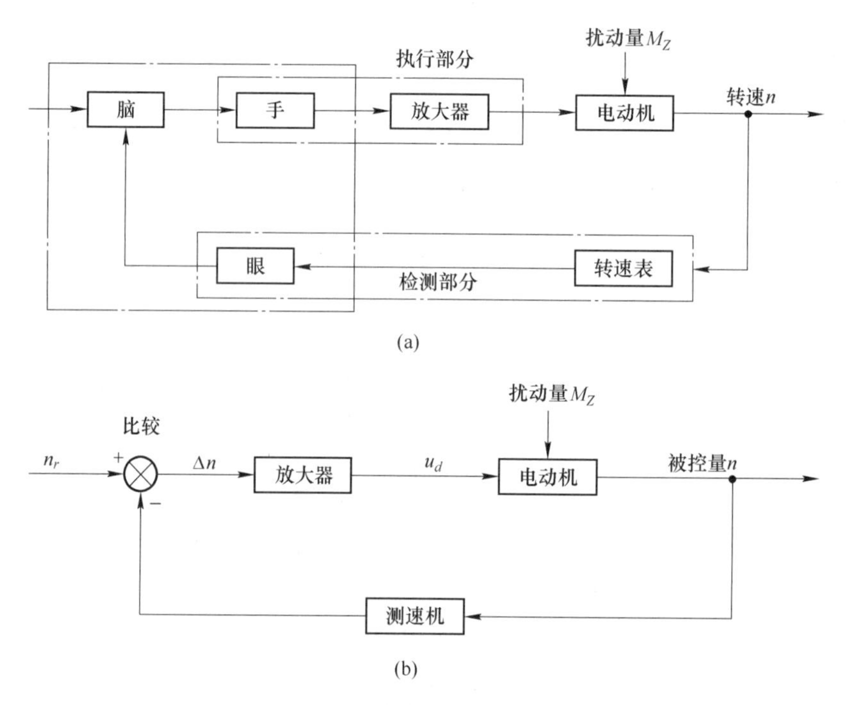

图1-1　手动控制与经典控制

随着生产的发展，控制技术也在不断地发展，尤其是计算机的更新换代，更加推动了控制理论不断地向前发展。控制理论的发展过程一般可分为以下三个阶段。

第一阶段　时间为20世纪40~60年代，称为“经典控制理论”时期。经典控制理论主要是解决单输入单输出问题。主要采用传递函数、频率特性、根轨迹为基础的频域分析方法。所研究的系统多半是线性定常系统，对非线性系统，分析时采用的相平面法一般也不超过两个变量，经典控制理论能较好地解决生产过程中的单输入单输出问题。

这一时期的主要代表人物有伯德（H. W. Bode）和伊文思（W. R. Evans）。伯德于1945年提出了简便而实用的伯德图法。伊文思于1948年提出了直观而又形象的根轨迹法。他们的贡献奠定了经典控制设计理论的基础。

第二阶段　时间为20世纪60~70年代，称为“现代控制理论”时期。这个时期，由于计算机的飞速发展，推动了空间技术的发展。经典控制理论中的高阶常微分方程可转化为一阶微分方程组，用以描述系统的动态过程，即所谓的状态空间法。这种方法可以解决多输入多输出问题，系统可以是线性的、定常的，也可以是非线性的、时变的。

这一时期的主要代表人物有庞特里亚金（Л. С. ПОНУРЯИН）、贝尔曼（Bellman）和卡尔曼（R. E. Kalman）等人。庞特里亚金于 1961 年发表了极大值原理；贝尔曼在 1957 年提出了动态规则；1959 年，卡尔曼和布西发表了关于线性滤波器和估计器的论文，创建了著名的卡尔曼滤波理论。

在英国以罗森布洛克（H. H. Rosenbrock）、麦克法伦（G. J. MacFarlane）和欧文斯（D. H. Owens）等人为代表，研究了适用于计算机辅助控制系统设计的现代频域法理论，将经典控制理论传递函数的概念推广到多变量系统，并探讨了传递函数矩阵与状态方程之间的等价转换关系，为进一步建立统一的线性系统理论奠定了基础。

与此同时，关于系统辨识、最优控制、离散时间系统和自适应控制系统的研究，大大地丰富了自动控制理论的内容。20 世纪 70 年代初，瑞典的奥斯特隆姆（K. J. Åström）和法国的朗道（L. D. Landau）教授在自适应控制理论和应用方面做出了贡献。

现代控制理论在运动物体控制的一些领域中，特别是在空间技术领域中得到了成功的应用。现代控制理论追求的目标是研制不用人参与的、完全自动运行的所谓“自主系统”。这类系统在工作环境固定不变，即“干净环境”（例如：空间环境）中应用是成功的，其理论也是比较完善的。但这类系统属于简单系统的范畴，而在一些复杂的环境中，单靠现代控制理论就难以设计和实现能符合要求的所谓“自主系统”。

第三阶段 时间为 20 世纪 70 年代末至今。20 世纪 70 年代末，控制理论向着“大系统理论”“智能控制理论”和“复杂系统理论”的方向发展。在这一阶段中，有关系统的研究从简单到复杂，人们面临的是解决大系统、巨系统和复杂系统的控制问题。“大系统理论”是用控制和信息的观点，研究各种大系统的结构方案、总体设计中的分解方法和协调等问题的技术基础理论。“智能控制理论”是研究与模拟人类智能活动及其控制与信息传递过程的规律，研制具有某些拟人智能的工程控制与信息处理系统的理论。“复杂系统理论”把系统的研究拓广到开放复杂巨系统的范畴，以解决复杂系统的控制为目标。我国著名科学家钱学森、戴汝为提出的“从定性到定量的综合集成法”以及“综合集成研讨厅体系”的构思，把人工智能的原理与方法和人的经验与智能用于解决复杂系统的控制问题，把“个体”的经验知识上升为能体现出“群体”的经验知识，把人的心智、群体专家的智慧和机器智能结合起来，为复杂系统理论研究奠定了基础。

目前，人工智能中一个广为重视的问题就是用自然语言进行人机对话的研究，而初步应用的典型智能控制系统就是智能机器人。随着社会和生产的发展，控制理论也在不断发展和完善，随着自动控制技术和计算机技术的迅速发展，人们不仅从繁重的体力劳动中解放出来，而且也不断地从复杂的脑力劳动中“解脱”出来。已经深入到家庭生活中的机器人的出现，就是一个有力的说明。

回顾控制理论的发展历程可以看出，它的发展过程反映了人类由机械化时代进入电气化时代，并走向自动化、信息化、智能自动化时代。

自动控制发展的过程经历了从开环控制到闭环控制、自校正控制、自适应控制、自学习控制直到现在的智能控制这样的发展过程，这也是一个控制技术的智能程度不断提高的过程。自动化总的发展趋势是，由代替人的四肢和感官到代替人脑，从减轻人的体力劳动到减轻人的脑力劳动。总之，自动控制技术研究的最终目的是造出能代替人进行控制的机器。智能控制的出现是人们对自动控制的本质进一步深刻认识的产物，是自动控制理论与技术发展的必然。

在国际控制界享有盛誉的瑞典的奥斯特隆姆教授指出：控制论是维纳在研究动物（包括人）和机器内部的通信与控制时创立的，当时提出了许多新概念，目前，这一领域似乎又回到了发现新概念的时代；美国乔治教授在《控制论基础》一书中指出：控制论的基本问题之一就是模拟和综合人类智能问题，这是控制论的焦点。

1.2　传统控制面临的问题与挑战

在控制界习惯称理论上较为成熟的经典控制理论和现代控制理论为传统控制理论。经典控制理论最主要的特点是：线性定常对象、单输入单输出、频域设计和完成镇定任务。现代控制理论从时域角度透彻研究了多输入多输出线性系统，其中特别重要的是一些刻画控制系统本质的基本理论的建立，如能控性、能观性、实现理论、分解理论等，使控制从一类工程设计方法提高成为一门新的科学。同时为满足从理论到实际应用的需要，为高水平解决工程实际中所提出的许多控制问题的需要，最优控制、自适应控制、系统建模、系统辨识与估计理论、卡尔曼滤波、鲁棒控制和非线性控制等逐渐发展为传统控制理论中一些成果丰富的独立学科分支。

以经典控制理论、现代控制理论为代表的传统控制理论曾经在一段时期成为解决现实生活中控制问题的有力工具，并在如今的生活中扮演着重要角色。但随着社会的发展，工程科学、技术对控制提出了越来越高的要求，传统控制理论已显得有些力不从心，主要体现在以下几个方面。

1. 对象的复杂性、高度非线性和不确定性导致系统辨识和建模的困难

控制系统的设计无论是采用以频域法传递函数为基础的经典控制理论方法，还是采用以时域法状态方程为基础的现代控制理论方法，都需要知道被控制对象的数学模型。对象数学模型是否精确，直接影响着控制效果的好坏。

然而，一般的工业生产过程，都具有非线性、时变性和不确定性，由于被控对象越来越复杂，其复杂性表现为高度的非线性，高噪声干扰、动态突变性以及分散的传感元件与执行元件，分层和分散的决策机构，多时间尺度，复杂的信息结构等，这些复杂性都难以用精确的数学模型（微分方程或差分方程）来描述。要获取适用的对象数学模型，既有足够的精确性，又不至于过分复杂，这更是相当困难甚至是不可能的。除了上述复杂性外，往往还存在着某些不确定性，被控对象在运行过程中，由于磨损、老化、漂移以及环境的变化等原因，其特性不断变化，变化的规律往往也是未知的、不确定的。现有控制理论依靠纯数学解析的方法，对被控对象及所处环境中存在的未知的、不确定的和定性的信息显得无能为力，而这些信息在控制中往往又起着十分重要的作用。

2. 复杂的对象特性和复杂的控制任务要求使线性系统控制理论束手无策

经典及现代控制理论的任务在于寻求（反馈）控制，使得闭环系统稳定。这就是通称的“镇定问题”。到了20世纪，工程技术不断地提出新的控制任务，它们远远不可能用镇定来概括，必须发展新的概念、理论与方法。

此外，在一个工厂车间的调度控制方面，在工程上有称为 FMS（柔性制造系统）及 CIMS（计算机集成制造系统）的系统，在理论上有所谓 DEDS（离散事件动态系统）理论。尽管其目前尚处于初创阶段，但要求完成的任务已远比镇定复杂多了。化工过程、车间、煤矿采掘面等各种工业过程要求实现的最简单的任务有：监控、预警等，远远超出镇定的范围。拟人机器人，智能机器人，要求实现的任务更是多种多样的，如跟踪、代替人做各种操作以及完成简单的装配任务等。

类似的例子在几乎每一工程技术领域中都是大量的。这一趋势是明显的，也是必然的。随着科学技术的发展，人们的控制活动会越来越多，控制的任务也会越来越复杂和困难。面对这样复杂的对象特性和复杂的控制任务要求，传统的线性系统控制理论已经远远达不到要求。

3. 定性、逻辑、语言控制等控制手段面临着数学处理的困难

事实上，随着计算机在自动控制领域的广泛应用，工程师们在实际的控制工程中已经成功地采用了大量定性的、逻辑的以及语言描述的控制手段。瑞典的奥斯特隆姆教授曾在“专家控制”一文中指出：“事实上任何一种有效的工业控制设计，甚至像 PID 这样一般的实际问题也不能由理论单独解决，人的直觉推理逻辑在其中扮演了十分重要的角色”。然而就是这些在工程实际中成功运用的控制手段和经验，在传统控制理论中面临着极大的数学处理方面的困难，迫切需要一种新的控制理论来描述它们、总结它们，以便更好地指导控制工程的设计。

1.3 人控制器给控制理论的启示

面对复杂的对象，复杂的环境和复杂的任务，用传统的控制理论和方法去解决是不可能的。控制论的研究表明，人控制系统是迄今为止世界上最高级、最复杂的控制系统。人们从实践中还观察到人类具有很强的学习和适应周围环境的能力。人作为控制器在复杂的系统中，凭知觉和经验就能很好地操作系统并实现较为理想的控制效果。

例如，汽车司机怎样把一辆汽车 A 停到一个拥挤的停车场上两辆车 B 和 C 之间的问题，如图 1-2 所示。如果用控制论的方法，则该问题可以用以下数学形式给予描述：

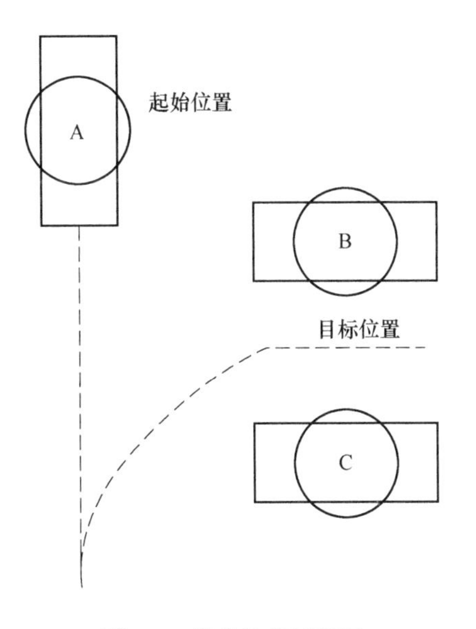

图 1-2 汽车泊车示意图

设汽车的状态为 $X=(\omega, \theta)$，其中 ω 表示汽车的位置，θ 表示汽车的方向，汽车的运动方程为 $\dot{X}=f(x, u)$，$u=(u_1, u_2)$，其中，u 为对汽车实施的控制，u_1，u_2 分别表示汽车前轮的转角和汽车的运动速度；停车场上已经停好的两辆车作为约束 Ω，两辆车之间的狭窄空间为允许的终端状态 Γ。

对这样一个非线性多变量系统的控制问题，如果用传统的控制理论方法求解将十分复杂和困难，但是这对于一个经过训练后的汽车司机，则是一个基本而简单的问题。司机用手操作方向盘控制汽车前轮的角度；用脚控制油门，调节汽车前进或后退的速度；用眼睛监控自己驾驶着的汽车与停在车场上两辆汽车的相对位置，沿着图中虚线所示的路线前进与倒车，可以十分准确地将车停到目标位置。

因此对人控制系统本身的研究认识，对人的控制行为、控制能力和控制经验的总结、模拟、模仿及至延伸与扩展，是人类迎接挑战，解决控制领域难题，发展控制理论的一条重要的途径。这就产生了一种仿人或拟人的控制理论和方法，也就是本书所述的智能控制。下面简述一下智能控制的产生与发展情况。

从20世纪60年代起，由于空间技术、计算机技术及人工智能技术的发展，控制界的学者在研究自组织、自学习控制的基础上，为了提高控制系统的自学习能力，开始注意将人工智能技术与方法应用于控制系统。

20世纪60年代初期，F. W. Smith提出采用性能模式识别器来学习最优控制方法的新思想，试图利用模式识别技术来解决复杂系统的控制问题。Smith采用线性判别器作为控制器的核心，先对控制器进行开路训练，确定线性判别函数的系数，即可用来工作。他在研究报告中指出，当模拟元件损坏20%后，性能仅有稍许差别。

1965年，美国著名学者Zadeh创立了模糊集合论，为解决复杂系统的控制问题提供了强有力的数学工具；同年，美国著名科学家Feigenbaum着手研制世界上第一个专家系统；就在同年，傅京孙首先提出把人工智能中的直觉推理方法用于学习控制系统。1966年，Mendel进一步在空间飞行器的学习控制系统中应用了人工智能技术，并提出了“人工智能控制”的概念。1967年，Leondes和Mendel首先正式使用了“智能控制”一词，并把记忆、目标分解等一些简单的人工智能技术用于学习控制系统，提高了系统处理不确定性问题的能力。这就标志着智能控制的思想已经萌芽。

从20世纪70年代开始，傅京孙、Gloriso和Saridis等人从控制论角度进一步总结了人工智能技术与自适应、自组织、自学习控制的关系，正式提出了智能控制就是人工智能技术与控制理论的交叉，并创立了人—机交互式分级递阶智能控制的系统结构。在核反应堆、城市交通等控制中成功地应用了智能控制系统。这些研究成果为分级递阶智能控制的形成奠定了基础。

在20世纪70年代中期前后，以模糊集合论为基础，从模仿人的控制决策思想出发，智能控制在另一个方向——规则控制（rule-based control）上也取得了重要的进展。1974年，Mamdani将模糊集和模糊语言逻辑用于控制，创立了基于模糊语言描述控制规则的模糊控制器，并被成功地用于工业过程控制。1979年，他又成功地研制出自组织模糊控制器，使得模糊控制器具有了较高的智能。模糊控制的形成和发展，以及与人工智能中的产生式系统、专家系统思想的相互渗透，对智能控制理论的形成起了十分重要的推动作用。20世纪70年代可以看作是智能控制的形成期。

进入20世纪80年代以来，由于微机的迅速发展以及人工智能的重要领域——专家系统技术的逐渐成熟，使得智能控制和决策的研究及应用领域逐步扩大，并取得了一批应用成果。例如，1982年，Fox等人实现了加工车间调度专家系统；1983年，Saridis把智能控制用于机器人系统；1984年，LISP公司研制成功用于分布式的实时过程控制专家系统

PICON；1986年，M. Lattimer 和 Wright 等人开发的混合专家系统控制器 Hexscon 是一个实验型的基于知识的实时控制专家系统，用来处理军事和现代化工业中出现的控制问题。1987年4月，Foxboro 公司公布了新一代的 IA 系列智能自动化系统。这种系统体现了传感器技术、自动控制技术、计算机技术和过程知识在生产自动化应用方面的综合先进水平。它能够为用户提供安全可靠的最合适的过程控制系统，这就标志着智能控制系统已由研制、开发阶段转向应用阶段。

应该特别指出，20世纪80年代中后期，由于神经网络的研究获得了重要进展，于是这一领域吸引了众多学科的科学家、学者。如今在控制、计算机、神经生理学等学科的密切配合下，在“智能控制”的旗帜下，又在寻求新的合作，神经网络理论和应用研究为智能控制的研究起到了重要的促进作用。

进入20世纪90年代以来，智能控制的研究势头异常迅猛，1992年4月，美国国家自然科学基金委和美国电力研究院联合发出《智能控制》研究项目倡议书；1993年5月美国 IEEE 控制系统学会智能控制专业委员会成立专家小组，专门探讨了“智能控制”的含义；1994年6月，在美国奥兰多召开了 IEEE 全球计算智能大会，将模糊系统、神经网络、进化计算三方面内容综合在一起，引起国际学术界的广泛关注，因为这三个新学科已成为研究智能控制的重要基础。

美国《IEEE 控制系统》杂志1991年、1993~1995年多次发表《智能控制专辑》，英国《国际控制》杂志1992年也发表了《智能控制专辑》，日文《计测与控制》杂志1994年发表了《智能系统特集》，德文《电子学》杂志自1991年以来连续发表多篇模糊逻辑控制和神经网络方面的论文，俄文《自动化与遥控技术》杂志1994年也发表了自适应控制的人工智能基础及神经网络方面的研究论文。从上述论文和专辑的内容看，智能控制研究涉及众多领域，从高技术的航天飞机推力矢量的分级智能控制、空间资源处理设备的高自主控制，到智能故障诊断及控制重新组合，从轧钢机、汽车喷油系统的神经网络控制到家用电器产品的神经模糊控制。如果说智能控制在20世纪80年代的应用和研究主要是面向工业过程控制，那么20世纪90年代，智能控制的应用已经扩大到面向军事、高技术领域和日用家用电器产品等领域。在21世纪的今天，“智能性”已经成为衡量“产品”和“技术”高低的标准。

我国也十分重视智能控制理论和应用的研究。1983年，重庆大学周其鉴教授在首届上海多国仪器仪表学术会上发表了题为“一种新型的智能控制器”的论文，开创了智能控制在中国的研究。1988年成立了中国人工智能学会计算机视觉与智能控制学会，1989年4月在重庆大学召开了中国首届计算机视觉与智能控制学术年会。1992年在清华大学召开了首届智能控制专家讨论会，成立了中国管理科学院智能控制研究所。1993年8月，首届全球华人智能控制与智能自动化学术交流大会在清华大学召开，中国掀起了智能控制研究的热潮。1997年、2000年在西安、合肥分别召开了第2届、第3届“全球华人智能控制与智能自动化大会”。1995年8月，中国自动化学会智能控制与智能自动化专业委员会正式成立，智能控制登上了中国自动控制学科的主流舞台。随后在1996年、1998年及1999年，又分别在呼和浩特、上海及重庆召开了学术会议。应该指出，在模糊控制、仿人智能控制及可拓控制的研究方面，我国已经形成自己的特色，为发展、完善和推动智能控制的研究起到了重要作用。

1.4 智能控制基础

1.4.1 智能控制的定义

智能控制系统是模仿、延伸和扩展人的身体——动觉智能的人工智能系统。智能控制曾有过多种定义：

（1）能够代替人在不确定性变化的环境中决策的能力、反复练习学习新功能的能力和在不允许有操作者的环境中的智能操作的控制（美国G. N. 萨里迪斯（Saridis））。

（2）不需要人的干预，而又具有由人操作的控制系统那样的能力的控制。即由人操作的系统具有判断、决策和学习的能力，无论控制对象所处环境怎么变化，其都具有识别、模型化和恰当地解决问题的能力的控制（日本古田胜久）。

（3）驱动智能机器自主地实现其目标的过程，或者说，是一类无须人的干预就能够独立驱动智能机器实现其目标的自动控制（中国蔡自兴）。

（4）具有"拟人智能"的控制，即模拟、延伸、扩展人的智能的人工智能控制（中国涂序彦）。

（5）智能控制就是能在适应环境变化的过程中模仿人和动物所表现出来的优秀控制能力（动觉智能）的控制（中国李祖枢）。

从维纳的控制论中，我们可以总结出三个最为基本而又重要的概念：信息、反馈和控制。不妨称为控制论的三要素。

今天，随着科学技术的进步，信息已经变得越来越重要了，当然在控制系统中的信息也不像维纳时代那样简单，它已不单是一种信号数值的大小，而且包括知识、经验等在内的多种信息；反馈的概念已经不再理解为单一的负反馈模式，根据控制的需要，可以暂时不加负反馈以开环形式运行，也可以根据特殊需要加正反馈等；控制也已经不是执行某一单一控制规律，而是根据动态过程需要采取多种策略组合，以进行更有效的控制。

从信息、反馈和控制这三要素的内涵发生的变化可以看出，信息已经广义了，反馈模式已推广了，控制方式已多样化了，它们变化的本质特征在于智能化。从这个意义上讲，可以把具有智能信息处理、智能反馈和智能控制决策的控制方式，称为智能控制，把这种以智能为核心的控制论称为智能控制论。

智能控制应该称为智能信息反馈控制，按照这样的观点，智能控制中的基本要素是：智能信息—智能反馈—智能决策。

为什么在传统控制的三要素：信息、反馈和控制（决策）的前面都冠以智能二字，这不是简单的修饰，而是有着其深刻的内涵。

信息在智能控制中占有十分重要的地位，信息虽然既不是物质也不是能量，但是它的本质特征是知识的内涵。从这个意义上可以说信息是知识的载体，智能控制系统中的领域专家的直觉、经验等也间接地反映了人的智能，所以可以把智能控制中的有用信息理解为"智能"的载体，这样就比较容易理解智能信息的含义了。

为了获得智能信息，必须进行信息特征的识别，并进行加工和处理，以便获得有用的信息去克服系统的不确定性。

为了获得信息并进行控制决策，反馈是不可缺少的重要环节，智能反馈比传统意义下的反馈更灵活机动。它是根据系统控制上的需要，采用加反馈或不加反馈、加负反馈或加正反馈、反馈强或弱等，这些特征都具有仿人智能的特点，因此称为智能反馈。

智能决策即指智能控制决策，这种决策方式不限于定量的，还包括定性的，更重要的是采用定量和定性综合集成进行决策，这是一种模仿人脑的决策方式。做决策的过程也就是智能推理的过程。

从集合论的观点，可以把智能控制和它的三要素表示如下：

$$[\text{智能信息}] \cap [\text{智能反馈}] \cap [\text{智能决策}] \subseteq \text{智能控制}$$

1.4.2 智能控制系统的基本结构

目前已经提出了很多种类的智能控制系统结构，图 1-3 表示了智能系统的一般结构。它由 6 部分组成：执行器、传感器、感知处理器、环境模型、判值部件和行为发生器。图中箭头表示了它们之间的关系，现将各部分的功能叙述如下。

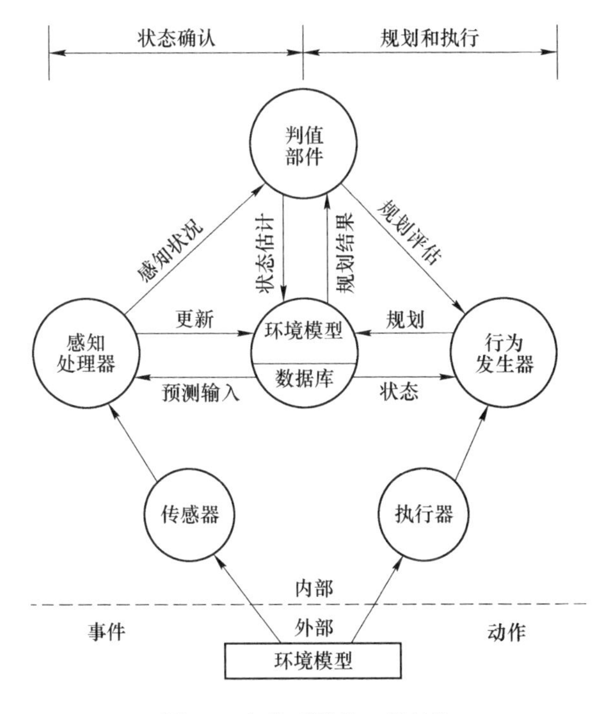

图 1-3 智能系统的一般结构

1. 执行器

它是系统的输出，对外界对象发生作用。一个智能系统，可能有许多甚至成千上万个执行器。为了完成给定的目标和任务，它们必须进行协调。机器执行器有电机、定位器、阀门、线圈以及变速器等。自然执行器就是人类的四肢、肌肉和腺体。

2. 传感器

传感器产生智能系统的输入，它可以包括视觉、触觉、声音等信号，也包括力、力矩、压力、温度、位置、距离等测量装置。传感器用来监测外部环境和系统本身的状态。传感器向感知信息处理器提供输入。自然传感器就是眼、口、鼻子等器官。

3. 感知处理器

感知处理器也叫感知信息处理器，在该感知信息单元中产生感知。它将传感器观测到的信号与内部的环境模型产生的期望值进行比较。感知处理算法在时间和空间上综合观测值与期望值之间的异同，以检测发生的事件，识别环境中的特征、对象和关系。在持续的时间周期里，从种类繁多的传感器来的数据被融合成一致的环境状态统一感知。感知信息处理算法还计算所观察对象的距离、样式、方向、表面特征、物理和动态属性以及空间区域。信息处理还包括语音识别以及语言和音乐的解释。

4. 环境模型

环境模型是智能系统对环境状态的最佳估计。环境模型包括有关环境的知识库、存储与检索信息的数据库及其管理系统。环境模型还包含能产生期望值预测的仿真功能。因此，模型可以对环境状态现在、过去和将来有关信息的请求提供回答。环境模型提供这些信息为行为发生器部件服务，后者就可以做出智能规划行为的选择。它传送给判值部件以计算诸如价值、利润、风险、不确定性、重要性、吸引性等。环境模型通过感知信息处理系统一直进行更新。

5. 判值部件

判值部件决定好与坏、奖与罚、重要与平凡、确定与不确定。由判值部件构成的判值系统估计环境的观测状态和假设规划的预期结果。它计算所观测到的状态和所规划的行动的价值、利润和风险，计算校正的概率，并对状态变量赋予可信度和不确定性参数。因此，判值系统为决策提供基础。没有判值系统，任何人工智能系统将会做出不适宜的动作而遭受毁坏。

6. 行为发生器

行为由行为发生器产生，它选择目标、规划和执行任务。任务递归地分解成许多子任务，子任务依次排序以获取目标。目标选择和规划产生由行为发生器、判值部件和环境模型之间相互作用的环路来形成。行为发生器提供假想的规划，然后行为发生器选择具有最高期望的规划来执行。行为发生器也监督规划的执行，当情况需要时，也可修改规划。

智能现象要求有一个互连的系统结构，使得系统中各部件以密切和复杂的方式互相作用和通信。图1-3所示的系统结构清晰地表示了各部件之间的功能关系和信息流。在所有的智能系统中，感知信息处理单元接收传感器的信息以获取和维持外部环境的内部模型。行为发生器控制执行机构以追求所知环境模型意义下的目标。在智能较高的系统中，行为发生系统可以与环境模型和判值系统交互，根据价值、风险、利用性以及目标优先程度，推断空间、时间、几何形状和动力学，以描述或选择规划。感知信息处理器可以与环境模型和判值系统交互，把值赋给认识到的实体、事件和状态。

1.4.3　智能控制的主要研究内容

纵观智能控制的发展历程，从不同的认识论与方法论出发，分别提出了分级递阶控制、专家控制、模糊控制、神经网络控制、仿人智能控制等，这些流派竞相发展，都提出了值得研究的课题。

1. 分级递阶控制

分级递阶控制方法是由美国 Saridis 教授提出的。它作为一种认识和控制系统的方法论，其控制智能是根据分级管理系统中十分重要的“精度随智能提高而降低（IPDI）”的原理而逐级分配的。这种分级递阶控制系统是由组织级、协调级和执行级组成的，系统的结构如图 1-4 所示。

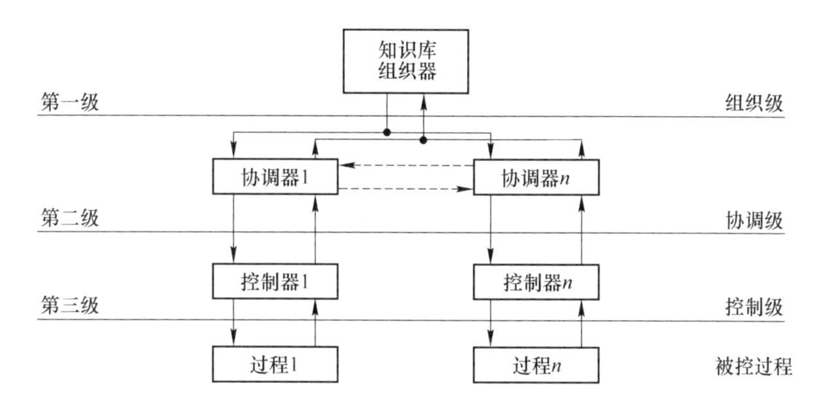

图 1-4　分级递阶控制结构图

组织级代表控制系统的主导思想，具有最高的智能水平，涉及知识的表示与处理，并由人工智能起主导作用。协调级为组织级和执行级之间的连接装置，涉及决策方式的表示，由人工智能和运筹学起主导作用。执行级是智能控制系统的最低层次，要求具有最高的控制精度，并由常规控制理论进行控制。

Saridis 试图借用“熵”和“知识量”的概念作为智能程度高低的量度。在分级递阶控制系统中，智能主要体现在高的层次上（组织级与协调级），并认为智能控制高层次中体现出的功能可以看作是对人的特性的一种模仿，但是运行控制级仍然采用现有数学解析控制算法，不便处理过程中的定性信息和利用人的直觉推理逻辑和经验，难以获得对不确定性系统好的快速的实时控制效果。

2. 专家控制

近十多年来，专家系统技术的迅速发展及其在控制工程中的应用，为智能控制开辟了一个新的研究方向，即专家控制（EC）。所谓专家控制是指将专家系统的理论和技术同控制理论方法与技术相结合，在未知环境下，仿效专家的智能，实现对系统的控制。基于专家控制的原理所设计的系统，称为专家控制系统，其中的控制器称为专家控制器，这种系统不同于离线的专家系统，它不仅是独立的决策者，而且是具有获得反馈信息并能实时在线控制的系统。

由于工业控制要求控制系统具有可靠性、实时性及灵活性等特点，所以专家控制系统中知识表示通常采用产生式规则，于是知识库就变为规则库。图1-5给出了一种专家控制系统的结构图。

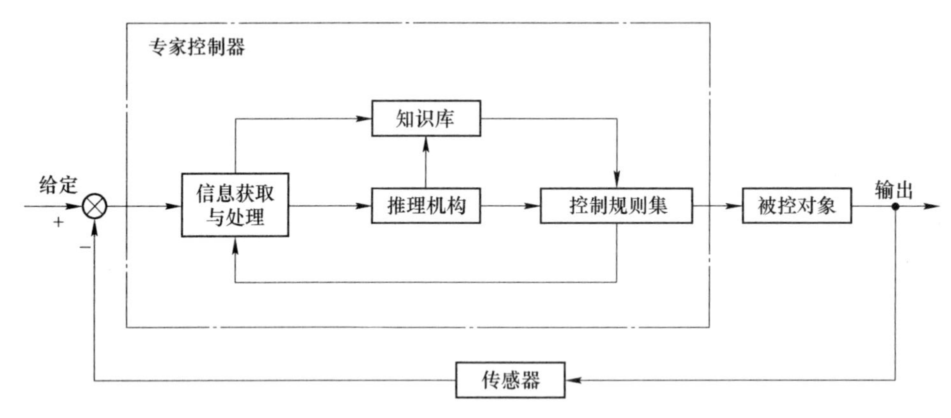

图1-5　专家控制系统的一般结构

3. 模糊控制

模糊控制是以模糊集合论、模糊语言变量及模糊逻辑推理为基础的一种计算机数字控制。从线性控制与非线性控制看，模糊控制是一种非线性控制；从控制系统的智能性看，模糊控制属于智能控制的范畴，而且它已经成为实现智能控制的一种重要且有效的形式。

我们知道，对于一些无法精确描述数学模型的被控对象，在描述控制规则的条件语句中，常常出现一些诸如“较大”“稍小”“偏高”等具有一定模糊性的词语，对于这些情况，经典控制理论及现代控制理论是无法完成控制任务的，而著名学者扎德教授创立的模糊数学则对此具有一定启发性，用模糊数学中的模糊集合来描述这些模糊条件语句，就形成了所谓的模糊控制器。1974年，英国的马丹尼首先设计了模糊控制器，并用于锅炉和蒸汽机的控制，取得了成功。

模糊控制的基本原理可由图1-6表示，它的核心部分为模糊控制器，如图中点划线框中部分所示。模糊控制器的控制规则由计算机程序来实现。

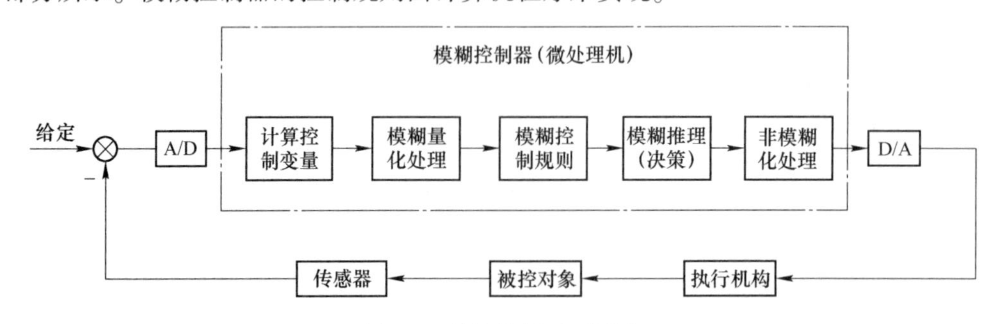

图1-6　模糊控制原理框图

4. 神经网络控制

基于神经网络的控制称为神经网络控制（NNC）。传统的基于模型的控制方式以及专家控制与模糊控制都具有显式表达知识的特点，而神经网络不善于显式表达知识，但是它具有很强的逼近非线性函数的能力，即非线性映射能力，把神经网络用于控制正是利用它的这个独特优点。神经网络控制的原理可由图 1-7 给出。设被控对象的输入 u 与系统输出 y 之间满足如下非线性关系：

$$y = g(u) \tag{1-1}$$

控制的目的是确定最佳的控制量输入 u，使系统的实际输出 y 等于期望的输出 y_d。在该系统中，可把神经网络的功能看作输入输出的某种映射，或称函数变换，并设它的函数关系为：

$$u = f(y_d) \tag{1-2}$$

为了满足系统输出 y_d，将式（1-2）代入式（1-1）中，可得：

$$y = g[f(y_d)] \tag{1-3}$$

显然，当 $f = g^{-1}$ 时，满足 $y = y_d$ 的要求。

由于要采用神经网络控制的被控对象一般是复杂的且具有不确定性，因此非线性函数 g 是难以建立的。可以利用神经网络具有逼近非线性函数的能力来模拟 g^{-1}，尽管 g 的形式未知，但通过系统的实际输出 y 与期望输出 y_d 之间的误差来调整神经网络中的连接权重，即让神经网络学习，直至误差：

$$e = y_d - y \rightarrow 0 \tag{1-4}$$

的过程，就是神经网络模拟 g^{-1} 的过程，它实际上是对被控对象的一种求逆过程，由神经网络的学习算法实现这一求逆过程，就是神经网络实现直接控制的基本思想。

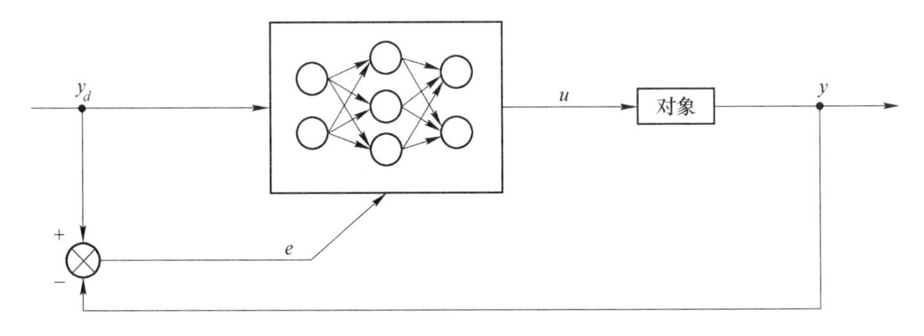

图 1-7 神经网络控制原理框图

5. 仿人智能控制

对于复杂而未知的被控对象，熟练操作该对象的手动控制是一般控制所无法比拟的，仿人智能控制系统的主导思想就是在对人的控制结构宏观模拟的基础上进一步研究人的控制行为功能并加以模拟。仿人智能控制认为：从人工智能问题求解的基本观点来看，一个控制系统的运行，实际上就是控制机构对控制问题的一个求解过程。因此，仿人智能控制研究的主要目标不是被控对象，而是控制器本身如何对控制专家结构和行为的模拟。仿人智能控制器单元结构如图 1-8 所示。

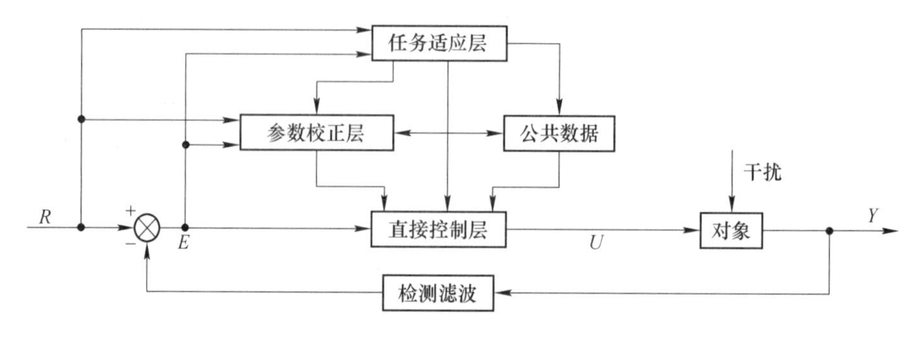

图 1-8　仿人智能控制器单元结构图

仿人智能控制理论的具体研究方法是：从分级递阶智能控制系统的最低层（运行控制级）着手，充分应用已有的控制理论和计算机仿真结果直接对人的控制经验、技巧和各种直觉推理逻辑进行辨识、概括和总结，编制成各种简单实用、精度高、能实时运行的控制算法，并把它们直接应用于实际控制系统，进而建立起系统的仿人智能控制理论体系，最后发展为智能控制理论。这种计算机控制算法以人对控制对象的观察、记忆、决策等智能行为的模型化为基础，根据被控量、偏差以及偏差的变化趋势来确定控制策略。

在结构和功能上，仿人智能控制器的基本特点是：

（1）分层递阶的信息处理和决策机构（高阶产生式系统结构）；

（2）在线的特征辨识和特征记忆；

（3）开、闭环控制结合、定性决策与定量控制结合的多模态控制；

（4）启发式和直觉推理逻辑的应用。

1.4.4　智能控制与传统控制的关系

传统控制是经典控制和现代控制理论的统称，它们的主要特征是基于模型的控制。由于被控对象越来越复杂，其复杂性表现为高度的非线性，高噪声干扰、动态突变性以及分散的传感元件与执行元件，分层和分散的决策机构，多时间尺度，复杂的信息结构等，这些复杂性都难以用精确的数学模型（微分方程或差分方程）来描述。除了上述复杂性外，往往还存在着某些不确定性，不确定性也难以用精确数学方法加以描述。然而，对这样复杂系统的控制性能的要求越来越高，这样一来，基于精确模型的传统控制就难以解决上述复杂对象的控制问题。在这样复杂对象的控制问题面前，把人工智能的方法引入控制系统，将控制理论的分析和理论的洞察力与人工智能的灵活的框架结合起来，才有可能得到新的认识和新的控制上的突破。经过近 30 年来的研究和发展，尤其是近 10 年来的研究成果表明，把人工智能的方法和反馈控制理论相结合，解决复杂系统的控制难题是行之有效的。

从上面论述不难看出，传统控制和智能控制的主要区别就在于它们控制不确定性和复杂性及达到高的控制性能的能力方面，显然传统控制方法在处理复杂性、不确定性方面能力低且有时丧失了这种能力。相反，智能控制在处理复杂性、不确定性方面能力高。用拟人化的方式来表达，即智能控制系统具有拟人的智能或仿人的智能，这种智能不是智能控制系统中固有的，而是人工赋予的人工智能，这种智能主要表现在智能决策上。这就表明，智能控制系统的核心是去控制复杂性和不确定性，而控制的最有效途径就是采用仿人智能控制决策。

传统控制是基于被控对象精确模型的控制方式，这种方式可谓“模型论”，而智能控制方式相对于“模型论”可称之为“控制论”，这种控制论实际上是智能决策论。两种控制方式的基本出发点不同，导致了不同的控制效果。

传统的控制为了控制必须建模，而利用不精确的模型又采用某个固定控制算法，使整个控制系统置于模型框架下，缺乏灵活性，缺乏应变性，因此很难胜任对复杂系统的控制。智能控制的核心是控制决策，采用灵活机动的决策方式迫使控制朝着期望的目标逼近。举个例子，我们在餐桌上用筷子很容易挟到要吃的食物，并轻而易举地放入口中。试设想如果我们要把这一系列的动作和环境去建立精确的模型，然后再一步一步按模型去操作，可以想象这种过程是多复杂而且难以实现！虽然是个十分通俗的例子，但却可以间接地说明基于精确模型论的方法论，乃至控制方法，在处理复杂问题中暴露出的许多弊端。

传统控制适于解决线性、时不变等相对简单的控制问题，这些问题用智能方法同样也可以解决。智能控制是对传统控制理论的发展，传统控制是智能控制的一个组成部分，是智能控制的低级阶段，在这个意义上，传统控制和智能控制可以统一在智能控制的框架下。

智能控制的产生来源于被控系统的高度复杂性、高度不确定性及人们要求越来越高的控制性能，可以概括为，智能控制是“三高三性”的产物，它的创立和发展需要对当代多种前沿学科、多种先进技术和多种科学方法，加以高度综合和利用。因此，智能控制无疑是控制理论发展的高级阶段。

1.5 本书的主要内容

对于一个简单的单输入单输出系统，传统的闭环控制结构如图 1-9 所示，对于给定的对象，根据系统要求的性能指标可以设计控制器满足指标要求。控制系统的设计无论是采用以频域法传递函数为基础的经典控制理论方法，还是采用以时域法状态方程为基础的现代控制理论方法，都需要知道被控制对象的数学模型。对象数学模型建立得是否精确，直接影响着控制效果的好坏。

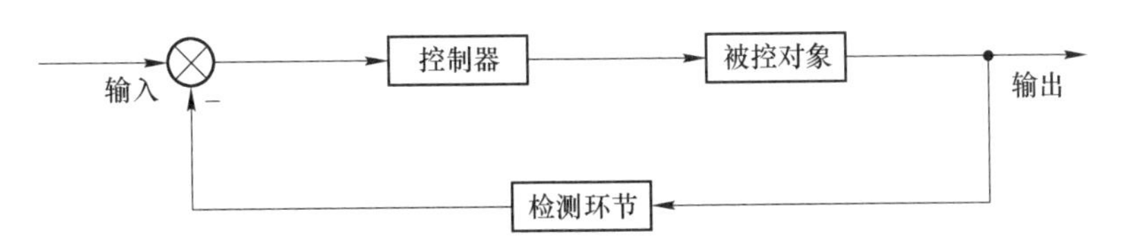

图 1-9 传统的闭环控制原理框图

复杂工业生产全流程是由一个或多个工业装备组成的生产工序，多个生产工序构成了全流程生产线，其功能是将进入的原料加工为半成品材料或者产品。实现生产全流程的产品质量、产量、消耗、成本等综合生产指标的优化，必须协同各个生产工序来共同实现。

工业生产全流程的控制、运行与管理主要是通过生产调度部门和工艺技术部门来实现的。生产调度部门发出的指令分成并行的两条线：一条线侧重生产的组织管理与资源调配，主要由生产调度人员、操作人员、资源供应系统来完成；另一条线，通过生产计划部门和调度部门将企业的综合生产指标（反映企业最终产品的质量、产量、成本、消耗等相关的生产指标）从空间和时间两个尺度上转化为生产制造全流程的运行指标（反映整条生产线的中间产品在运行周期内的质量、效率、能耗、物耗等相关的生产指标）；工艺部门的工程师将生产制造全流程的运行指标转化为过程运行控制指标（反映产品在生产设备（或过程）加工过程中的质量、效率与消耗等相关变量）；作业班的运行工程师将运行控制指标转化为过程控制系统的设定值。当市场需求和生产工况发生变化时，上述部门根据生产实际数据，自动调整相应指标，通过控制系统跟踪调整后的设定值，实现对生产线全流程的控制与运行，从而将日综合生产指标控制在目标范围内。当市场需求和生产工况发生频繁变化时，以人工操作为主体的上述部门不能及时准确地调整相应的运行指标，导致产品质量下降、生产效率降低和能耗增加，从而无法实现日综合生产指标的优化控制。

随着信息技术的发展与应用，复杂工业过程采用图 1-10 所示的由 ERP（enterprise resource planning）、MES（manufacturing execution system）和 PCS（process control system）组成的三层架构。ERP 的主要功能是为实现企业目标对企业的人、财、物、能源等资源做出计划，对计划完成情况的信息进行监控；MES 的主要功能是将资源计划通过生产调度和工艺设计制定各生产部门的生产计划与工艺参数，并将其分解为生产线的调度计划和过程控制系统的运行指标完成情况等信息进行监控。PCS 的主要功能是实现工业过程各回路的闭环控制，组成工业过程的各工业装备的逻辑控制和对控制过程监控。过程控制系统的设定值、生产指令和运行工况识别仍然依靠知识工作者凭知识和经验来完成，无法实现组成生产全流程的各工业过程控制系统的协同优化，无法实现决策与控制的一体化，无法实现生产全流程的优化控制，无法实现 ERP、MES 和 PCS 的无缝集成优化。

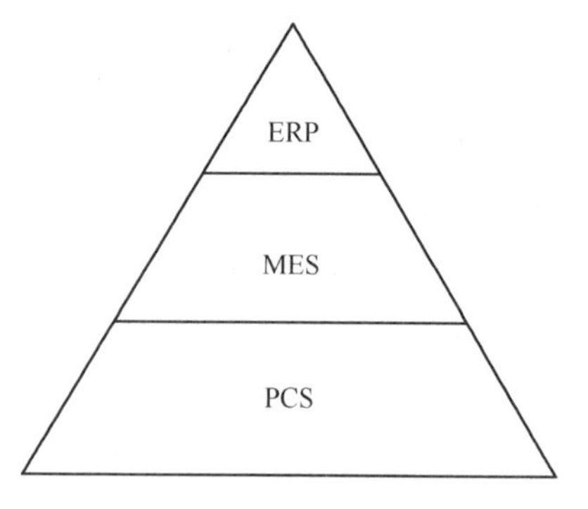

图 1-10 复杂工业过程三层架构图

目前企业的 ERP 和 MES 等信息系统还不能够快速全面自动地感知企业内外部与生产经营、生产运作和操作优化与控制相关的各种数据、信息与知识，导致现有的系统缺乏全面、准确和实时的生产要素数据获取能力，缺乏多源异构生产运行大数据感知与处理能力，缺乏数据汇聚和融合能力，缺乏高效的不同领域不同层次数据分析、隐含知识关联与推演等能力，从而不能够对生产行为和市场变化进行实时感知，进而也不能自动优化生产经营决策和计划调度指令。因此，企业的生产经营与计划调度主要靠企业管理人员凭长期积累的经验和相关工艺知识进行决策。人工决策的随意性大并且不够及时准确，常造成企业综合生产指标偏离预定目标范围，导致产品的质量差、成本高和资源消耗大等问题。当市场需求和生产要素条件发生频繁或剧烈变化时，以人工经验知识难以及时准确地做出决策反应，从而无法实现企业综合生产指标的优化。显然，这种决策难以在复杂市场和生产环境下保证企业全局优化和效益最大化。

由于单一层次的优化决策没有考虑层与层之间的相互影响，难以保证整条生产线的全局最优。针对各个工序/装置的运行指标目标值与全流程生产指标和综合生产指标之间的动态特性具有月、日和小时三个时间尺度，且难以在线测量，原材料成分、种类、设备能力等频繁变化，难以采用基于机理分析的方法建立数学模型以及指标之间相互联系、相互冲突的问题，东北大学柴天佑院士提出了以实现综合生产指标优化为目标的自动化系统的全流程集成优化策略。全流程一体化集成优化决策与控制系统的总体结构由综合生产指标目标值优化、全流程生产指标目标值优化、运行指标目标值多目标优化和过程自动化系统组成。对不同时间尺度的综合生产指标、全流程生产指标和运行指标优化按月、日和小时不同的周期分层优化。功能结构如图 1-11 所示。

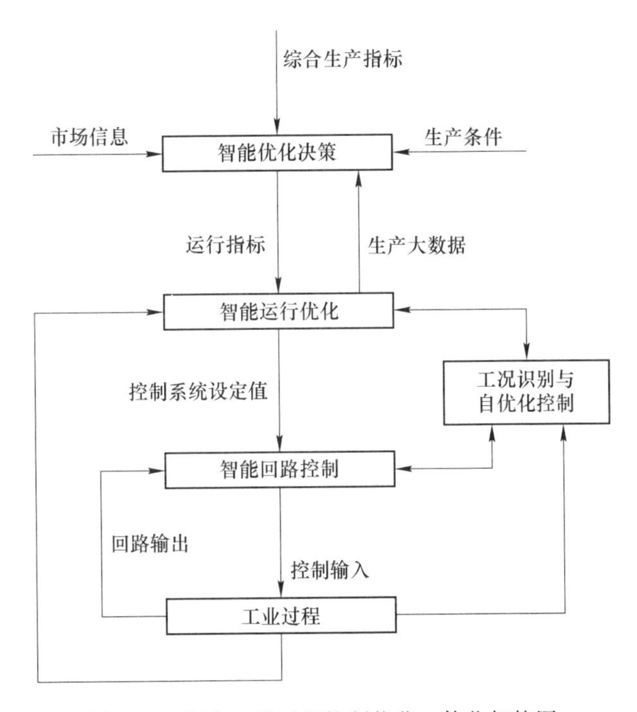

图 1-11　复杂工业过程控制优化一体化架构图

智能优化决策系统的功能是能够实时感知市场信息、生产条件和生产全流程运行工况，以企业高效化和绿色化为目标，实现企业目标、计划调度、运行指标、生产指令与控制指令一体化优化决策，实现远程与移动可视化监控决策过程动态性能，自学习与自优化决策。将人与智能优化决策系统协同，使决策者在动态变化环境下精准优化决策。

智能控制的发展为复杂工业过程智能优化决策提供了手段。回顾历史，可以发现人工智能与控制科学具有密切的关系。控制论的核心概念是预设和反馈，是模拟人如何思考，将思考的过程演化成逻辑，也是人工智能的一个重要的流派。控制科学经过经典控制、现代控制、先进控制等阶段，内涵不断丰富和发展，但主要是基于精确数学模型通过信号测量和反馈解决被控对象的系统分析、控制和优化问题。而以深度学习为代表的人工智能是模拟生物学大脑，是仿生或者联接主义流派，主要不依赖数学模型，从对象特征出发，模拟人的推理、学习过程解决系统的自动化问题。实际上控制科学和人工智能是实现自动化技术的两类方法、两种思路。人工智能与控制科学两种思路的融合将为解决复杂决策问题提供新思路，控制系统的结构也从传统的单闭环控制（见图 1-9）发展到包含智能决策的大闭环控制（见图 1-11）。

本书从控制系统建模、控制与优化的本质要求出发，系统地介绍了近年来模糊推理、神经网络、现代优化理论与方法对控制系统的建模、控制与优化的作用。同时介绍了智能理论与方法在控制系统中的各种应用实例。本书包括下列内容：

（1）介绍了智能控制产生的背景、起源与发展，讨论了智能控制的定义、特点和智能控制器的一般结构，智能控制与传统控制之间的关系。

（2）介绍了现有智能控制的主要形式，包括专家控制、模糊推理、神经网络和仿人智能控制，着重从控制系统的建模、控制与优化的学科内容要求出发系统地介绍这些理论和方法对控制系统的意义。

（3）结合近年来复杂工业过程优化决策的需求，把控制一体化的思想引入到复杂控制系统的智能决策中，介绍了现代优化方法在智能决策的应用，主要包括进化算法、粒子群算法、模拟退火算法等。

（4）人工智能已经成为这个时代的主题，而深度学习是人工智能领域一个非常重要的研究方向。近年来深度学习发展神速，在语音、图像、自然语言处理等技术上取得了前所未有的突破，本书最后介绍了深度学习中重要的几种神经网络，包括卷积神经网络、循环和递归神经网络和深度增强学习，并阐述了这些网络重要的改进和应用。

第2章　专 家 系 统

智能控制本质上是基于知识的控制，因此，智能控制系统属于知识基系统。所以，研究知识系统中知识表示、知识利用和知识获取作为中心内容的知识工程，就成为研究智能控制的重要基础。本章主要介绍知识系统的一种主要形式——专家系统，包括专家系统概述、知识表示与获取、知识推理以及搜索策略，最后介绍一个专家系统的应用案例。

2.1　专家系统概述

2.1.1　什么是专家系统

什么是专家系统？目前尚没有统一的定义。为了说明什么是专家系统，可先分析一下具备什么条件的人才能称得上专家。

一般来说，具有某一领域高深的理论知识或极丰富实践经验的人可誉为该领域的专家。因此，一个专家在从事某一特定领域内难度较高的专业工作中，能表现出超众的才华和高水平。

1. 一个专家在某一领域所处理的问题具有的特点

（1）该专业领域的问题难于用精确数学模型描述，即：问题难于形式化，因此不易转换成精确数学计算问题；

（2）该专业领域的知识（专业知识）往往具有模糊性。正因为问题的模糊性，造成了处理问题的难度。

人类专家的行为之所以能获得显著的效果，是因为他们具有宝贵的知识和经验。能否通过某种知识获取手段，把人类专家的某个专门领域的知识和经验“转移”到计算机中去，并依靠它的推理程序，让计算机做出接近专家水平的工作，是专家系统设计的目的。基于这样的思想，被誉为“专家系统和知识工程之父”的斯坦福大学费根鲍姆教授，对专家系统的定义为：一种智能的计算机程序，它运用知识和推理来解决只有专家才可以解决的复杂问题。

从这一定义出发，可以引申出专家系统的许多特征。专家系统既不同于传统的应用程序，也不同于其他类型的人工智能问题求解程序。

2. 专家系统区别于传统应用程序的特征

（1）从总体上说，专家系统是一种属于人工智能范畴的计算机应用程序，人工智能学科的各种问题求解技术原则上都适用于专家系统。因此，专家系统所使用的问题求解方法不是传统应用程序中的算法，而是启发式的。与此相适应的，专家系统求解的问题不是传统程序求解的确定性问题，而是不确定性问题。

（2）从内部结构看，专家系统的解题程序由三要素组成：描述问题状态的综合数据库或全局数据库、存放启发式经验知识的知识库，以及对知识库中的知识进行推理的推理机。三要素依次对应于数据级、知识库级和控制级三级知识。其中，数据级知识与传统程序中的数据大致相当。除数据级知识外，专家系统把那些指出如何进行问题求解的每一经验知识通过产生式规则等知识表示语言显式地表示出来，并组织在一种称为知识库的独立模块中，而把关于知识库知识如何使用的控制性知识以某种比较通用的模式编制在称为推理机的执行程序中。知识库与领域关系密不可分，需要经常查阅和修改。而推理机相对固定，知识库的修改一般不会影响到执行程序的变动。而传统应用程序只有数据和程序两级结构，它把描述算法的过程计算信息和控制性判断信息合二为一地编码在程序中，缺乏专家系统的灵活性。

（3）从外部功能看，专家系统模拟的是人类专家在问题领域上的推理，而不是模拟问题领域本身，通过建立数学模型去模拟问题领域，这是一般传统应用程序的任务。从模拟对象的不同，足以把专家系统从传统应用程序中区分出来。当然，专家系统并不试图建立关于人类专家的心理学模型，而仅仅致力于仿照人类专家的问题求解能力。

3. 专家系统区别于其他人工智能问题求解程序的特征

（1）从应用目标看，专家系统处理的问题都属于现实世界中通常需要人类专家的大量专门知识才能解决的复杂问题，专家系统作为一种实用的软件，必须可靠地工作，在合理的时间内对求解的问题提供可用的解答，并为人们带来真正的经济效益和社会效益。许多经典人工智能程序，如下棋程序和定理证明程序，往往是从纯学术技术目的出发而研制的一种实验性研究工具，只求解抽象的数学问题，逻辑问题或简化了的实际问题。

（2）从求解手段看，专家系统的高性能是通过牺牲问题求解的通用性换来的。一方面，它把求解的问题领域局限在比较狭窄的特定专业领域中，另一方面，比起一般人工智能程序比较注重通用方法，专家系统更强调特定领域中来自人类专家具有很强启发能力的专门知识，包括特定领域问题求解所特有的过程性专业知识和控制性策略知识。专家系统所拥有的这种启发式知识的质量和数量，决定着系统的性能，也直接影响到问题求解的效率。

（3）从用户界面看，专家系统不仅能给出智能的建议或决策，而且有能力以用户直接理解的方式解释和证明自己的推理过程。专家系统的这种解释机制为各类用户提供了一种透明的界面。问题领域的人类专家能够借此检验系统所用知识是否合理，软件设计者能够借此调试知识库和执行程序的正确性，一般用户可以从中学习推理知识和理解推理的结论。专家系统的这种透明界面，大大提高了用户对系统求解复杂问题所得结论的可接受性。与解释机制相关联的，专家系统还具有很强的人机交互功能，能同各类用户一起，构成高性能的人机共同思考的系统。

2.1.2　建立专家系统的目的和意义

美国著名科学家费根鲍姆说：“知识就是力量，电子计算机是这种力量的放大器，而能把人类知识予以扩大的机器也会把一切方面的力量予以扩大。”专家系统的功能主要依赖于大量的知识，因此它又被称为知识基系统（knowledge-based system）。虽然专家系统以知识为基础，以计算机软件为强有力的支柱，但是专家系统解决问题的能力和知识的广博程度往往超过人类专家，这是因为专家系统具有许多优良特性。

1. 优良特性

（1）专家系统具有启发性、透明性和灵活性

专家系统能够运用许多专家的知识与经验进行推理和判断，因此它具有启发性；专家系统还能解释本身的推理过程，能回答用户提出的问题，因此它具有透明性；专家系统能不断地增长知识，修改原有知识，具有很大的灵活性。

（2）专家系统的工作不受时间、空间和环境的影响

因为专家系统是一个计算机智能程序，所以它可以长时间保存且能复制成更多的副本，这就使得专家系统在解决实际问题时不受时间、空间和环境的影响。

（3）专家系统能够高效率、准确无误、周密全面、迅速而不疲倦地进行工作

人类专家工作起来难免因疏忽、遗忘、紧张、疲倦等各种干扰因素而造成偏差或错误，而专家系统计算机的工作在很大程度上克服了上述的不足。

专家系统的高性能和优良特性，使它的研究在多个方面具有重要作用和意义。

2. 作用和意义

（1）计算机科学和应用发展的需要。专家系统作为人工智能的应用领域，它使人工智能从实验室走向了现实世界，成为检验人工智能基本理论和技术的重要实验场地。专家系统的研究大大促进了知识表示、机器学习、知识获取、推理理论和推理方法、自然语言理解、模式识别、人工智能语言、智能软件开发环境、机器人等方面的迅速发展，大大加快了人工智能与计算机科学研究的步伐。专家系统的研制和投入使用扩大了计算机应用领域，它有利于克服软件中出现的一些危机问题，促进了计算科学的进一步发展。

（2）专家系统作为一种实用工具，为人类专家宝贵知识的保存、传播、使用和评价提供了一种有效手段。知识就是力量，知识是一种不可多得的宝贵资源，尤其是专家的专门知识。在现代社会里，最昂贵的是人类专家，培养和雇用专家费用很高。在一些领域，专家本来就很少，随着专家年龄增高或死亡，他们的知识能否得到继承，直接关系到该领域工作效率或领域的发展水平。因而，保存和传播专家的专业知识无疑是一项有重要意义的工作。

（3）专家系统能汇集问题领域多个专家的知识与经验。在任何指定的研究领域内，不同的专家往往对所解决的问题持不同意见。专家系统有助于分析和判别这些不同的方法，因为专家系统要求领域内不同专家采用统一的知识描述形式，这样便于区别来自不同专家知识的优劣，克服个别专家的局限性，扬长避短，互相合作解决问题。由于专家系统可以汇集和综合某一领域多个专家的专门知识，使其解决问题的能力令单个专家望之兴叹。

（4）专家系统的研制和推广应用具有巨大的经济效益和社会效益。专家系统的研制使人工智能同国民经济、科学技术需要解决的实际问题联系起来，研制一些实用的专家系

统，直接产生经济效益和社会效益。

1982年，美国一家勘探公司使用专家系统PROSPECTOR发现了一处铜矿，其开采价值超过1亿美元。美国数字设备公司使用专家系统R1/XCOM，使之每年可节省1500万美元的开支。美国一家大型工业公司估计，如果用一个专家系统来协助推销员处理日常营业，并核对账目，那么该公司每年可节省开支1亿美元。至于运用专家系统保存和传播知识等方面获得的社会效益，那就更加明显了。

总而言之，专家系统是高水平的智能帮手，是第二次计算机革命的工具。

2.1.3　专家系统的结构

一般专家系统由知识库、数据库、推理机、解释部分及知识获取5部分组成，它的结构如图2-1所示。

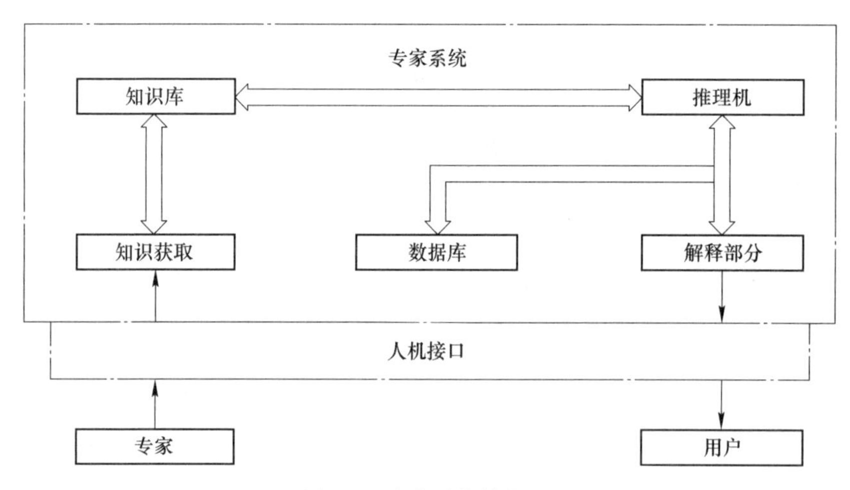

图2-1　专家系统结构图

下面分别介绍这5个部分。

1. 知识库

知识库是专家系统的重要组成部分，它存储以适当形式表示的、从专家那里得到的关于某个领域的专门知识、经验以及书本知识和常识，它是领域知识的存储器。

一个专家系统工作性能的优劣取决于专家的知识及经验。存储在知识库中的专家知识有两类：一类是确定性知识，已被专业人员掌握了的广泛共享的知识；另一类是不确定性知识，是凭经验、直觉和启发而得到的知识。这一类知识是被某一领域少数专家深刻领悟和正确运用的，是少数专家经过多年工作实践而掌握的一种“善于猜想的艺术”。

要建立一个好的知识库，首先是从领域专家那里获取知识，称其为知识获取，然后将获取的专家知识编排成数据结构存入计算机中而形成知识库，知识编排的过程称为知识表达。一个理想的知识表达，应该能精确表达专家的思维与知识、有效地通过计算机进行实现、易于理解和便于改进。

2. 数据库

数据库是存放专家系统当前工作已知的一些情况、用户提供的事实和由推理得到的中间结果。对专家系统而言，就是在计算机中划出一部分存储单元，用于存放以一定形式组织的该系统的当前数据，相当于一个工作区。随着推理的进行及与用户的对话，这部分的内容是随时变化的，因此它和一般意义上的“数据库”的概念不同。总之，专家系统中的数据库存放的是该系统当前要处理对象的一些事实。

3. 推理机

推理机实质上是专家系统计算机的一组程序，目的是用于控制、协调整个专家系统的工作。它根据当前的输入数据或信息，再利用知识库中的知识，按一定的推理策略去处理、解决当前的问题。

常用的推理策略有正向推理、反向推理和正反向混合推理三种方式。正向推理指从原始数据和已知条件推断出结论的方法。这种推理方式也称数据驱动策略，或称由底向上策略。反向推理则是先提出结论或假设，然后去找支持这个结论或假设的条件或证据是否存在。如条件满足，结论就成立；如不满足，就设法提出新的假设，再重复上述过程，直到得出答案为止，又称为目标驱动策略，即由顶向下策略。

单纯的正向推理可能在人—机对话的过程中向用户提一些无关紧要的问题，即绕了很多弯子还无法接近目标。而单纯的反向推理在一个假设被否定时，如何提出新的假设也需要进一步的启发信息，有时会遇到困难。因此，有的系统采用两种策略混合的方法，即正反向推理。所谓正反向推理是先根据数据库中的原始数据，通过正向推理帮助系统提出假设，再运用反向推理，进一步寻找支持假设的证据，如此反复，直到得出结论（答案）或不再有新的事实加到数据库为止。采用正反向推理的搜索方法，是压缩搜索空间，提高搜索效率的有效途径之一。

4. 解释部分

解释部分也是一组计算机程序，该程序对推理给出必要的解释，为用户了解推理过程，向系统学习和维护系统提供方便，使用户容易接受。解释部分的主要功能是解释系统本身的推理结果，回答用户的问题。否则，即使专家系统本身做出的决策或建议是正确的，也很难为用户所接受。

5. 知识获取

知识获取为修改知识库中原有的知识和扩充知识提供手段，这是专家系统的瓶颈部分。

知识获取的建立，实际上就是设计一组程序，使它必须能删除知识库中原有的知识，并能将向专家获取的新知识加入知识库中。此外，它还应能根据实践结果发现原知识库中不适用或有错的规则并加以修改，从而不断地增加知识库中的知识，使系统能更好地完成更多、更复杂的工作。

综上所述，专家系统的工作可简单归结为运用知识进行推理的过程，所以，知识库与推理机是专家系统的核心部分。

2.2　知识的表示与获取

专家系统的研究和设计着重于知识处理，包括知识的获取、表示和运用三个核心环节。知识表示是要研究用什么样的方法将求解问题所需的知识存储在计算机内，开发灵活操作这些知识的推理过程，使知识的表示和运用知识的推理控制相融合，便于计算机处理。在一个专家系统中，知识表示模式的选择不仅和知识的有效存储有关，也直接影响着系统的知识获取能力和知识的运用效率，因而，知识表示是知识存储过程中最基本的问题之一，也是专家系统研究的最热门课题。

2.2.1　基本概念

这里定义几个基本概念，包括数据、信息和知识。

1. 数据

知识处理中的数据比数学中的数据具有更广泛的含义。在专家系统中把数据确切的定义为："客观事物的属性、数量、位置及其相互关系等的抽象表示"。例如，符号"5""101""五"等都可表示数据"5"，它既抽象地表示5个人或5匹马，也可表示5个苹果或5块石头。5个人与5个苹果是截然不同的概念，但其包含着的数量是一样的。再例如，用二元组（苹果，红色）来表示苹果具有红色这个属性；用四元组（+，x，y，z）来表示"$x+y=z$"这种关系，它们都是数据。

2. 信息

定义信息为"数据所表示的含义（或称数据的语义）"。信息是对数据的解释，是加载在数据之上的。反过来说，数据是信息的载体。如上述数"5"在一种具体场合可以解释为"5个苹果"，而在另外一种场合可以解释为"5种思想"。这说明同样一个"数据"在不同的场合可以有不同的解释，或者说负载着十分不同的信息。

一般地说，一个信息可以用如下一组描述词及其值来描述：

（描述词1：值1；…；描述词n：值n）

它描述一件事、一个物体或一种现象的有关属性、状态、地点、程度、方式等。

例如，"1993年5月1日北京的天气十分晴朗"可描述为：

（时间：1993/5/1；地点：北京；天气：晴朗；程度：十分）

3. 知识

所谓知识是人们在改造世界的实践中所获得的认识和经验的总和，它是人类进行一切活动的基础。有了知识，人类才可以处理各种问题。关于知识的确切定义至今尚未形成，关于知识的通俗定义为：知识是一个或多个信息的关联。例如，"天很阴而且有闪电""天要下雨"是一些孤立的信息或事实，若把这两个信息用"如果—则"这种因果关系联系起来就形成了一条知识："如果天很阴而且有闪电，则天要下雨"。

知识的定义虽然有不同形式，但可以由三维空间来描述，如图2-2所示。知识的范围，从具体到一般；知识的目的，从说明到指定；知识的有效性，从精确到不精确。

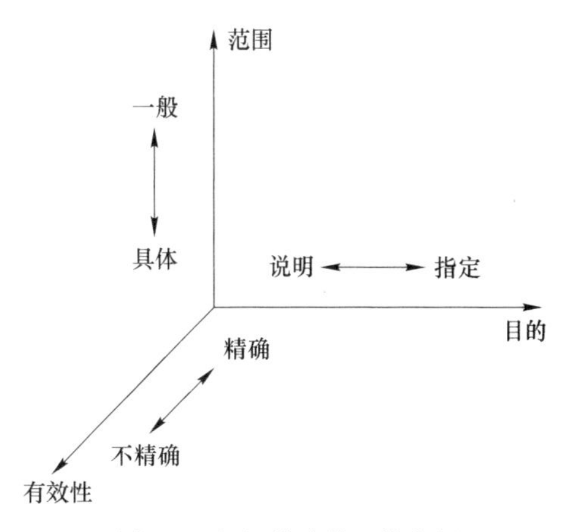

图2-2 知识描述的三维空间

根据上述定义来分析数据、信息、知识三者的区别。数据是一种物理符号，它是一种客观存在。信息相对于它的接受者而存在，具有相对性。例如，一个病人的记录，它记载着病人的病史、化验数据，已服药物及其对药物的反应等数据，对于一个内科医生来说，能够从这些记录中推断出病人疾病的各种结论，因而它确实给这位医生传递了关于病人的一些信息。但是，同样的病人记录，对于不懂医道的其他人员来说，就达不到这样的效果，从而这些数据就不能成为信息。病人记录之所以对医生成为信息，原因是医生具有医学知识，他能够解释这些记录，进而利用记录制定出继续诊断和治疗的方案。病人记录是种客观存在的数据，只有在被接受者接受并加以解释之后才具有信息的作用。所有的外界万物都是以信息的形式在人类头脑中存在，信息之间的关系、联系在人类头脑中形成知识。有了知识，人类才能解释信息。实践表明：知识是在对信息的解释过程中形成的，知识体内含有各种信息数据。因此，信息与知识是相互依赖的，信息来自接受者的外部，而知识存在于接受者的内部。

2.2.2 知识的表示

在专家系统中，知识必须用适当的形式表示出来才便于在计算机中储存、检索、使用和修改。对知识工程而言，知识表示即知识的机器表示，或称知识表达，就是研究用机器表示知识的可行的、有效的、通用的原则和方法。换句话说，知识表示就是研究如何用最合适的形式来组织知识，使对所要解决的问题最为有利。一般说来，知识表示的最好方法是与所要解决问题的性质和求解方法密切相关的。对于任何一个给定的问题，一般都有多种等价的表示方法，但是这种表示方法对于问题描述的明晰性是不同的，因此使问题求解的难易程度也不相同，所以知识的适当表示对问题求解是至关重要的。目前，尽管知识的表示已有多种方法，但不同的表示方法反映在计算机内部都是某种数据结构，在这一点上它们却有着共同的本质。

知识表示的方法主要包括以下几种方法。

1. 谓词逻辑表示法

逻辑是最早也是最广泛用于知识表示的模式。逻辑表示法是利用命题演算、谓词演算等知识来描述一些事实，并根据现有事实推出新事实的方法。

(1) 命题演算（命题逻辑）

与经典集合论相对应的逻辑是二值逻辑，即所谓的数理逻辑。在二值逻辑里将一个意义明确的可以分辨真假的句子（陈述句）称为命题。这就表明，一个命题或者是真或者是假，二者必居其一。例如：

1）中国在亚洲。

2）二加三等于五。

3）这个电阻温度很高。

4）计算机控制。

5）TTL 电平大于 10V。

上述例句中 1）和 2）是真的，故是命题；3）中的“温度很高”的意义难以说明温度高的程度，因此具有一定的模糊性，不能判定绝对的“真”或“假”，所以不是命题；4）句子意思不完整，也不能构成命题；5）是假的，也是命题。

上述举出的命题都是单命题，把两个或两个以上的命题联合起来，就构成一个复命题。一个命题可以用英文字母表示，如下所述。

P：他爱好英语

Q：他爱好日语

对于命题，也可以用连接词“或”“与”“非”“如果……那么……”（若……则……）等连接起来。

“或”：用符号“$\vee$”表示，与集合中的并“$\cup$”相对应，如 $P \vee Q$ 表示他爱好英语或爱好日语。这种连接方式又称为“析取”，即两个命题中至少有一个成立。

“与”：用符号“$\wedge$”表示，与集合中的交“$\cap$”相对应，如 $P \wedge Q$ 表示他爱好英语和日语。

这种连接方式又称为“舍取”，即两个命题必须同时成立。

“非”：在原命题符号上加一横线表示，也称“否定”，它跟集合的补集相对应。如 $\overline{P}$ 表示他不爱好英语。

“如果……那么……”：用符号“$\rightarrow$”表示，是推断的意思，它跟集合中的包含“$\subset$”相对应，例如，如果$\triangle ABC$ 是等边三角形，那么$\triangle ABC$ 是等腰三角形。这种命题的连接方式又称蕴涵。

“当且仅当”：用符号“$\Leftrightarrow$”（或用“$\leftrightarrow$”）表示，它表示两个命题等价。

（2）谓词演算（谓词逻辑）

一个命题通常由主语和谓词两部分组成，主语一般是可以独立存在的具体的或抽象的实体。用以刻画实体的性质或关系的即为谓词，用谓词表达的命题必须包括实体和谓词两个部分。用大写字母表示谓词，用小写字母表示实体名称。例如，谓词 P 表示“是接通的”，实体 e 表示“开关”，则“开关是接通的”可表示为 $P(e)$。

称 $P(e)$ 为一元谓词，它表示“e 是 P”。一元谓词通常表达了实体的性质。表示两个实体关系的命题，如“c 等于 b”，可表达为 $Q(c, b)$，这里 Q 表示等于，$Q(c, b)$ 称为二元谓词。多元谓词表达了实体之间的关系，如 $R(x_1, x_2, \cdots, x_n)$ 称为多元谓词。

为了对谓词加以限定，引用两个量词：“$\forall$”称为全称量词，表示“所有的”；“$\exists$”称为存在量词，表示“存在一个”。例如，利用上面一元谓词 $P(e)$，则 $(\forall e)P(e)$ 表示“所有的开关都是接通的”，而 $(\exists e)P(e)$ 表示“存在一个开关，开关是接通的”。

用命题逻辑表示知识有一定的局限性，而用谓词逻辑可以表达用命题逻辑难以表达的事情。

(3) 知识的谓词逻辑表示举例

为了说明知识的逻辑表示方法，这里举出几个简单例子。

【例 2-1】 试用逻辑公式表示下列命题：任何整数或是正的或是负的。

解：设 $I(x)$ 表示 "x 是整数"，$P(x)$ 表示 "x 是正数"，$N(x)$ 表示 "x 是负数"。于是根据给定命题，可以用谓词逻辑公式表示如下：

$$(\forall x)(I(x) \rightarrow (P(x) \vee N(x))) \tag{2-1}$$

【例 2-2】 用逻辑公式表示数学分析中极限的定义：任给正数 ε，则存在正数 δ，使得当 $0 < |x-a| < \delta$ 时有 $|f(x)-b| < \varepsilon$，则称：

$$\lim_{x \to a} f(x) = b \tag{2-2}$$

解：设 $P(x,y)$ 表示 "x 大于 y"，$Q(x,y)$ 表示 "x 小于 y"，则上述极限的定义可表示为：

$$(\forall e)(\exists \delta)(\forall x)(((P(\varepsilon,\ 0) \rightarrow P(\delta,\ 0)) \wedge Q(|x-a|,\ \delta))) \rightarrow Q(|f(x)-b|,\ \varepsilon) \tag{2-3}$$

(4) 逻辑表示法的特点及应用

知识的逻辑表示模式具有公理系统和演绎结构，前者说明什么关系可以形式化，后者即推理规则集合，因此，逻辑表示的演绎结果都保证正确，知识的其他表示方法目前尚未达到这种程度；其次，知识逻辑表示的演绎可以完全机械化，程序可以从现有的陈述句中自动确定知识库中某一新语句的有效性。

应该指出，形式逻辑系统本身表示范围的有限性限制了它表达知识的能力。此外，由于其表达内容和推理过程截然分开，导致处理过程变长，因而工作效率变低。另外，对于一些元知识以及高层次的知识，原则上可以用逻辑表示，但实现起来存在很多困难。

2. 语义网络表示法

语义网络表示法是一种表达能力强而且灵活的知识表示方法，最初是由奎廉（Quillion，1966 年）在他的博士论文中提出来的。所谓语义是指语言学符号和表达式与它所描述对象之间的关系。语义网络能较好地表现人类记忆的机能，故也叫作联想网络，表示形式上是一个带标识的有向图，由一组结点和有向边组成。结点表示各种事物、概念、属性和知识等；有向边表示各种语义联系，指明其所连接的两个结点之间的某种关系。结点和边的标识是用来区别不同对象和对象之间不同的语义联系。一般地说，语义网络中的结点还可以是一个更细分的语义子网络。

语义网络上的结点往往采用具有若干属性的关系表示，由结点引出的带标识的短线（即有向边）表示该关系的属性值。有向图中下一层次的结点能继承、修改或补充上层结点的属性值。因此语义网络能较好地表示对象之间的继承和变异，特别适合于表达分类学的知识以及其间的复杂推理关系。例如美国斯坦福大学国际人工智能研究中心（SRI）研制的 PROSPECTOR 系统中，就采用了语义网络表示法表现矿石和岩石的各种分类关系，如图 2-3 所示。图中的方框为结点，表示了岩石及矿石的各种属性，它们通过标识的有向边，即子集关系和元素集合关系，清楚地表达了岩石、矿石的分类关系。

语义网络也是一种结构化的知识表示方法，不仅易于表示简单的事实，而且易于表示复杂的结构，为许多专家系统所采用。它的最大优点是提供了检索信息的索引，各结点之

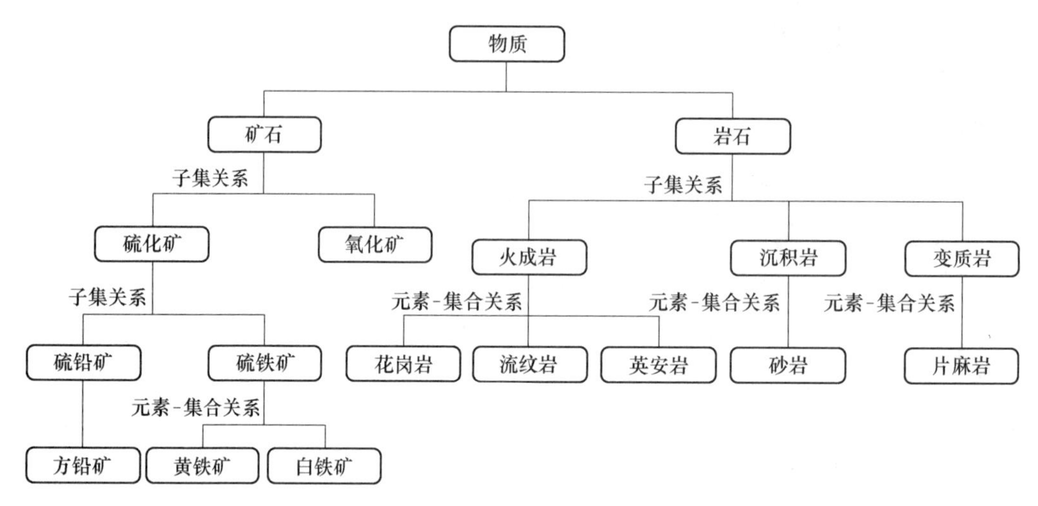

图 2-3　岩石与矿石关系网络

间的重要联系以明确简洁的形式表达出来，通过连接的各向量容易找出与某一结点有关的信息，这种自索引能力可有效地避免搜索所遇到的组合爆炸问题。其缺点是对处理它们的程序没有具体规定，语义网络所表达的信息完全依赖于处理程序对它们的解释，故与逻辑表示法相比，这种表示法不能确保结论正确。

3. 产生式表示法

产生式是 1943 年 E. Post 根据串替换规则提出的一种计算模型，其中每一条规则称为一个产生式。

在专家系统中将专家的知识利用规则集合表示，每一条产生式就对应一个知识模块的一条规则，一般写成：如果……则……的形式，即：

$$\text{IF } a \text{ THEN } b \tag{2-4}$$

或

$$a \rightarrow b$$

其中 a 称为前提（条件，前件），b 称为结论（行动，后件）。

通常前提是若干个项目的逻辑积，其一般表示形式为：

$$\text{IF } a_1 \text{ AND } a_2 \text{ AND} \cdots a_n \text{THEN } b_1,\ b_2,\ \cdots,\ b_m \tag{2-5}$$

上述产生式规则同用一组模糊条件语句，描述的规则形式是相同的。

知识的产生式表示法与人的思维接近，人们易于理解其内容，便于人机交换信息。此外，由于产生式表示知识的每条规则都有相同的格式，所以规则的修改、扩充或删减都比较容易，且对其余部分影响小。这种表示法的缺点是求解复杂问题时控制流不够明确，难以有效匹配而导致效率低。知识的产生式表示方法在模糊控制、智能控制及专家系统中获得了广泛的应用。

4. 新一代专家系统的知识及其表示

传统的专家系统，通常称为第一代专家系统。传统专家系统的知识主要是人类专家求解某领域的专门知识、经验和技巧的形式化，这正是“专家系统”术语的最初含义所在。

这种知识以认知心理学模型为基础，被称为启发式知识。这种知识适合于用规则、框架等方法表示。专家的专门知识是极其宝贵的，是专家多年实践经验的总结和概括，是该领域高层次知识。这种知识的突出优点是容易表示，推理简单。搜索效率高，特别符合实时性要求。因此被大多数专家系统所采用，且对专家系统乃至人工智能的发展和应用起到了积极的推动作用。

但是，单一的启发式知识和基于规则的表示也限制了专家系统的进一步发展。因为，启发式知识往往是不完备的或不一致的。基于这种知识，在某种情况下，可能得到不正确的解或无法求得有效解。另外，即使获得了正确的解，由于专家系统求解的结果缺乏有说服力的解释，使系统的用户对其缺乏信任感，于是，在基于认知心理学模型基础上，人们提出了综合认知心理学模型，定性物理模型等定性知识表示方法以及综合定性模型和定量物理模型的知识表示方法，从而将专家系统的研究推进到一个新阶段，出现了新一代专家系统。

定性知识，除了对基于认知心理学模型启发式知识的规则、框架等表示法外，还有基于神经元网络模型、定性物理模型、可视化模型等知识的各种表示法。下面分别予以简要的介绍。

（1）神经元网络模型

人工智能学者对神经元网络的研究在20世纪80年代取得重大进展，迅速被广泛应用，神经元网络以具有非线性特性的神经元为结点，以及结点的相互连接所构成。神经元网络是一种基于并行计算的分布式结构网络。并行计算是指网络对所有目标同时进行计算。分布式结构是指信息分散在整个网络内部，每个结点及其连接上只表达一部分信息，而不是表达某个具体概念。知识以每个神经元的特性和神经元间连接的权值形式分布式地隐式存储，而以网络输入与输出间的对应关系而显示的表达。一个神经元网络可以表达大量的知识。例如，网络有N个神经元输入结点，M个输出结点，每个输入、输出均以二值逻辑表示，则该网络可以表达知识的实例数为2^N个，而分类数为2^M个，神经元网络在一定程度上模拟了专家凭直觉来解决局部不确定性问题。

（2）定性物理模型

人工智能对于实际世界的结构和行为不是以实数形式的物理量描述，只是定性的描述它们如升高、减少、不变等，称这种模型为定性物理模型。定性物理模型仅仅在各物理量本身的描述上表现出不确定性，而在物理量之间的关系描述上却是精确的。从知识表示角度看，定性物理模型不同于启发式的心理模型，后者更强调直觉，只关心专家的经验知识，这对复杂对象的描述是不够的。从专家系统的整体看，定性物理模型在推理精度和解释能力方面都优于启发式心理模型。

定性物理模型的知识表示包括结构描述、行为描述和仿真。结构描述用一个网络表示，网络的结点表示物理量，结点间的连接表示物理量间的关系。行为描述则是在不同的输入值下获得结点值的表示。仿真的任务是根据一组规则（附在相应的连接上）表示特定结构下结点值的传播，即仿真是将结构描述转化为行为描述的操作（或推理）。

（3）可视化知识模型

可视化知识模型是用图形来表达知识。它是将上述的三种知识模型图视化的一种辅助知识表示方法。这种知识表示法具有更直观更集中的特点。图形大体上可以分为三类：

1）表达抽象意义，如树状图等；2）表达物理实体的示意图，如流程图、框图、电路图等；3）图像性质的图，如曲线图、直方图等。前两类图形对应于基于启发式的心理模型和定性物理模型，而神经元网络模型对应于第三类图形。

可视化知识模型可作为专家系统的重要工具，它不仅使专家系统建立信任感，而且可以通过对推理的解释发现知识库的不一致性和不完备性。另外，可以利用图形编辑，指导知识获取的进程。

定量物理模型知识表示法，主要是用数学模型建立实际世界物理量间的关系，包括代数方程、微分方程、差分方程、传递函数等。严格地说，定量物理模型不属于人工智能的研究范畴。但是近几年，在新一代专家系统研究中，有一种把定性模型与定量模型综合运用的趋势，形成了对定性/定量推理方法的试探性研究的新课题。

5. 知识的综合集成表示

智能控制的对象往往是复杂的且具有某种不确定性，因此，智能控制系统本质上就是非线性动态系统。虽然已介绍了许多种知识的表达方法，但是试图利用一种方法是难以有效地表达智能控制系统的各种知识，所以，研究知识的综合表达方式对智能控制的研究和系统设计具有重要意义。

知识是人们对客观事物规律性认识的一种表现形式，实际上它是人们思维方式的反映。所以，在各种各样的知识表达方法中，反映了抽象逻辑思维和直觉形象思维的特点，比如谓词逻辑表示法、时序逻辑表示法和 Petri 网表示法等都属于知识的逻辑表示，反映了人们利用抽象的概念及其符号表示知识的逻辑思维特点；而知识的定性模型表示以及计算机控制系统中出现的各种图形、曲线、流程图等都属于直观表示的范畴，反映了人们形象思维的特点。

一般说来，知识的逻辑表示法善于表现抽象的、定量的、显现的知识，而知识的定性模型表示法善于表现直观的、定性的、隐现的知识；前者善于表现理论知识，而后者善于表示专家的经验知识，即深层次的知识等。在智能控制系统中，为了既能表现变量的定量信息及它们之间的规律性知识，又能表现专家解决问题的经验及其控制策略以及表现动态系统中状态变量的发展变化趋势等，必须把知识的定量和定性表示结合起来，建立系统的定性定量综合集成的模型。图 2-4 描述了一个定性定量综合集成建模的过程。它可以划分为三个部分：定量描述、定性表达和定性定量综合集成，三个部分分别如图中三个点划线框（1）（2）（3）中所示的部分。

定性定量综合集成表达知识的关键问题在于定性表示和定量表示之间的“接口”问题，这种接口指它们之间的转换，包括时间（时序）匹配、空间（论域）匹配、量值匹配、关系及约束的匹配。系统最终的定性定量综合集成表示模型的知识结构，本质上是若干个带有约束条件的非线性描述的组合，这里的非线性描述是广义的，它既包括定量解析描述、模糊关系描述等，又包含定性值符号项，定性值组合等有关对动态行为的描述。

2.2.3　知识的获取

知识获取就是把用于求解专门领域问题的知识从拥有这些知识的知识源中抽取出来，并转换为特定的计算机表示。知识源包括人类专家、教科书、数据库及人本身的经验。计

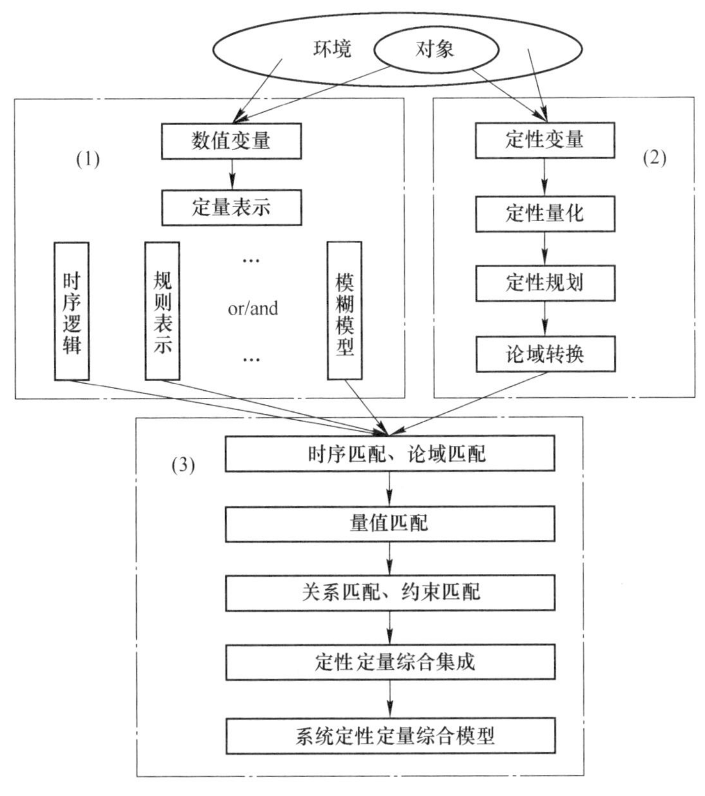

图 2-4 定性定量综合建模

算机表示有产生式表示、谓词逻辑表示、语义网络表示、框架表示等。

通常，知识源的知识并不以一种现成的表示形式而存在。因此，作为知识获取主体的知识工程师不得不通过自己的努力来抽取和表示所需要的知识。会谈、试验、数据采集和分析归纳是构成知识抽取的几个主要步骤。会谈是指知识工程师直接与领域专家对话，把专家的专门知识和经验抽取出来；试验是指知识系统对一定数量的问题进行试探性解答；数据采集则是对问题的基本特征、求解问题所采用的方法或策略的记录，以及求解结果的收集与整理；分析归纳是指在前几步的基础上，去粗取精、去伪存真，归纳总结出用于问题求解的事实、过程和判定规则。图 2-5 是知识获取定义的直观说明。

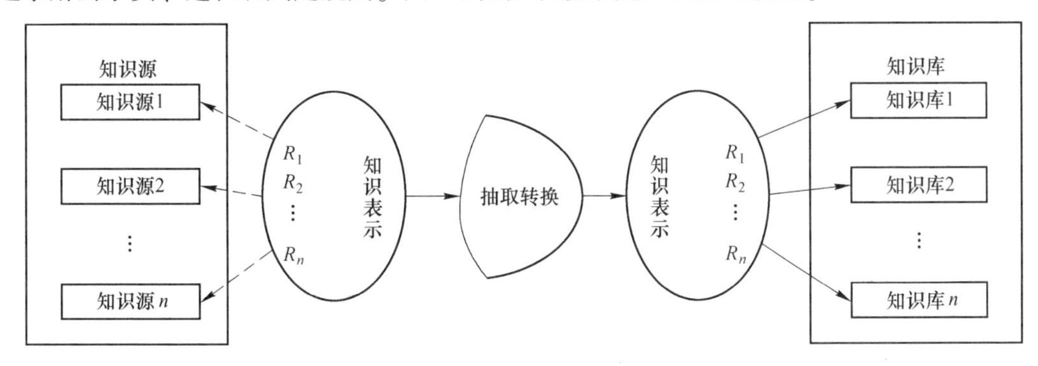

图 2-5 知识获取示意图

1. 知识获取的任务

根据专家系统的总体要求和知识获取的定义，知识获取的任务可归结为：

（1）对专家或书本等知识源的知识进行理解、认识、选择、抽取、汇集、分类和组织。

（2）从已有知识和实例中产生新知识，包括从外界学习新知识。

（3）检查和保证已获取知识的一致性和完整性。

（4）尽量保证已获取知识的无冗余性。

2. 知识获取的方法

从不同的角度出发，知识获取方法有不同的分类，这里将给出几种常见的分类方法。

（1）按照基于知识系统本身在知识获取中的作用来分类，知识获取方法可分为主动型知识获取和被动型知识获取两类。主动型知识获取是系统根据领域专家给出的数据、资料、案例分析等，利用诸如归纳程序之类的工具软件直接自动获取或产生知识并装入知识库内。主动型知识获取可用图 2-6（a）来表示。被动型知识获取则通过知识工程师并可采用知识编辑器之类的工具，把知识源拥有的知识传授给系统的知识库之中。被动型知识获取可用图 2-6（b）来表示。

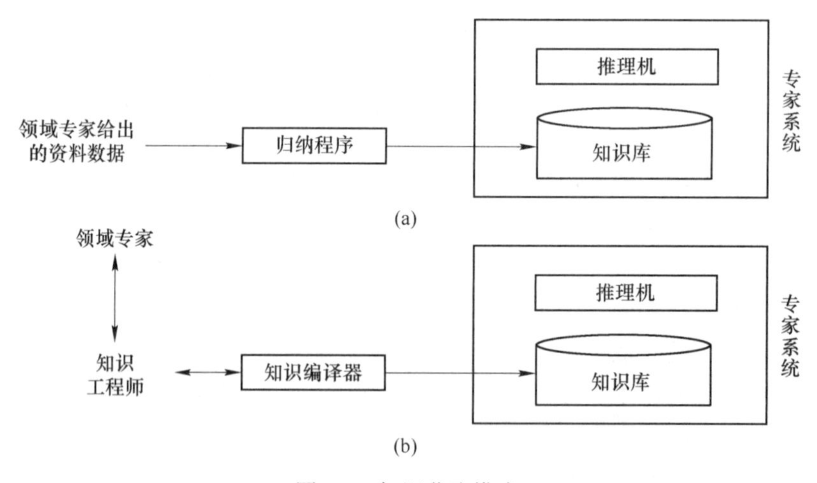

图 2-6　知识获取模式

（2）按基于知识系统获取知识的工作方式分类，可分为非自动型知识获取和自动型知识获取两种。

非自动型知识获取是指知识的获取所完成的全部或大部分任务由人工编制并输入知识库。根据人工操作的程度，又可分为两种模式，即原始模式和高级模式。

原始模式知识获取是指由知识工程师从领域专家那里抽取领域知识，并把它转换为系统表示形式，最后由系统程序设计员把它进一步表示成计算机语言的形式送入知识库中。对于知识库的测试、修改和确认是在知识工程师的控制下，专家与系统之间交互进行的。早期专家系统的知识库大多采用这一模式建立的。图 2-7（a）给出了知识获取的原始模式。

高级模式是指领域专家在一专门编辑系统的帮助下，按事先约定的格式，将专门知识通过键盘等输入手段，送入知识缓冲器。编辑系统对缓冲器的知识进行编辑，检查语法和语义方面的错误。若发现问题，报告专家，由专家作相应的修改，这一过程重复进行，直至系统确认没有问题为止。目前，建造专家系统大多采用原始模式与高级模式二者相结合的知识获取模式。图 2-7（b）给出了知识获取的高级模式。

自动型知识获取是指知识获取中的一切处理完全由系统自动完成。例如，输入是一段讲话、一本书或资料、一个景物等，输出的便是从中抽取出来的知识。这里涉及语音识别、文字识别、景物分析、自然语言理解等方面的许多难题。至今，自动型知识获取的系统尚未出现。图 2-7（c）给出了自动型知识获取的模式。

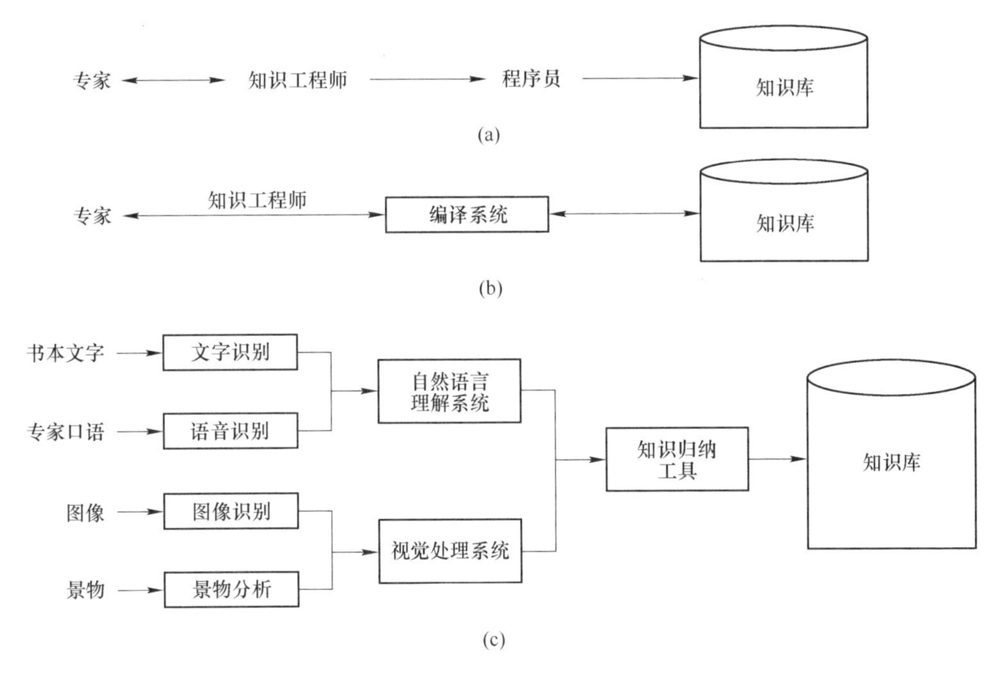

图 2-7 知识获取模式

（3）按知识获取的策略分类，可分为会谈式、案例分析式、机械照搬式、教学式、演绎式、归纳式、类比式、猜想验证式、反馈修正式、联想式和条件反射式等。

2.3 不确定推理

在专家系统中，把领域知识表示成必然的因果关系、逻辑关系，推理的结论是肯定的，这种推理称为精确推理。除此以外，更重要的是以专家的经验知识对不确定的事实，根据不充分的证据和不完全的知识进行推理，这种推理称为不确定推理。应该指出，所谓不确定推理不是要使推理变得不精确，而是在采用目前已有的精确推理方式无法进行推理的情况下，提供了一种推理方式，以便得到更加精确的推理结论。

不确定推理又称非精确性推理，这种推理方法的核心问题是在推理过程中，如何处理专家知识的不确定性和推理证据的不确定性，并给出这些不确定性在推理过程中的传播规律。

2.3.1 知识的不确定性

专家系统中的不确定性表现在三个方面，第一是证据或事实的不确定性，第二是规则的不确定性，第三是推理的不确定性。

1. 证据的不确定性

证据或事实的不确定性主要反映在以下几方面。

（1）证据的歧义性

证据的歧义性是指证据可具有多种含义明显不同的解释，如果离开证据所在环境和证据的上下文，往往难以确定其真正的含义。例如，“同意总理开会”，一般理解为某人赞同总理去开会，但也可以理解为某人陪同意大利总理去开会。又如“I saw a man with a telescope”，既可理解为“我看见一个带着望远镜的人”，也可理解为“我用望远镜看见一个人”。

歧义的消除是机器翻译和自然语言理解要着重解决的问题。在专家系统中，证据的歧义性要在知识获取阶段中消除掉，通过与专家交谈来了解可能引起歧义的证据的确切含义，并用不会引起歧义的语言来表达证据。

（2）证据的不完全性

证据的不完全性有两方面的含义，一是证据尚未收集完全；二是证据的特征值不完全。任何一个专业领域的知识都是发展变化和不断积累的，因此，领域专家的大部分决策都是在知识不完全的情况下做出的。例如，在经济预测中，市场信息瞬息万变，要获得全部完整的信息才做出决策几乎是不可能的。

（3）证据的不精确性

证据的不精确性是指证据表示的值与证据的真实值之间存在一定的差异。例如，某人的身高大约是1.70米，这里，“大约是1.70米”就是不精确的表示。这种证据的不精确性与因测量误差引起的数据不精确性不是同一概念，这种证据的不精确表示是智能问题的本质特征，这正是专家系统不确定推理的一个重要的研究对象。

（4）证据的模糊性

证据的模糊性是指证据的取值范围的边界是模糊的、不明确的。例如，“年轻”就是一个模糊的概念，很难具体指明哪一年龄层次的人为年轻人，其边界是不明确的。证据的模糊性也是智能问题的本质特征。

（5）证据的可信性

证据的可信性是指专家主观上对提出的证据可靠性的信任程度。如果证据不是完全可信任的，那么，在进行决策时，对这样的证据要打一定的折扣并经过综合处理后才能使用。

（6）证据的随机性

证据的随机性是指证据是随机出现的。例如，某张牌分发给某人是随机的。

证据的上述不确定性没有完全包括客观世界中不确定性所具有的丰富内涵，它们相互之间的区分也不是绝对的。

2. 规则的不确定性

专家系统的知识库中包含大量的启发式知识，这些知识来源于领域专家处理问题的知识和经验。既然领域专家的知识和经验是不确定的，因而，知识库中的规则也就必然具有不确定性。

产生式规则的不确定性主要有以下几个方面：

(1) 构成规则前件模式的不确定性

例如，有一条产生式规则："如果患者发高烧且常流清鼻涕，则患者感冒"。这条规则的前件有两个模式，即"发高烧"和"常流清鼻涕"，这两个模式都是模糊的概念，难以明确指明"发高烧"的体温值边界和发烧的时间值边界，也难以明确指明"清鼻涕"的鼻涕浓度值边界和"常流"的时间值边界。

(2) 观察证据的不确定性

例如，患者发高烧的体温观察值并不是恒定的。晚上可能是39℃，早上可能是38.5℃。这种证据的观察值的不精确性被用于推理时，与"发高烧"的模式进行模式匹配的结果也就与模式的真实含义之间存在一定的差异。

(3) 规则前件的证据组合的不确定性

例如，有一位患者的体温一直都是40℃，流清鼻涕，但并不是常流清鼻涕，那么，这两个证据组合起来在多大程度上符合规则前件的条件，也包含着不确定性。

(4) 规则本身的不确定性

上述产生式规则是从发高烧且常流清鼻涕引出感冒的结论。实际上，判断一位患者是否患有感冒还会有其他的证据；另外，发高烧和常流清鼻涕也会是患有其他疾病的证据。因此，领域专家对这一条规则持有某种信任程度。也就是说，每一条规则并不都具有100%的信任程度，这就是规则的不确定性，或称为规则强度。

(5) 规则结论的不确定性

由于规则的前件包含有各种不确定性因素，运用不确定的规则，导出的结论也就不可避免的是不确定的。由于上述产生式规则引出的结论应是"患者可能感冒"，这是一个不确定的结论，但更符合领域专家的判断。

此外，在规则使用过程中，还有两种典型使用规则的不确定性。第一种不确定性是：在推理过程中，若有多条规则可用时，则需要通过冲突消解从多条可用规则中选择一条规则激发。冲突消解策略包含有使用规则的不确定性。第二种不确定性是：在反向推理过程中，若有多个假设需要通过推理来验证时，先选择哪一个假设进行反向推理验证同样包含有使用规则的不确定性。使用规则的不确定性与使用规则的控制策略有关，它比一个证据、一条规则和一步推理所包含的不确定性更为复杂。

3. 推理的不确定性

推理的不确定性是指：由于证据的不确定性和规则的不确定性在推理过程中的动态积累和传播从而导致推理结论的不确定性。因此，需要采用某种不确定性的测度，并能在推理过程中来传递和计算这种不确定性的测度，最终得到结论的不确定性测度。

在不确定推理中，不确定性测度的计算有以下三种基本的计算模式。

（1）证据组合的不确定性测度计算模式

已知证据 e_1，e_2，…，e_n的不确定性测度为 MU_1，MU_2，…，MU_n，求出逻辑组合的不确定性测度 MU。

证据的逻辑组合有三种基本形式。因此，证据逻辑组合的不确定性测度分别为：

1）证据的合取组合的不确定性测度

e_1，e_2，…，e_n的合取组合为 $e_1 \wedge e_2 \wedge \cdots \wedge e_n$，$n$ 个证据合取组合的不确定性测度为 $MU = f(MU_1, MU_2, \cdots, MU_n)$。

2）证据的析取组合的不确定性测度

e_1，e_2，…，e_n的析取组合为 $e_1 \vee e_2 \vee \cdots \vee e_n$，$n$ 个证据析取组合的不确定性测度为 $MU = g(MU_1, MU_2, \cdots, MU_n)$。

3）证据的否定不确定性测度

证据 e_i的否定为 $\bar{e_i}$，证据 e_i的否定不确定性测度为 $MU = n(MU_i)$。

更复杂的证据逻辑组合都可由上述三种基本组合来表示，其不确定性测度可由上述三种基本组合的不确定性测度的计算得出。

（2）并行规则的不确定性测度计算模式

已知有多条规则 IF e_i THEN h 有相同的结论 h，各条规则的不确定性测度为 MU_i，$i=1, 2, \cdots, n$。若 n 条规则都被满足，那么，结论 h 的不确定性测度为 $MU = p(MU_1, MU_2, \cdots, MU_n)$。

这一计算模式也称为并行法则。并行法则给出了推理过程中有多条路径导致同一结论的情况下，由规则的不确定性而导致结论的不确定性测度的计算模式。

（3）顺序（串行）规则的不确定性测度计算模式

已知两条规则 IF e THEN e'和 IF e' THEN h 的规则不确定性测度分别为 MU_1和 MU_2，那么，规则 IF e THEN h 的规则不确定性测度为 $MU = s(MU_1, MU_2)$。

这一计算模式也称为顺序法则。顺序法则给出了规则不确定性在推理链中传播的计算模式。

对于一个专家系统，一旦给定上述三种计算模式的不确定性测度计算方法，即给出f、g、n、p、s 的具体计算方法，那么，就可获得证据不同组合的不确定性测度值，并根据在推理过程中使用规则的情况，由并行法则和顺序法则最终得出结论的不确定性测度值。专家系统中的不确定性推理就是上述三种计算模式的组合。但是，在不同的专家系统中，不确定性测度的计算方法可以不同。根据不确定性测度计算方法的不同，不确定推理可以有基于概率理论的不确定推理、基于可信度理论的不确定推理和基于模糊理论的不确定推理等。

不确定性是智能问题的本质特征，无论是人类智能还是人工智能，都离不开不确定性的处理。可以说，智能主要反映在求解不确定性问题的能力上。因此，不确定推理模型是人工智能与专家系统的一个核心研究课题。

4. 不确定性的量度

在知识的表示和推理过程中，不同知识和不同证据的不确定性程度一般是不同的。推理所得结论的不确定性也会随之变化，需要用不同的数值对它们的不确定性程度进行表示，同时还需对它们的取值范围进行规定。只有这样，每个数值才会有确切的含义。不确定性的量度就是指，用一定的数值来表示知识、证据和结论的不确定程度。在确定一种量度方法及其范围时，应注意以下几点：

（1）量度要能充分表达相应知识及证据的不确定性程度。

（2）量度范围的指定应便于领域专家及用户对证据或知识不确定性进行衡量估计。

（3）量度要便于不确定性的推理计算，而且所得到的结论的不确定值应落在不确定性量度所规定的范围之内。

（4）量度的确定应当是直观的，同时应当有相应的理论依据。

2.3.2　不确定推理

1. 不确定推理的一般描述

不精确推理问题可做如下抽象描述，在基于产生式系统表示知识的情况下，专家的知识可表示为：

$$\text{IF } A \text{ THEN } B\ f(B,A)$$

即 $A \xrightarrow{f(B,A)} B$，其中 A 表示规则的前提条件，它可以是原子命题，也可以是复命题。B 表示规则的结论，也是一个命题。

$f(B,A)$ 是一个函数，它表示 A 为真时，B 为真的程度，它刻画了知识的不确定性，称 $f(B,A)$ 为规则强度。规则强度一般由领域专家主观给出。证据 A 的不确定性用 $C(A)$ 表示，它刻画了证据 A 为真的程度。

对于任何一种不精确推理模式，都要确定下述 6 个问题：

（1）刻画规则的不确定性 $f(B,A)$，并定义其最大值、最小值和单位元

若 A 为真时 B 为真，则 $f(B,A)$ 为最大值；

若 A 为真时 B 为假，则 $f(B,A)$ 为最小值；

若 A 对 B 无影响，则 $f(B,A)$ 为单位元。

（2）刻画证据 A 的不确定性 $C(A)$，并定义其最大值、最小值和单位元

若 A 为真，则 $C(A)$ 为最大值；

若 A 为假，则 $C(A)$ 为最小值；

若 A 未知，则 $C(A)$ 为单位元。

（3）在推论得知 A 的不确定性 $C_2(A)$ 后，如何更新 A 的原有不精确性 $C_1(A)$，并求出新的 $C(A)$。

（4）如何根据 $C(A)$ 和 $f(B,A)$ 求 $C(B)$。

（5）定义 g_1，使 $C(A_1 \text{ AND } A_2) = g_1(C(A_1),C(A_2))$。

（6）定义 g_2，使 $C(A_1 \text{ OR } A_2) = g_2(C(A_1),C(A_2))$。

在各种实际应用领域中，严格精确的和确定的知识并不多见，大量的知识是不精确的和不确定的，需要采用不确定推理或称为不精确推理对不确定知识进行处理。可以说，不确定性是智能问题的本质特征，因此，智能系统的能力更主要反映在求解不确定性问题的能力上。

2. 不确定性推理方法

可从形式上和推理上对不确定性推理方法进行分类，如图2-8和图2-9所示。

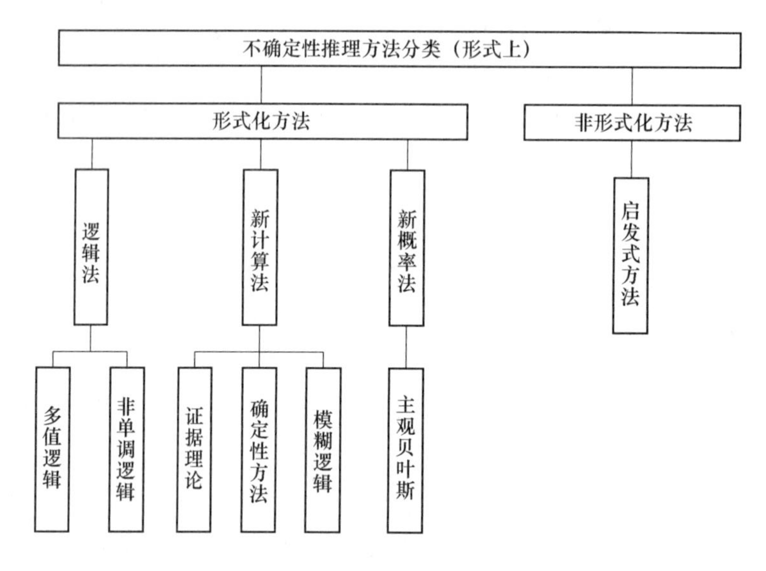

图2-8　不确定性推理方法分类1

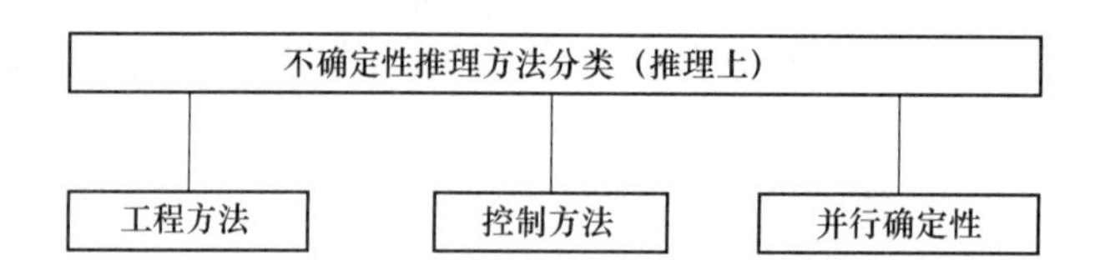

图2-9　不确定性推理方法分类2

（1）概率推理——主观Bayes方法

主观Bayes方法是由Duda等人在1976年提出的，并于1978年成功地应用于PROSPECTOR专家系统。

主观Bayes方法的基础是概率论中的Bayes公式，即：

$$P(H|E)=P(E|H)P(H)/P(E) \tag{2-6}$$

式中，$P(H)$ 为断言的先验概率，$P(H|E)$ 为断言的后验概率。

因为先验概率难以确定，加之证据间的独立性难以满足，所以主观Bayes方法是利用新的信息将先验概率 $P(H)$ 更新为后验概率 $P(H|E)$ 的计算方法。

为简单起见，以证据是确定的情况为例介绍主观Bayes方法的基本算法。

已知 $P(E)=1$ 或 $P(E)=0$，对于下列规则：

IF E THEN H

当 E 为真时，由式（2-6）将先验概率 $P(H)$ 更新为后验概率 $P(H|E)$，进而可得：

$$P(\overline{H}|E)=P(E|\overline{H})P(\overline{H})/P(E) \tag{2-7}$$

用式（2-6）除以式（2-7）可得：

$$\frac{P(H|E)}{P(\overline{H}|E)}=\frac{P(E|H)}{P(E|\overline{H})}\frac{P(H)}{P(\overline{H})} \tag{2-8}$$

为简便起见，定义概率函数 $\Theta(x)$ ：

$$\Theta(x)=\frac{p(x)}{1-p(x)} \tag{2-9}$$

则有：

$$p(x)=\frac{\Theta(x)}{1+\Theta(x)} \tag{2-10}$$

由式（2-10）不难看出，若 $\Theta(x_1)<\Theta(x_2)$，则有 $P(x_1)<P(x_2)$；反之亦然。

$\Theta(H)$ 称为断言的先验概率，$\Theta(H|E)$ 称为断言的后验概率。因为 $P(x)\in[0,1]$，故 $\Theta(x)\in[0,+\infty)$。

再定义：

充分性度量：

$$LS=P(E|H)/P(E|\overline{H}) \tag{2-11}$$

必要性度量：

$$LN=\frac{P(\overline{E}|H)}{P(\overline{E}|\overline{H})}=\frac{1-P(E|H)}{1-P(E|\overline{H})} \tag{2-12}$$

利用式（2-9）及式（2-11），式（2-8）可变为：

$$\Theta(H|E)=LS\cdot\Theta(H) \tag{2-13}$$

利用式（2-13），当 E 存在时，可将先验概率函数 $\Theta(H)$ 更新为后验概率函数 $\Theta(H|E)$。

同理，当证据 E 肯定不存在时，即 $P(H)=0$ 时，可求得：

$$\Theta(H|\overline{E})=LN\cdot\Theta(H) \tag{2-14}$$

当 E 不存在时，利用式（2-14）可将先验概率 $\Theta(H)$ 更新为后验概率 $\Theta(H|E)$。

由式（2-13）可以看出，LS 越大，$\Theta(H|E)$ 也越大，由式（2-10）可得 $P(H|E)$ 也越大，即说明 E 对 H 的支持越强。当 $LS\to\infty$ 时，$\Theta(H|E)\to\infty$ ，$P(H|E)\to1$，表明 E 存在导致 H 为真，因此说 E 对 H 是充分的，故称 LS 为充分性度量。当 $LS=1$ 时，说明 E 与 H 无关；当 $LS<1$ 时，E 的存在使 H 存在的可能性下降；当 $LS=0$ 时，说明 E 存在，H 为假。

同时，由式（2-14）可以看出，LN 反映了 $\overline{E}$ 的出现对 H 的支持程度。当 $LN=0$ 时，$\Theta(H|\overline{E})=0$，表明 E 不存在，导致 H 为假，因此说明 E 对 H 是必要的，故把 LN 称为必要性度量。因此，在主观 Bayes 方法中，规则变为如下形式：

IF E THEN（LS，LN）H

其中三个参数 LS、LN 和 $\Theta(H)$ 要由领域专家给出，按式（2-13）、式（2-14）算出后验概率，然后按式（2-10）可计算出后验概率 $P(H|E)$。

在主观 Bayes 方法中，概率的传递是利用公式计算的，所以比较简单，但需注意，各断言间必须严格保持独立性。

（2）可能性理论

Zadeh 于 1965 年创立的模糊集合论，提出了隶属函数的重要概念，并用它刻画由于事物概念外延的模糊而造成划分上的不确定性，即模糊性。利用模糊逻辑进行推理又称模糊推理、近似推理等。

1978 年 Zadeh 又提出了可能性理论，阐述了随机性与可能性的区别。关于这个问题，有一个汉斯吃鸡蛋问题的例子：

假设汉斯每天早晨都要吃鸡蛋，“可能性”就是他“能够”吃若干个鸡蛋，而“随机性”却是他吃多少个鸡蛋的“概率”。

论域 $U=\{1, 2, 3, 4, 5, 6, 7, 8\}$，$u \in U$，根据汉斯吃鸡蛋的实际情况，他吃 u 个鸡蛋的可能性 $\pi(u)$ 和概率 $P(u)$ 见表 2-1。

表 2-1　可能性 $\pi(u)$ 和概率 $P(u)$ 的一个对比

u	1	2	3	4	5	6	7	8
$\pi(u)$	1	1	1	1	0.8	0.6	0.4	0.2
$P(u)$	0.1	0.8	0.1	0	0	0	0	0

这里汉斯吃 u 个鸡蛋的可能性，实际是指他的食量大小，食量大小是一个不分明事件或模糊事件，且涉及多种因素。u 从 1 到 4 的可能性是 1，就是判断汉斯的食量一定能吃下这么多个鸡蛋，而 u 从 5 到 8 的可能性逐渐减小。至于概率，原来他吃下 2 个鸡蛋的机会最多，笼统说来，10 次有 8 次是吃 2 个鸡蛋，因此他吃 2 个鸡蛋的概率为 0.8。

从表 2-1 可以看出，对于概率，有：

$$\sum_{u=1}^{\infty} P(u) = 1 \tag{2-15}$$

而对于可能性，就不存在这样的关系式。

可能性是一个复杂的涉及多种因素的概念，但其主要因素是隶属函数。

当需要同时考虑隶属函数和概率时，利用模糊概率加以描述，其运算是把各元素的概率和隶属函数值相乘再相加起来，即：

$$\sum_{i=1}^{n} P_i u_i \tag{2-16}$$

下面介绍模糊变量的可能性逻辑运算定义。

设 $\text{Poss}\{x=u\}$ 表示模糊变量 $x=u$ 的可能性，那么定义它的与、或、非的运算分别为：

1）$\text{Poss}\{x=u \text{ AND } y=u\}=\min\{\text{Poss}\{x=u\}, \text{Poss}\{y=u\}\}$

2）$\text{Poss}\{x=u \text{ OR } y=u\}=\max\{\text{Poss}\{x=u\}, \text{Poss}\{y=v\}\}$

3）$\text{Poss}\{x\neq u\}=1-\text{Poss}\{x=u\}$

关于蕴涵逻辑，在可能性理论中有多种规则，下面举出其中 4 种。

设 $a=\text{Poss}(x=u)$，$b=\text{Poss}(y=u)$，则有：

1）$a \to b = \begin{cases} 1 & \text{如果 } a \neq 1 \text{ 或 } b=1 \\ 0 & \text{否则} \end{cases}$

2) $a \to b = \begin{cases} 1 & \text{如果 } a \leqslant b \\ 0 & \text{否则} \end{cases}$

3) $a \to b = \begin{cases} 1 & \text{如果 } a \leqslant b \\ b & \text{否则} \end{cases}$

4) $a \to b = \min(1, 1 - a + b)$

上面四个规则的共同特点是：

$0 \to 0 = 1$

$0 \to 1 = 1$

$1 \to 0 = 0$

$1 \to 1 = 1$

显然，若 a、b 只取 0 或 1 时，以上 4 种逻辑 AND、OR、NOT、IMPLY（蕴涵）都退化为命题逻辑，所以命题逻辑是可能性逻辑的一个特例。

可能性理论的概念在许多专家系统的不确定推理中常常是和其他理论联合使用，例如著名的 MYCIN 系统和 PROSPECTOR 系统中都应用了这种理论。

(3) 确定性理论

MYCIN 是一个著名的医疗咨询专家系统，该专家系统中采用的不精确推理是 Shortliffe 等人于 1975 年提出的。这种推理方法是通过确定性因子 CF(Certainty factor) 的计算，实现的一种不确定性推理。

在 MYCIN 系统中，每一个断言 A 指定一个确定性度量 $CF(A)$，则有：

如果知道 A 为真，则 $CF(A) = 1$

如果知道 A 为假，则 $CF(A) = -1$

如果 A 一无所知，则 $CF(A) = 0$

MYCIN 系统中的知识由规则表示为：

$$\text{IF } E_1 \text{ AND } E_2 \text{ AND } \cdots \text{ AND } E_n \text{ THEN } H(x)$$

其中 $E_i(i = 1, 2, \cdots, n)$ 是证据，H 是一个或多个结论。这个规则的含义是：当证据 E_1 到 E_n 都确实存在时，结论 H 成立的可信度为 x。x 是可信度因子，其值由专家主观给出，且 x 值在 [-1, 1] 范围内。$x>0$ 表示证据存在，x 越大就越增加结论为真的程度；$x=1$ 时，表示证据存在的结论为真；相反 $x<0$ 表示证据存在增加结论为假的可信度，x 越小结论越假；$x=-1$ 表示证据存在结论为假；$x=0$，表示证据和结论之间没有关系。

MYCIN 系统的规则通过反向推理策略被连成推理网络。该系统的不确定推理是在规则前提断言 A 有 $CF(A)$ 且此规则有可信度因子的条件下，解决规则的结论 H 的可信度的计算问题。

1) 几个概念的定义：

①信任增长度 MB

$$MB(H,E) = \begin{cases} 1 & \text{若 } P(H) = 1 \\ \dfrac{\max[P(H|E), P(H)] - P(H)}{1 - P(H)} & \text{否则} \end{cases} \tag{2-17}$$

$MB(H,E)(\geqslant 0)$ 表示因证据 E 的出现而增加对假设 H 为真的信任增长度；$MB(H, E) = 0$ 时，表示 E 的出现对 H 的真实性没有影响，此时或是 E 和 H 相互独立或是 E 否

认 H。

②不信任增长度 MD

$$MD(H,E)=\begin{cases}1 & 若\ P(H)=0\\ \dfrac{\min[P(H|E),P(H)]-P(H)}{-P(H)} & 否则\end{cases} \tag{2-18}$$

$MD(H,E)(\geqslant 0)$ 表示因证据 E 的出现而增加对假设 H 为假的不信任增长度；$MD(H,E)=0$ 表示 E 的出现对 H 为假没有影响，即 E 与 H 是相互独立的或 E 支持 H。

显然，对于同一个证据 E，不可能同时既增加对 H 的信任增长度，又增加对 H 的不信任增长度，故有互斥律：

当 $MB(H,E)>0$ 时，$MD(H,E)=0$

当 $MD(H,E)>0$ 时，$MB(H,E)=0$

③可信度 CF

$$CF(H,E)=MB(H,E)-MD(H,E) \tag{2-19}$$

或

$$CF(H,E)=\begin{cases}MB(H,E)-0=\dfrac{P(H|E)-P(H)}{1-P(H)} & 当\ P(H|E)>P(H)\ 时\\ 0 & 当\ P(H|E)=P(H)\ 时\\ 0-MD(H,E)=\dfrac{P(H)-P(H|E)}{-P(H)} & 当\ P(H|E)<P(H)\ 时\end{cases} \tag{2-20}$$

从可信度 CF 的定义可以看出，它与概率 P 有一定的对应关系，但又有区别。对概率恒有 $P(H|E)+P(\overline{H}|E)=1$；对可信度可以证得 $CF(H,E)+CF(\overline{H},E)=0$。

2）MYCIN 系统不精确推理算法

在 CF 的定义中用到了先验概率 $P(H)$ 和条件概率 $P(H|E)$，实际上，这些数据难以获得。在实际应用中，规则的可信度由领域专家主观给出，而证据的可信度是由用户给出。

根据前提的不同情况，下面分别给出计算结论 H 的可信度方法。

①证据是单个条件的情况

当规则 IF E THEN $H(x)$ 的前提 E 中只有一个证据时（$x=CF(H,E)$），则有：

$$CF(H)=\begin{cases}CF(H,E) & 当\ E\ 肯定存在时\\ CF(H,E)\cdot\max\{0,CF(E)\} & 当\ E\ 以\ CF(E)\ 存在时\end{cases} \tag{2-21}$$

式（2-21）中 $\max\{0,CF(E)\}$ 的意义是：若 $CF(E)<0$，说明这条规则不能用，或者说求出它的 $CE(H)$ 应等于 0。否则，结论 H 的可信度等于规则的可信度乘以证据的可信度。

②多个证据且用 AND 连接的情况

$$\text{IF } E_1 \text{ AND } E_2 \text{ AND} \cdots \text{AND } E_n \text{ THEN } H(x)$$

则 $CF(E)=\min\{CF(E_1),CF(E_2),\cdots,CF(E_n)\}$，然后再根据式（2-21）计算 $CF(H)$。

③多个证据且用 OR 连接的情况

$$\text{IF } E_1 \text{ OR } E_2 \text{ OR } \cdots \text{ OR } E_n \text{ THEN } H(x)$$

则：

$$CF(E)=\max\{CF(E_1),\ CF(E_2),\ \cdots,\ CF(E_n)\} \tag{2-22}$$

同样再根据式（2-21）计算 $CF(H)$。

④两条规则具有相同结论的情况

若有：IF E_1 THEN $H(CF(H,\ E_1))$

IF E_2 THEN $H(CF(H,\ E_2))$

则先利用式（2-21）分别求出：

$$CF_1(H)=CF(H,\ E_1)\cdot\max\{0,\ CF(E_1)\} \tag{2-23}$$

$$CF_2(H)=CF(H,\ E_2)\cdot\max\{0,\ CF(E_2)\} \tag{2-24}$$

再利用下式计算出 $CF_{12}(H)$，即：

$$CF_{12}(H)=\begin{cases}CF_1(H)+CF_2(H)-CF_1(H)CF_2(H) & \text{当 } CF_1(H)>0,\ CF_2(H)>0 \text{ 时}\\ CF_1(H)+CF_2(H)+CF_1(H)CF_2(H) & \text{当 } CF_1(H)<0,\ CF_2(H)<0 \text{ 时}\\ CF_1(H)+CF_2(H) & \text{否则}\end{cases} \tag{2-25}$$

MYCIN 系统中的不确定推理方法的优点是直观，易于掌握，使用效果较好。缺点是计算复杂。

（4）证据理论

这种理论是由 Dempster 提出并由 Shafer 发展的，1981 年，Barnett 将其引进了专家系统。

在证据理论中引入了信任函数（belief function），它满足比概率论弱的公理，能区分“不确定”和“不知道”这两种截然不同的情况。因为在概率论中先验概率不易给出，但又不得不给出，证据理论却能处理这种由不知道而引起的不确定性。当概率值已知时，证据理论就变成了概率论，故概率论是证据理论的一个特例。

1）证据的形式描述

设 Ω 是样本空间，领域内的命题用 Ω 的子集 A 表示，令 A 对应一个数 $M(A)\in e[0,1]$，且满足：

$$\begin{cases}M(\varnothing)=0\\ \sum\limits_{A\subseteq\Omega}M(A)=1\end{cases} \tag{2-26}$$

则称函数 M 为命题的基本概率分配函数，而数 $M(A)$ 为 A 的基本概率数。

概率分配函数 M 并不是概率，$M(A)$ 的意义是当 $A\subset\Omega$ 且 $A\neq\Omega$ 时，$M(A)$ 表示对 A 的精确信任程度。当 $A=\Omega$ 时，$M(A)$ 表示这个数不知如何分配。

定义：命题的信任函数 Bel：$2^{\Omega}\to[0,\ 1]$ 为：

$$Bel(A)=\sum_{B\leqslant A}M(B)\text{，对所有的 } A\subseteq\Omega \tag{2-27}$$

其中 2^{Ω} 表示 Ω 的所有子集。

由 M 的定义可导出：

$$Bel(\varnothing)=M(\varnothing)=0 \tag{2-28}$$

$$Bel(\Omega)\sum_{B\subseteq\Omega}M(B)=1 \tag{2-29}$$

定义似然函数 P_1：$2^{\Omega}\rightarrow(0,\ 1)$

$$P_1(A)=1-Bel(\bar{A})\text{，对所有的}A\subseteq\Omega \tag{2-30}$$

可以推得 $P_1(A)\geqslant Bel(A)$，称 $Bel(A)$ 和 $P_1(A)$ 分别为命题 A 的下限和上限，记为 $A[Bel(A),\ P_1(A)]$。该上、下限的大小表明了对 A 的信任程度。如：$A[0,1]$ 说明对 A 一无所知。因为 $Bel(A)=0$ 表明对 A 缺少信任，由 $P_1(A)=1$ 可得 $P_1(\bar{A})=0$，说明对 A 也缺少信任。而 $A[0.25,\ 0.85]$ 说明同时对 A 和 $\bar{A}$ 部分信任。

再利用 $P_1(A)$ 和 $Bel(A)$ 定义 A 的类概率函数 $f(A)$ 为：

$$f(A)=Bel(A)+\frac{|A|}{|\Omega|}\cdot[P_1(A)-Bel(A)] \tag{2-31}$$

可以证明 $f(A)$ 满足如下性质：

① $\sum_{a\in\Omega}f(\{\alpha\})=1$

② $Bel(A)\leqslant f(A)\leqslant P_1(A)$（对任意 $A\leqslant\Omega$）

③ $f(\bar{A})=1-f(A)$（对任意 $A\leqslant\Omega$）

④ $0\leqslant f(A)\leqslant 1$（对任意 $A\leqslant\Omega$）

显然有 $f(\varnothing)=0$，$f(\Omega)=1$

2）证据的组合函数

定义两个概率分配函数 M_1 和 M_2 的正交和 $M=M_1\oplus M_2$ 为：

$$\begin{cases}M(\varnothing)=0\\ M(A)=k\sum_{x\cap y=A}M_1(x)\cdot M_2(y), & \text{当}A\neq\varnothing\text{时}\end{cases} \tag{2-32}$$

其中：

$$k^{-1}=1-\sum_{x\cap y=\varnothing}M_1(x)\cdot M_2(y)=\sum_{x\cap y=\varnothing}M_1(x)\cdot M_2(y) \tag{2-33}$$

如果 $k^{-1}\neq 0$，M 也是一个基本概率分配函数；如果 $k^{-1}=0$，不存在 M，称 M_1 与 M_2 矛盾。

同理，可定义多个 M_n 组合时的正交和为：

$$M=M_1\oplus M_2\oplus\cdots\oplus M_n \tag{2-34}$$

定义为：

$$M(A)=\begin{cases}0 & A=\varnothing\\ k\sum_{\cap A_i=A}\prod_{1\leqslant i\leqslant n}M_i(A_i) & A\neq\varnothing\end{cases} \tag{2-35}$$

其中 $k^{-1}=1-\sum_{\cap A_i=\varnothing}\prod_{1\leqslant i\leqslant n}M_i(A_i)=\sum_{\cap A_i\neq\varnothing}\prod_{1\leqslant i\leqslant n}M_i(A_i)$。

如果 $k^{-1}\neq 0$，M 也是一个基本概率分配函数；否则，M_i 之间是矛盾的。

3）证据理论的不精确推理算法

设 $\Omega=\{S_1,\ S_2,\ \cdots,\ S_n\}$ 为某领域的样本空间，命题 A，B，…是 Ω 的子集，推理规

则定义为：

$$\text{IF } E \text{ THEN } H(CF)$$

其中 E 是某些命题的逻辑组合，H 也是命题的逻辑组合，CF 是可信度因子。

推理规则的形式描述为：(条件部分) → (假设部分)

将条件部分和假设部分以及所有外部输入的数据都称为证据。

①条件部分命题的确定性计算

若 A 为条件备份的命题，在证据 E' 条件下，命题 A 与证据 E' 的匹配程度定义如下：

$$MD(A,\ E') = \begin{cases} 1 & \text{如果 } A \text{ 的所有元素出现在 } E' \text{ 里} \\ 0 & \text{否则} \end{cases} \tag{2-36}$$

推理规则中条件部分命题的确定性 CER 定义为：

$$CER(A) = MD(A,\ E') \cdot f(A)$$

其中 E' 是包括外部输入证据和已证实的命题，f 是类概率函数。因为 $f(A) \in [0,\ 1]$，所以有 $CER(A) \in [0,\ 1]$。

若 $A = A_1 \cap A_2 \cap \cdots \cap A_n$，则 A 的确定性为：

$$CER(A) = \min\{CER(A_1),\ CER(A_2),\ \cdots,\ CER(A_n)\} \tag{2-37}$$

反之，若 $A = A_1 \cup A_2 \cup \cdots \cup A_n$，则：

$$CER(A) = \max\{CER(A_1),\ CER(A_2),\ \cdots,\ CER(A_n)\} \tag{2-38}$$

②假设部分确定性的计算

如果规则 IF E THEN $H = \{h_1,\ h_2,\ \cdots,\ h_k\}$ 具有可信度 $CF = \{c_1,\ c_2,\ \cdots,\ c_k\}$，则基本概率分配函数为：

$$M(\{h_1\}\{h_2\}\cdots\{h_k\}) = \{CER(E) \cdot c_1,\ CER(E) \cdot c_2,\ \cdots,\ CER(E) \cdot c_k\} \tag{2-39}$$

$$M(\Omega) = 1 - \sum_{1 \leqslant i \leqslant k} (CER(E) \cdot c_i) \tag{2-40}$$

根据 M 的定义可求出似然函数 P_1 和信任函数 Bel，进而再求出类概率函数 f 和确定性函数 CER。

若由两条或多条规则支持同一假设 H 时，可用式（2-40）分别求出 $M_i(i = 1,\ 2,\ \cdots,\ n)$，再利用式（2-34）求出 H 的基本概率分布，再求出 $Bel(H)$、$P_1(H)$、$f(H)$ 以及 $CER(H)$，即可作为上层规则前提的确定性。

上述证据理论的不足之处在于证据的独立性不易保证，基本概率分配函数要求给的值太多，计算传递关系复杂，比较难于实现。

2.4 搜索策略

2.4.1 搜索技术概述

搜索是人工智能的基本技术之一，在人工智能各应用领域被广泛地使用。早期的人工智能程序与搜索技术的联系就非常紧密，几乎所有的早期人工智能程序都是以搜索为基础的。A. Newell（艾伦·纽厄尔）和 H. A. Simon（西蒙）等人编写的 LT（logic theorist）程序，J. Slagle（思拉歌）编写的符号积分程序 SAINT，A. Newell 和

H. A. Simon 编写的 GPS（general problem solver）程序，H. Gelernter（格伦特尔）编写的 geometry theorem-proving machine 程序，R. Fikes（菲克斯）和 N. Nilsson（尼尔逊）编写的 STRIPS（Stanford research institute problem solver）程序以及 A. Samuel（塞缪尔）编写的 Checkers 程序等，都使用了各种搜索技术。搜索技术渗透到各种人工智能系统中，可以说没有哪一种人工智能的应用中不使用搜索技术，在专家系统中无论在哪种推理方法中都会遇到搜索问题。搜索策略选择的适当与否决定系统的推理速度，它也是推理机设计需要考虑的重要问题。

一般一个问题可以使用多种搜索技术解决，选择一种好的搜索技术与解决问题的效率直接相关，甚至关系到能否找到问题的解。在专家系统中研究搜索策略就是如何构造一条低消耗的推理路线。

衡量搜索方法的标准，一般认为有两个：一是搜索空间的大小；二是解是否最佳。

2.4.2　搜索技术分类

从处理方法上来看，搜索可分为无知识（盲目）搜索和有知识（启发式）搜索；从问题性质上来看，搜索可分为一般搜索和博弈搜索，还可以分得更细。

通常搜索策略的主要任务是确定选取规则的方式。有两种基本方式：一种是不考虑给定问题所具有的特定知识，系统根据事先确定好的某种固定排序，依次调用规则或随机调用规则，这实际上是盲目搜索的方法，一般统称为无知识（无信息引导）的搜索策略。另一种是考虑问题领域可应用的知识，动态地确定引用规则的顺序，优先调用较合适的规则使用。这就是通常称为启发式搜索策略或有知识（有信息引导）的搜索策略。搜索技术的分类如图 2-10 所示。

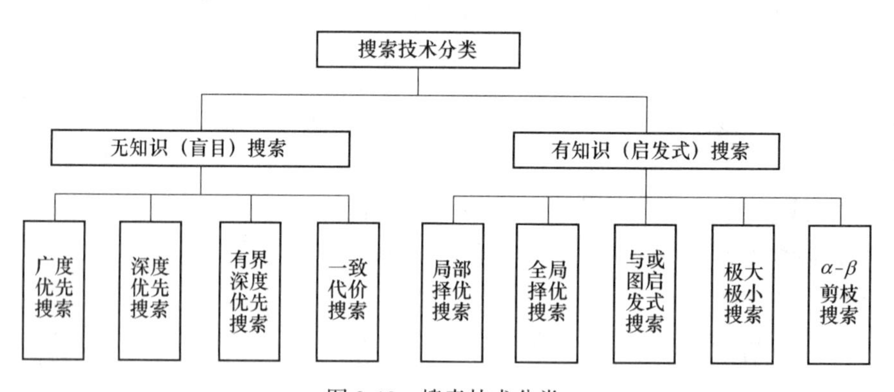

图 2-10　搜索技术分类

2.4.3　搜索效率的评价

搜索效率直接反映搜索过程中的启发能力和被求解问题的属性。人们希望在搜索过程中生成对求解问题有用的节点，也就是只生成从初始节点到目标节点的路径，而与此无关的节点尽量少生成或不生成，这样搜索效率就会高。目前对搜索效率还没有一个成熟的方法进行评价，所发展的一些计算方法都还不全面，但是在比较同一问题的不同搜索方法的效率时还是有用的。其中一种度量称为外显率（Penetrance）P，它反映目标搜索的宽度，其定义为：

$$P = L/T \tag{2-41}$$

其中，L 表示从初始状态到目标状态的路长，T 表示在整个搜索过程中所产生节点的总数（不包括初始节点），$P \leqslant 1$。根据上述定义，P 越大，启发能力越强，搜索效率越高；当 $P=1$ 时，搜索效率最高。通常，P 与问题的难度有关，一般地说，T 越大，困难越大，P 越小。

另一种方法称为有效的分枝因素（effective branching factor）B，代表在搜索过程中每个有效节点平均生成子节点数目。设 L 是节点的深度，则有：

$$T = B^1 + B^2 + B^3 + \cdots + B^L = (B - B \cdot B^L)/(1 - B) \tag{2-42}$$

从而可得：

$$P = L/T = L(1 - B)/(B - B \cdot B^L) \tag{2-43}$$

当 B 接近 1 时，T 接近 L 值；$P=1$ 时，效率最高；当 B 一定时，L 越大，则 P 越大，当 L 一定时，B 越大，则 P 越小；对同一 L 来说，B 越大，则 T 越大，即对一定的解来说，分枝越多，搜索空间产生的节点也越多。同理，对同一事实上的搜索空间，B 越大，则 L 越小。

2.4.4 状态空间的搜索策略

状态空间的搜索策略分为盲目搜索和启发式搜索两大类。下面讨论的宽度优先搜索、深度优先搜索、有界深度优先搜索、代价树的宽度优先搜索以及代价树的深度优先搜索都属于盲目搜索策略。其特点是：

（1）搜索按规定的路线进行，不使用与问题有关的启发性信息。

（2）适用于其状态空间图是树状结构的问题的求解。

一个复杂问题的状态空间一般都是十分庞大的。例如 64 阶梵塔问题（盘片的数目称为梵塔问题的阶）共有 $3^{64}=0.94\times10^{30}$ 个不同的状态。若把它们都存储到计算机中去，需占用巨大的存储空间，这是难以实现的。另一方面，把问题的全部状态空间都存储到计算机中也是不必要的，因为对一个确定的具体问题来说，与解题有关的状态空间往往只是整个状态空间的一部分，因此只要能生成并存储这部分状态空间就可求得问题的解。但是，对一个具体问题，如何生成它所需要的部分状态空间从而实现对问题的求解呢？在人工智能中是通过运用搜索技术来解决这一问题的。其基本思想是：首先把问题的初始状态（即初始节点）作为当前状态，选择适用的算符对其进行操作，生成一组子状态（或称后继状态、后继节点、子节点），然后检查目标状态是否在其中出现。若出现，则搜索成功，找到了问题的解；若不出现，则按某种搜索策略从已生成的状态中再选一个状态作为当前状态。重复上述过程，直到目标状态出现或者不再有可供操作的状态及算符时为止。

在搜索过程中，一般都要用两个表，这就是 OPEN 表与 CLOSED 表。OPEN 表用于存放刚生成的节点，对于不同的搜索策略，节点在 OPEN 表中的排列顺序是不同的。例如对宽度优先搜索，节点按生成的顺序排列，先生成的节点排在前面，后生成的节点排在后面。CLOSED 表用于存放将要扩展或者已扩展的点。所谓对一个节点进行“扩展”是指：用合适的算符对该节点进行操作，生成一组子节点。

1. 宽度优先搜索

宽度优先搜索又称为广度优先搜索。宽度优先搜索的基本思想是：从初始节点 S_0 开始，逐层地对节点进行扩展并考察它是否为目标节点，在第 n 层的节点没有全部扩展并考察之前，不对第 $n+1$ 层的节点进行扩展。OPEN 表中的节点总是按进入的先后顺序排列，先进入的节点排在前面，后进入的节点排在后面。其搜索过程如下：

（1）把初始节点 S_0 放入 OPEN 表。

（2）如果 OPEN 表为空，则问题无解，退出。

（3）把 OPEN 表的第一个节点（记为节点 n）取出放入 CLOSED 表。

（4）考察点 n 是否为目标节点。若是，则求得了问题的解，退出。

（5）若节点 n 不可扩展，则转第（2）步。

（6）扩展节点 n，将其子节点放入 OPEN 表的尾部，并为每一个子节点都配置指向父节点的指针，然后转第（2）步。

该搜索过程可以用图 2-11 表示其工作流程。

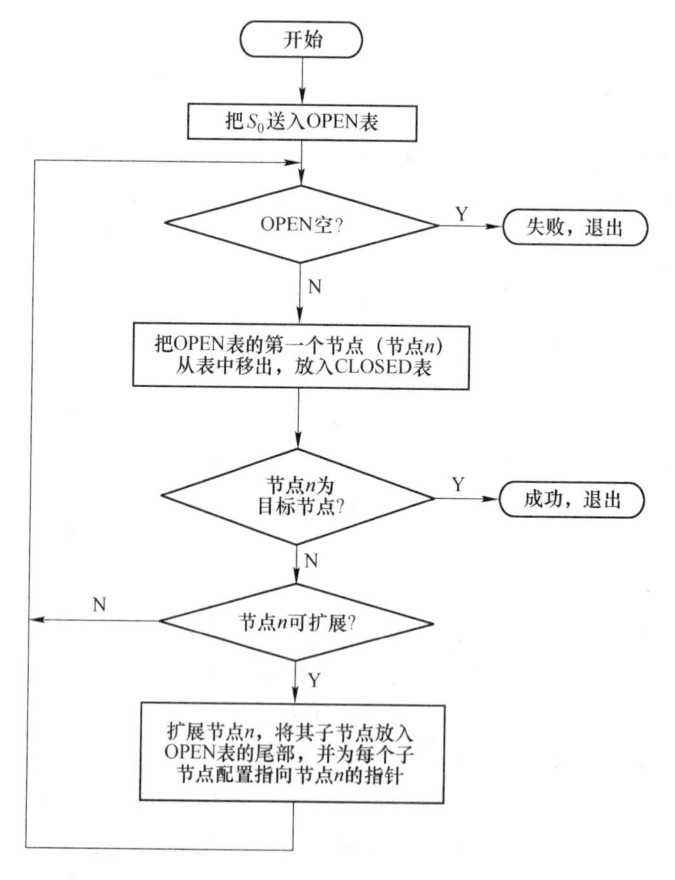

图 2-11　宽度优先搜索流程示意图

【例 2-3】　重排九宫问题，在 3×3 的方格棋盘上放置分别标有数字 1、2、3、4、5、6、7、8 共 8 个棋子，初始状态为 S_0，目标状态为 S_g，如图 2-12 所示。

可使用算符有：

空格左移、空格上移、空格右移、空格下移

即只允许把位于空格左、上、右、下的临近棋子移入空格。要求寻找初始状态到目标状态的路径。

应用宽度优先搜索，可得到图 2-13 所示的搜索树。

S_0

2	8	3
1		4
7	6	5

S_g

1	2	3
8		4
7	6	5

图 2-12　重排九宫问题

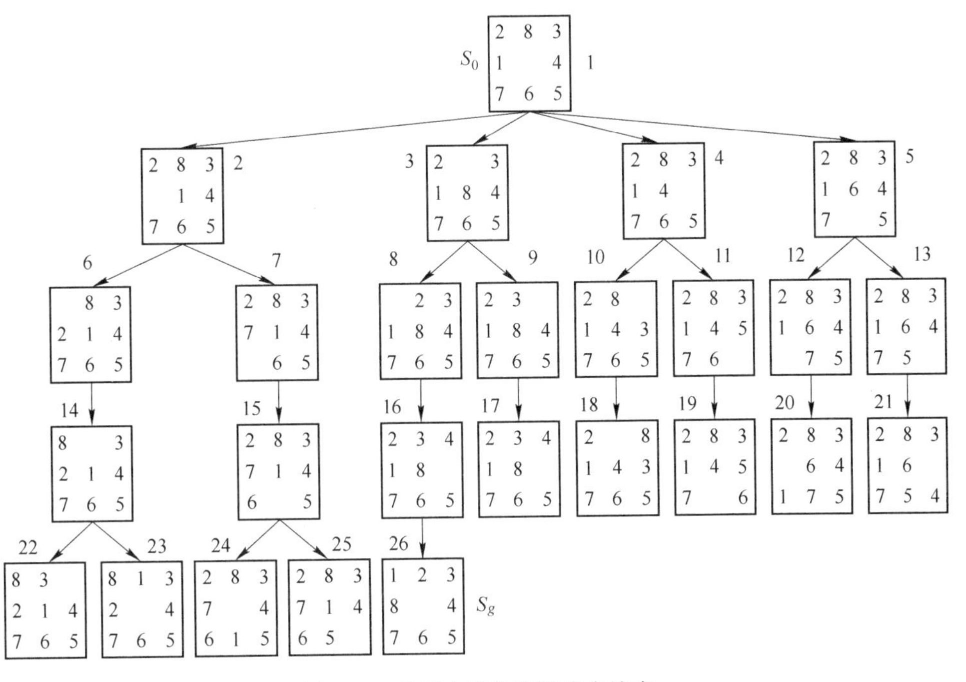

图 2-13　重排九宫的宽度优先搜索

由图 2-13 可以看出，解的路径是：

$$S_0 \to 3 \to 8 \to 16 \to 26$$

解是该路径使用的算符路径，即空格上移、空格左移、空格下移、空格右移。

宽度优先搜索的盲目性较大，当目标节点距离初始节点较远时将会产生许多无用节点，因此搜索效率低。但是，只要问题有解，用宽度优先搜索总可以得到解，而且得到的是路径最短的解。

2. 深度优先搜索

深度优先搜索的基本思想是：从初始节点 S_0 开始，在其子节点中选择一个节点进行考察，若不是目标节点，则再在该子节点的子节点中选择一个节点进行考察，一直如此向下搜索。

当到达某个子节点，若该子节点既不是目标节点又不能继续扩展，则选择其兄弟节点进行考察。其搜索过程如下：

（1）把初始节点 S_0 放入 OPEN 表。

（2）如果 OPEN 表为空，则问题无解，退出。

（3）把 OPEN 表的第一个节点（记为节点 n）取出放入 CLOSED 表。

（4）考察节点 n 是否为目标节点。若是，则求得了问题的解，退出。

（5）若节点 n 不可扩展，则转第（2）步。

（6）扩展节点将其子节点放入到 OPEN 表的首部，并为其配置指向父节点的指针，然后转第（2）步。

该过程与宽度优先搜索的唯一区别是：宽度优先搜索是将节点 n 的子节点放入到 OPEN 表的尾部，深度优先搜索是把节点的子节点放入到 OPEN 表的首部。仅此区别就使得搜索的路线完全不一样。

在深度优先搜索中，搜索一旦进入某个分支，就将沿着该分支一直向下搜索。如果目标节点恰好在此分支上，则可较快地得到解。但是，如果目标节点不在此分支上，而该分支又是一个无穷分支，则就不可能得到解。所以深度优先搜索是不完的，即使问题有解，它也不一定能求得解。显然，用深度优先搜索求得的解，也不一定是路径最短的解。

3. 有界深度优先搜索

为了解决深度优先搜索不完备的问题，避免搜索过程陷入无穷分支的死循环，提出了有界深度优先搜索方法。有界深度优先搜索的基本思想是；对深度优先搜索设定搜索深度的界限（设为 d_m），当搜索深度达到了深度界限，而尚未出现目标节点时，就换一个分支进行搜索。

有界深度优先搜索的搜索过程为：

（1）把初始节点 S_0 放入 OPEN 表中，置 S_0 的深度 $d(S_0)=0$。

（2）如果 OPEN 表为空，则问题无解，退出。

（3）把 OPEN 表中的第一个节点（记为节点 n）取出放入 CLOSED 表。

（4）考察节点 n 是否为目标节点。若是，则求得了问题的解，退出。

（5）如果节点 n 的深度 $d(\text{节点 } n)=d_m$，则转第（2）步。

（6）若节点 n 不可扩展，则转第（2）步。

（7）扩展节点 n，将其子节点放入 OPEN 表的首部，并为其配置指向父节点的指针。然后转第（2）步。

如果问题有解，且其路径长度 $\leqslant d_m$，则上述搜索过程一定能求得解。但是，若解的路径长度 $>d_m$，则上述搜索过程就得不到解。这说明在有界深度优先搜索中，深度界限的选择是很重要的。当太大时，搜索时将产生许多无用的子节点，既浪费了计算机的存储空间与时间，又降低了搜索效率。

由于解的路径长度事先难以预料，所以要恰当地给出 d_m 的值是比较困难的。另外，即使能求出解，它也不一定是最优解。为此，可采用下述办法进行改进：先任意给定一个较小的数作为 d_{rn}，然后进行上述的有界深度优先搜索，当搜索达到了指定的深度界限 d_m 仍未发现目标节点，并且 CLOSED 表中仍有待扩展节点时，就将这些节点送回 OPEN 表，同时增大深度界限 d_m 继续向下搜索。如此不断地增大 d_m，只要问题有解，就一定可以找到它。但此时找到的解不一定是最优解。为找到最优解，可增设一个表 R，每找到一个目标节点 S_g 后，就把它放入到 R 表的前面，并令 d_m 等于该目标节点所对应的路径长度，然后继续搜索。由于后求得的解的路径长度不会超过先求得的解的路径长度，所以最后求得的解一定是最优解。

求最优解的有界深度优先搜索过程如图 2-14 所示。其中 S_g^* 是距离 S_0 最近的目标节点。

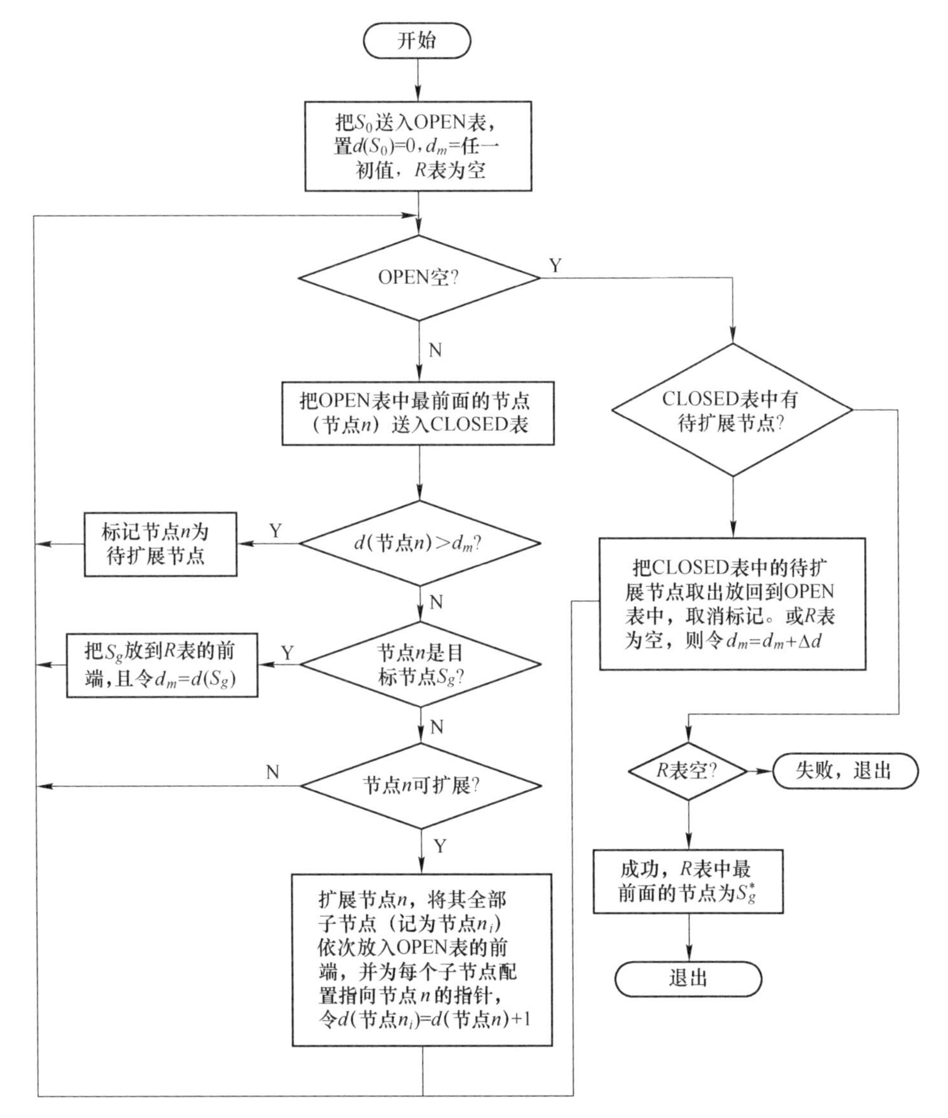

图 2-14 求最优解的有界深度优先搜索流程示意图

4. 代价树的宽度优先搜索

在上面的讨论中，都没有考虑搜索的代价问题，可以认为图中各边的代价都相同，且都为一个单位量，因此只是用路径长度来代表路径的代价。事实上，图中各边的代价是可能完全不一样的。

边上标有代价（或费用）的树称为代价树。在代价树中，若用 $g(x)$ 表示从初始节点 S_0 到节点 x 的代价，用 $c(x_1,x_2)$ 表示从父节点到子节点的代价，则有：

$$g(x_2)=g(x_1)+c(x_1,\ x_2) \tag{2-44}$$

代价树宽度优先搜索的基本思想是：OPEN 表中的节点在任一时刻都是按其代价从小到大排序的，代价小的节点排在前面，代价大的节点排在后面，每次扩展时总是从 OPEN 表中选取代价最小的节点进行扩展。其搜索过程如下：

（1）把初始节点 S_0 放入 OPEN 表，令 $g(S_0)=0$。

（2）如果 OPEN 表为空，则问题无解，退出。

（3）把 OPEN 表的第一个节点（记为节点 n）取出放入 CLOSED 表。

（4）考察节点 n 是否为目标节点。若是，则求得了问题的解，退出。

（5）若节点 n 不可扩展，则转第（2）步。

（6）扩展节点 n，将其子节点放入 OPEN 表中，且为其配置指向父节点的指针：计算各子节点的代价，并按各节点的代价对 OPEN 表中的全部节点进行排序（按从小到大的顺序），然后转第（2）步。

该搜索过程可用图 2-15 表示其工作流程。

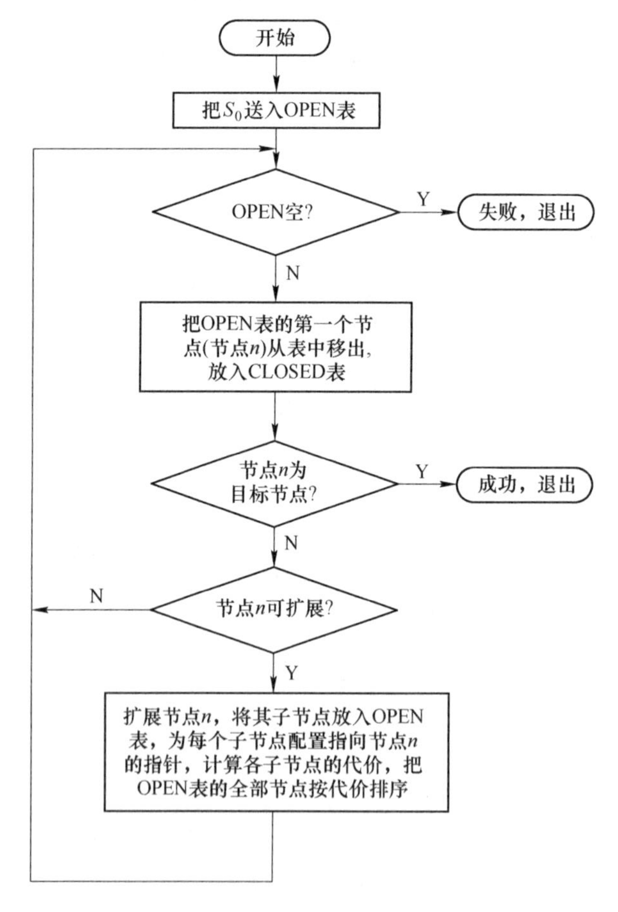

图 2-15　代价树宽度优先搜索流程示意图

如果问题有解，该搜索过程一定可以求得解，并且求出的是最优解。

【例 2-4】　图 2-16 是五城市间的交通路线图，A 城市是出发地，E 城市是目的地，两城市间的交通费用（代价）如图中数字所示。求从 A 到 E 的最小费用交通路线。

为了应用代价树的宽度优先搜索方法求解此问题，需先将交通图转换为代价树，如图 2-17 所示。转换的方法是：从起始节点 A 开始，把与它直接相邻的节点作为它的子节点。对其他节点也做相同的处理。但若一个节点已作为某节点的直系先辈节点时，就不能再作为这个节点的子节点。例如，与节点 C 相邻的节点有 A 与 D，但因 A 已作为 C 的父节点在代价树中出现了，所以它不能再作为 C 的子节点。另外，图中的节点除起始节点 A 外，其他节点都可能要在代价树中出现多次，为区分它的多次出现，分别用下标 1，2，…标出，其实它们都是图中的同一节点。例如 E_1、E_2、E_3、E_4都是图中的节点 E。

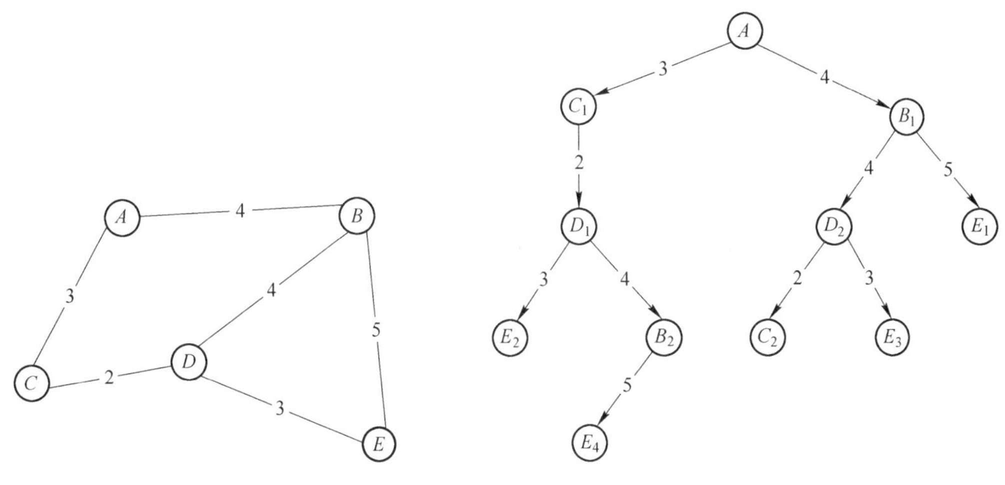

图 2-16　交通图

图 2-17　交通图的代价树

对此代价树进行代价树的宽度优先搜索，可得到最优解路径为：

$$A \rightarrow C_1 \rightarrow D_1 \rightarrow E_2$$

代价为 8。由此可知从 A 城市到 E 城市的最小费用路线为：

$$A \rightarrow C \rightarrow D \rightarrow E$$

5. 代价树的深度优先搜索

在代价树的宽度优先搜索中，每次都是从 OPEN 表的全体节点中选择一个代价最小的节点送入 CLOSED 表进行考察，而代价树的深度优先搜索是从刚扩展出的子节点中选一个代价最小的节点送入 CLOSED 表进行考察。例如，在图 2-15 所示的代价树中，首先对 A 进行扩展，得到 C_1及 B_1，由于 C_1的代价小于 B_1的代价，所以首先把 C_1送入 CLOSED 表进行考察，此时代价树的宽度优先搜索与代价树的深度优先搜索是一致的。但往下继续进行时，两者就不一样了。对 C_1进行扩展得到 D_1，D_1的代价为 5，此时 OPEN 表中有 B_1与 D_1，B_1的代价为 4。若按代价树的宽度优先搜索方法去进行搜索，选 B_1送入 CLOSED 表，但按代价树的深度优先搜索方法，则应选送入 CLOSED 表。D_1扩展后，再选 E_2，到达了目标节点。所以，按代价树的深度优先搜索方法，得到的解路径是：

$$A \rightarrow C_1 \rightarrow D_1 \rightarrow E_2$$

代价为 8。一般情况下这两种方法得到的结果不一定相同。另外，由于代价树的深度优先搜索有可能进入无穷分支路径，因此它是不完备的。

代价树深度优先搜索的过程为：

（1）把初始节点 S_0放入 OPEN 表中。

（2）如果 OPEN 表为空，则问题无解，退出。

（3）把 OPEN 表的第一个节点（记为节点 n）取出放入 CLOSED 表。

（4）考察节点 n 是否为目标节点。若是，则求得了问题的解，退出。

（5）若节点 n 不可展，则转第（2）步。

（6）扩展节点 n，将其子节点按边代价从小到大的顺序放到 OPEN 表的首部，并为各子节点配置指向父节点的指针，然后转第（2）步。

该搜索过程可用图 2-18 表示其工作流程。

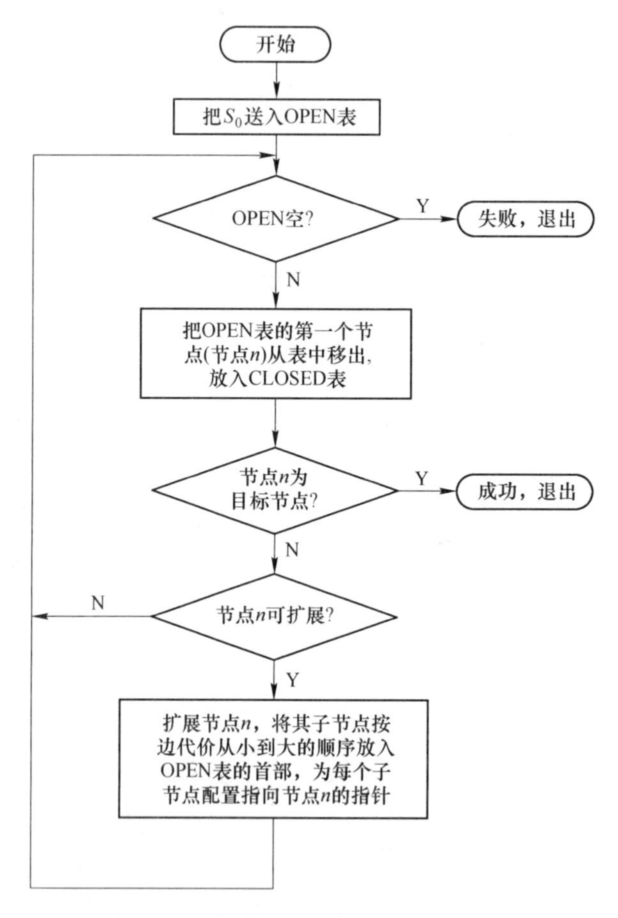

图 2-18　代价树先搜索流程示意图深度

盲目搜索策略或者是按事先规定的路线进行搜索，或者是按已经付出的代价决定下一步要搜索的点。例如宽度优先搜索是按“层”进行搜索的，先进入 OPEN 表的节点先被考察；深度优先搜索是沿着纵深方向进行搜索的，后进入 OPEN 表的节点先被考察；代价树的宽度优先搜索是根据 OPEN 表中全体节点已付出的代价（即从初始节点到该节点路径上的代价）来决定哪一个节点先被考察；而代价树的深度优先搜索是在当节点的子节点中选代价最小的节点作为下一个被考察的节点。它们的一个共同特点是都没有利用问题本身的特性信息，在决定被扩展的节点时，都没有考察该节点在解的路径上的可能性有多大，它是否有利于问题求解以及求出的解是否为最优解等。因此这些搜索方法都具有较大的盲目性，产生的无用节点较多，搜索空间较大，效率不高。

启发式搜索要用到问题自身的某些特性信息，以指导搜索朝最有希望的方向前进。由于这种搜索针对性较强，因而效率较高。

6. 估价函数与择优搜索

在搜索过程中，关键的一步是如何确定下一个要考察的节点，确定方法的不同形成了不同的搜索策略。如果在确定节点时能充分利用与问题求解有关的特性信息，估计出节点的重要性，就能在搜索时选择重要性较高的节点，以利于求得最优解。像这样可用于指导搜索过程、且与具体问题求解有关的控制性信息称为启发性信息。

用于估价节点重要性的函数称为估价函数。其一般形式为：

$$f(x) = g(x) + h(x) \tag{2-45}$$

其中 $g(x)$ 为从初始节点 S_0到节点 x 已经实际付出的代价；$h(x)$ 是从节点 x 到目标节点 S_g 的最优路径的估计代价，它体现了问题的启发性信息，其形式要根据问题的特性确定。例如，它可以是节点 x 到目标节点的距离，也可以是节点 x 处于最优路径上的概率等等；$h(x)$ 称为启发函数。

（1）局部择优搜索

局部择优搜索是一种启发式搜索方法，是对深度优先搜索方法的一种改进。其基本思想是：当一个节点被扩展以后，按$f(x)$ 对每一个子节点计算估价值，并选择最小者作为下一个要考察的节点。由于它每次都只是在子节点的范围内选择下一个要考察的节点，范围比较狭窄，所以称为局部择优搜索。局部择优搜索的搜索过程为：

1）初始节点 S_0放入 OPEN 表，计算$f(S_0)$。

2）如果 OPEN 表为空，则问题无解，退出。

3）把 OPEN 表的第一个节点（记为节点 n）取出放入 CLOSED 表。

4）考察节点 n 是否为目标节点。若是，则求得了问题的解，退出。

5）若节点 n 不可扩展，则转第 2）步。

6）扩展节点 n，用估价函数$f(x)$ 计算每个子节点的估价值，并按估价值从小到大的顺序依次放到 OPEN 表的首部，为每个子节点配置指向父节点的指针。然后转第 2）步。

深度优先搜索、代价树的深度优先搜索以及局部择优搜索都是以子节点作为考察范围的，这是它们的共同处。不同的是它们选择节点的标准不一样：深度优先搜索以子节点的深度作为选择标准，后生成的子节点先被考察；代价树深度搜索以各子节点到父节点的代价作为选择标准，代价小的子节点先被考察；局部择优搜索以估价函数f的值作为选择标准，哪一个子节点的f值最小就优先被选择。实际上，在局部择优搜索中，若令$f(x)=g(x)$，则局部择优搜索就成为代价树的深度优先搜索；若令$f(x)=g(x)$，这里$d(x)$ 表示节点 x 的深度，则局部择优搜索就成为深度优先搜索。所以深度优先搜索和代价树的深度优先搜索可看作局部择优搜索的两个特例。

（2）全局择优搜索

每当要选择一个节点进行考察时，局部择优搜索只是从刚生成的子节点中进行选择，选择的范围比较狭窄，因而又提出了全局择优搜索方法。按这种方法搜索时，每次总是从 OPEN 表的全体节点中选择一个估价值最小的节点。其搜索过程如下：

1）把初始节点 S_0 放入 OPEN 表，计算 $f(S_0)$。

2）如果 OPEN 表为空，则搜索失败，退出。

3）把 OPEN 表中的第一个节点（记为节点 n）从表中移出放入 CLOSED 表

4）考察节点 n 是否为目标节点。若是，则求得了问题的解，退出。

5）若节点 n 不可扩展，则转第 2）步。

6）扩展节点 n，用估价函数 $f(x)$ 计算每个子节点的估价值，并为每个子节点配置指向父节点的指针，把这些子节点都送入 OPEN 表中，然后对 OPEN 表中的全部节点按估价值从小至大的顺序进行排序。

7）转第 2）步。

比较全局择优搜索与局部择优搜索的搜索过程可以看出，它们的区别仅在于第 6）步。在全局择优搜索中，如果 $f(x)=g(x)$，则它就成为代价树的宽度优先搜索：如果 $f(x)=d(x)$，则它就成为宽度优先搜索。所以宽度优先搜索与代价树的宽度优先搜索是全局择优搜索的两个特例。

在启发式搜索中，估价函数的定义是十分重要的，如定义不当，则上述搜索算法不一定能找到问题的解，即使找到解，也不一定是最优的。为此，需要对估价函数进行某些限制。下面讨论的 A^* 算法就是对估价函数进行了限制的一种搜索算法。

7. 图的有序搜索与 A^* 算法

前面讨论的择优搜索算法仅适合于搜索的状态空间是树状结构，树状结构的状态空间中的每个节点都只有唯一的父节点（根节点除外）。因此，对状态空间中的节点扩展生成其子节点时，其子节点只会被生成一次，也就是说，由搜索算法放入到 OPEN 表中的节点的状态是各不相同的，不会有重复的节点。

如果状态空间是一个有向图，也就是说，状态空间中的一个节点可能有多个父节点，那么，在搜索过程中，这个节点可能由不同的搜索路径被多次扩展生成。因此，在 OPEN 表中会出现重复的节点，节点的重复将导致大量冗余的搜索，甚至可能使搜索过程陷入无效的循环而无法找到解。为此，需要对择优搜索进行修正。修正的基本思想是：当搜索过程生成一个节点 i 时，需要把节点 i 的状态与已生成的所有节点的状态进行比较，若节点 i 是一个已生成的节点，则表示找到一条通过节点 i 的新路径。若新路径使节点 i 的估价值更小，则修改节点 i 指向父节点的指针，使之指向新的父节点；否则，不修改节点 i 原有的父节点指针，即保留节点 i 原有的路径。

（1）图的有序搜索算法

尼尔逊在 1971 年提出了有序状态空间搜索算法，它适用于状态空间是一个无环有向图的搜索求解。其搜索过程如下：

1）初始点 S_0 放入 OPEN 表，计算 $f(S_0)$。

2）如果 OPEN 表为空，则搜索失败，退出。

3）把 OPEN 表中的第一个节点（记为节点 n）从表中移出放入 CLOSED 表。

4）考察节点 n 是否为目标节点，若是，则求得了问题的解，退出。

5）若节点 n 不可扩展，则转第 2）步。

6）扩展点 n，生成其全部子节点。对节点 n 的每个子节点 i，计算 $f(i)$。考察节点 i

是否为已生成过的节点。

①如果节点 i 既不在 OPEN 表中，又不在 CLOSED 表中，则节点 i 是一个新节点。为节点 i 配置指向父节点 n 的指针，把节点 i 放入 OPEN 表中，然后对 OPEN 表中的全部节点按估价值从小至大的顺序进行排序。

②如果节点 i 已在 OPEN 表中或在 CLOSED 表中，则节点 i 是一个已生成过的节点。比较节点 i 刚计算的 $f(i)$ 新值与表中记载的 $f(i)$ 旧值，若新的值较小，则对表中节点 i 的有关记载进行下述修改：用 $f(i)$ 的新值代替旧值，修改节点 i 指向父节点的指针，使之指向新的父节点 n。

若节点 i 在 CLOSED 表中，则把节点 i 移回 OPEN 表。

7）转第 2）步。

由有序搜索算法的搜索过程可见，如果节点 i 有多个父节点，则为节点 i 选择一个父节点，这个父节点使节点 i 具有最小的估价值 $f(i)$。因此，尽管搜索的状态空间是一般的有向图，但是，由 OPEN 表和 CLOSED 表共同记载的搜索结果仍是一棵树。

（2）A^* 法

如果有序搜索算法的估价函数 f 满足如下限制，则成为 A^* 算法。

节点的估价函数为：

$$f(x) = g(x) + h(x) \tag{2-46}$$

其中：

1）代价函数 $g(x)$ 是对 $g^*(x)$ 的估计，$g(x) > 0$。$g^*(x)$ 是从初始节点 S_0 到节点 x 的最小代价。

2）启发函数 $h(x)$ 是 $h^*(x)$ 的下界，即对所有的 x 均有 $h(x) \leqslant h^*(x)$。$h^*(x)$ 是从节点 x 到目标节点的最小代价。若有多个目标节点，则为其中最小的代价。

在 A^* 算法中，$g(x)$ 比较容易得到，它实际上就是从初始节点 S_0 到节点 x 的路径代价，恒有 $g(x) \geqslant g^*(x)$，而且在算法执行过程中，$g(x)$ 的值呈下降的趋势。

$h(x)$ 的确定依赖于具体问题的启发性信息，其中 $h(x) < h^*(x)$ 的限制是十分重要的，它可保证 A^* 算法能找到最优解。

2.4.5 与/或树的搜索策略

与/或树搜索策略也分为盲目搜索与启发式博弈搜索两大类。下面讨论的宽度优先搜索及深度优先搜索都属于盲目搜索策略，有序搜索则属于启发式搜索策略。

与/或树上的一个节点是否为可解节点是由它的子节点确定的。对于一个“与”节点，只有当其子节点全部为可解节点时，它才为可解节点；只要子节点中有一个为不可解节点，它就是不可解节点。对于一个“或”节点，只要子节点中有一个是可解节点，它就是可解节点；只有当全部子节点都是不可解节点时，它才是不可解节点。像这样由可解子节点来确定父节点、祖父节点等为可解节点的回溯向上过程称为可解标示过程；由不可解子节点来确定其父节点、祖父节点等为不可解节点的回溯向上过程称为不可解标示过程。在与/或树的搜索过程中将反复使用这两个过程，直到初始节点（即原始问题）被标示为可解或不可解节点为止。

与/或树的一般搜索过程为：

（1）把原始问题作为初始节点 S_0，并把它作为当前节点。

（2）应用分解或等价变换算符对当前节点进行扩展。

（3）为每个子节点设置指向父节点的指针。

（4）选择合适的子节点作为当前节点，反复执行第（2）步和第（3）步，在此期间要多次调用可解标示过程和不可解标示过程，直到初始节点被标示为可解节点或不可解节点为上。

由这个搜索过程所形成的节点和指针结构称为搜索树。

与/或树搜索的目标是寻找解树，从而求得原始问题的解。如果在搜索的某一时刻，通过可解标示过程可确定初始点是可解的，则由此初始节点及其下属的可解节点就构成了解树。

可解标示过程和不可解标示过程都是自下而上进行的，即由子节点的可解性确定父节点的可解性。由于与/或树搜索的目标是寻找解树，因此，如果已确定某个节点为可解节点，则其不可解的后裔节点就不再有用，可从搜索树中删去。同样，如果已确定某个节点是不可解节点，则其全部后裔节点都不再有用，可从搜索树中删去。但当前这个不可解节点还不能删去，因为在判断其先辈节点的可解性时还要用到它。这是与/或树搜索的两个特有的性质，可用来提高搜索效率。

1. 与/或树的宽度优先搜索

与/或树的宽度优先搜索与状态空间的宽度优先搜索类似，也是按照“先产生的节点先扩展”的原则进行搜索，只是在搜索过程中要多次调用可解标示过程和不用解标示过程。其搜索过程如下：

（1）把初始节点 S_0，放入 OPEN 表。

（2）把 OPEN 表中的第一个节点（记为节点 n）取出放入 CLOSED 表。

（3）如果节点 n 可扩展，则：

1）扩展节点 n，将其子节点放入 OPEN 表的尾部，并为每个子节点配置指向父节点的指针。

2）考察这些子节点中是否有终止节点。若有，则标示这些终止节点为可解节点，并应用可解标示过程对其父节点、祖父节点等先辈节点中的可解节点进行标示。如果初始节点 S_0 也被标示为可解节点，就得到了解树，搜索成功，退出搜索过程；如果不能确定 S_0 为可解节点，则从 OPEN 表中删去具有可解先辈的节点。

3）转第（2）步。

（4）如果节点 n 不可扩展，则：

1）标示节点 n 为不可解节点。

2）应用不可解标示过程对节点 n 的先辈节点中不可解的节点进行标示。如果初始节点 S_0 也被标示为不可解节点，则搜索失败，表明原始问题无解，退出搜索过程；如果不能确定 S_0 为不可解节点，则从 OPEN 表中删去具有不可解先辈的节点。

3）转第（2）步。

上述过程可用图 2-19 表示其工作流程。

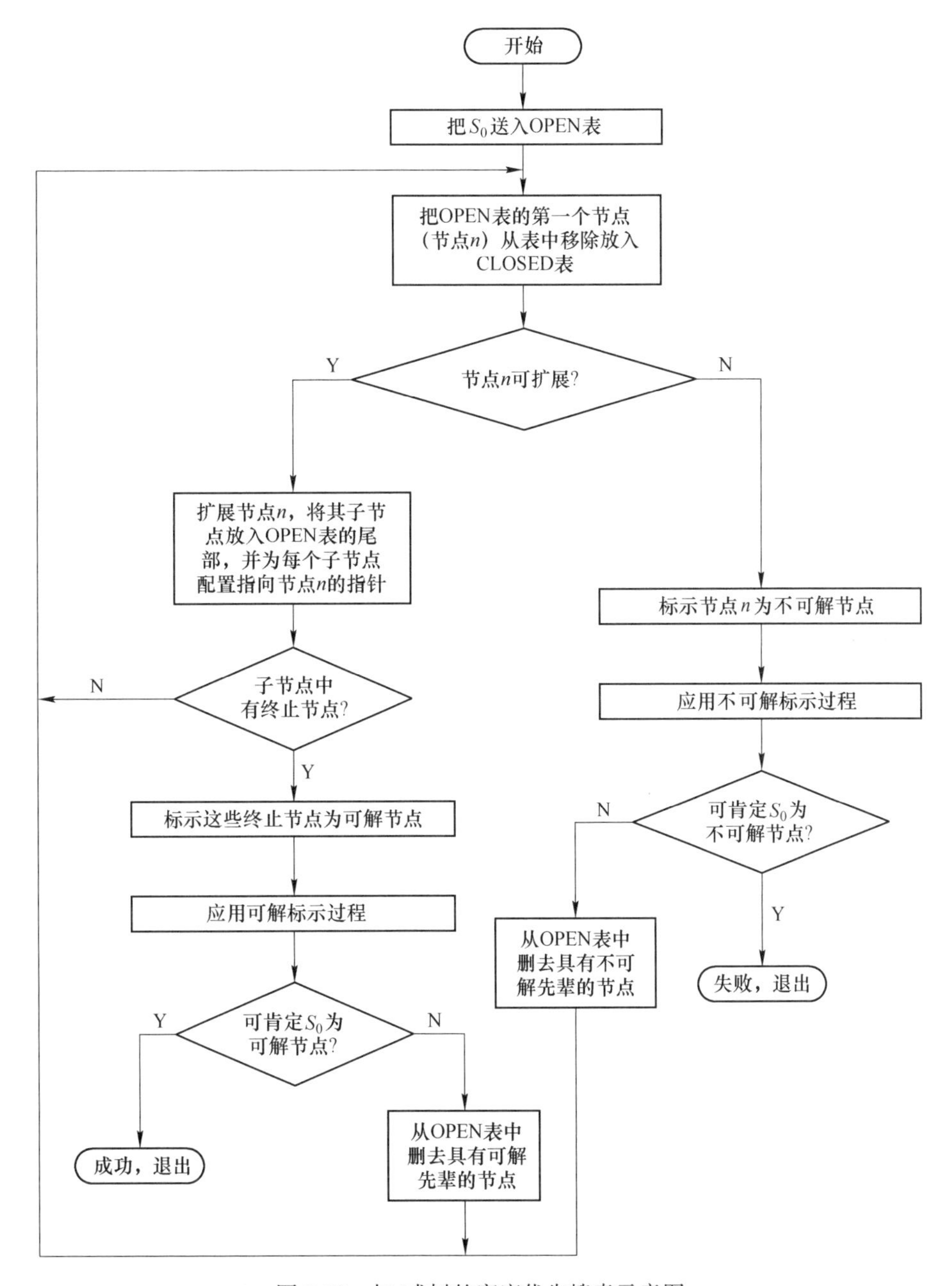

图 2-19 与/或树的宽度优先搜索示意图

2. 与/或树的有界深度优先搜索

与/或树的深度优先搜索过程和与/或树的宽度优先搜索过程基本相同，只是要把第（3）步的第 1）点改为“扩展节点 n，将其子节点放入 OPEN 表的首部，并为每个子节点配置指向父节点的指针”，就可使后产生的节点先被扩展。

可以像状态空间的有界深度优先搜索那样，为与/或树的深度优先搜索规定一个深度界限，使搜索在一定的范围内进行。其搜索过程如下：

（1）把初始节点 S_0放入 OPEN 表。

（2）把 OPEN 表中的第一个节点（记为节点 n）取出放入 CLOSED 表。

（3）如果节点 n 的深度大于等于深度界限，则转第（5）步的第1）点。

（4）如果节点 n 可扩展，则：

1）扩展节点 n，将其子节点放入 OPEN 表的首部，并为每个子节点配置指向父节点的指针，以备各标示过程使用。

2）考察这些子节点中是否有终止节点，若有，则标示这些终止节点为可解节点，并应用可解标示过程对其先辈节点中的可解节点进行标示。如果初始节点 S_0也被标示为可解节点，则搜索成功，退出搜索过程；如果不能确定 S_0为可解节点，则从 OPEN 表中删去具有可解先辈的节点。

3）转第（2）步。

（5）如果点 n 不可扩展，则：

1）标示节点 n 为不可解节点。

2）应用不可解标示过程对节点 n 的先辈节点中不可解的节点进行标示。如果初始节点 S_0也被标示为不可解节点，则搜索失败，表明原始问题无解，退出搜索过程；如果不能确定 S_0为不可解节点，则从 OPEN 表中删去具有不可解先辈的节点。

3）转第（2）步。

上述过程可用图 2-20 表示其工作流程。

3. 与/或树的有序搜索

与/或树的有序搜索可用来求取代价最小的解树，它是一种启发式搜索策略。

（1）解树的代价

为了进行有序搜索，需要计算解树的代价。解树的代价可通过计算解树中节点的代价得到。

设 $c(x,\ y)$ 表示节点 x 到其子节点 y 的代价，计算节点 x 代价的方法如下：

1）如果 x 是终止节点，则定义节点 x 的代价 $h(x)=0$；

2）如果 x 是“或”节点，y_1，y_2，y_3，…，y_n 是它的子节点，则节点 x 的代价为

$$h(x)=\min_{1\leqslant i\leqslant n}\{c(x,\ y_i)+h(y_i)\} \tag{2-47}$$

3）如果 x 是“与”节点，则节点 x 的代价有两种计算方法：和代价法与最大代价法。

若按和代价法计算，则有：

$$h(x)=\sum_{i=1}^{n}\{c(x,\ y_i)+h(y_i)\} \tag{2-48}$$

若按最大代价法计算，则有：

$$h(x)=\max_{1\leqslant i\leqslant n}\{c(x,\ y_i)+h(y_i)\} \tag{2-49}$$

4）如果 x 不可扩展，且又不是终止节点，则定义 $h(x)=\infty$。

由上述计算节点的代价可以看出，如果问题是可解的，则由子节点的代价就可推算出父节点代价，这样逐层上推，最终就可求出初始节点 S_0的代价。S_0的代价就是解树的代价。

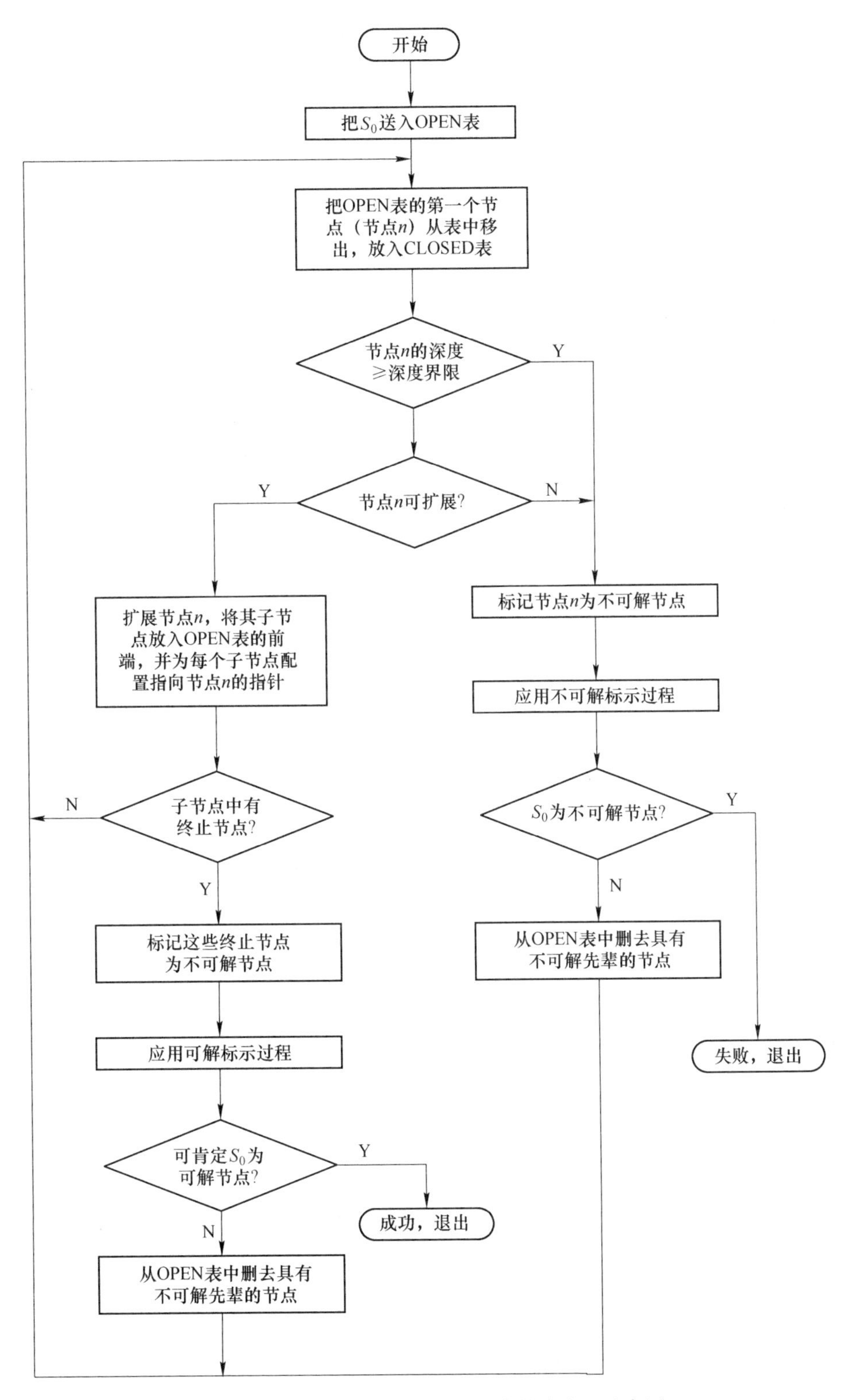

图 2-20　求最优解的有界深度优先搜索流程示意图

(2) 希望树

无论是用和代价方法还是最大代价方法，当要计算任一节点 x 的代价 $h(x)$ 时，都要求已知其子节点 y_i 的代价 $h(y_i)$。但是，搜索是自上而下进行的，即先有父节点，后有子节点，那么节点 x 的代价 $h(x)$ 如何计算呢？解决的办法是根据问题本身提供的启发性信息定义一个启发函数，由此启发函数估算出了节点 y_i 的代价 $h(y_i)$，然后再算出节点 x 的代价值 $h(x)$。有了 $h(x)$，节点 x 的父节点、祖父节点以及直到初始节点 S_0 的各先辈节点的代价 h 都可自下而上的逐层推算出来。

有序搜索的目的是求出最优解树，即代价最小的解树。这就要求搜索过程中任一时刻求出的部分解树的代价都应是最小的。为此，每次选择欲扩展的节点时都应挑选有希望成为最优解树一部分的节点进行扩展。由这些节点及其先辈节点（包括初始节点 S_0）所构成的与/或树称为“希望树”。在搜索过程中，随着新节点的不断生成，节点的代价值是在不断变化的，因此希望树也是在不断变化的。

下面给出希望树的定义：

1) 初始节点 S_0 在希望树 T 中。

2) 如果节点 x 在希望树 T 中，则一定有：

①如果 x 是具有子节点 y_1，y_2，…，y_n 的“或”节点，则具有：

$$\min_{1 \leqslant i \leqslant n} \{c(x, y_i) + h(y_i)\} \tag{2-50}$$

值的那个子节点 y_i 也应在 T 中。

②如果 x 是“与”节点，则它的全部子节点都应在 T 中。

(3) 与/或树的有序搜索过程

与/或树的有序搜索是一个不断选择、修正希望树的过程。如果问题有解，则经过有序搜索将找到最优解树。其搜索过程如下：

1) 把初始节点 S_0 放入 OPEN 表中。

2) 求出希望树 T，即根据当前搜索树中节点的代价 h 求出以 S_0 为根的希望树 T。

3) 依次把 OPEN 表中 T 的端节点 n 选出放入 CLOSED 表中。

4) 如果节点 n 是终止节点，则

①标示 n 为可解节点。

②对 T 应用可解标示过程，把 n 的先辈节点中的可解节点都标示为可解节点。

③若初始节点 S_0 能被标示为可解节点，则 T 就是最优解树，成功退出；否则，从 OPEN 表中删去具有可解先辈的所有节点。

5) 如果节点 n 不是终止节点，且它不可扩展，则：

①标示 n 为不可解节点。

②对 T 应用不可解标示过程，把 n 的先辈节点中不可解节点都标示为不可解节点。

③若初始点 S_0 也被标示为不可解节点，则失败退出；否则，从 OPEN 表中删去具有不可解先辈的所有节点。

6) 如果节点 n 不是终止节点，但它可扩展，则：

①扩展节点 n，产生 n 的所有子节点。

②把这些子节点都放入 OPEN 表中，为每个子节点配置指向父节点（节点 n）的指针。

③计算这些子节点的 h 值及其先辈节点的 h 值。

7）转第 2）步。

上述搜索过程中可用图 2-21 描述其工作流程。

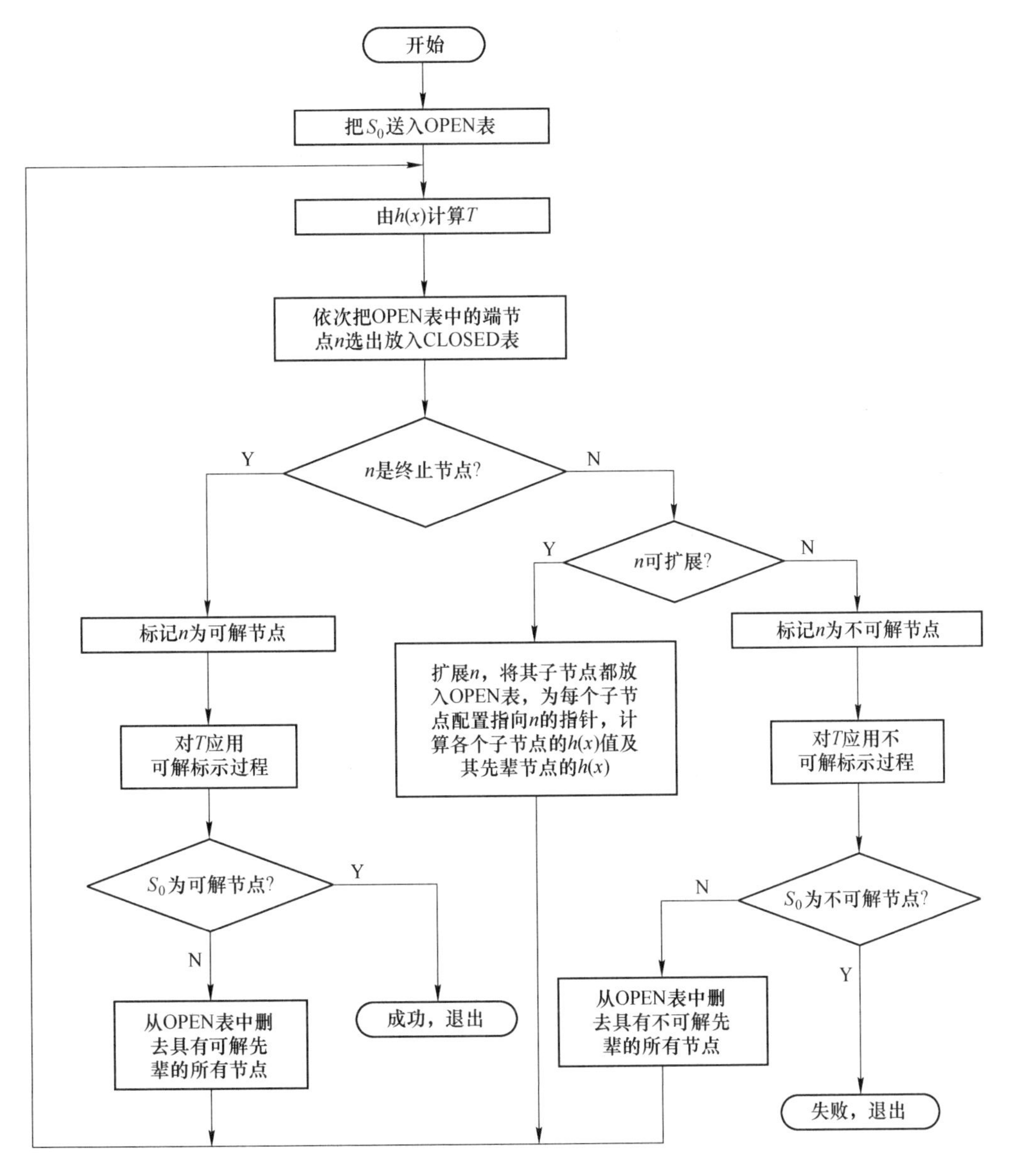

图 2-21　与/或树的有序搜索流程示意图

2.5　专家系统应用案例

肺结核病诊断治疗专家系统简称为 TBDCS 系统。TBDCS 系统中使用三级汉化知识库，采用二级模糊推理技术，对研制临床医学专家系统做了一定的探索工作。

2.5.1 概述

1. TBDCS 系统的体系结构（见图 2-22）

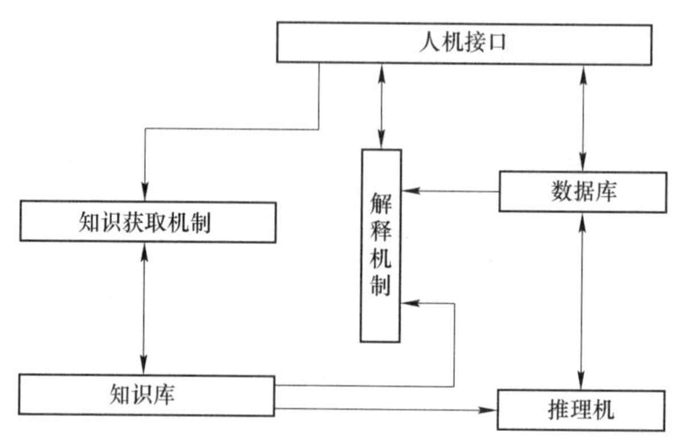

图 2-22 体系结构示意图

（1）知识库，用以存储领域专家提供的专门知识。该系统专家知识由吴济棠教授、孙江滨医生整理提供。系统采用了三级全汉化知识表示技术和基于规则的产生式表示法。

（2）数据库，反映具体问题在当前求解状态下的符号或事实的集合。它由问题的有关初始数据和系统求解期间所产生的所有中间信息组成，是联系人机接口与推理机及解释机制的纽带。该系统诊断治疗、鉴别诊断的结果及相应中间部位的解释都来自于此。

（3）推理机，在一定的控制策略下针对数据库中的当前信息，识别和选取知识库中对当前问题可用的知识，并进行推理以修改数据库直至得出问题的求解结果。该系统推理机的控制策略采用的是数据驱动的正反向推理方式，而又由于推理过程中实际问题的证据和知识库知识常常含有不精确成分，故采用模糊推理。

（4）知识获取机制，专家系统并不是一个完备的系统，专家知识也需不断地进行更新和补充，使得专家系统具有良好的扩充性和修改性。

（5）解释机制，对系统得出结论的求解过程或系统当前状态提供说明，使得非专家用户能够理解系统的问题求解，并使初学者能得到问题求解过程的直观学习。该系统在每次查询之后都能够给出解释，方便使用。

（6）人机接口，将专家和用户的输入信息翻译成系统可接受的内部形式，同时把系统向专家或用户的输出信息转换成易于理解的形式。该系统输入信息非常简单，只需按单个字母键，而输出则是以汉字显示。

2. 系统的功能

（1）诊断治疗功能，该系统采用分型和模糊推理技术，能够根据输入的患者信息，模拟医学专家的逻辑推理，用综合分析的方法，给出患者的诊断结果及治疗处方。此模块中采用了冗余技术以提高系统可靠性。

（2）鉴别诊断功能，肺结核病容易与其他疾病、支气管疾病等相互混淆，所以设此模块。该模块能够澄清用户的疑问，帮助确诊，减少漏误诊。

(3) 病员管理功能，肺结核病是慢性传染病之一，病员人数较多，所以建此模块。该模块具有查询、插入、删除、统计、输出等功能。

2.5.2　知识表示

知识表示是专家系统的基本问题之一。该系统根据肺结核自身的特点，采用基于语义网络表示法的二级知识表示技术，来表示领域知识和控制知识，目的在于协调表达能力与推理效率之间的矛盾，便于知识库的扩充与维护。

1. 知识库的组织与表示

该系统构造了两个知识库，均是采用三级组织形式分类构造的。这三级的数据结构均采用数组形式，并遵循逐级向上归纳的原则。这种知识的表示有表示模式自然、表达能力强、实现便利等优点。

2. 经验知识的规则表示

经验知识库是把临床经验知识用规则表示的知识集合，是进行下一步推理的基础。规则采用“若 R 则 Q”这样的形式表示。R 是一事实，而 Q 是 R 成立时所引起的结果。例如肺结核病的临床表现有：持续一月以上的轻微咳嗽则是Ⅲ型结核的临床表现，可信度为 0.6。可信度是结合专家经验依据模糊推理而获得的近似值。它表示一条规则的强度，即当规则的前提为真时，结论为确定的程度。在系统运行过程中可信度通过规则链进行传递，影响推理的各个子目标，这个过程构成系统的精确推理。

现将该系统所采用的规则集形式描述如下：

<规则>::= IF <前提> THEN <结论>

<前提>::= (AND {<条件>}$_{0}^{n}$)

<条件>::= (OR {<断言>}$_{0}^{n}$)

<断言>::= <谓词> <数据库> <参数> <值> | <谓词> <数据库> <参数>

<结论>::= <断言> <诊断意见>

诊断意见即指最后给出的诊断结论和治疗处疗等。例如可以用：

IF 消瘦 AND 干咳 AND 盗汗 THEN

该症状为Ⅲ型浸润性肺结核体征，可信度为 0.9。

2.5.3　推理机制

该系统推理过程主要是模拟临床专家在诊治过程中排他的思维过程，采用模糊推理机制并结合正反向混合推理。

1. 推理机的设计与实现

由于该专家系统问题的证据和求解问题的知识常常具备不精确性，因此采用以模糊逻辑为基础的模糊推理。但必须考虑系统的运行效率和输入病症倒推出病型期间各种可能发生的情况，为此在模糊理论的基础上，又采用了一种分层次推理类型的控制策略，充分利用肺结核病的特点，模拟医生诊断过程，如图 2-23 所示。

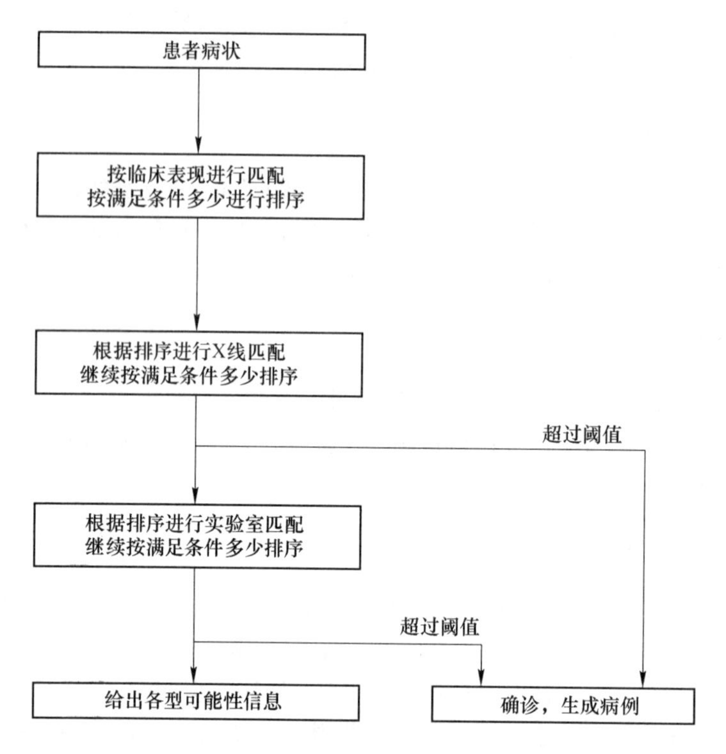

图 2-23　分层次推理机模型

这种分层次推理机模型只完成了分类识别器的功能，每一层次下具体推理过程是由模糊推理机制实现。

模糊推理模型实质上就是一组启发式的过程，运用这些过程，根据问题初始证据的可信度值及规则的可信度因子，给出问题求解结论的可信度值，这就是不精确推理的核心思想。模糊推理的模型如图 2-24 所示。

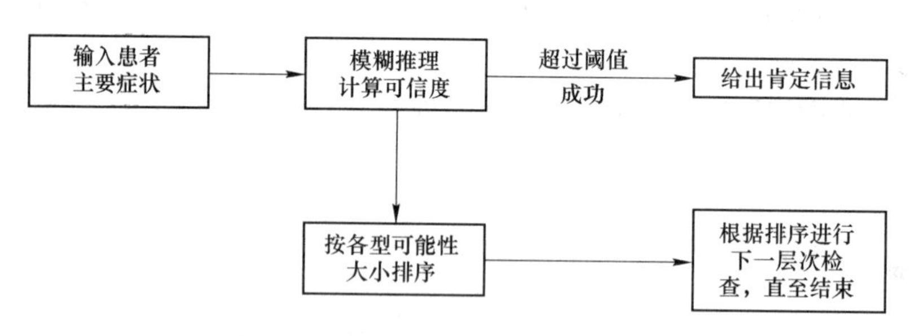

图 2-24　某一层次下的模糊推理类型

模糊推理中存在着一个排序问题，经过排序找出症状集的一个合理解释，这就是外展推理，外展推理不是一种合法的推理，但它可以看作是一个事实的解释过程。例如：

谓词 $P(X)$ 表示是 X 型结核，而 Q 表示午后低热，则存在下列事实：如果 $P(\text{Ⅰ})$ 则 Q。其含义是：如果是Ⅰ型结核则有午后低热症状。而经过外展推理，则有如下结论：如果有午后低热症状则是Ⅰ型结核（实际上Ⅲ型结核也有此症状）。所以外展推理仅是一种可能性推理，它的结论有多个，就需要一个决策过程，从中选取可能性最大的，这就是排序的目的。

排序也是反向推理的依据，系统先根据病人的信息量作正向推理，帮助提出疾病假设，再运用反向演绎，通过进一步查询，寻找支持假设的依据，同时根据决策也可以确定下一步进行检查的项目，以避免不必要的检查。

2. 模糊推理与估值算法

专家系统的最大收获之一，就在于发展了处理不准确性问题的准确方法。而模糊推理就是在不确定条件下的推理方法，关键在于计算可信度。

该系统的推理系统（RS）由三元组组成。

$$RS = (KB,\ BA,\ RC)$$

式中 KB——描述性知识，由四元组组成，$KB = (ST,\ JC,\ BL,\ RL)$；

BA——估值算法；

RC——推理控制策略。

估值算法主要用于对假设的可能测度进行计算，为推理过程提供数学依据。

$ST[I]$ ——病型 $I=1\sim10$（5 型 10 种）；

$JC[j,\ k]$ ——检测方式，$j=1\sim5$，$k=1\sim5$；

$BI[i]$ ——症状，$i=1\sim26$；

RL——规则经验；

$\mu_{ST[I]}$ ——模糊测度。

估值算法为：

$$\mu_{ST[1]} = \sum_{j=1}^{5}\sum_{k=1}^{5} JC[j,\ k] * \frac{BL[i]}{ST[I]} * M_1 * CF\frac{BL[i]}{ST[I]} + M_2 ST[I] * \alpha \qquad (2\text{-}51)$$

其中 CF 为可信度因子，是 0~1 之间的模糊逻辑值；M_1、M_2 为阈值；α 表示根据专家知识经验给出的相关系数；$ST[I]$、$JC[i,\ k]$、$BL[i]$ 均转换为数据并进行加权最优化处理。

2.5.4 系统特点及系统效果

该系统是在 IBM 286 微型机上实现的，主要对临床肺结核病的诊断治疗起专家咨询和辅助决策作用，能提高诊断治疗的效率和准确率。

1. 系统特点

（1）使用了新颖的推理技术，将模糊推理、分层次推理、正反向混合推理等相结合，增加了专家系统的灵活性。

（2）提出了智能模拟和数值诊断相结合的思想，增加了诊断的准确率。

（3）引进了阈值概念，设计了二级阈值，减少了漏诊、误诊的可能性。

（4）知识库采用了分级管理，便于推理机实现，知识表示简单，易于扩充和修改。但尚存在许多不足，如自学习功能、自动修改知识库等有待完善。

2. 系统效果

根据领域专家提供的 130 份病例进行测试验证，完全符合率 97.7%，基本符合率

2. 3%。这说明知识库建造、知识表示与获取、控制策略与推理机设计等是可行的，测试验证结果见表2-2。

表2-2　测试验证结果表

分型	Ⅰ	Ⅱ	Ⅲ	Ⅳ	Ⅴ	合计	百分率
例数	1	1	82	0	46	130	100%
完全符合	1	1	82	0	43	127	97. 7%
基本符合	0	0	0	0	3	3	2. 3%

本 章 小 结

人类知识中所包含的不确定性是普遍存在的，而且是多种多样的。在基于规则的专家系统中，不确定性通常表现在证据、规则和推理三个方面。本章首先介绍专家系统的基本概念；简要地阐述了专家系统中知识的表示方法与获取途径；针对知识的不确定性，分析了产生不确定性的原因，并介绍了不确定性推理的方法；针对知识库中知识的搜索问题，本章详细地介绍了几种常用的搜索方法；最后，通过肺结核病诊断治疗专家系统介绍了专家系统在疾病诊断方面的应用。

第3章　专家控制系统

专家系统技术的迅速发展及其在控制工程中的应用，为智能控制开辟了一个新的研究方向，即专家控制（Expert Control，EC）又称专家智能控制。所谓专家控制是指将专家系统的理论和技术同控制理论方法与技术相结合，在未知环境下，仿效专家的智能，实现对系统的控制。把基于专家的控制原理设计成系统的控制器，称为专家控制系统或专家控制器。本章介绍专家控制系统、专家控制系统的基本结构、基本原理，还介绍了两种常用的专家控制系统，即直接专家控制系统和间接专家控制系统；最后通过工业燃煤锅炉燃烧专家控制系统案例来说明专家控制系统的设计过程。

3.1　专家控制系统概述

3.1.1　专家控制系统的特点

传统控制系统的分析与设计建立在精确数学模型的基础之上。在现代工程中，存在这样一类系统，它们设备规模庞大、系统复杂、物理参数繁多、系统响应时间长，系统还具有时变、大延迟、不确定性或不完全性等非线性特点。对于这类系统，一般难以获得系统精确的数学模型。过去在研究这些系统时，一般会提出一些比较苛刻的假设条件，但是在实际应用中，这些假设条件往往与实际不相符，按照传统思路设计的控制器可能变得很复杂，降低系统的可靠性，难以满足现代社会对这类系统日益增多的控制需求。

专家控制系统是解决这类问题的一种方法。专家控制系统是专家系统家族中的重要一员，其将专家系统中的理论和方法与控制系统中的理论与方法相结合，能够在环境未知条件下，仿效专家的智能，实现对复杂系统的控制。专家控制系统是一种基于知识的控制系统，控制器不是单一的数学模型。

专家控制虽然引入了专家系统的思想和方法，但它与一般的专家系统还有重要的差别：

通常的专家系统只针对专门领域的问题进行咨询工作，它的推理是以知识为基础的，其推理结果一般用于辅助用户的决策；而专家控制则要求对控制动作进行独立的、自动的决策，它的功能一定要具有连续的可靠性和较强的抗干扰性。

通常的专家系统一般都是以离线方式工作的，对系统运行速度没有很高的要求；而专家控制系统则要求在线动态地采集数据、处理数据、进行推理和决策，对过程进行及时的控制，因此要求具有使用的灵活性和控制的实时性。

与传统的工业控制器相比，专家控制器有以下特点：

(1) 灵活性。专家控制系统能够根据系统的工作状态及系统偏差的实际情况，自动灵活的选取相应的控制率。

（2）适应性。专家控制系统能够根据专家的经验知识，调整控制器的参数，以适应对象特性或环境条件的变化。

（3）鲁棒性。由于专家控制系统有一定的灵活性和适应性，其可以在一定的非线性和大偏差下稳定的工作，具有相对的鲁棒性。

3.1.2　专家控制系统的类型

根据系统的结构和功能实现方法，专家控制系统可以被粗略地分为以下几类。

1. 按照系统的复杂程度划分

专家控制分为两种形式：专家控制系统和专家控制器。

（1）专家控制系统

专家控制系统结构比较复杂，研制代价较高，具有较好的技术性能，并用于需要较高技术的装置或过程。

（2）专家控制器

专家控制器又称为基于知识的控制器。结构比较简单，研制代价明显低于前者，技术性能又能满足工业过程控制的一般要求，因而获得广泛的使用。

2. 按照系统的作用机理划分

按照系统的作用和机理来讨论专家控制系统的结构类型。专家控制器有时又称为基于知识的控制器。以基于知识的控制器在整个系统中的作用为基础，可把专家控制系统分为直接专家控制系统和间接专家控制系统两种。

在直接专家控制系统中，控制器向系统提供控制信号，并直接对受控过程产生作用，如图 3-1（a）所示。在间接专家控制系统中，控制器间接地对受控过程产生作用，如图 3-1（b）所示。间接专家控制系统又可称为监控式专家控制系统或参数自适应控制系统。

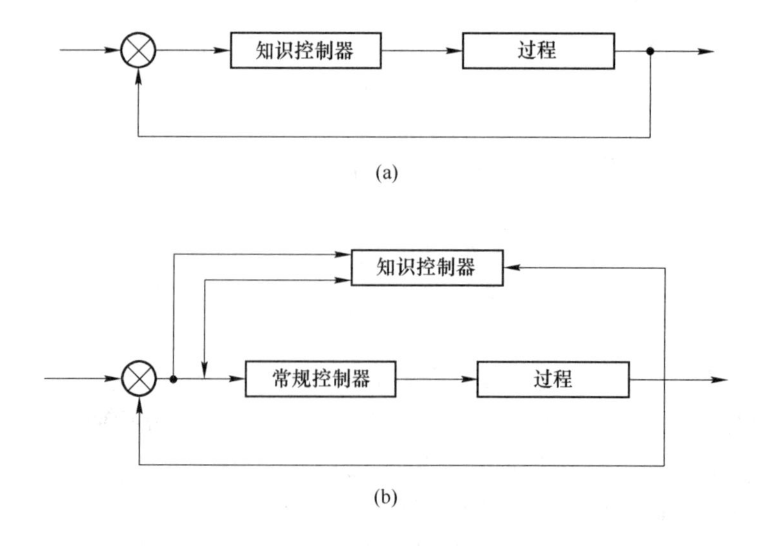

图 3-1　专家控制系统结构图
（a）直接专家控制系统；（b）间接专家控制系统

上述两种控制系统的主要区别是在知识的设计目标上。直接专家控制系统中基于知识的控制器直接模仿人类专家或人类的认知能力，并为控制器设计两种规则：训练规则和机器规则。训练规则由一系列产生式规则组成，它们把控制误差直接映射为受控对象的作用。机器规则是由积累和学习人类专家/师傅的控制经验得到的动态规则，并用于实现机器的学习过程。在间接专家系统中，智能（基于知识）控制器用于调整常规控制器的参数，监控受控对象的某些特征，如超调、上升时间和稳定时间等，然后拟定校正常规控制器参数的规则，以保证控制系统处于稳定和高质量的运行状态。

它们一类是保留控制专家系统的结构特征，但其具有较小的知识库规模，推理机构简单；另一类是以一种控制算法为基础（如 PID 控制器及其变形），通过引入专家系统技术，组织多模态控制和稳定性监控，以提高原控制器的性能和决策水平。此类专家系统控制结构简单，实时性好，具有广阔的应用前景。

3.2 专家控制系统的原理

到目前为止，专家控制并没有明确的公认定义。粗略地说，专家控制是指将专家系统的设计规范和运行机制与传统控制理论和技术相结合而成的实时控制系统设计、实现方法。

3.2.1 专家控制的功能目标

专家控制的功能目标是模拟、延伸、扩展“控制专家”的思想、策略和方法。所谓“控制专家”既指一般自动控制技术的专门研究者、设计师、工程师、也指具有熟练操作技能的控制系统操作人员。他们的控制思想、策略和方法包括成熟的理论方法、直觉经验和手动控制技能。专家控制并不是对传统控制理论和技术的排斥、替代，而是对它的包容和发展。专家控制不仅可以提高常规控制系统的控制品质、拓宽系统的作用范围、增加系统功能，而且可以对传统控制方法难以奏效的复杂过程实现闭环控制。

专家控制的理想目标是实现这样一个控制器或控制系统：

(1) 能够满足任意动态过程的控制需要，包括时变的、非线性的、受到各种干扰的控制对象或生产过程。

(2) 控制系统的运行可以利用对象或过程的一些先验知识，而且只需要最少量的先验知识。

(3) 有关对象或过程的知识可以不断地增加、积累，据以改进控制性能。

(4) 有关控制的潜在知识以透明的方式存放，能够容易地修改和扩充。

(5) 用户可以对控制系统的性能进行定性的说明，例如：“速度尽可能快”“超调要小”等。

(6) 控制性能方面的问题能够得到诊断，控制闭环中的单元，包括传感器和执行机构等的故障可以得到检测。

(7) 用户可以访问系统内部的信息，并进行交互，例如对象或过程的动态特性，控制性能的统计分析，限制控制性能的因素，以及对当前采用的控制作用的解释等。

专家控制的上述目标可以看作是一种比较含糊的功能定义，它们覆盖了传统控制在一定程度上可以达到的功能，但又超过了传统控制技术。做一个形象的比喻，专家控制试图在控制闭环中“加入”一个富有经验的控制工程师，系统能为他提供一个“控制工具箱”，即可对控制、辨识、测量、监视、诊断等方面的各种方法和算法选择自便，运用自如，而且透明地面向系统外部的用户。

3.2.2　控制作用的实现

专家控制所实现的控制作用是控制规律的解析算法与各种启发式控制逻辑的有机结合。可以简单地说，传统控制理论和技术的成就和特长在于它针对精确描述的解析模型进行精确的数值求解，即它的着眼点主要限于设计和实现控制系统的各种核心算法。

例如，经典的 PID 控制就是一个精确的线性方程所表示的算法：

$$u(t) = K_p\left[e(t) + \frac{1}{T_i}\int_0^t e(t)\,\mathrm{d}t + T_d\frac{\mathrm{d}}{\mathrm{d}t}e(t)\right] \tag{3-1}$$

式中，$u(t)$ 为控制作用信号，$e(t)$ 为误差信号，K_p 为比例系数，T_i 为积分时间常数，T_d 为微分时间常数。控制作用的大小取决于误差的比例项、积分项和微分项，K_p 、K_i、K_d 的选择取决于受控对象或过程的动态特性。适当地整定 PID 的 3 个系数，可以获得比较满意的控制效果，即使系统具有合适的稳定性、静态误差和动态特性。应该指出，PID 的控制效果实际上是比例、积分、微分 3 种控制作用的折中。PID 控制算法由于其简单可靠等特点，一直是工业控制中应用最广泛的传统技术。

再考虑作为一种高级控制形态的参数自适应控制。相应的系统结构如图 3-2 所示，其中具有两个回路。内环回路由受控对象或过程以及常规的反馈控制器组成，外环回路由参数估计和控制器设计这两部分组成。参数估计部分对受控模型的动态参数进行递推估计，控制器设计部分根据受控对象参数的变化对控制器参数进行相应的调节。当受控对象或过程的动力学特性由于内部不确定性或外部环境干扰不确定性而发生变化时，自适应控制能自动地校正控制作用，从而使控制系统尽量保持满意的性能。参数估计和控制器设计主要由各种算法实现，统称为自校正算法。

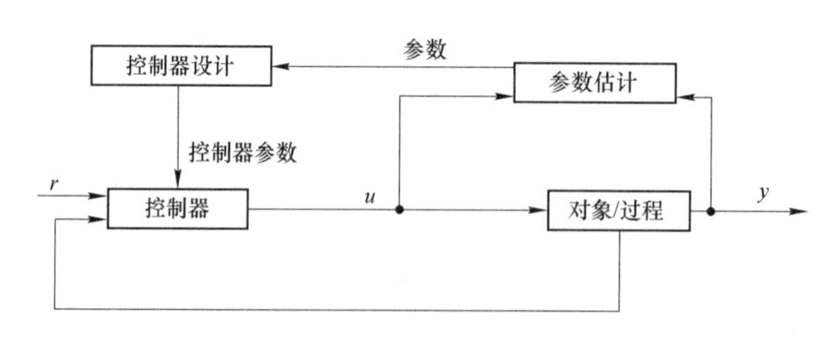

图 3-2　参数自适应控制系统

无论简单的 PID 控制或是复杂的自适应控制，要在很大的运行范围内取得完美的控制效果，都不能孤立地依靠算法的执行，因为这些算法的四周还包围着许许多多的启发式逻辑，而且要使实际系统在线运行，具有完整的功能，还需要各种不能表示为数值算法的推理控制逻辑。

传统控制技术中存在的启发式控制逻辑可以列举如下。

1. 控制算法的参数整定和优化

例如对于不精确模型的 PID 控制算法，参数整定常常运用 Ziegler-Nichols 规则，即根据开环 Nyquist 曲线与负实轴的交点所表示的临界增益（K_c）和临界周期（t_c）来确定 K_p、K_i、K_d 的经验取值。这种经验规则本身就是启发式的，而且在通过试验来求取临界点的过程中，还需要许多启发式逻辑才能恰当使用上述规则。

至于控制器参数的校正和优化，更属于启发式。例如被称为专家 PID 控制器的 EXACT（Bristol，1983；Kraus 和 Myron，1984；Carmon，1986），就是通过对系统误差的模式识别，分别识别出过程响应曲线的超调量、阻尼比和衰减振荡周期，然后根据用户事先设定好的超调量，阻尼等约束条件，在线校正 K_p、K_i、K_d 这 3 个参数，直至过程的响应曲线为某种指标下的最佳响应曲线。

2. 不同算法的选择决策和协调

例如参数自适应控制，系统有两个运行状态：控制状态和调节状态。当系统获得受控模型的一定的参数条件时，可以使用不同的控制算法；最小方差控制、极点配置控制、PID 控制等。如果模型不准确或参数发生变化，系统则需转为调节状态，引入适当的激励，启动参数估计算法。如果激励不足，则需引入扰动信号。如果对象参数发生跳变，则需对估计参数重新初始化。如果由于参数估计不当造成系统不稳定，则需启发一种 K_c-t_c 估计器重新估计参数。最后如果发现自校正控制已收敛到最小方差控制，则转入控制状态。另外 K_c-t_c 估计器的 K_c 和 t_c 值同时也起到对备用的 PID 控制的参数整定作用。由上可知，参数自适应控制中涉及众多的辨识和控制算法，不同算法之间的选择、切换和协调都是依靠启发式逻辑进行监控和决策的。

3. 未建模动态的处理

例如 PID 控制中，系统元件的非线性并未考虑。当系统启停或设定值跳变时，由于元件的饱和等特性，在积分项的作用下系统输出将产生很大超调，形成弹簧式振荡，为此需要进行逻辑判断才能防止，即若误差过大，则取消积分项。

又如当不希望执行部件过于频繁动作时，可利用逻辑实现的带死区的 PID 控制等。

4. 系统在线运行的辅助操作

在核心的控制算法以外，系统的实际运行还需要许多重要的辅助操作，这些操作功能一般都是由启发式逻辑决定的。

例如，为避免控制器的不合适初始状态在开机时造成对系统的冲击，一般采用从手动控制切入自动控制的方式，这种从手动到自动的无扰切换是逻辑判断的。

又如，当系统出现异常状态或控制幅值越限时，必须在某种逻辑控制下进行报警和现场处理。

更进一步，系统应该能与操作人员交互，以便使系统得到适当的对象先验知识，使操作人员了解、监护系统的运行状态等。

传统控制技术对于上述种种启发式控制逻辑，或者并没有做深入的揭示，或者采取了回避的态度，或者以专门的方式进行个别处理。专家控制的基本原理正是面对这些启发式逻辑，试图采用形式化的方法，将这些启发式逻辑组织起来，进行一般的处理，从它们与核心算法的结合上使传统控制表现出较好的智能性。

总之，与传统控制技术不同，专家控制的作用和特点在于依靠完整描述的受控过程知识，求取良好的控制性能。

3.2.3 设计规范和运行机制

专家控制的设计规范是建立数学模型与知识模型相结合的广义知识模型，它的运行机制是包含数值算法在内的知识推理。专家控制的设计规范和运行机制是专家系统技术的基本原则在控制问题中的应用。

1. 控制的知识表示

专家控制把控制系统总的看作为基于知识的系统，系统包含的知识信息内容表示如图 3-3 所示。

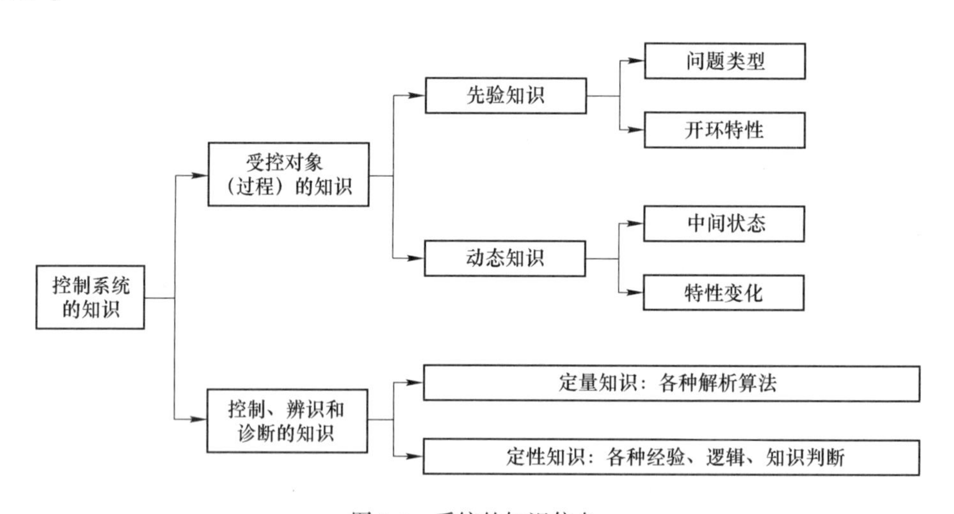

图 3-3 系统的知识信息

按照专家系统知识库的构造，有关控制的知识可以分类组织，形成数据库和规则库。

（1）数据库

数据库中包括：

事实——已知的静态数据。例如传感器测量误差，运行阈值，报警阈值，操作序列的约束条件，受控对象或过程的单元组态等。

证据——测量到的动态数据。例如传感器的输出值，仪器仪表的测试结果等。证据的类型是各异的，常常带有噪声，延迟，也可能是不完整的，甚至相互之间有冲突。

假设——由事实和证据推导得到的中间状态，作为当前事实集合的补充。例如通过各种参数估计算法推得的状态估计等。

目标——系统的性能目标。例如对稳定性的要求，对静态工作点的寻优，对现有控制规律是否需要改进的判断等。目标既可以是预定的（静态目标），也可以根据外部命令或内部运行状况在线的建立（动态目标）。各种目标实际上形成了一个大的阵列。

上述控制知识的数据通常用框架形式表示。

（2）规则库

规则库实际上是专家系统中判断性知识集合及其组织结构的代名词。对于控制问题中各种启发式控制逻辑，一般常用产生式规则表示：

IF（控制局势）THEN（操作结论）

其中，控制局势即为事实、证据、假设和目标等各种数据项表示的前提条件，而操作结论即为定性的推理结果。应该指出，在通常的专家系统中，产生式规则的前提条件是知识条目，推理结果或者是往数据库中增加一些新的知识条目，或者是修改数据库中其他某些原有的知识条目。而在专家控制中，产生式规则的推理结果可以是对原有控制局势知识条目的更新，还可以是某种控制、估计算法的激活。

专家控制中的产生式规则可看作是系统状态的函数。但由于数据库的概念比控制理论中的“状态”具有更广泛的内容，因而产生式规则要比通常的传递函数含义更丰富。

判断性知识往往需要几种不同的表示形式，例如对于包含大量序列成分的子问题，知识用过程式表示就比规则自然得多。

专家控制中的规则库常常构造成“知识源”的组合。一个知识源中包含了同属于某个子问题的规则，这样可以使搜索规则的推理过程得到简化，而且这种模块化结构便于知识的增删、更新。

知识源实际上是基本问题求解单元的一种广义化知识模型，对于控制问题来说，它综合表达了形式化的控制操作经验和技巧，可供选用的一些解析算法，对于这些算法的运用时机和条件的判断逻辑，以及系统监控和诊断的知识等。

2. 控制的推理模型

专家控制中的问题求解机制可以表示为如下的推理模型：

$$U=f(E,\ K,\ I) \tag{3-2}$$

其中，$U=\{u_1,\ u_2,\ \cdots,\ u_m\}$ 为控制器的输出作用集，$E=\{e_1,\ e_2,\ \cdots,\ e_m\}$ 为控制器的输入集，$K=\{k_1,\ k_2,\ \cdots,\ k_m\}$ 为系统的数据项集，$I=\{i_1,\ i_2,\ \cdots,\ i_m\}$ 为具体推理机构的输出集。而 $f(\cdot)$ 为一种智能算子，它可以一般地表示为：

IF E AND K THEN（IF I THEN U）

即根据输入信息 E 和系统中的知识信息 K 进行推理，然后根据推理结果 J 确定相应的控制行为 U。在此智能算子的含义用了产生式的形式，这是因为产生式结构的推理机制能够模拟任何一般的问题求解过程。实际上智能算子也可以基于其他的知识表达形式（语义网络、谓词逻辑、过程等）来实现相应的推理方法。

专家控制推理机制的控制策略一般仅仅用到正向推理是不够的。当一个结论不能自动得到推导时，就需要使用反向推理的方式，去调用前链控制的产生式规则知识源或者过程式知识源验证这一结论。

3.3　专家控制系统的结构

3.3.1　专家控制系统的基本结构

专家控制系统因应用场合和控制要求的不同，其结构也可能不一样。然而，几乎所有的专家控制系统（控制器）都包含知识库、推理机、控制规则集和/或控制算法等。从性能指标的观点看，专家控制系统应当为控制目标提供与专家操作时一样或十分相似的性能指标。一般控制专家系统的基本结构如图 3-4 所示。

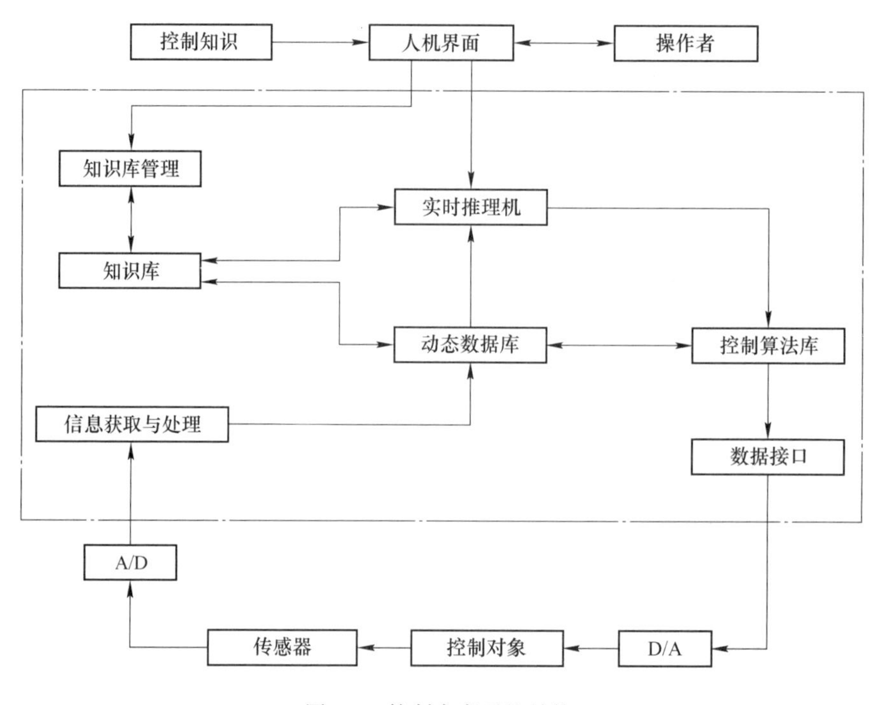

图 3-4　控制专家系统结构

1. 知识库

由事实集和经验数据、经验公式、规则等构成。事实集主要包括被控对象的有关知识，如结构、类型及特征、参数变化范围等。控制规则有自适应、自学习、参数自调整等方面的规则。经验数据包括被控对象的参数变化范围、控制参数的调整范围及其限幅值，传感器的静、动态特性、系统误差、执行机构的特征、控制系统的性能指标以及由控制专家给出或由实验总结出的经验公式。

2. 控制算法库

存放控制策略及控制方法，如 PID、PI、Fuzzy、神经控制 NC、预测控制算法等，是直接基本控制方法集。

3. 实时推理机

根据一定的推理策略（正向推理）从知识库中选择有关知识，对控制专家提供的控制算法、事实、证据以及实时采集的系统特性数据进行推理，直到得出相应的最佳控制决策，用决策的结果指导控制作用。

4. 信息获取与处理

信息获取主要是通过闭环控制系统的反馈信息及系统的输入信息，获取控制系统的误差及误差变化量、系统的特征信息（如超调量、上升时间等）。信息的处理包括必要的特征识别、滤波措施等。

5. 动态数据库

动态数据库用来存放系统推理过程中用到的数据、中间结果、实时采集与处理的数据。在设计专家控制系统时应根据生产所遇到的被控系统复杂程度构建相应的知识模型、推理策略及控制算法集。

对于一些被控对象，考虑到对其控制性能指标、可靠性、实时性及对性能/价格比的要求，可以将专家控制系统简化成一个专家控制器。对于一些复杂系统，可以采用多级实时专家控制（组织级、协调级、基本实时控制级）构成。

不论哪种专家控制器的设计都必须解决以下几个问题：

(1) 用什么知识表示方法描述一个系统的特征知识？

(2) 怎样从传感器数据中获取和识别定性的知识？

(3) 如何把定性推理的结果量化成执行器定量的控制信号？

(4) 怎样分析和保证系统的稳定性？

(5) 怎样获取控制知识和学习规则？

这些问题与模糊控制系统中的设计问题有些相似，可以利用模糊控制系统与专家控制结合起来解决。两者主要差别在于模糊控制是建立在系统模糊模型的基础上，而专家控制系统则是建立在对象定性或定量分析模型的基础上。前者的理论基础是模糊集合，后者利用人工智能中专家系统技术。这两种智能控制系统可以结合起来。譬如专家控制系统中可以有模糊规则，也可以用模糊隶属函数来处理专家系统中的不确定知识；在模糊控制系统中也可以采用专家系统的推理机制。

3.3.2 专家控制系统的具体结构

下面讨论两种专家控制器的具体结构。

1. 工业专家控制器

图 3-5 给出一种工业专家控制器的框图。

专家控制器的基础是知识库，知识库存放工业过程控制的领域知识，由经验数据库和学习与适应装置组成。经验数据库主要存储经验和事实。学习与适应装置的功能就是根据在线获取的信息，补充或修改知识库内容，改进系统性能，以便提高问题求解能力。

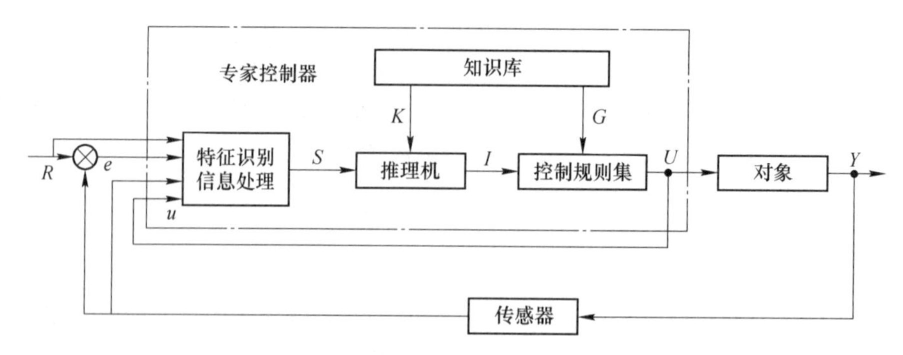

图 3-5　专家控制器的典型结构

建立知识库的主要问题是如何表达已获取的知识。专家控制器的知识库用产生式规则来建立，这种表达方式具有较高的灵活性，每条产生式规则都可以独立地增删、修改，使知识库的内容便于更新。

控制规则集是对受控过程的各种控制模式和经验的归纳和总结。由于规则条数不多，搜索空间很小，推理机构就十分简单，采用向前推理方法逐次判别各种规则的条件，满足则执行，否则继续搜索。

特征识别与信息处理部分的作用是实现对信息的提取与加工，为控制决策和学习适应提供依据。它主要包括抽取动态过程的特征信息，识别系统的特征状态，并对特征信息做必要的加工。

专家控制器的输入集为：

$$E = (R,\ e,\ Y,\ U) \tag{3-3}$$

$$e = R - Y \tag{3-4}$$

式（3-3）中，R 为参考控制输入；e 为误差信号；Y 为受控输出；U 为控制器的输出集。

I、G、U、K 和 E 之间的关系已由式（3-5）表示，即：

$$U = f(E,\ K,\ I,\ G) \tag{3-5}$$

式（3-5）中，智能算子 f 为几个算子的复合运算：

$$f = g \cdot h \cdot p \tag{3-6}$$

式（3-6）中，g、h、p 也是智能算子，而且有：

$$\begin{cases} g:\ E \rightarrow S \\ h:\ S \times K \rightarrow I \\ p:\ I \times G \rightarrow U \end{cases} \tag{3-7}$$

式（3-7）中，S 为特征识别信息输出集；G 为控制规则修改指令。

这些算子具有下列形式：

IF A THEN B

其中 A 为前提或条件；B 为结论；A 与 B 之间的关系也可以包括解析表达式、模糊关系、因果关系和经验规则等多种形式。B 还可以是一个规则子集。

2. 黑板专家控制系统

图 3-6 给出另一种专家控制系统，黑板专家控制系统的结构。

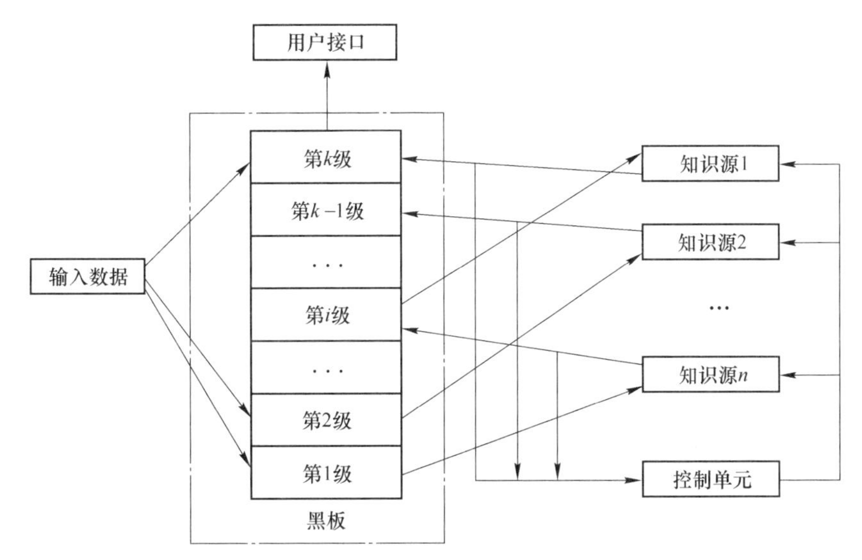

图 3-6 黑板专家控制系统的结构

黑板结构是一种强功能的专家系统结构和问题求解模型，它能够处理大量不同的、错误的和不完全的知识，以求解问题。基本黑板结构是由一个黑板、一套独立的知识源和一个调度器组成。黑板为一共享数据区，知识源存储各种相关知识，调度器起控制作用。黑板系统提供了一种用于组织知识应用和知识源之间合作的工具。

黑板系统的最大优点在于它能够提供控制的灵活性和具有综合各种不同的知识表示和推理技术的能力。例如，一个产生式规则系统或基于框架的系统可以作为黑板系统的一部分。

黑板控制系统的 3 个组成部分解释如下：

(1) 黑板

黑板用于存储所有知识源可访问的知识，它的全局数据结构被用于组织问题求解数据，并处理各知识源之间的通信问题。放在黑板上的对象可以是输入数据、局部结果、假设、选择方案和最后结果等。各知识源之间的交互作用是通过黑板执行的。一个黑板可被分割为无数个子黑板，也就是说，按照求解问题的不同方面，可把黑板分为几个黑板层，如图 3-6 中的第 1 层至第 m 层。因此，各种对象可被递阶的组织进不同的分析层级。

在黑板上的每一记录条目可有几个相关的置信因子。这是系统处理知识不确定性的一种方法。黑板的机理能够保证在每个知识源与已求得的局部解之间存在一个统一的接口。

(2) 知识源

知识源是领域知识的自选模块，每个知识源可视为专门用于处理一定类型的较窄领域信息或知识的独立程序，而且具有决定是否应当把自身信息提供给问题求解过程的能力。黑板系统中的知识源是独立分开的，每个知识源具有自己的工作过程或规则集合和自有的数据结构，包含知识源正确运行所必需的信息。知识源的动作部分执行实际的问题求解，并产生黑板的变化。知识源能够遵循各种不同的知识表示方法和推理机制。因此，知识源的动作部分可为一个含有正向/逆向搜索的产生式规则系统，或者是一个具有填槽过程的基于框架的系统。

（3）控制器

黑板系统的主要求解机制是由某个知识源向黑板增添新的信息开始的。然后，这一事件触发其他对新送来的信息感兴趣的知识源。接着，对这些被触发的知识源执行某些测试过程，以决定它们是否能够被合法执行。最后，一个被触发了的知识源被选中，执行向黑板增添信息的任务。这个循环不断进行下去。

控制黑板是一个含有控制数据项的数据库，这些控制数据项被控制器用来从一组潜在可执行的知识源中挑选出一个供执行用的知识源。高层规划和策略应在程序执行前以最适合问题状况的方式决定和选择。一组控制知识源，能够不断建构规划以达到系统性能，这些规划描述了求解控制问题所需的作用。规划执行后，控制黑板上的信息得以增补或修改。然后，控制器应用任一记录在控制黑板上的启发性控制方法，实现控制作用。

黑板的控制结构使得系统能够对那些与当前挑选的中心问题相匹配的知识源给予较高的优先权。这些关注的中心可在控制黑板上变化。因此，该系统能够探索和决定各种问题求解策略，并把注意力集中到最有希望的可能解答上。

3.4　直接专家控制系统

直接专家系统控制实际上是将专家系统作为控制器（称为专家控制器）。具有专家控制器的系统称为直接专家控制系统。

工业生产所遇到的被控对象千变万化，其复杂程度也不尽相同，如果都对被控对象（过程）建立专家控制系统进行控制，这显然是不必要的。因此，对一些被控对象，考虑到对其控制性能指标、可靠性、实时性及对性能/价格比的要求，可以将专家控制系统简化。例如，可以不设人—机自然语言对话；考虑到专用性，可减小知识库规模，压缩规则集，于是推理机就会变得相当简单。这样的专家控制系统实际上变为一个专家控制器，或者说，这样的专家系统的核心内容（或主要内容）是专家控制器。本节主要讨论专家控制器的相关问题。

在传统控制器设计中，控制器是基于控制理论设计的，对象采用微分方程、差分方程、状态方程、传递函数等定量物理模型描述。这些模型可以用机理分析法或辨识方法获得，所设计的控制器也用数学表达式描述。而在专家控制器设计中，控制器是根据控制工程师和操作人员的启发式知识进行设计。这种知识包括某些定理知识，但基本上属于定性知识的范畴。专家控制器通过对过程变量和控制变量的观测进行分析，根据已具有的知识给出控制信号。因此，专家控制器一般用于过程具有高度非线性、对象难以用数学解析式描述、传统控制器很难设计的场合。对于像数学模型已知的线性系统，传统控制方法已能很好的解决，没有必要使用专家控制器，当然也没有必要使用专家控制系统。

3.4.1　直接专家控制器的一般结构

直接专家控制器的一般结构如图 3-7 所示。专家控制器通常由知识库、控制规则集、推理机构及信息获取与处理四个部分组成。

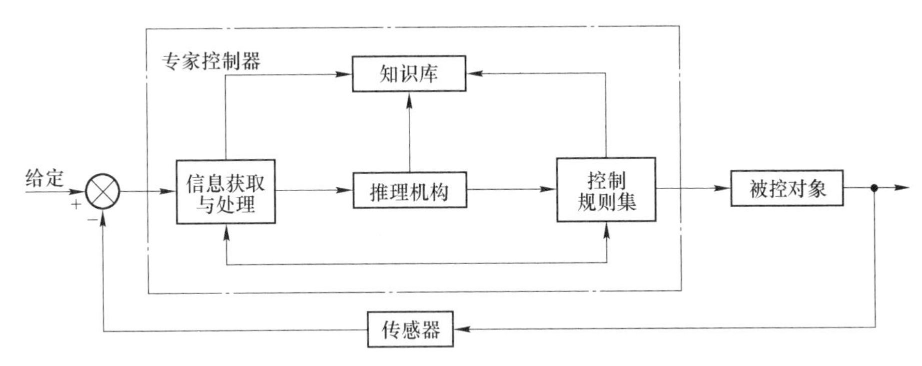

图 3-7 直接专家控制器的一般结构

1. 知识库

知识库由事实和经验数据库、经验公式等构成。事实集主要包括被控对象的有关知识，如结构、类型及特征等，还包括控制规则的自适应及参数自调整等方面的规则。经验数据库中的经验数据包括被控对象的参数变化范围、控制参数的调整范围及其限幅值、传感器的静态、动态特性、参数及阈值、控制系统的性能指标以及由专家给出或由实验总结出的经验公式等。

2. 控制规则集

专家根据被控对象的特点及其操作、控制的经验，可以采用产生式规则、模糊关系及解析形式等多种方法来描述被控对象特征，这样可以得到各种定性的、模糊的、定量的、精确的信息，从而总结出若干条行之有效的控制规则，即控制规则集，它集中反映了专家及其熟练操作者在某领域控制过程中的专门知识及经验。

3. 推理机构

由于专家控制器的知识库及其控制规则集的规模远小于专家控制系统，因此它的推理机构的搜索空间很有限，推理机制比较简单。一般采用前向推理机制，对于控制规则由前向后逐条匹配，直至搜索到目标。

4. 信息获取与处理

专家控制器的信息获取主要是通过其闭环控制系统的反馈信息及系统的输入信息，对于这些信息量的处理可以获得控制系统的误差及其误差变化量等对控制有用的信息。此外，信息的处理也包括必要的滤波措施等。

推理机在每个采样周期内，根据当前数据库的内容和知识库中的知识进行推理，改变数据库内容并最后产生控制信号，加到被控对象上。专家控制器的输入是对象的过程变量，不仅限于系统偏差和偏差的导数，还包括反映过程特性的其他信号（如控制变量等），对各种信息进行加工处理和特征识别后再用于系统推理。推理的输出再经过控制决策转换为控制信号。

设专家控制器的输入集为 E，特征信息输出集为 S，知识库的知识集为 K，知识库修

改命令集为 G，推理机理结论为 I，控制器输出集为 U，则专家控制器的模型可表示为：

$$U = f(E, K, I) \tag{3-8}$$

其中，输入集：

$$E = (R, e, y, U) \tag{3-9}$$

$$e = R - y \tag{3-10}$$

式中，R 为参考控制输入；e 为误差信号；y 为受控输出智能算子。

$$f = g \cdot h \cdot p \tag{3-11}$$

$$g: E \to S, \ h: S * K \to I, \ p: I \to U \tag{3-12}$$

g、h、p 也是智能算子，f 是 g、h、p 的复合运算。g、h、p 的表示形式为：

IF A THEN B

其中，A 为前提或条件，B 为结论。A 与 B 之间的关系可以包括解析表达式，因果关系或启发式规则等各种表达式。B 也可以是一个子规则集。直接专家控制器模型可表示为

IF E AND K THEN　(IF I THEN U)

3.4.2　专家控制器的设计原则

专家控制器在设计上应遵循以下原则。

1. 推理与决策的实时性

其他类型的专家系统（如医疗诊断专家系统）重视的是结果，一般不考虑系统运行速度。而在控制系统中，专家系统的推理速度是至关重要的。系统允许的最大采样周期决定了推理速度的下限。推理速度越快，则最大采样周期可以越短。

专家系统从推理开始至得到最终结论的推理步数是不固定的，完成一步推理所花的时间也不一样，从不同状态开始求解时过程所用总时间差异很大。在过程控制系统中，采样周期一般是常数，专家控制器推理开始时的状态由控制系统当前信息决定，通常每个时刻都不同，因此从推理开始到得出结论的时间不同，可能在某些采样周期无法正常控制信号输出。为取得好的控制效果，必须确保在每个采样周期都能提供控制信号。为此，首先要解决控制信号的有无问题然后再考虑其质量优劣问题，即必须提高专家系统的运行速度，确保在每个采样周期内都能提供控制信号。

2. 在线处理的灵巧性

专家控制器与传统的控制器在运行机理上有很大不同，因此，在设计专家式控制器时应十分注意对过程在线信息的处理与利用。在信息存储方面，应对那些对做出控制决策有意义的特征信息进行记忆，对于过时的信息则应实时遗忘；在信息处理方面，应把数值计算与符号运算结合起来；在信息利用方面，应对各种反映过程特性的特征信息加以抽取和利用，不要仅限于误差及误差的导数。灵活地处理与利用在线信息将提高系统的信息处理能力和决策水平。

3. 控制策略的灵活性

控制策略的灵活性是设计专家式控制器所应遵循的一条重要原则。工业对象本身的时

变性与不确定性以及现场干扰的随机性，要求控制器采用不同形式的开环与闭环控制策略，并能通过在线获取的信息灵活的修改控制策略或控制参数，以保证获得优良的控制品质。同时，专家控制器中还应设计异常情况处理的适应性策略，以增强系统的应变能力。

根据专家控制器的设计原则，在专家控制器的设计过程中，可采取以下措施：

（1）以满足专家控制系统运行速度要求为前提，配置计算机 CPU 速度、数据总线位数和内存量等，提高硬件的运算速度。

（2）选择合适的工具软件。专家系统所用工具软件对系统运行速度影响较大。要以提高运行速度为原则，兼顾编程效率、界面友好和使用方便等方面的要求，选择合适的工具软件进行编程。

（3）知识库设计。专家系统推理时间大部分用在搜索知识库中可用的知识上，为加速这一搜索过程，应该合理设计知识库的结构。首先可以按知识的层次把知识库划分为几个子库，推理时按知识层次搜索相应的子库，从而可以缩小搜索范围，大大提高搜索效率。其次利用搜索的某些启发式信息，预先指导知识库的设计。例如，根据验前信息，把成功率最高的知识放在优先搜索的位置上；对结论相同的知识进行合并以缩小搜索空间等。

（4）推理机设计。直接专家控制系统中专家系统知识库规模通常不大。采用启发式信息指导构造知识库和划分子库，可以提高综合搜索效率。

3.4.3 专家控制器的系统实现

1. 系统结构

专家控制器系统结构如图 3-8 所示。

推理机包括前向链推理和后向链推理两种机制供用户选择。知识库包括 5 个子库，分别对应 5 个知识层。数据库包括静态、动态数据库两大部分。动态数据库又划分为短期、长期数据库。

静态数据库用来存储系统运行期间不改变的信息（如控制极限、采样周期等）。短期数据库中存放每个采样周期都要更新的数据（如过程输出量、控制量等）。长期数据库中则存放不需频繁改变的信息（如根据历史信息获得的结论等）。

用户接口包含两部分，一部分为开发工具软件（如知识库编辑器）；另一部分是用户接口，用户命令通过“调度员”与专家系统发生关系。采样周期开始时，系统开始测量过程信息（如输出 y 和设定值 r 等），并将其放到短期数据中。接着，系统初始化并启动时钟，由“调度员”启动推理机（前向链或后向链），利用第一层的知识库确定控制信号 u_1，并将之存入短期数据库。然后转向第 2 层知识子库进行推理，确定出控制信号 u_2 并替代 u_1。之后进入更高层知识库，直到时钟发出本采样周期结束的信号，推理机异常结束推理，从短周期数据库给出最终确定的控制信号。保证每个采样周期能提供控制信号，并在此基础上提供尽可能精确的结果。

2. 推理系统设计

逐步推理的知识库划分成多少个知识层子库由具体情况而定。这里介绍 Broeders 实现的一种方法，把知识库按知识层分为 5 个子库。对前 3 层知识，设想有这样一个“操作者”按分类策略进行过程状态判别并进行近期制操作。对第 4 层知识，设想有另外一个“操作者”，他是控制瞬态响应方面的专家，通常他对动态响应过程的控制优于前者。对第 5 层知识，设想有一个高级“决策者”或“监控者”，他不直接去操作，而只是对前两个操作者的工作进行指导，使前两者的控制效果更好。下面分别讲述各知识层的结构及功能。

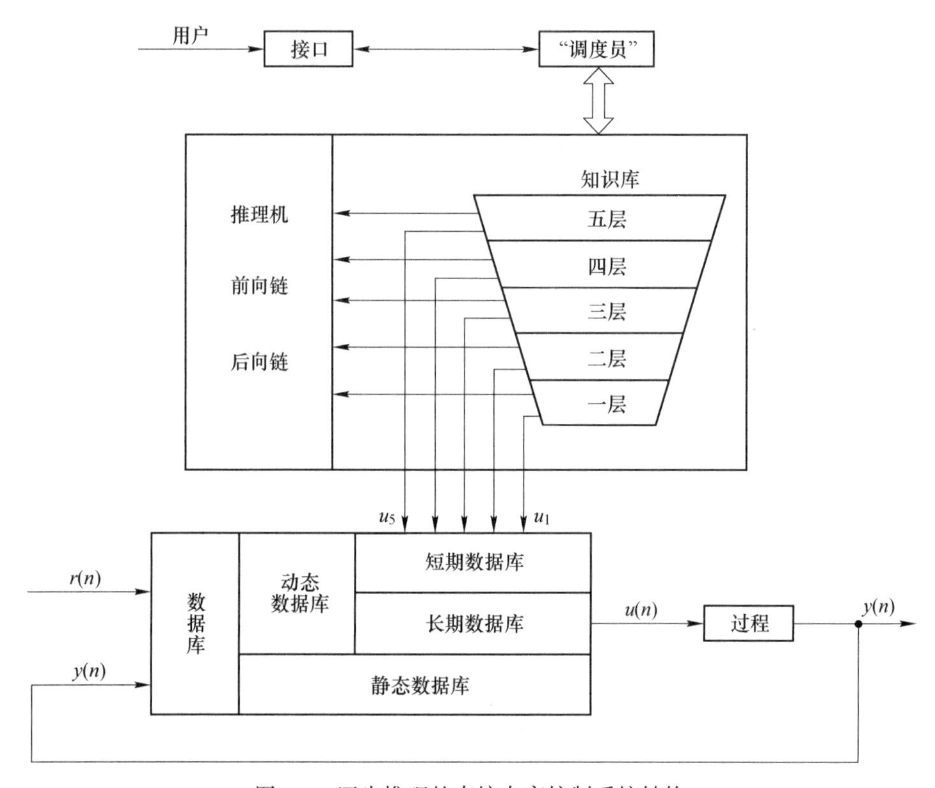

图 3-8　逐步推理的直接专家控制系统结构

（1）前 3 个知识层——分类决策

采用相同的控制策略，其主要控制步骤如下：

1）确定基本信息。即确定控制过程必须知道的信息量，可以选择偏差及其一阶差分作为基本信息量。

2）过程状态的符号描述。控制系统操作者的知识通常用定性语言表达，相应的专家系统则用符号描述。因此，必须将过程状态的数字表示转换为符号信息，专家系统才能推理。例如，“偏差为正且非常大”等，这些知识在专家系统中均采用符号表示。可以借助于相平面，将过程状态的数字量描述转换为所需的定性符号语言描述。

3）确定因果关系。以过程状态的分类为前提，以专家确定的控制操作为结论的因果关系可以用产生式规则表示，例如“如果偏差为正且值较大，偏差差分为正且值较小，则将控制信号再加大一点”。对相平面的每一网格区均建立这种“状态—操作”的因果关系并用产生式规则表示，便构成了该知识层的知识子库。

4）产生控制信号。将第 3）步得到的控制操作的定性符号描述转变成控制动作，还需要将操作的符号信息转换为数字表示的控制信号。

控制信号的表达式采用以下 3 种形式：

$$u(n)=\alpha U_{max} \tag{3-13}$$

$$u(n)=\alpha U_{min} \tag{3-14}$$

$$u(n)=u(n-1)+\beta U_{max} \tag{3-15}$$

式中，U_{max} 为最大控制量；U_{min} 为最小控制量；$u(n-1)$ 为上一采样时刻的控制信号；α、β 为加权因子。

根据因果关系及确定的控制操作，专家可以凭自己的经验选用三个表达式之一并确定相应加权因子的值。

对每一个状态类，都根据专家经验给出对应的控制信号。专家的知识便可以用如下典型的产生式规则表示：

IF $E=POS$ AND NOT $E=BIG$ AND NOT $\Delta E=POS$

THEN $u(n)=u(n-1)-3\%U_{max}$

按这样的知识表示，第一层知识子库由 8 条规则组成，第 2 层知识子库由 24 条规则组成，第 3 层知识子库由 48 条规则组成。

（2）第 4 知识层——模型参考控制

采用类似于模型参考自适应控制的策略，其基本思想是，在控制过程中，专家始终根据一条期望轨迹进行控制操作，直到过程控制到设定点。模型控制专家的这种行为就是把期望轨迹构造成参考模型，根据实际轨迹与参考模型的差异确定控制信号。

（3）第 5 知识层——监控

第 5 知识层采用监控“专家”。第 1 个功能是监视系统运行状态，确定系统的响应特性，用以调整前几层的控制方式。例如，对于快速系统，需要用较谨慎的方法计算控制信号。其第 2 个功能是自动调整相平面的边界，如调整为长方形或椭圆形。其第 3 个功能是识别过程状态是否已进入相平面的稳态区，若进入稳态区则关闭第 4 层知识子库 α、β，并将前 3 层知识子库的加权因子按某相比例因子缩小。

3. 逐步推理系统实现举例

Broeders 等人对逐步推理的直接专家系统控制进行了有益的试验。他们实现的逐步推理专家控制器中，知识库由若干个子库组成，共有 110 条规则（其中第 1 层 8 条，第 2 层 24 条，第 3 层 48 条，其余的分属第 4、5 层）。利用所研制的逐步推理专家控制器，Broedcrs 等人对传递函数为式（3-16）所示的二阶系统进行了计算，得出了图 3-9 所示的阶跃响应（相平面表示）曲线，可以看出，系统具有良好的控制性能。

$$\varphi(S)=\frac{2}{(10s+1)(25s+5)} \tag{3-16}$$

Broeders 等人对具有任意零极点配置的一阶、二阶和三阶以及变增益、变结构的对象都进行了试验。结果表明，这种专家控制器适用于广泛的控制对象，甚至对有纯时延的非最小相位系统，该专家控制器也能适用。

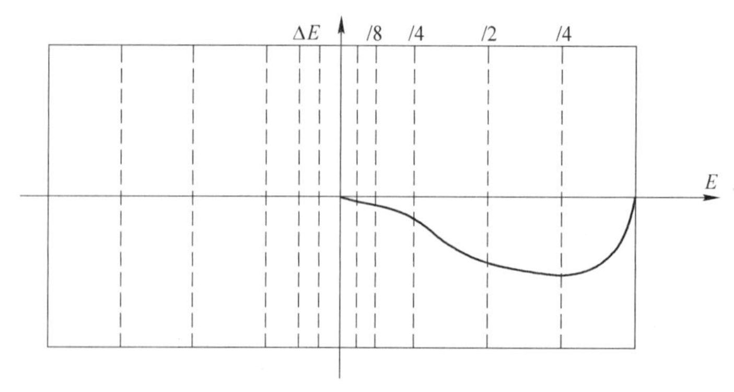

图 3-9　一个二阶系统的阶跃响应

3.5　间接专家控制系统

在间接专家控制系统中，各种高层决策的控制知识和经验被用来间接地控制生产过程或调节受控对象，常规的控制器或调节器受到一个模拟控制工程师智能的指导、协调或监督。专家系统技术与常规控制技术的结合可以非常紧密，两者共同作用方能完成优化控制规律、适应环境变化的功能；专家系统的技术也可以用来管理、组织若干常规控制器，为设计人员或操作人员提供辅助决策作用。一般认为，紧密型的间接式专家控制研究具有典型的意义。

下面介绍间接专家控制系统中具有代表性的专家整定 PID 控制系统。

计算机具有精度高、速度快、存储容量大以及逻辑判断功能强等特点，因此计算机控制系统除了可以实现 PID 控制以外，还可以实现高级复杂的控制算法，例如，前馈控制、多变量解耦控制、最优控制、自适应控制、自学习控制、模型预测控制等。尽管如此，PID 控制仍然是目前应用最广、最为广大技术人员所熟悉的控制算法，这是因为：PID 控制结构简单，参数容易调整；PID 适合于大多数对象特性的控制要求，特别是单回路控制，其对象多数可以用纯时延环节和一阶惯性环节、二阶环节的组合进行数学描述。对这样的对象特性，PID 控制是一种最优的控制算法，而且在对象特性的数学模型不确定的情况下，PID 也可以达到有效的控制。

普通 PID 的控制算法为：

$$U(t) = K_p\left[E(t) + \frac{1}{T_i}\int_0^t E(t)\,\mathrm{d}t + T_d\frac{\mathrm{d}}{\mathrm{d}t}E(t)\right] \tag{3-17}$$

数字 PID 的控制算法为：

$$U(n) = K_p\left[E(n) + \frac{T}{T_i}\sum_{k=0}^{n}E(k) + \frac{T_d}{T}(E(n) - E(n-1))\right] \tag{3-18}$$

其中 K_p、T_i、T_d分别为 P、I、D 的控制参数；T 为采样周期。当被控对象的数学模型不确定时，控制参数 K_p、T_i、T_d由有经验的控制专家现场进行整定。专家在实践工作中积累了大量的经验，形成了一整套调试规程，即专家知识。系统整定就是根据对象的过程响应特性，运用调试规章，调整 K_p、T_i、T_d控制参数，使控制性能得到改善。

在专家整定 PID 控制系统中，PID 参数的整定工作由专家系统实现，控制信号仍然由 PID 控制器给出，专家系统只是间接地影响控制过程。专家系统拥有整定专家的知识，它可以根据控制过程提供的实时信息，自动地在线整定 PID 参数，改善控制性能。专家整定 PID 控制系统尤其适合于对象特性易于变化的情况，专家系统可以在线跟踪控制过程，当发现系统控制性能变化时，及时调整 PID 控制参数，使控制系统始终运行在最佳状态。

1. 专家系统整定原理

专家整定 PID 控制系统的结构如图 3-10 所示。

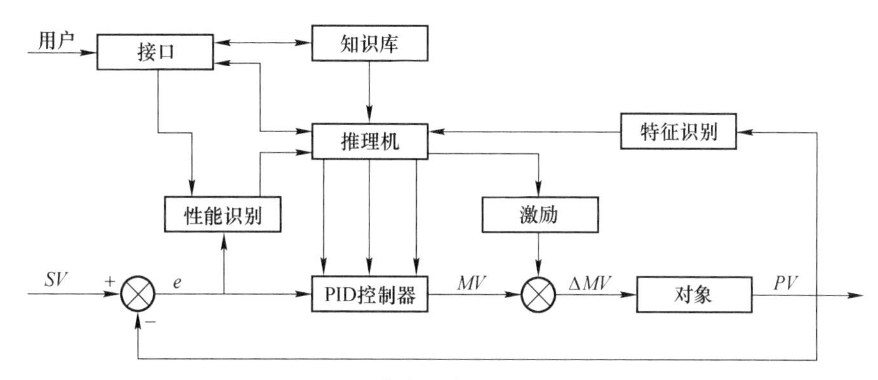

图 3-10 专家整定 PID 控制系统

单回路控制系统在原理上可以简化为控制器和被控对象组成的闭环系统。被控对象的输出通过传感器变为测量值 PV，反馈到输入端与设定值 SV 比较，得到偏差 e，加到 PID 控制器上，控制器输出为操作量 MV，去操作被控对象。

专家系统对 PID 控制参数的整定过程包括对系统控制性能的判别，过程响应曲线的特征识别，控制参数调整量的确定以及 PID 控制参数的修改等。

2. 性能判别

通常人们在对控制系统的 PID 参数进行整定时，常根据控制对象类型，定性地判定控制系统的性能，或选择稳态指标和动态指标作为定量测定系统的控制性能。它们难于使用综合指标定量的计算系统的性能。专家控制系统则不同，它有强大的实时计算能力，因此可采用更为科学的综合指标作为系统性能的评价。综合指标实际上是定义一个与过程参数有关的函数，用该函数值的极大或极小来表示控制系统的性能最佳。对于单回路控制系统，根据控制对象类型的不同控制要求通常选择如下四种综合指标函数。

（1）误差平方的积分函数

$$J = \int_0^\infty e^2(t)\,\mathrm{d}t \tag{3-19}$$

这种性能指标主要针对大的偏差，在大的起始偏差时迅速减小偏差，因此系统响应速度快，但有振荡，超调量大，稳定性较差。

（2）时间乘误差平方的积分函数

$$J = \int_0^\infty te^2(t)\,\mathrm{d}t \tag{3-20}$$

该性能指标主要不是对系统阶跃响应大的起始偏差，而是着重针对瞬态响应后期出现的偏差，因此该指标能够反映系统的快速性和精确性。

（3）绝对误差的积分函数

$$J = \int_0^\infty |e(t)| \mathrm{d}t \tag{3-21}$$

该性能指标是一种容易应用的指标，其最佳性能时，表明系统具有适当的阻尼和令人满意的瞬态响应，因此系统将有较快的输出响应，超调量略大。

（4）时间乘绝对误差的积分函数

$$J = \int_0^\infty t|e(t)| \mathrm{d}t \tag{3-22}$$

这是绝对误差积分指标的一种改进。它对阶跃响应起始值大的偏差考虑较少，而着重权衡瞬态响应后期的偏差，该指标的特点是瞬态响应超调量较小，振荡有足够的阻尼。

显然，上述四种指标函数均以其最小值作为控制系统最佳控制性能的准则。实际系统采用哪种指标函数以判别系统的性能，可由用户通过接口选择，以便适应不同类型对象的控制性能要求。

3. 特征识别

当系统的设定值变更，或负载变化，或扰动出现时，系统的响应曲线 *PV* 值将有多种变化倾向，它与对象特性和控制器的 PID 参数有关。整定专家已经积累了多种基本响应曲线。例如，当负载变化时，可能出现的四种基本响应曲线如图 3-11 所示。专家通过这些曲线对特征参数进行识别。专家使用的特征参数实际上是从系统响应的动态指标和静态指标中抽取的，包括：超调量 σ_p，第一峰值时间 t_p，衰减比振荡次数 η，延迟时间 t_d，上升时间 t_t，调节时间 t_s，稳态误差 e_s 等。虽然这些参数都是由设定值变动时的响应曲线定义的，但对于扰动和负载变动时的响应曲线仍可以描述。例如，对于图 3-11 所示的响应曲线，曲线（a）的 $\eta<1$，曲线（b）的 $\eta>1$，曲线（c）的 $\eta=1$，曲线（d）的 $\eta=0$，等等。专家系统同样可以用上述指标中的特性参数作为识别响应曲线的特征参数，对控制系统的控制状态进行响应曲线描述。

4. 知识表示及获取

整定专家根据实践经验总结出来的调试规程即是整定的知识。这种知识可以用产生式规则表示，其前件表示规程适用时的条件，即基本响应曲线的特征描述；其后件表示调用该规程时的操作，即对 PID 控制参数的调整。图 3-12 给出四个调试规程的例子。专家系统的推理机根据当前系统测量值响应曲线的特征描述，分别与产生式规则的条件部分进行匹配，选择适合的规则执行该规则的操作，确定对 PID 参数的调整方向和调整量使之逐步改善控制系统的控制性能，直到获得满意的性能为止。

目前对应于十几种基本响应曲线，整定专家总结出的调试规程已有 100 多条，将它们均用产生式规则表示，构成专家系统的知识库。

整定专家的调试规程知识是很宝贵的，但是当用这些知识构成专家系统的知识库、用于实时在线整定前最好进行验证。专家系统的整定训练可以借助于控制系统仿真实现。系统仿真是把被控对象和 PID 控制器构成的闭环控制系统均用计算机实现。被控对象的特

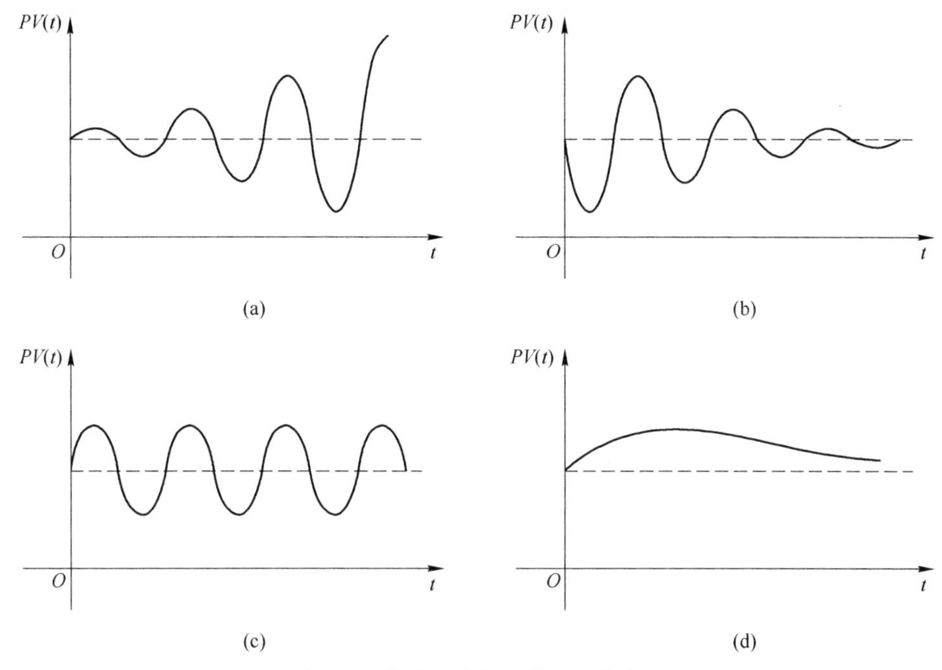

图 3-11 负载变化的几种响应曲线

（a）发散振荡；（b）衰减振荡；（c）等幅振荡；（d）非周期振荡

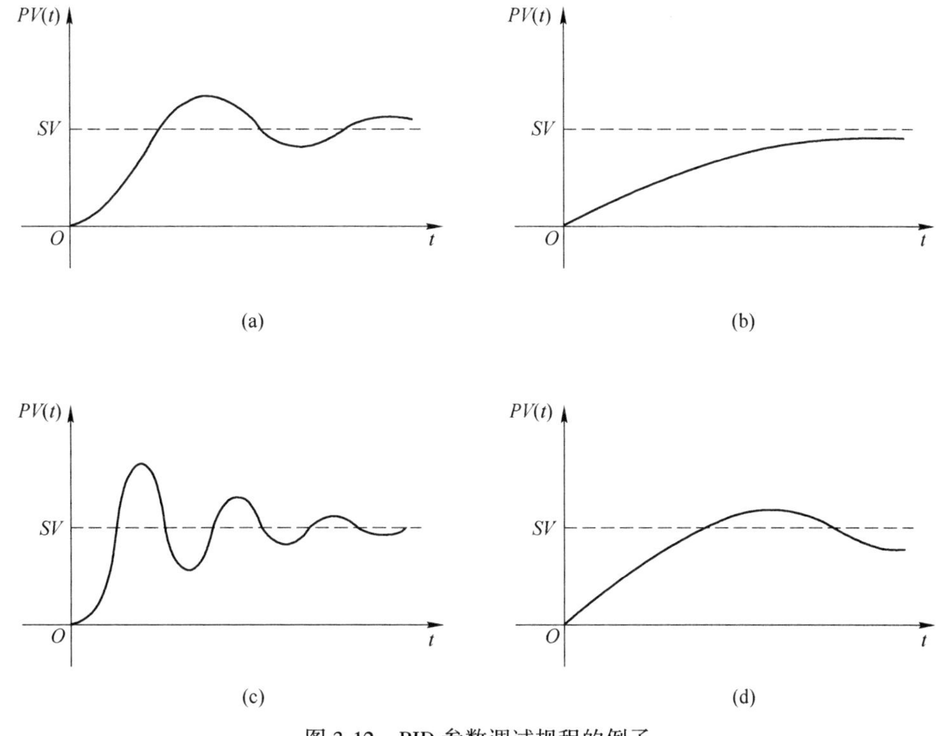

图 3-12 PID 参数调试规程的例子

（a）曲线：振荡、超调量小，调试：K_p→小、T_i→小；（b）曲线：无振荡、收敛慢，调试：K_p→大、T_i→小；（c）曲线：超调量大、收敛快，调试：K_p→小、T_i→大；（d）曲线：振荡周期长、收敛慢，调试：K_p→大、T_i→大

性参数可以任意设置，并且给定一组初始化的 PID 参数，系统运行时，将获得其阶跃响应曲线，当其控制性能不佳时启动专家系统对 PID 参数进行调整，观察整定效果，从而可以对调试规程进行验证。

通过控制系统仿真还可以进行知识获取工作。当仿真的系统运行时，阶跃响应曲线直接显示在屏幕上，整定专家根据响应曲线输入整定经验知识，即给出 PID 参数的调整方向和调整量，然后，通过知识获取模块可以根据响应曲线的特征描述和专家给定的调整量进行整理，形成用规则表示的调试规程。通过改变仿真的系统对象特性参数和 PID 参数可以得到不同形态的响应曲线，在整定专家指导下，专家系统可以获取各种情况下的调试规程知识。

借助于控制系统仿真，在缺乏整定专家的情况下，也可以获取调试规程知识。对于在仿真的系统中，首先可任意组合其对象特性参数和 PID 参数，产生相应的阶跃响应曲线并用给定的性能指标进行评价。然后，试探性地改变 PID 参数并再次用性能指标进行评价。若性能有所改善，则说明 PID 参数的调整方向正确，从而可以归纳调试规程。

5. 推理机和推理过程

推理机采用数据驱动的前向链的推理方式。专家系统首先根据用户指定的性能指标函数，计算控制系统的性能，当不满足要求时，开始进行推理，对 PID 控制参数进行整定。

推理过程分为以下几步：

（1）启动特征识别程序，对系统的响应进行特征识别，获得控制系统当前控制状态的描述。

（2）推理求解，根据状态描述，运用知识库中的调试规程知识进行推理求解，确定 PID 控制参数的调整方向和调整量。

（3）整定，推理求解的 PID 参数经过用户或专家认可后，改变 PID 控制器的控制参数。

（4）控制器将用新的控制参数运行，以期得到控制性能的改善。当控制系统性能满足控制要求时，PID 控制参数整定过程结束，否则再次进入整定推理过程。

在专家系统整定前，PID 控制参数的初始化值可以由用户（专家）给定，也可以用初始化程序确定。初始化程序用尼科尔斯步进响应法计算 PID 控制参数作为初始化值。其具体步骤如下：

（1）设法使系统输出测量值 PV 稳定在某一允许值上，并测出这时操作变量值 MV。

（2）在安全前提下通过激励环节给 MV 一个步进变化量 ΔMV（通常为 5%），并观测 PV 响应曲线，计算出控制对象的纯时延时间 τ 和惯性时间常数 T_I，用一个纯时延环节和一个一阶惯性环节近似描述对象特性。

（3）MV 恢复为原来值，再观测 PV 响应曲线，计算 τ 和 T_I。

（4）利用尼科尔斯步进响应法计算 PID 参数，作为控制器控制参数的初始化值，同时，根据 τ 和 T_I 值计算性能指标积分函数的积分上限值，并替代 ∞ 值。

（5）观测输出量 PV 值的最大噪声值，并以此作为启动整定过程的偏差量。

3.6 专家控制系统应用案例

专家控制是基于知识的智能控制技术，它为传统控制技术的发展开辟了新的思路。专家控制系统的实现关键在于对复杂、多样的控制知识的获取和组织方法以及实时推理技术。以下介绍工业燃煤锅炉燃烧过程专家控制规则的获取以及知识库和推理机。

3.6.1 工业燃煤锅炉燃烧控制的特点与难点

工业燃煤锅炉将煤的化学能转换成蒸汽的热能。控制这种能量转换过程，一方面要保证供汽的负荷要求，按用汽量的多少调整蒸发过程的快慢；另一方面应同时保证锅炉处于良好的燃烧条件之下，以实现燃料的充分燃烧及热量的有效利用。

以用于工业热电站的蒸发量为 35t/h 的中压工业锅炉为例。它用于带动汽轮发电机组，在发电的同时利用汽轮机的排汽向其他设备供热。此炉为联箱式水管锅炉，有左、中、右三台刮板式给煤机，共用一台滑差电机控制给煤量。由于采用了抛煤机，因此链条炉排为倒转式，并由另一台滑差电机单独控制炉排速度以达到合适的煤层厚度，炉膛出口装有两段表面式过热器。尾部受热面依次布置有省煤器和空气预热器。烟气通过水膜除尘，由引风机送至烟囱排放。一次风由炉排左右两侧下方六个风道进入；二次风由前后炉墙进入炉膛以形成气旋，使煤粉和可燃性气体与空气得到充分混合，并增加在炉膛的滞留时间，以达到充分燃烧的目的。为了改善机械抛煤的效果，在抛煤机附近还有抛煤风口，以提高对微小颗粒的抛煤效果。该炉具有以下特点：

（1）主蒸汽温度控制需要两个控制点，即分配阀和减温阀。给水控制与温度控制相互关联。

（2）当锅炉负荷发生变化时，给煤量将随之而变。为了保持合理的煤层厚度，必须使炉排速度相应变化，但是两者的关系比较复杂。

（3）这种炉型漏风量较大，这对烟气含氧量较正是一个不利因素，特别是在低负荷区危害更大。

与锅炉燃烧过程有关的主要输入、输出量如图 3-13 所示，它是一个典型的多输入多输出、相互交叉耦合的复杂被控对象。蒸汽压力和产汽量是锅炉生产过程的质量和产量指标；炉膛温度、炉膛压力、烟气含氧量是表征燃烧运行状态的主要参考指标；锅炉热效率是产汽量、耗煤量、烟气含氧量、排渣含碳量的函数。

采用 PID 控制规律的燃煤锅炉微机控制算法，对于汽包水位等调节问题，通常可以较好地实现控制。但对于控制难度较大的燃烧过程，特别是在煤质差、温度变化大，或蒸汽负荷变化较大时，经常由于出现脱火和失控现象而迫使控制系统无法投入自动控制而处于手动状态。工业燃煤锅炉燃烧过程控制难点主要体现在以下方面：

（1）煤的发热值是由化验员在煤场抽样分析得到，由于煤质差异大，而且煤场内难以均匀搅拌，因此分析报告的有效和可信性较低，以它为依据计算风煤配比值，其精确性较差。

（2）工业燃煤锅炉燃烧过程机理复杂，特别是链条炉，影响燃烧工况的因素很多，对象特性变化大，因而很难建立单一的控制数学模型。

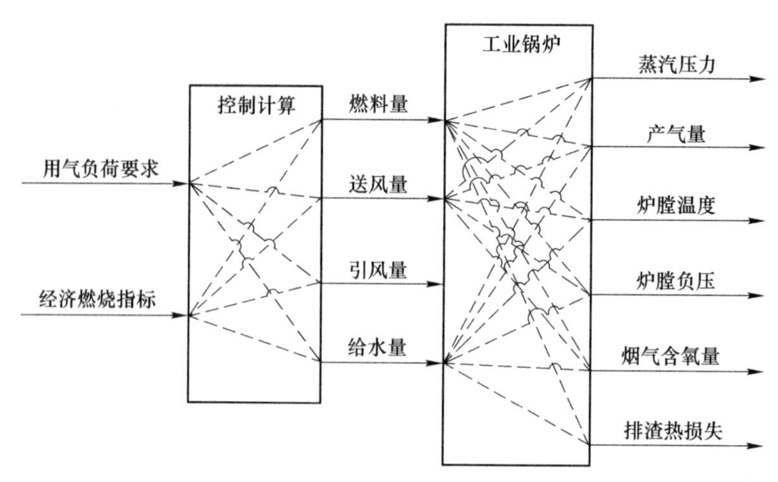

图 3-13　锅炉燃烧过程主要输入、输出量的关系

（3）链条炉从煤块燃烧产生热量到热量传给锅筒中的水，使之沸腾变成蒸汽，时延很长，而工业锅炉负荷变化较大，要保证蒸汽压力稳定，满足供汽要求，用 PID 算法很难获得满意的控制效果。

（4）烟气含氧量变送器通常装在烟道口，锅炉燃烧时，煤块在链条上由炉膛首部向尾部缓慢传送，鼓入的风从炉排（链条）底下穿过煤层在各个燃烧区内参与燃烧，如果煤中的粉末比较多，或者煤的温度比较高，则造成风对煤层的穿透性能差，使较多的空气未参与燃烧就直接流向烟道，因而烟气的含氧量偏高。另外由于煤质差燃烧不好或炉墙漏风也会产生上述现象。此时若还用烟气含氧量信号对风煤配比进行自动调整，势必会造成表面上锅炉处于过氧燃烧，实际工况是欠氧燃烧，使控制无所适从。

鉴于上述锅炉燃烧被控过程的复杂性和控制难点，要做到既满足用户的负荷要求，又使锅炉热效率得到提高，其控制运算与决策的参考因素必须是多元的。这就要求控制算法能够根据多个工艺参量的现行值和历史数据，进行综合分析、推理和计算。对锅炉燃烧过程进行专家控制的设计思想就是根据运行状况的变化，实时变换控制规律和控制参数，以控制系统自身的变化去适应锅炉被控对象及其运行条件的变化。

3.6.2　锅炉燃烧过程专家控制规则集、知识库及推理机

1. 燃烧过程专家控制算法的提出与专家知识的获取

就目前技术条件来说，对于工业锅炉燃烧过程的控制手段只有调节燃料、送风和引风三个控制量。

由于工业燃煤锅炉燃烧过程本身迟延较大，与燃烧过程有关的几种参数的瞬时值并不能完全反映出经济性指标的优劣，所以应根据一段时间各种参数的总体变化趋势和累计值对控制量进行优化调整。为此系统需要存储多个相关运行参数的现行值、历史数据和变化趋势，例如存储记忆主蒸汽流量 $D(n)$ 和增量 $\Delta D(n)$、累加值 $\sum\Delta D(n)$；主蒸汽压力 $P_m(n)$ 和增量 $\Delta P_m(n)$ 及炉膛温度 $T_b(n)$ 和增量 $\Delta T_b(n)$，累加值 $\sum\Delta T_b(n)$ 等信息。

要使锅炉的燃料煤完全燃烧，使其热能最大限度地释放出来，必须具备燃烧所需的温

度、时间和空气量等基本条件。炉膛温度越高、释放热能条件越好，燃料燃烧就越迅速，燃烧所需时间就越短，也就越容易达到充分燃烧。

由于炉膛温度通常很高，不易连续测量，可用热电偶测量炉膛出口温度来间接反映中心带火焰温度。炉膛温度 T_b 是监测锅炉燃烧状况最直接的参数，最好的炉温对应着最合理的燃烧状况。有经验的司炉人员都有“看火”的本领，即通过观察火焰颜色（反映炉温和风/煤配比）来判断燃烧工况，进而通过“手动”来调整燃烧过程。这里人的直觉推理和操作经验正是智能控制算法所应模仿的，专家控制算法可以根据炉温的测量值及其变化趋势做出判断和决策，以炉温 T_b 为主要参数来实时调整给煤量和鼓风量、引风量，从而稳定地控制燃烧过程。当负荷平稳时，用自寻最优算法精细调整炉温以获得最高锅炉效率；当负荷波动较大或存在其他较强干扰时，采用专家控制算法，使系统有足够大的控制量平息扰动的影响。

工业锅炉燃烧专家控制系统应根据燃烧过程特性的变化和系统的运行状态，结合运用控制理论的深层知识与人工操作经验，依据各回路被控参数的偏差大小、变化梯度及其他相关条件，在专家系统的组织下，实时变换控制算法，自动、分层地改变控制器的结构和参数，以实现对锅炉燃烧过程的自适应调整。

专家控制系统的设计者可以通过去工业现场，向有长期运行经验的工程师和司炉人员了解锅炉燃烧的操作与控制经验，体验观察他们的操作过程而获取专家知识。例如，有关人员提供的燃烧过程调整经验为：

（1）对发热值较高的煤鼓风可少些；对发热值较低的煤鼓风要多些。

（2）可利用炉膛温度间接判断燃烧状况：当燃烧状况良好时，火焰为橘红色，炉膛的测量温度在750℃以上。

（3）燃烧调整以煤质定风确定风/煤配比。

（4）蒸汽压力信号也可以间接反映外界负荷的大小。

（5）若已加煤加风后，炉温仍不上升，可加大炉排走速。

（6）运行中的锅炉蒸汽压力下降可能由负荷增大或煤质下降两种原因引起；而煤质变化包括成分变化或/和水分变化两种情况。

（7）若含水分大的煤加多了，炉膛温度难以上升，此时鼓风量应相应变化。

（8）为提高炉温测量的可靠性，应利用两只热电偶测量炉膛温度。

2. 燃烧过程专家控制的基本调整原则

本专家控制算法根据不同负荷范围，以炉膛温度 T_b 为调节目标参数来调节鼓风量和给煤量，其基本调节原则如下：

（1）将锅炉所处的实际负荷划分为：

1）低于25%额定负荷。

2）25%~50%额定负荷。

3）50%~75%额定负荷。

4）高于75%额负荷。

在不同的负荷范围采用不同的控制参数：随着热负荷的增加，鼓风、给煤量加大；炉排转速减慢。鼓风量设定值有上下限限幅。

（2）在外负荷不变的工况下，如果由于煤种煤质（发热量 Q_p）变化引起炉温和蒸汽压力改变时，若引起的压力偏差超过设定的阈值，则按所处的负荷段进行专家式调整：对于炉温 T_b 下降，汽包压力 T_b 下降的情况，依次采用：1）加大鼓风，给煤量暂不变；2）加大给煤量，鼓风量暂不变；3）同时加大鼓风量和给煤量等调节方法。调节量与炉温累计变化量和负荷范围有关。以上调节的效果以调整后引起炉温升高，即：

$$\Delta T_b = T_b(n) - T_b(n-1) > 0 \tag{3-23}$$

为判据，若 $\Delta T_b>0$，则按已采用的控制方法继续调整，否则变换其他算法，若已同时加大给煤和鼓风量后，炉温仍不上升，可适当加快炉排走速。当上述算法均未能奏效或判定系统已进入稳定运行工况，由专家系统调用锅炉热效率自寻优学习模块进行控制。

（3）对于外负荷增加引起主蒸汽压力下降，专家控制算法根据主蒸汽流量和压力偏差计算给煤量和鼓风量的调整增量，然后由近期炉温度变化趋势 $\sum\Delta T_b$ 确定：

1）加大鼓风量，给煤量不变。

2）加大给煤量，鼓风量暂不变。

3）同时加大给煤量、鼓风量并增加风/煤比系数，调整量也根据外负荷所处的不同负荷范围选择不同的增益系数。

当近期炉温变化 $\sum\Delta T_b>0$ 时，说明近期炉温上升，可先加大鼓风量。若调整后 T_b 继续上升，说明调整方向正确。因为 T_b 增加，可使锅炉蒸发量加大，汽包压力上升，适应外负荷增加的要求。若调整后 $\Delta T_b<0$，则应改变调整策略。

（4）当外负荷减少时，压力偏差和主蒸汽流量增量均为负。即：

$$\begin{cases} e_p(n) = P_{set} - P_M(n) < 0 \\ \Delta D(n) = D(n) - D(n-1) < 0 \end{cases} \tag{3-24}$$

依此计算出的给煤量增量 $\Delta U_m(n)$ 和鼓风增量 $\Delta U_F(n)$ 也同为负，即调整应减煤减风，此时专家控制算法按先减煤后减风程序工作，以保证不出现欠氧燃烧和冒黑烟的情况。

（5）在变负荷或不变负荷两类工况下，当出现炉温 T_b 下降和汽包压力下降情况时，专家调节算法都是追求炉膛温度尽快上升来调节风/煤配比，因为炉温是反映锅炉燃烧过程的本质因素。

（6）烟气含氧量是一个包含锅炉漏风量，炉膛负压等因素的多元函数，而负压增大又会增加漏风量，加之现有的氧化锆氧量变送器长期工作可靠性难以保证，因此对于鼓风量的调整应服从锅炉燃烧的炉温实际工况，按“理论”计算的设定值仅供参考。

（7）燃煤层厚度控制；当锅炉热负荷较高时，煤的化学反应速度加快，煤层可厚些；反之，锅炉低负荷时煤层厚度可减小，另外煤层厚度不应频繁调整，本算法在变负荷工况时，按实际负荷分段设置炉排走速。

3. 燃烧过程专家控制规则集

将获取的锅炉燃烧过程专家知识和上述专家调整原则用产生式规则表示，就构成了燃烧过程专家控制规则集。它由以下5个模块、20余条规则构成。

（1）氧量仪与炉温热电偶监测模块

本模块用以监测氧化锆氧量变送器和炉膛温度测量热电偶工作是否正常。

Rule 20~22 用来监测氧量仪，若测量值 OC 超过氧量仪的下限 $OC_{\min}$ 或上限 $OC_{\max}$，或连续两次相邻两个测量值之差过大，则说明氧量仪有故障。

Rule 20

IF $(OC(n) < OC_{\min}$ OR $OC(n) > OC_{\max})$

THEN（设置氧量仪故障标志，$OCF=1$），

$OC_{\min} = 1\%$；

$OC_{\max} = 20\%$

Rule 21

IF $(|OC(n) - OC(n-1)| > 5\%)$

THEN （$OC(n)$ 不用于本次控制）

Rule 22

IF $(|OC(n) - OC(n-1)| > 5\%$

AND $|OC(n-1) - OC(n-2)| > 5\%)$

THEN（设置氧量仪故障标志，$OCF=1$）

Rule 23~25 用以监测炉温热电偶的工作状况，如果炉温测量值超越下限 T_{bmin} 或超越上限 T_{bmax}，则说明热电偶有故障，若相邻两次测量值相差过大，则本次测量值不参加控制计算，如果连续两次相邻测量值之差过大，则判断热电偶出故障。

Rule 23

IF $(T_b(n) < T_{\mathrm{bmin}}$ OR $T_b(n) > T_{\mathrm{bmax}})$

THEN（发出炉温热电偶故障信号，$TF=1$）

Rule 24

IF $(|T_b(n) < T_b(n-1)| - \Delta T_{b正常})$

THEN （$T_b(n)$ 不用于本次计算），$\Delta T_{b正常}$ 常可取 20℃

Rule 25

IF $(|T_b(n) - T_b(n-1)| > \Delta T_{b正常})$

AND $|T_b(n-1) - T_b(n-2)| > \Delta T_{b正常}$

THEN（发出炉温热电偶故障信号，$TF=1$）

（2）负荷变化检测模块

Rule 28~30 根据主蒸汽流量的变化量 $\Delta D(n) = |D(n) - D(n-1)|$ 及其累加值 $\sum_{i=1}^{10} \Delta D(i)$ 判断系统进入不同的负荷控制程序。δ_1 和 δ_2 为负荷变化量系数，可取 $\delta_1 = 0.005$，$\delta_2 = 0.2$。D_0 为负荷开始变化时的流量值，D_r 为额定负荷值。

Rule 28

IF $(|\Delta F(n)| = |D(n) - D(n-1)| < \delta_1 D_r)$

THEN（进入不变负荷模块）

Rule 29

IF $(\Delta D(n) \geqslant \delta_1 D_r$ AND $\Delta D(n) \cdot \Delta D(n-1) > 0)$

AND $\sum_{i=1}^{10} \Delta D(i) > \delta_2 D_0$

THEN（进入增负荷模块）

Rule 30

IF $(|\Delta D(n)| \geqslant \delta_1 D_r$ AND $\Delta D(n) \cdot \Delta D(n-1) > 0$

AND $\left|\sum_{i=1}^{10} \Delta D(i)\right| > \delta_2 D_0$ AND $\sum_{i=1}^{10} \Delta D(i) < 0)$

THEN（进入减负荷模块）

（3）不变负荷模块

当外负荷不变或变化量很小时，若由于煤种煤质变化等内部因素引起气包压力和炉温改变，Rule 32~44 根据气包压力和炉温改变，Rule 32 ~ 44 根据气包压力偏差 $eP(n) = P_{set} - P_b(n)$ 和炉温累加变化量 $\sum_{i=1}^{10} \Delta T_b(i)$ 对给煤量 $U_M(n)$，炉排走速 $U_P(n)$，鼓风量 $U_F(n)$ 进行相应的调整，并设置调整过的标志。调整量依不同的负荷段而有所改变。各负荷段 $D_i(i = 1, 2, 3, 4)$ 与额定负荷 D_r的关系为：

$D_1 < 25\%D_r$；

$25\%D_r \leqslant D_2 < 50\%D_r$；

$50\%D_r \leqslant D_3 < 75\%D_r$；

$75\%D_r \leqslant D_4 < 100\%D_r$。

规则中 ΔT_{b1}、ΔT_{b2}为炉温增量阈值，且 $\Delta T_{b2} > \Delta T_{b1}$；$\Delta P_{b1}$、$\Delta P_{b2}$为汽包压力增量阈值，且 $\Delta P_{b2} > \Delta P_{b1}$。

1）当外负荷不变时，若炉温上升，汽包压力上升，应减少给煤量和鼓风量，炉排走速适当加快，调整后使本规则使用标志 $FR\,32(n) = 1$。

Rule 32

IF　$[(|e_p(n)| > 0.03\text{MPa}$　AND　$(\sum \Delta T_b > \Delta T_{b1}$,

AND　$\sum \Delta P_b > \Delta P_{b1}))$

OR　$(|e_p(n)| \leqslant 0.03\text{MPa}$　AND　$(\sum \Delta T_b > \Delta T_{b2}$,

AND　$\sum \Delta P_b > \Delta P_{b2}))$

OR　$(FR\,32(n-1) = 1$　AND　$\Delta T_b \geqslant 0$　AND　$\Delta P_b \geqslant 0)$

AND　$D(n) \in D_i(i = 1, 2, 3, 4)]$

THEN　$[U_M(n) = m_i \quad U_M(n-1) - K_{mi} \cdot \sum \Delta T_b$

AND　$U_P(n) = p_i \quad U_P(n-1) + K_{pi} \cdot \sum \Delta T_b$

AND　$U_F(n) = f_i \quad U_F(n-1) + K_{fi} \cdot \sum \Delta T_b$

AND　(if　$U_F(n) < U_{FLi}$　THEN　$U_F(n) = U_{FLi}$)

AND　$FR\,32(n) = 1]$

其中 m_i，p_i，f_i，K_{mi}，K_{pi}，K_{fi}是由经验数据库给出的比例系数，U_{FLi}为鼓风量的下限限幅值（$i = 1, 2, 3, 4$）。

2）当出现炉温下降，汽包压力也下降的情况，则首先加大鼓风量，给煤量暂不变，观察炉温是否上升，若 T_b上升则继续增加鼓风（Rule 33）；若 T_b仍不上升，可增加给煤量，而鼓风量暂不变，若 T_b上升，则按此方式继续调整（Rule 34）；若 T_b仍不上升，则同时加大鼓风量和给煤量，且使风/煤比提高，若 T_b上升，则继续按此方式控制（Rule 35）；若 T_b不上升，可使给煤量不变，降低鼓风量（Rule 36）；若 T_b不上升，则保持当前鼓风量、给煤量不变，而加大炉排走速（Rule 37）。各规则调整执行后，设置相应的标志。U_{FHi}为鼓风类的上限限幅值。

Rule 33

IF　$[(|e_p(n)| > 0.03\text{MPa}$　AND　$\sum \Delta T_b < T_{b1}$

AND $\sum \Delta P_b < -\Delta P_{b1}$)

OR (|$e_p(n)$| ≤ 0.03MPa AND $\sum \Delta T_b < -\Delta T_{b2}$

AND $\sum \Delta P_b < -\Delta P_{b2}$)

OR ($FR33(n-1) = 1$ AND $\Delta T_b \geqslant 0$ AND $\sum \Delta T_b < -\Delta T_{b1}$

AND $\sum \Delta P_b < -\Delta P_{b1}$)

AND $D(n) \in D_i(i = 1, 2, 3, 4)$]

THEN [$U_M(n) = U_M(n-1)$

AND $U_P(n) = U_P(n-1)$

AND $U_F(n) = f_i U_F(n-1) + K_{fi} \cdot \left|\sum \Delta T_b\right|$

AND (IF $U_F(n) > U_{FHi}$ THEN $U_F(n) = U_{FHi}$)

AND $FR33(n) = 1$]

Rule 34

IF [$FR33(n-1) = 1$ AND $\Delta T_b < 0$ AND $\sum \Delta T_b < -\Delta T_{b1}$

AND $\sum \Delta P_b < -\Delta P_{b1}$

OR ($FR34(n-1) = 1$ AND $\Delta T_b > 0$)

AND $D(n) \in D_i(i = 1, 2, 3, 4)$]

THEN [$U_M(n) = m_i U_M(n-1) + K_{mi} \cdot \left|\sum \Delta T_b\right|$

AND $U_P(n) = U_P(n-1)$

AND $U_F(n) = U_F(n-2)$

AND $FR34(n) = 1$]

Rule 35

IF [$FR34(n-1) = 1$ AND $\Delta T_b < 0$ AND $\sum \Delta T_b < -\Delta T_{b1}$

AND $\sum \Delta P_b < -\Delta P_{b1}$

OR ($FR35(n-1) = 1$ AND $\Delta T_b \geqslant 0$)

AND $D(n) \in D_i(i = 1, 2, 3, 4)$]

THEN [$U_M(n) = m_i U_M(n-2) + K_{mi} \cdot \left|\sum \Delta T_b\right|$

AND $U_P(n) = U_P(n-1)$

AND $U_F(n) = f_i U_F(n-3) + K_{fi} \cdot \left|\sum \Delta T_b\right|$

AND (IF $U_F(n) > U_{FHi}$ THEN $U_F(n) = U_{FHi}$)

AND $FR35(n) = 1$]

Rule 36

IF [$FR35(n-1) = 1$ AND $\Delta T_b < 0$ AND $\sum \Delta T_b < -\Delta T_{b1}$

AND $\sum \Delta P_b < -\Delta P_{b1}$

OR ($FR36(n-1) = 1$ AND $\Delta T_b > 0$)

AND $D(n) \in D_i(i = 1, 2, 3, 4)$]

THEN [$U_M(n) = U_M(n-3)$

AND $U_p(n) = U_P(n-1)$

AND　$U_F(n) = f_i U_F(n-4)(f_{di} < 1)$
AND　$FR36(n) = 1$]

Rule 37

IF　[$FR36(n-1) = 1$　AND　$\Delta T_b < 0$　AND　$\sum \Delta T_b < -\Delta T_{b1}$
AND　$\sum \Delta P_b < -\Delta P_{b1}$
OR　($FR37(n-1) = 1$　AND　$\Delta T_b > 0$)
AND　$D(n) \in D_i (i = 1, 2, 3, 4)$]
THEN[$U_M(n) = U_M(n-1)$
AND　$U_P(n) = p_i U_p(n-1)$
AND　$U_F(n) = U_F(n-1)$
AND　$FR37(n) = 1$]　其中$p_i > 1$

3）当出现炉温上升，汽包压力下降的工况时，可保持给煤量不变而加大鼓风量，调整后设置相应的标志。

Rule 38

IF　{[$e_p(n) > 0.03\text{MPa}$　AND　$\sum \Delta T_b > 0$　AND　$\sum \Delta P_b < 0$]
OR　[$FR38(n-1) = 0$　AND　$\Delta T_b > 0$　AND　$\Delta P_b < 0$]
AND　$D(n) \in D_i(i = 1, 2, 3, 4)$}
THEN　[$U_M(n) = U_M(n-1)$
AND　$U_P(n) = U_P(n-1)$
AND　$U_F(n) = f_i U_F(n-1) + K_{fi} \cdot \sum \Delta T_b$
AND　(IF $U_F(n) > U_{FHi}$　THEN　$U_F(n) = U_{FHi}$)
AND　$FR38(n) = 1$]

4）当规则33~37的调整未奏效或出现炉温下降而汽包压力上升的情况（很少发生），或者系统已进入稳定工况，则采用锅炉热效率自寻优学习算法进行控制。

Rule 40

IF　[$FR37(n-1) = 1$　AND　$\Delta T_b(n) < 0$
AND　($\sum \Delta T_b < -\Delta T_{b1}$　AND　$\sum \Delta P_b < -\Delta P_{b1}$)
OR　($\sum \Delta T_b < 0$　AND　$\sum \Delta P_b > 0$)
OR　($|e_p(n)| > 0.03\text{MPa}$　AND　$\left| \sum_{i=1}^{10} \Delta T_b(i) \right| \leqslant T_{b1}$
AND　$\left| \sum_{i=1}^{10} \Delta P_b(i) \right| \leqslant P_{b1}$)]
THEN　[调用自寻优学习控制模块]

（4）增负荷模块

1）当外负荷增加引起主蒸汽压力P_M下降时，如果近期炉温变化趋势是上升的，则加大鼓风量而给煤量暂不改变，调整后设置相应标志。规则中K_{yi}为压力增益系数，K_{li}为流量增益系数。

Rule 41

IF　[($\sum \Delta D > 0$　AND　$\sum \Delta P_M < 0$　AND　$\sum \Delta T_b \geqslant 0$)
OR　($FR41(n-1) = 1$　AND　$\Delta T_b > 0$)
AND　$D(n) \in D_i(i = 1, 2, 3, 4)$]

THEN $[\Delta U_M(n) = K_{yi} \cdot e_p(n) + K_{li}(D(n) - D(n-1))$

AND $\Delta U_F(n) = K_{FMi}\Delta U_M(n)$

AND $U_F(n) = U_F(n-1) + \Delta U_F(n)$

AND (IF $U_F(n) > U_{FHi}$ THEN $U_F(n) = U_{FHi}$)

AND $U_M(n) = U_M(n-1)$

AND $U_P(n) = U_P(n-1)$

AND $FR41(n) = 1]$

2）当外负荷增加引起主蒸汽压力 P_M 下降时，若近期炉温变化趋势是下降的，则增加给煤量而鼓风量暂不变。调整后设置标志。

Rule 42

IF $[(\sum \Delta D > 0$ AND $\sum \Delta P_M < 0$ AND $\sum \Delta T_b \geqslant 0)$

OR $(FR42(n-1) = 1$ AND $\Delta T_b > 0)$

AND $D(n) \in D_i(i = 1, 2, 3, 4)]$

THEN $[\Delta U_M(n) = K_{yi} \cdot e_p(n) + K_{li}(D(n) - D(n-1))$

AND $U_M(n) = U_M(n-1) + \Delta U_M(n)$

AND $U_F(n) = U_F(n-1)$

AND $U_P(n) = U_P(n-1)$

AND $FR42(n) = 1]$

3）如果规则 41 和 42 的调整未奏效，则同时加大给煤量和鼓风量，并相应加大风/煤比，调整后设置标志。

Rule 43

IF $[(FR41(n-1) = 1$ AND $\Delta T_b \leqslant 0)$

OR $(FR42(n-1) = 1$ AND $\Delta T_b < 0)$

OR $(FR43(n-1) = 1$ AND $\Delta T_b > 0)$

AND $D(n) \in D_i(i = 1, 2, 3, 4)]$

THEN $[\Delta U_M(n) = K_{yi} \cdot e_p(n) + K_{li}(D(n-1) - D(n-2))$

AND $\Delta U_F(n) = K_{FMi}\Delta U_M(n)$

AND $U_M(n) = U_M(n-1) + \Delta U_M(n)$

AND $U_F(n) = U_F(n-1) + \Delta U_F(n)$

AND (IF $U_F(n) > U_{FMi}$ THEN $U_F(n) = U_{FHi}$)

AND $U_P(n) = U_P(n-1)$

AND $FR43(n) = 1]$

4）如果 Rule 43 调整后，炉温仍不上升，则保持当前鼓风量、给煤量不变，而加快炉排走速，调整后设置相应标志。

Rule 44

IF $[(FR43(n-1) = 1$ AND $\Delta T_b \leqslant 0)$

OR $(FR44(n-1) = 1$ AND $\Delta T_b > 0)$

AND $D(n) \in D_i(i = 1, 2, 3, 4)]$

THEN $[U_M(n) = U_M(n-1)$

AND $U_P(n) = p_i U_P(n-1)$ $(p_i > 1)$

AND $U_F(n) = U_F(n-1)$

AND $FR44(n) = 1]$

（5）减负荷模块

当外负荷减小引起主蒸汽压力上升时，则减小给煤量和鼓风量，直到给煤和鼓风量适应当前负荷值。此时 $e_p(n)<0$，$\Delta U(n)<0$，所计算的煤、风调整增量 $\Delta U_M(n)$ 和 $\Delta U_F(n)$ 也同为负。调整后设置标志。

Rule 46

IF $[\sum \Delta D < 0$ AND $\sum \Delta P_M > 0$

OR $(FR46(n-1) = 1$ AND $\Delta D < O$ AND $\Delta P_M > O)$

AND $D(n) \in D_i(i = 1, 2, 3, 4)]$

THEN $[\Delta U_M(n) = K_{yi} \cdot e_p(n) + K_{li}(D(n) - D(n-1))$

AND $\Delta U_F(n) = K_{FMi} \cdot \Delta U_M(n)$

AND $U_M(n) = U_M(n-1) + \Delta U_M(n)$

AND $U_P(n) = U_P(n-1)$

AND $U_F(n) = U_F(n-1) + \Delta U_F(n)$

AND (IF $U_F(n) < U_{FLi}$ THEN $U_F(n) = U_{FLi}$;

AND $FR46(n) = 1]$

4. 燃烧过程专家控制器的知识库与推理机

（1）知识库

本文建立知识库的主要工作是以产生式规则表达已获取的大量锅炉燃烧过程知识，其形式为：

IF　Condition - 1　and Condition - 2 and … and　Condition - n

THEN　(result or action)

锅炉燃烧过程知识库由经验数据库和自寻优学习模块组成，这里主要讨论经验数据库。知识库内容可以在线增删、修改和更新。例如经过对锅炉燃烧过程进行自学习寻优，可以优化修改相应的控制参数。

经验数据库中的参数设定可以体现出锅炉燃烧过程专家控制的基本调整原则和锅炉操作及控制专家的经验。但在实际投运时，还应根据锅炉被控对象的具体情况，在现场进行修改和整定，以下给出的存贮于知识库中的初始参数已用于系统的数字仿真运算，可以反映出燃烧专家控制的设计思想和调整规律。

1）传感器故障监测模块参数

$OC_{min} = 0.01$；$OC_{min} = 0.2$；$DOC = 0.05$

TC_{min}、TC_{max} 与所选测炉温热电偶型号及其在炉膛中安装位置有关，例如铂铑—铂（LB—3）热电偶测温范围在0~1600℃；$\Delta TC = 20$℃。

2）负荷变化检测模块参数

$\delta_1 = 0.005$；$\delta_2 = 0.1 \sim 0.15$

3）不变负荷模块参数

$D_r = 35000$kg/H；K_{mo}、K_{fo} 由现场试验整定。

① $D < 25\%D_r$；

$m_1 = 0.75$；$K_{m1} = 1.1K_{mo}$；$p_i = 1.25$

$f_i = 0.70$；$K_{f1} = 1.1K_{fo}$；$f_{d1} = 0.85$

$OC_{L1} = 1.42OC_0 = 10.1\%$ （$OC_0 = 7.1\%$）

② $25\%D_r \leqslant D < 50\%D_r$

$m_2 = 0.80$；$Km_2 = 1.2Kmo$；$p_2 = 1.2$；$f_{d2} = 0.80$

$f_2 = 0.75$；$K_{f2} = 1.2K_{fo}$；$OC_{L2} = 1.3OC_0 = 9.23\%$

③ $50\%D_r \leqslant D < 75\%D_r$

$m_3 = 0.85$；$K_{m3} = 1.3K_{mo}$；$p_3 = 1.15$；$f_{d2} = 0.75$

$f_3 = 0.8$；$K_{f3} = 1.3K_{fo}$；$OC_{L3} = 1.15OC_0 = 8.17\%$

④ $75\%D_r \leqslant D < 100\%D_r$

$m_4 = 0.90$；$K_{R4} = 1.4K_{m0}$；$p_4 = 1.1$；$f_{d4} = 0.70$

$f_4 = 0.85$；$K_{f4} = 1.4K_{f0}$；$OC_{L4} = OC_0 = 7.1\%$

4）增、减负荷模块参数

① $D < 25\%D_r$；

$K_{y1} = 1.1K_{y0}$；$K_{l1} = 1.1K_{l0}$；

$K_{FM1} = 1.1K_{FM0}$；$OC_1 = 1.42OC_0 = 10.1\%$

② $25\%D_r < D \leqslant 50\%D_r$；

$K_{y2} = 1.2K_{y0}$；$K_{l2} = 1.2K_{L0}$；

$K_{FM2} = 1.2K_{FM0}$；$OC_2 = 1.3OC_0 = 9.23\%$

③ $50\%D_r < D \leqslant 75\%D_r$；

$K_{y3} = 1.3K_{y0}$；$K_{l3} = 1.3K_{L0}$；

$K_{FM3} = 1.3K_{FM0}$；$OC_3 = 1.15OC_0 = 8.17\%$

④ $75\%D_r < D$；

$K_{y4} = 1.4K_{y0}$；$K_{l4} = 1.4K_{l0}$；

$K_{FM4} = 1.4K_{FM0}$；$OC_4 = OC_0 = 7.1\%$

其中 K_{y0}、K_{L0}、K_{FM0} 由现场试验确定。

（2）推理机

由于本书设计的锅炉燃烧过程专家控制规则集只有几十条规则，搜索空间较小，故采用前向推理方式构成各模块之间的前向链控制过程，其工作原理如图 3-14 所示。

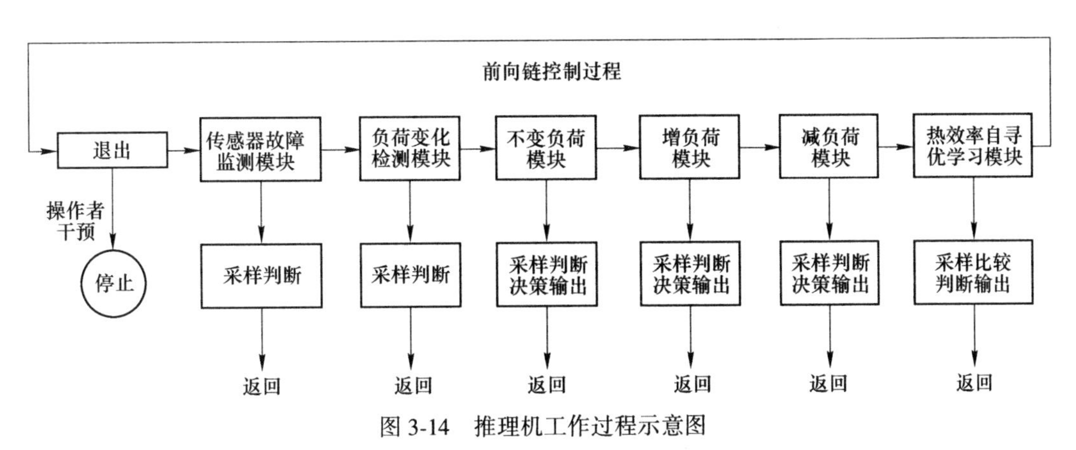

图 3-14 推理机工作过程示意图

推理机在工作中逐个判断各个模块的执行条件，若满足则进入该模块，否则继续搜索。由于输入空间中任一状态都有所对应的控制规则，因此必能搜索到目标。推理机应保证在一个采样周期时间内，将全部控制规则匹配一遍，并有且仅有一条规则按其结论部分输出控制量。

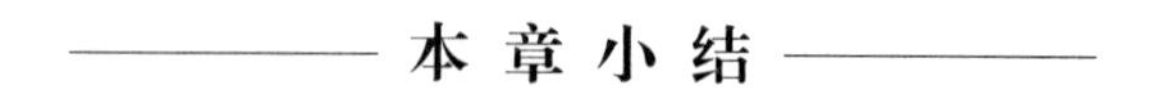

本章小结

在第 2 章的基础上，本章介绍了将专家系统应用于控制，即专家控制系统的相关知识。首先对专家控制系统的特点和类型进行了简单概述；接着阐述了专家控制系统的基本原理；并给出专家控制系统的一般结构；在此基础上详细介绍了两种常见的专家控制系统，即直接专家控制系统和间接专家控制系统；最后通过工业燃煤锅炉燃烧专家控制系统案例来说明专家控制系统的设计过程。

第4章　模 糊 控 制

模糊自动控制是以模糊集合论、模糊语言变量及模糊逻辑推理为基础的一种计算机数字控制。模糊控制是一种非线性控制，属于智能控制的范畴，已经成为实现智能控制的一种重要而又有效的形式。

4.1　模糊控制的基本思想

在自动控制技术产生之前，人们在生产过程中只能采用手动控制方式。手动控制过程首先观察被控对象的输出，其次根据观测结果做出决策，然后手动调整输入，操作工人就是这样不断地观测→决策→调整，实现对生产过程的手动控制。这三个步骤分别是由人的眼—脑—手来完成的。后来，由于科学和技术的进步，人们逐渐采用各种测量装置代替人的眼，完成对被控制量的观测任务；利用各种控制器部分地取代人脑的作用，实现比较、综合被控制量与给定量之间的偏差；使用各种执行机构对被控对象施加某种控制作用，起到了手动控制中手的调整作用。由测量装置、控制器、被控对象及执行机构组成的自动控制系统，就是人们所悉知的常规负反馈控制系统。图4-1和图4-2分别给出了手动控制和负反馈控制的框图。

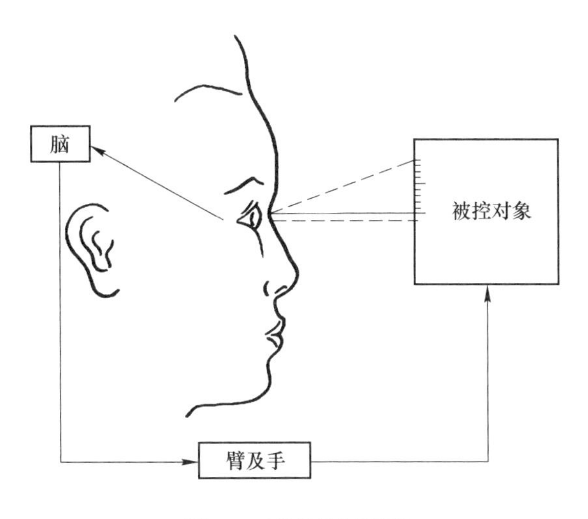

图4-1　手动控制框图

以往的各种传统控制方法均是建立在被控对象精确数学模型基础上的，然而，随着系统复杂程度的提高，将难以建立系统的精确数学模型。在工程实践中，人们发现，一个复杂的控制系统可由一个操作人员凭着丰富的实践经验得到满意的控制效果。这说明，如果通过模拟人脑的思维方法设计控制器，可实现复杂系统的控制，由此产生了模糊控制。

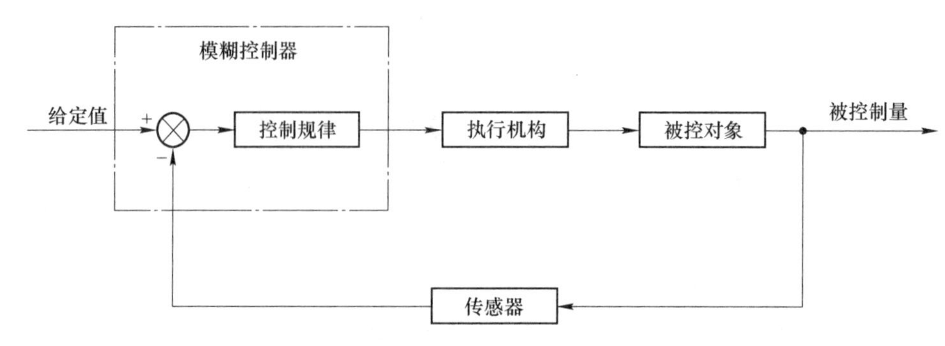

图 4-2　常规反馈控制系统方框图

模糊控制是建立在人工经验基础之上的。对于一个熟练的操作人员，他往往凭借丰富的实践经验，采取适当的对策来巧妙地控制一个复杂过程。若能将这些熟练操作员的实践经验加以总结和描述，并用语言表达出来，就会得到一种定性的、不精确的控制规则。如果用模糊数学将其定量化就转化为模糊控制算法，形成模糊控制理论。

模糊控制理论具有一些明显的特点：

（1）模糊控制不需要被控对象的数学模型。模糊控制是以人对被控对象的控制经验为依据而设计的控制器，故无须知道被控对象的数学模型。

（2）模糊控制是一种反映人类智慧的智能控制方法。模糊控制采用人类思维中的模糊量，如“高”“中”“低”“大”“小”等，控制量由模糊推理导出。这些模糊量和模糊推理是人类智能活动的体现。

（3）模糊控制易于被人们接受。模糊控制的核心是控制规则，模糊规则是用语言来表示的，如“今天气温高，则今天天气暖和”，易于被一般人所接受。

（4）构造容易。模糊控制规则易于软件实现。

（5）鲁棒性和适应性好。通过专家经验设计的模糊规则可以对复杂的对象进行有效的控制。

总结人的控制行为，正是遵循反馈及反馈控制的思想。人的手动控制决策可以用语言加以描述，总结成一系列条件语句，即控制规则。运用微机的程序来实现这些控制规则，微机就起到了控制器的作用。于是，利用微机取代人可以对被控对象进行自动控制。在描述控制规则的条件语句中的一些词，如“较大”“稍小”“偏高”等都具有一定的模糊性，因此用模糊集合来描述这些模糊条件语句，即组成了所谓的模糊控制器。

4.2　模糊控制的数学基础

模糊控制的数学基础是模糊数学，模糊数学的基础是模糊集合。1965 年 Zadeh 教授发表了《模糊集合论》论文，提出用“隶属函数”来描述现象差异的中间过渡，突破了古典集合论中属于或不属于的绝对关系。Zadeh 教授这一开创性的工作，标志着模糊数学的诞生。

模糊数学产生后，客观事物质的确定性和不确定性在量的方面的表现，可以做如下划分：

$$
\text{量}\begin{cases}\text{确定性——经典数学}\\ \text{不确定性}\begin{cases}\text{随机性——统计数学}\\ \text{模糊性——模糊数学}\end{cases}\end{cases}
$$

这里须指出，随机性和模糊性尽管都是对事物不确定性的描述，但二者是有区别的。概率论研究和处理随机现象，即由于条件不充分，在条件和事件之间不能出现决定性的因果关系，这种在事件的出现与否上表现出的不确定性称为随机性。模糊数学研究和处理模糊现象，即一个对象是否符合某个概念难以确定，这种由于概念的外延的模糊而造成的不确定性称为模糊性。

4.2.1 模糊集合的定义及表示方法

对大多数应用系统而言，其主要且重要的信息来源有两种，即来自传感器的数据信息和来自专家的语言信息。数据信息常用0.5、2、3、4.3等数字来表示，而语言信息则用诸如“大”“小”“中等”“非常小”等文字来表示。传统的工程设计方法只能用数据信息而无法使用语言信息，而人类解决问题时所使用的大量知识是经验性的，它们通常是用语言信息来描述。语言信息通常呈经验性，是模糊的。因此，如何描述模糊语言信息成为解决问题的关键。

模糊集合的概念是由美国加利福尼亚大学著名教授 L. A. Zadeh 于1965年首先提出来的。模糊集合的引入，可将人的判断、思维过程用比较简单的数学形式直接表达出来。模糊集理论为人类提供了能充分利用语言信息的有效工具。

Zadeh 在1965年对模糊集合的定义为：给定论域 U，U 到 [0，1] 闭区间的任一映射：

$$
\begin{aligned}\mu_A:\ & U \to [0,\ 1]\\ & u \to \mu_A(u)\end{aligned} \tag{4-1}
$$

都确定 U 的一个模糊集合 A，μ_A 称为模糊集合的隶属函数。若 A 中的元素用 x 表示，则 $\mu_A(x)$ 称为 x 属于 A 的隶属度。

$\mu_A(x)$ 的取值范围为闭区间 [0，1]，$\mu_A(x)$ 接近1，表示 x 属于 A 的程度高；$\mu_A(x)$ 接近0，表示 x 属于 A 的程度低。

模糊集合有很多表示方法，当论域 U 为有限集 $\{x_1,\ x_2,\ \cdots,\ x_n\}$ 时，通常有以下三种方式：

1. Zadeh 表示法

用论域中的元素 x_i 与其隶属度 $\mu_A(x_i)$ 按下式表示 A，则：

$$
A = \frac{\mu_A(x_1)}{x_1} + \frac{\mu_A(x_2)}{x_2} + \cdots + \frac{\mu_A(x_n)}{x_n} \tag{4-2}
$$

式中，$\mu_A(x_i)/x_i$ 并不表示“分数”，而是表示论域中的元素 x_i 与其隶属度 $\mu_A(x_i)$ 之间的对应关系；“+”也不表示“求和”，而是表示模糊集合在论域 U 上的整体。

2. 序偶表示法

用论域中的元素 x_i 与其隶属度构成序偶，则：

$$A = \{(x_1, \mu_A(x_1)), (x_2, \mu_A(x_2)), \cdots, (x_n, \mu_A(x_n)) \mid x \in U\} \tag{4-3}$$

在序偶表示法中，隶属度为零的项可省略。

3. 向量表示法

用论域中元素的隶属度构成向量来表示，则：

$$A = [\mu_A(x_1)\mu_A(x_2)\cdots\mu_A(x_n)] \tag{4-4}$$

在向量表示法中，隶属度为零的项不能省略。

【例4-1】 在整数1，2，…，10组成的论域中，即论域 $U \in [1, 2, \cdots, 10]$，用 A 表示模糊集合“几个”。并设其元素的隶属度依次为 $\{0, 0, 0.3, 0.7, 1, 1, 0.7, 0.3, 0, 0\}$。

解：模糊集合 A 可表示为：

$$A = \frac{0}{1} + \frac{0}{2} + \frac{0.3}{3} + \frac{0.7}{4} + \frac{1}{5} + \frac{1}{6} + \frac{0.7}{7} + \frac{0.3}{8} + \frac{0}{9} + \frac{0}{10} = \frac{0.3}{3} + \frac{0.7}{4} + \frac{1}{5} + \frac{1}{6} + \frac{0.7}{7} + \frac{0.3}{8}$$

或

$$\begin{aligned} A &= \{(1,0),(2,0),(3,0.3),(4,0.7),(5,1),(6,1),(7,0.7),(8,0.3),(9,0),(10,0)\} \\ &= \{(3,0.3),(4,0.7),(5,1),(6,1),(7,0.7),(8,0.3)\} \end{aligned}$$

$$A = [0 \quad 0 \quad 0.3 \quad 0.7 \quad 1 \quad 1 \quad 0.7 \quad 0.3 \quad 0 \quad 0]$$

由上式可知，五个、六个的隶属程度为1，说明用“几个”表示五个、六个的可能性最大；而四个、七个对于“几个”这个模糊概念的隶属度为0.7；通常不采用“几个”来表示一个、二个或九个、十个，因此它们的隶属度为零。

【例4-2】 若以年龄为论域，并设 $U \in [0, 200]$，设 Y 表示模糊集合“年轻”，O 表示模糊集合“年老”。已知“年轻”和“年老”的隶属函数分别为：

$$\mu_Y(x) = \begin{cases} 1 & 0 \leqslant x \leqslant 25 \\ \dfrac{1}{1 + \left(\dfrac{x - 25}{5}\right)^2} & 25 < x \leqslant 200 \end{cases}$$

$$\mu_O(x) = \begin{cases} 0 & 0 \leqslant x \leqslant 50 \\ \dfrac{1}{1 + \left(\dfrac{5}{x - 50}\right)^2} & 50 < x \leqslant 200 \end{cases}$$

解：因为论域是连续的，因而“年轻”和“年老”的模糊集合 Y 和 O 分别为：

$$Y = \{(x, 1) \mid 0 \leqslant x \leqslant 25\} + \left\{\left(x, \left[1 + \left(\frac{x - 25}{5}\right)^2\right]^{-1}\right) \middle| 25 < x \leqslant 200\right\}$$

$$O = \{(x, 0) \mid 0 \leqslant x \leqslant 50\} + \left\{\left(x, \left[1 + \left(\frac{5}{x - 50}\right)^2\right]^{-1}\right) \middle| 50 < x \leqslant 200\right\}$$

或

$$Y = \int_{0 \leqslant x \leqslant 25} \frac{1}{x} + \int_{25 < x \leqslant 200} \frac{\left[1 + \left(\dfrac{x - 25}{5}\right)^2\right]^{-1}}{x}$$

$$O = \int_{0 \leq x \leq 50} \frac{0}{x} + \int_{50 < x \leq 200} \frac{\left[1 + \left(\frac{5}{x - 50}\right)^2\right]^{-1}}{x}$$

其隶属度函数曲线如图 4-3 所示。

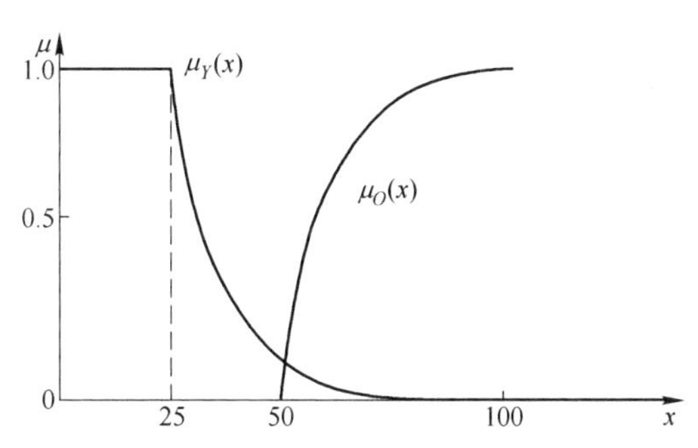

图 4-3 "年轻"和"年老"的隶属度函数曲线

4.2.2 模糊集合的运算

1. 模糊集合的基本运算

由于模糊集是用隶属函数来表征的，因此两个子集之间的运算实际上就是逐点对隶属度作相应的运算。

(1) 空集

模糊集合的空集为普通集，它的隶属度为 0，即：

$$A = \varnothing \Leftrightarrow \mu_A(u) = 0 \tag{4-5}$$

(2) 全集

模糊集合的全集为普通集，它的隶属度为 1，即：

$$A = E \Leftrightarrow \mu_A(u) = 1 \tag{4-6}$$

(3) 等集

两个模糊集 A 和 B，若对所有元素 u，它们的隶属函数相等，则 A 和 B 也相等。即：

$$A = B \Leftrightarrow \mu_A(u) = \mu_B(u) \tag{4-7}$$

(4) 补集

若 $\overline{A}$ 为 A 的补集，则：

$$\overline{A} \Leftrightarrow \mu_{\overline{A}}(u) = 1 - \mu_A(u) \tag{4-8}$$

例如，设 A 为"成绩好"的模糊集，某学生 u_0 属于"成绩好"的隶属度为：$\mu_A(u_0) = 0.8$，则 u_0 属于"成绩差"的隶属度为：$\mu_{\overline{A}}(u_0) = 1 - 0.8 = 0.2$。

(5) 子集

若 B 为 A 的子集，则：

$$B \subseteq A \Leftrightarrow \mu_B(u) \leq \mu_A(u) \tag{4-9}$$

(6) 并集

若 C 为 A 和 B 的并集，则：

$$C = A \cup B \tag{4-10}$$

一般地，

$$A \cup B = \mu_{A\cup B}(u) = \max(\mu_A(u),\ \mu_B(u)) = \mu_A(u) \vee \mu_B(u) \tag{4-11}$$

（7）交集

若 C 为 A 和 B 的交集，则：

$$C = A \cap B \tag{4-12}$$

一般地，

$$A \cap B = \mu_{A\cap B}(u) = \min(\mu_A(u),\ \mu_B(u)) = \mu_A(u) \wedge \mu_B(u) \tag{4-13}$$

（8）模糊运算的基本性质

模糊集合除具有上述基本运算性质外，还具有下表所示的运算性质。

1）幂等律

$$A \cup A = A,\ A \cap A = A \tag{4-14}$$

2）交换律

$$A \cup B = B \cup A,\ A \cap B = B \cap A \tag{4-15}$$

3）结合律

$$(A \cup B) \cup C = A \cup (B \cup C) \tag{4-16}$$

$$(A \cap B) \cap C = A \cap (B \cap C) \tag{4-17}$$

4）吸收律

$$A \cup (A \cap B) = A \tag{4-18}$$

$$A \cap (A \cup B) = A \tag{4-19}$$

5）分配律

$$A \cup (B \cap C) = (A \cup B) \cap (A \cup C) \tag{4-20}$$

$$A \cap (B \cup C) = (A \cap B) \cup (A \cap C) \tag{4-21}$$

6）复原律

$$\overline{\overline{A}} = A \tag{4-22}$$

7）对偶律

$$\overline{A \cup B} = \overline{A} \cap \overline{B} \tag{4-23}$$

$$\overline{A \cap B} = \overline{A} \cup \overline{B} \tag{4-24}$$

8）两极律

$$A \cup E = E,\ A \cap E = A \tag{4-25}$$

$$A \cup \varnothing = A,\ A \cap \varnothing = \varnothing \tag{4-26}$$

【例 4-3】 设

$$A = \frac{0.9}{u_1} + \frac{0.2}{u_2} + \frac{0.8}{u_3} + \frac{0.5}{u_4}$$

$$B = \frac{0.3}{u_1} + \frac{0.1}{u_2} + \frac{0.4}{u_3} + \frac{0.6}{u_4}$$

求 $A \cup B$，$A \cap B$

解：

$$A \cup B = \frac{0.9}{u_1} + \frac{0.2}{u_2} + \frac{0.8}{u_3} + \frac{0.6}{u_4}$$

$$A \cap B = \frac{0.3}{u_1} + \frac{0.1}{u_2} + \frac{0.4}{u_3} + \frac{0.5}{u_4}$$

2. 模糊算子

模糊集合的逻辑运算实质上就是隶属函数的运算过程。采用隶属函数的取大（max）-取小（min）进行模糊集合的并、交逻辑运算是目前最常用的方法。但还有其他公式，这些公式统称为“模糊算子”。

设有模糊集合 A、B 和 C，常用的模糊算子如下：

（1）交运算算子

设 $C=A\cap B$，有三种模糊算子：

1）模糊交算子

$$\mu_c(x) = \min\{\mu_A(x),\ \mu_B(x)\} \tag{4-27}$$

2）代数积算子

$$\mu_c(x) = \mu_A(x) \cdot \mu_B(x) \tag{4-28}$$

3）有界积算子

$$\mu_c(x) = \max\{0,\ \mu_A(x) + \mu_B(x) - 1\} \tag{4-29}$$

（2）并运算算子

设 $C=A\cup B$，有三种模糊算子：

1）模糊并算子

$$\mu_c(x) = \max\{\mu_A(x),\ \mu_B(x)\} \tag{4-30}$$

2）代数和算子

$$\mu_c(x) = \mu_A(x) + \mu_B(x) - \mu_A(x) \times \mu_B(x) \tag{4-31}$$

3）有界和算子

$$\mu_c(x) = \min\{1,\ \mu_A(x) + \mu_B(x)\} \tag{4-32}$$

（3）平衡算子

当隶属函数取大、取小运算时，不可避免地要丢失部分信息，采用一种平衡算子，即“算子”可起到补偿作用。

设 A 和 B 经过平衡运算得到 C，则：

$$\mu_c(x) = [\mu_A(x) \cdot \mu_B(x)]^{1-\gamma} \cdot [1 - (1 - \mu_A(x)) \cdot (1 - \mu_B(x))]^{\gamma} \tag{4-33}$$

其中 γ 取值为 $[0,\ 1]$。

当 $\gamma=0$ 时，

$$\mu_c(x) = \mu_A(x) \cdot \mu_B(x) \tag{4-34}$$

相当于 $A\cap B$ 时的算子。

当 $\gamma=1$，

$$\mu_c(x) = \mu_A(x) + \mu_B(x) - \mu_A(x) \times \mu_B(x) \tag{4-35}$$

相当于 $A\cup B$ 时的代数和算子。

3. 分解定理与扩展定理

模糊集合是经典集合的扩充，可以用经典集合来表示。模糊集合能如实地反映客观存在着的模糊概念，但当我们最后要做出判断或决策时，往往又需要将模糊集合变成各种不同的普通集合。例如，某工厂生产的一批产品（作为论域），经过质量检验结果，每个产品都有一个从1到0的质量等级标志，从而构成了论域上的一个模糊子集。如果想要从中将合格产品分离出来，就必须制定一个合格标准 $\lambda \in [0, 1]$，也就是一个确定的等级标志。规定：凡质量等级标志大于或等于合格标准的，一律认为是合格产品，并且赋予这部分产品的质量标志为1，其他不合格产品的质量标志一律赋予0，于是我们就从模糊集中分离出所需要的一个普通集合，这样便引出截集的概念。

（1）λ 水平截集

定义：设 $A \in F(U)$，$F(U)$ 是 U 上的所有模糊子集构成的集合，对任意实数 $\lambda \in [0, 1]$，称经典集合 $A_\lambda = \{x \mid x \in U, \mu_A(x) \geqslant \lambda\}$ 为 A 的 λ 水平截集，或 λ-截集，如图4-4所示。称 $A_{\lambda} = \{x \mid x \in U, \mu_A(x) > \lambda\}$ 为 A 的 λ-强截集。

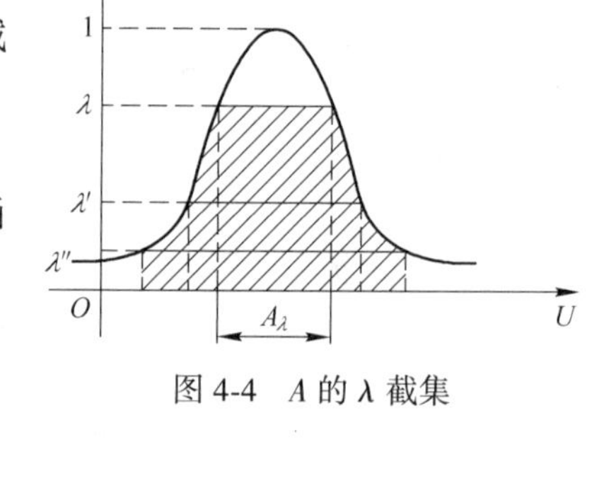

图4-4　A 的 λ 截集

一个模糊集 A 的水平截集是普通集合，其特征函数为：

$$C_{A_\lambda}(x) = \begin{cases} 1, & \text{当}\ \mu_A(x) \geqslant \lambda\ \text{时} \\ 0, & \text{当}\ \mu_A(x) < \lambda\ \text{时} \end{cases} \tag{4-36}$$

λ 越大，则 A_λ 越小，或者说 A_λ 包含的元素越少。

$\lambda = 1$ 时，A_λ 最小，称截集 $A_{\lambda=1}$ 为模糊集 A 的"核"，若 $A_{\lambda=1}$ 非空，则称 A 为正规模糊集。

模糊集 A 的支集：

$$\text{supp}A = \{x \mid x \in X, \mu_A(x) > 0\} \tag{4-37}$$

核与支集的关系：核 $A_{\lambda=1}$ 中的元素完全隶属于 A，随着 λ 值的下降，A_λ 逐渐扩张，最后扩张为 A 的支集 supp$A$，如图4-5所示。

A 是 U 上的模糊子集，定义 λA 仍然表示 U 上的模糊子集，称为 λ 与 A 的"乘积"，其隶属函数规定为：

$$\mu_{\lambda A}(x) = \lambda \wedge \mu_A(x) \tag{4-38}$$

A_λ 是 U 的经典子集，定义 λA_λ 表示 U 上的模糊子集，称为 λ 与 A_λ 的"乘积"，其隶属函数规定为：

$$\mu_{\lambda A_\lambda}(u) = \lambda \wedge C_{A_\lambda}(u) = \begin{cases} \lambda, & \text{当}\ u \in A_\lambda \\ 0, & \text{当}\ u \notin A_\lambda \end{cases} \tag{4-39}$$

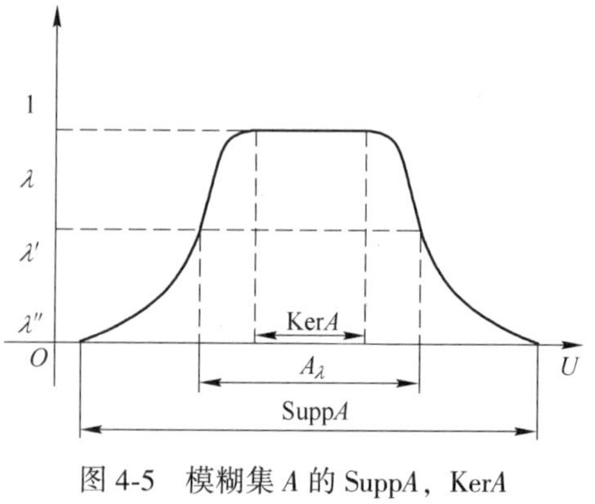

图4-5　模糊集 A 的 Supp$A$，Ker$A$

（2）模糊集合的分解

模糊集合 A 的截集是普通集合。由1趋向0时，截集就由核变成为支集（均为普通集），这就使我们想到，有可能用普通集来构造一个模糊集，分解定理提供了具体的实现方法。

分解定理：设 $A \in F(U)$，则：

$$A = \bigcup_{\lambda \in [0, 1]} (\lambda A_\lambda) \tag{4-40}$$

证：因为 A_λ 是普通集合，且其特征函数 $C_{A_\lambda}(u) = \begin{cases} 1 & A(u) \geq \lambda \\ 0 & A(u) < \lambda \end{cases}$

于是，对 $\forall u \in U$ 有

$$\begin{aligned}
(\bigcup_{\lambda \in [0, 1]} \lambda A_\lambda)(u) &= \bigvee_{\lambda \in [0, 1]} (\lambda \wedge C_{A_\lambda}(u)) \\
&= \max(\bigvee_{A(u) \geq \lambda} (\lambda \wedge C_{A_\lambda}(u)), \bigvee_{A(u) < \lambda} (\lambda \wedge C_{A_\lambda}(u))) \\
&= \max(\bigvee_{A(u) \geq \lambda} (\lambda \wedge 1), \bigvee_{A(u) < \lambda} (\lambda \wedge 0)) \\
&= \max(\bigvee_{A(u) \geq \lambda} \lambda, \bigvee_{A(u) < \lambda} 0) \\
&= \max(A(u), 0) = A(u)
\end{aligned}$$

即：

$$A = \bigcup_{\lambda \in [0, 1]} (\lambda A_\lambda)$$

模糊集 λA_λ 的隶属函数为：

$$(\lambda A_\lambda)(u) = \begin{cases} \lambda & u \in A_\lambda \\ 0 & u \notin A_\lambda \end{cases} \tag{4-41}$$

分解定理反映了模糊集与普通集的相互转化关系。

【例 4-4】 设模糊集 $A = \frac{0.5}{u_1} + \frac{0.6}{u_2} + \frac{1}{u_3} + \frac{0.7}{u_4} + \frac{0.3}{u_5}$

取 λ 截集得：

$$\begin{aligned}
A_1 &= \{u_3\} \\
A_{0.7} &= \{u_3, u_4\} \\
A_{0.6} &= \{u_2, u_3, u_4\} \\
A_{0.5} &= \{u_1, u_2, u_3, u_4\} \\
A_{0.3} &= \{u_1, u_2, u_3, u_4, u_5\}
\end{aligned}$$

将λ截集写成模糊集的形式，再由数乘模糊集定义，有：

$$1A_1 = \frac{1}{u_3}$$

$$0.7A_{0.7} = \frac{0.7}{u_3} + \frac{0.7}{u_4}$$

$$0.6A_{0.6} = \frac{0.6}{u_2} + \frac{0.6}{u_3} + \frac{0.6}{u_4}$$

$$0.5A_{0.5} = \frac{0.5}{u_1} + \frac{0.5}{u_2} + \frac{0.5}{u_3} + \frac{0.5}{u_4}$$

$$0.3A_{0.3} = \frac{0.3}{u_1} + \frac{0.3}{u_2} + \frac{0.3}{u_3} + \frac{0.3}{u_4} + \frac{0.3}{u_5}$$

应用分解定理构成原来的模糊集：

$$A = \bigcup_{\lambda \in [0,\ 1]} \lambda A_\lambda = 1A_1 \cup 0.7A_{0.7} \cup 0.6A_{0.6} \cup 0.5A_{0.5} \cup 0.3A_{0.3}$$

$$= \frac{1}{u_3} \cup \left(\frac{0.7}{u_3} + \frac{0.7}{u_4}\right) \cup \left(\frac{0.6}{u_2} + \frac{0.6}{u_3} + \frac{0.6}{u_4}\right) \cup$$

$$\left(\frac{0.5}{u_1} + \frac{0.5}{u_2} + \frac{0.5}{u_3} + \frac{0.5}{u_4}\right) \cup \left(\frac{0.3}{u_1} + \frac{0.3}{u_2} + \frac{0.3}{u_3} + \frac{0.3}{u_4} + \frac{0.3}{u_5}\right)$$

$$= \frac{0.3 \vee 0.5}{u_1} + \frac{0.3 \vee 0.5 \vee 0.6}{u_2} + \frac{0.3 \vee 0.5 \vee 0.6 \vee 0.7 \vee 1}{u_3} +$$

$$\frac{0.3 \vee 0.5 \vee 0.6 \vee 0.7}{u_4} + \frac{0.3}{u_5}$$

$$= \frac{0.5}{u_1} + \frac{0.6}{u_2} + \frac{1}{u_3} + \frac{0.7}{u_4} + \frac{0.3}{u_5}$$

分解定理表明了一个模糊集可分解为无数个模糊子集的并集，而每一个模糊子集又可由普通集合得到，因此截集和分解定理是联系模糊子集与普通子集间的桥梁。通过它们，从方法论的角度看，任何模糊集的问题，都可以通过分解定理而用经典集合论的方法来处理。

（3）扩展原理

扩展原理是模糊数学的三个基本定理（分解定理、表现定理、扩展原理）之一，有着广泛的用途。让我们从一个实际问题来引入扩展原理。

东大图书馆的全部藏书是个分明集合，记为 X。每本书都有一个价格。如果把每本书与它价格对应起来，则得到一个从 X 到价格集合 R（实数集合）的分明映射 f，即：

$$f: X \to R \quad 书 \mapsto 价格$$

现在给出 X 上的 3 个模糊集：大部头的书、厚书、薄书。一般说来，这三类书的价格分别为 3 个模糊集：很贵、比较贵、不贵。也就是说，这三类书与它们的价格之间也存在着一种对应关系 F，现在的问题是能否把 f 扩展成 F。这个问题的数学提法是：

给定分明映射 $f: X \to Y$，能否由 f 诱导出一个从 $F(X)$ 到 $F(Y)$ 的模糊映射？

扩展原理正是由此而引入的。

扩展原理：给定分明映射 $f: X \to Y$，则：

（1）由 f 可以诱导出 $F(X)$ 到 $F(Y)$ 的模糊映射 F

$$\begin{aligned} F:\ & F(X) \to F(Y) \\ & A \mapsto F(B) \end{aligned} \tag{4-42}$$

其中：$F(A)(y) = \begin{cases} \bigvee\limits_{f(x)=y} A(x), & f^{-1}(y) \neq \varnothing \\ 0, & f^{-1}(y) = \varnothing \end{cases}$

（2）由 f 可以诱导出从 $F(Y)$ 到 $F(X)$ 的模糊映射 F^{-1}：

$$\begin{aligned} F^{-1}:\ & F(Y) \to F(X) \\ & B \mapsto F^{-1}(B) \end{aligned} \tag{4-43}$$

其中：$F^{-1}(B)(x) = B(f(x))$。

4.2.3 隶属函数

隶属函数是对模糊概念的定量描述，正确地确定隶属函数，是运用模糊集合理论解决实际问题的基础。

我们遇到的模糊概念不胜枚举，然而准确地反映模糊概念的模糊集合的隶属函数，却无法找到统一的模式。隶属函数的确定过程，本质上说应该是客观的，但每个人对于同一个模糊概念的认识理解又有差异，因此，隶属函数的确定又带有主观性。一般是根据经验或统计进行确定，也可由专家、权威给出。例如体操裁判的评分，尽管带有一定的主观性，但却是反映裁判员们大量丰富实际经验的综合结果。对于同一个模糊概念，不同的人会建立不完全相同的隶属函数，尽管形式不完全相同，只要能反映同一模糊概念，在解决和处理实际模糊信息的问题中仍然殊途同归。事实上，也不可能存在对任何问题对任何人都适用的确定隶属函数的统一方法，因为模糊集合实质上是依赖于主观来描述客观事物的概念外延的模糊性。可以设想，如果有对每个人都适用的确定隶属函数的方法，那么所谓的“模糊性”也就根本不存在了。

目前还没有成熟的方法来确定隶属函数，主要还停留在经验和实验的基础上。通常的方法是初步确定粗略的隶属函数，然后通过“学习”和实践来不断地调整和完善。遵照这一原则的隶属函数选择方法有以下几种。

(1) 模糊统计法

根据所提出的模糊概念进行调查统计，提出与之对应的模糊集 A，通过统计实验，确定不同元素隶属于 A 的程度。

$$u_0 \text{ 对模糊集 } A \text{ 的隶属度} = \frac{u_0 \in A \text{ 的次数}}{\text{试验总次数 } N} \tag{4-44}$$

(2) 主观经验法

当论域为离散论域时，可根据主观认识，结合个人经验，经过分析和推理，直接给出隶属度。这种确定隶属函数的方法已经被广泛应用。

(3) 神经网络法

利用神经网络的学习功能，由神经网络自动生成隶属函数，并通过网络的学习自动调整隶属函数的值。

典型的隶属函数有 11 种，即双 S 形隶属函数、联合高斯型隶属函数、高斯型隶属函数、广义钟形隶属函数、Ⅱ型隶属函数、双 S 形乘积隶属函数、S 状隶属函数、S 形隶属函数、梯形隶属函数、三角形隶属函数、Z 形隶属函数。

在模糊控制中应用较多的隶属函数有以下 6 种隶属函数。

(1) 高斯型隶属函数

高斯型隶属函数由两个参数 σ 和 c 确定：

$$f(x,\ \sigma,\ c) = \mathrm{e}^{-\frac{(x-c)^2}{2\sigma^2}} \tag{4-45}$$

其中参数 σ 通常为正（方差），参数 c 用于确定曲线的中心（均值）。高斯型隶属函数如图 4-6 所示。

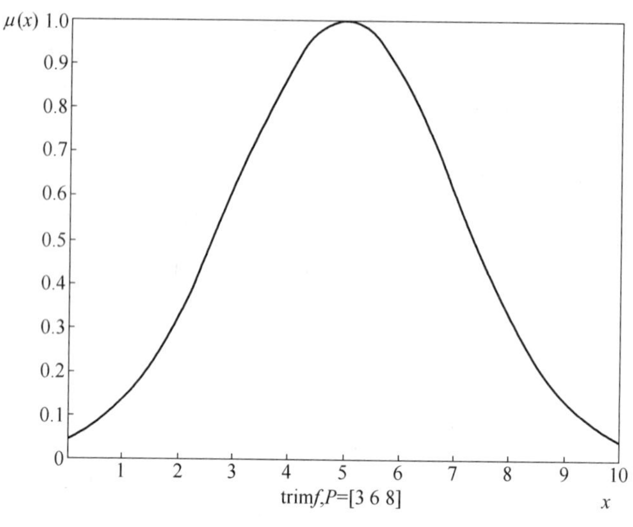

图 4-6　高斯型隶属函数

（2）广义钟形隶属函数

广义钟形隶属函数由三个参数 a、b、c 确定：

$$f(x,\ a,\ b,\ c)=\frac{1}{1+\left|\frac{x-c}{a}\right|^{2b}} \tag{4-46}$$

其中参数 a、b 通常为正，参数 c 用于确定曲线的中心。广义钟形隶属函数如图 4-7 所示。

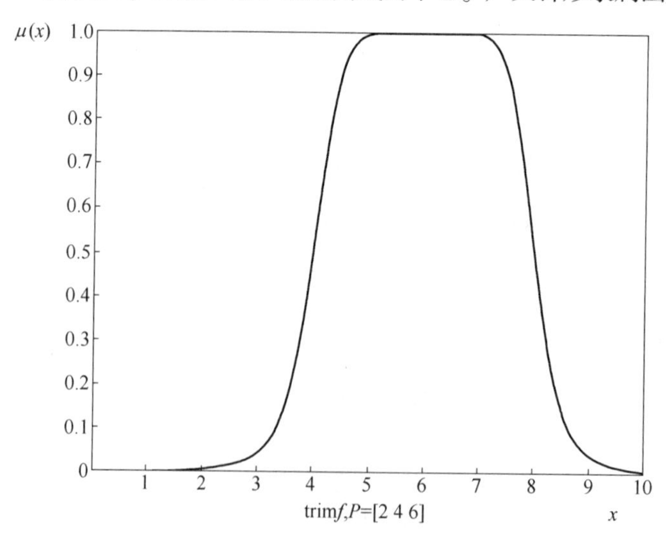

图 4-7　广义钟形隶属函数

（3）S 形隶属函数

S 形函数由参数 a 和 c 决定：

$$f(x,\ a,\ c)=\frac{1}{1+\mathrm{e}^{-a(x-c)}} \tag{4-47}$$

其中参数 a 的正负符号决定了 S 形隶属函数的开口朝左或朝右，用来表示“正大”或“负大”的概念。S 形隶属函数如图 4-8 所示。

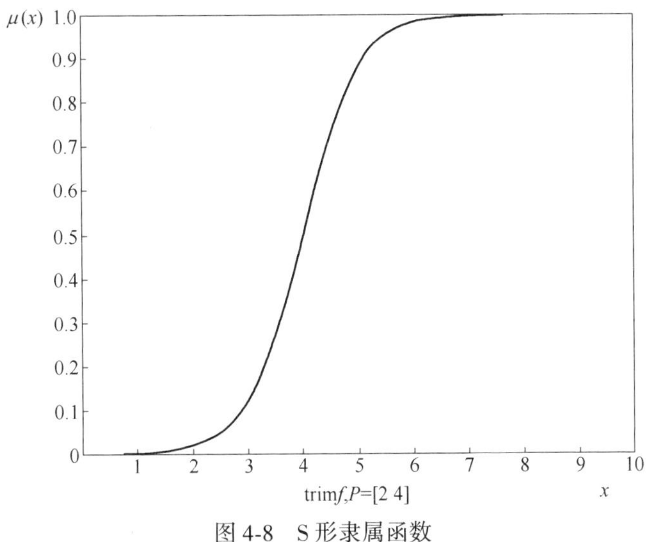

图 4-8 S 形隶属函数

(4) 梯形隶属函数

梯形曲线可由四个参数 a、b、c、d 确定：

$$f(x, a, b, c, d)=\begin{cases}0 & x \leqslant a \\ \dfrac{x-a}{b-a} & a \leqslant x \leqslant b \\ 1 & b \leqslant x \leqslant c \\ \dfrac{d-x}{d-c} & c \leqslant x \leqslant d \\ 0 & x \geqslant d\end{cases} \tag{4-48}$$

其中参数 a 和 d 确定梯形的“脚”，而参数 b 和 c 确定梯形的“肩膀”。梯形隶属函数如图 4-9 所示。

(5) 三角形隶属函数

三角形曲线的形状由三个参数 a、b、c 确定：

$$f(x, a, b, c)=\begin{cases}0 & x \leqslant a \\ \dfrac{x-a}{b-a} & a \leqslant x \leqslant b \\ \dfrac{c-x}{c-b} & b \leqslant x \leqslant c \\ 0 & x \geqslant c\end{cases} \tag{4-49}$$

其中参数 a 和 c 确定三角形的“脚”，而参数 b 确定三角形的“峰”。三角形隶属函数如图 4-10 所示。

(6) Z 形隶属函数

这是基于样条函数的曲线，因其呈现 Z 形状而得名。参数 a 和 b 确定了曲线的形状。Z 形隶属函数如图 4-11 所示。

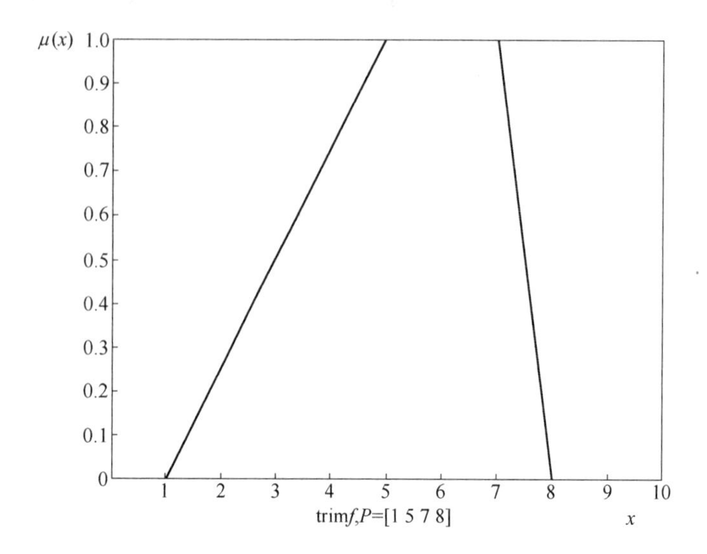

图 4-9　梯形隶属函数

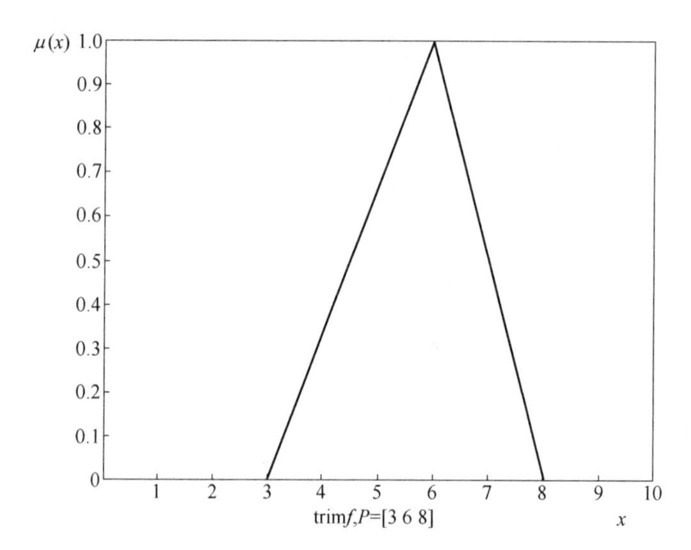

图 4-10　三角形隶属函数

$$f(x,\ a,\ b)=\begin{cases}1 & x \leqslant a \\ 1-2\left(\dfrac{x-a}{b-a}\right)^2 & a \leqslant x \leqslant \dfrac{a+b}{2} \\ 2\left(\dfrac{b-x}{b-a}\right) & \dfrac{a+b}{2} \leqslant x \leqslant b \\ 0 & x \geqslant b\end{cases} \tag{4-50}$$

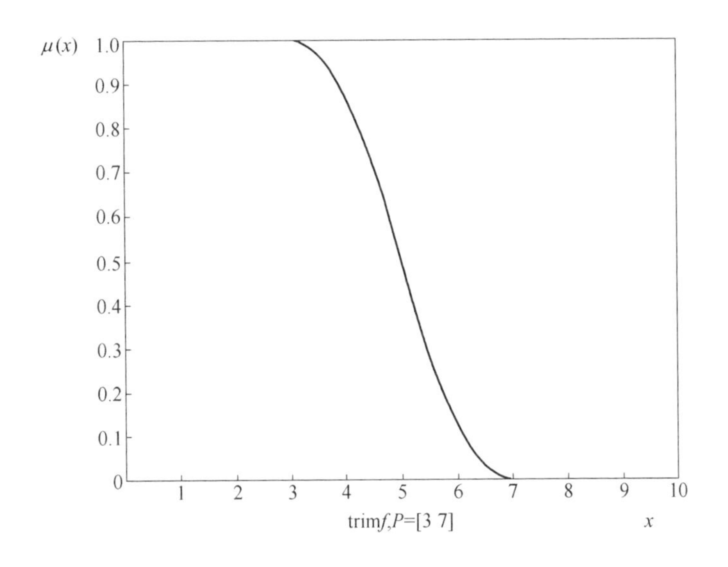

图 4-11 Z 形隶属函数

4.2.4 模糊关系及其运算

描述客观事物间联系的数学模型称为关系。集合论中的关系精确地描述了元素之间是否相关，而模糊集合论中的模糊关系则描述了元素之间相关的程度。普通二元关系是用简单的“有”或“无”来衡量事物之间的关系，因此无法用来衡量事物之间关系的程度。模糊关系是指多个模糊集合的元素间所具有关系的程度。模糊关系在概念上是普通关系的推广，普通关系则是模糊关系的特例。

1. 模糊关系

模糊关系的定义为：设 X、Y 是两个非空集合，则直积 $X\times Y=\{(x,\ y)\mid x\in X,\ y\in Y\}$ 的一个模糊子集 R 称为 X 到 Y 的一个模糊关系。

【例 4-5】 设有一组同学 X，$X=\{$张三，李四，王五$\}$，他们的功课为 Y，$Y=\{$英语，数学，物理，化学$\}$。他们的考试成绩见表 4-1。

表 4-1 考试成绩表

姓名	功课			
	英语	数学	物理	化学
张三	70	90	80	65
李四	90	85	76	70
王五	50	95	85	80

取隶属函数 $\mu(u)=\dfrac{u}{100}$，其中 u 为成绩。如果将他们的成绩转化为隶属度，则构成一个 $x\times y$ 上的一个模糊关系 R，见表 4-2。

表 4-2　考试成绩表的模糊化

姓名	功课			
	英语	数学	物理	化学
张三	0.70	0.90	0.80	0.65
李四	0.90	0.85	0.76	0.70
王五	0.50	0.95	0.85	0.80

将上表写成矩阵形式，得：

$$R=\begin{bmatrix}0.70 & 0.90 & 0.80 & 0.65\\ 0.90 & 0.85 & 0.76 & 0.70\\ 0.50 & 0.95 & 0.85 & 0.80\end{bmatrix}$$

该矩阵称作模糊矩阵，其中各个元素必须在［0，1］闭环区间上取值。

2. 模糊矩阵运算

设有 n 阶模糊矩阵 A 和 B，$A=(a_{ij})$，$B=(b_{ij})$，且 i，$j=1$，2，…，n。则定义如下几种模糊矩阵运算方式：

（1）相等

若 $a_{ij}=b_{ij}$，则 $A=B$。

（2）包含

若 $a_{ij}\leqslant b_{ij}$，则 $A\subseteq B$。

（3）并运算

若 $c_{ij}=a_{ij}\vee b_{ij}$，则 $C=(c_{ij})$ 为 A 和 B 的并，记为 $C=A\cup B$。

（4）交运算

若 $c_{ij}=a_{ij}\wedge b_{ij}$，则 $C=(c_{ij})$ 为 A 和 B 的交，记为 $C=A\cap B$。

（5）补运算

若 $c_{ij}=1-a_{ij}$，则 $C=(c_{ij})$ 为 A 的补，记为 $C=\bar{A}$。

【例 4-6】 设 $A=\begin{bmatrix}0.7 & 0.1\\ 0.3 & 0.9\end{bmatrix}$，$B=\begin{bmatrix}0.4 & 0.9\\ 0.2 & 0.1\end{bmatrix}$

则：

$$A\cup B=\begin{bmatrix}0.7\vee 0.4 & 0.1\vee 0.9\\ 0.3\vee 0.2 & 0.9\vee 0.1\end{bmatrix}=\begin{bmatrix}0.7 & 0.9\\ 0.3 & 0.9\end{bmatrix}$$

$$A\cap B=\begin{bmatrix}0.7\wedge 0.4 & 0.1\wedge 0.9\\ 0.3\wedge 0.2 & 0.9\wedge 0.1\end{bmatrix}=\begin{bmatrix}0.4 & 0.1\\ 0.2 & 0.1\end{bmatrix}$$

$$\bar{A}=\begin{bmatrix}1-0.7 & 1-0.1\\ 1-0.3 & 1-0.9\end{bmatrix}=\begin{bmatrix}0.3 & 0.9\\ 0.7 & 0.1\end{bmatrix}$$

3. 模糊矩阵的合成

模糊矩阵的合成类似于普通矩阵的乘积。将乘积运算换成“取小”，将加运算换成“取大”即可。

设矩阵 A 是 $x \times y$ 上的模糊关系，矩阵 B 是 $y \times z$ 上的模糊关系，则 $C = A \circ B$ 称为 A 与 B 矩阵的合成，合成算法为：

$$c_{ij} = \bigvee_k \{a_{ik} \wedge b_{kj}\}$$

【例 4-7】 设 $A = \begin{bmatrix} a_{11} & a_{12} \\ a_{21} & a_{22} \end{bmatrix}$，$B = \begin{bmatrix} b_{11} & b_{12} \\ b_{21} & b_{22} \end{bmatrix}$

则 A 和 B 的合成为：

$$C = A \circ B = \begin{bmatrix} c_{11} & c_{12} \\ c_{21} & c_{22} \end{bmatrix}$$

其中

$$c_{11} = (a_{11} \wedge b_{11}) \vee (a_{12} \wedge b_{21})$$
$$c_{12} = (a_{11} \wedge b_{12}) \vee (a_{12} \wedge b_{22})$$
$$c_{21} = (a_{21} \wedge b_{11}) \vee (a_{22} \wedge b_{21})$$
$$c_{22} = (a_{21} \wedge b_{12}) \vee (a_{22} \wedge b_{22})$$

当 $A = \begin{bmatrix} 0.8 & 0.7 \\ 0.5 & 0.3 \end{bmatrix}$，$B = \begin{bmatrix} 0.2 & 0.4 \\ 0.6 & 0.9 \end{bmatrix}$ 时，有：

$$A \circ B = \begin{bmatrix} 0.6 & 0.7 \\ 0.3 & 0.4 \end{bmatrix}$$

$$B \circ A = \begin{bmatrix} 0.4 & 0.3 \\ 0.6 & 0.6 \end{bmatrix}$$

可见，$A \circ B \neq B \circ A$。

4.2.5　模糊推理

1. 模糊语句

将含有模糊概念的语法规则所构成的语句称为模糊语句。根据其语义和构成的语法规则不同，可分为以下几种类型：

（1）模糊陈述句：语句本身具有模糊性，又称为模糊命题。如：“今天天气很热”。

（2）模糊判断句：是模糊逻辑中最基本的语句。语句形式：“是 a”，记作（a），且 a 所表示的概念是模糊的。如“张三是好学生”。

（3）模糊推理句：语句形式：若是，则是。则为模糊推理语句。如“今天是晴天，则今天暖和”。

2. 模糊推理

常用的模糊条件推理语句有两种：If A then B else C；If A and B then C

下面以第二种推理语句为例进行探讨，该语句可构成一个简单的模糊控制器，如图 4-12 所示。

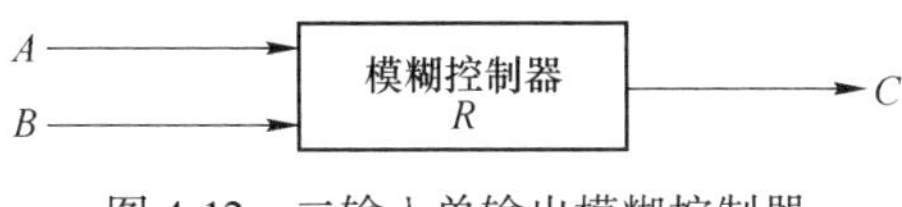

图 4-12　二输入单输出模糊控制器

其中A、B、C分别为论域x、y、z上的模糊集合，A为误差信号上的模糊子集，B为误差变化率上的模糊子集，C为控制器输出上的模糊子集。

常用的模糊推理方法有两种：Zadeh法和Mamdani法。Mamdani推理法是模糊控制中普遍使用的方法，其本质是一种合成推理方法。

定义：若有两个模糊集A和B，其论域分别为X和Y，则定义在积空间$A \times B$上的模糊集合为$A \circ B$的直积，隶属函数表达为：

$$\mu_{A\times B}(x,\ y) = \min\{\mu_A(x),\ \mu_B(y)\} \tag{4-51}$$

或

$$\mu_{A\times B}(x,\ y) = \mu_A(x)\mu_B(y) \tag{4-52}$$

模糊推理语句“If A and B then C”确定了三元模糊关系R，即：

$$R = (A \times B)^{T_1} \times C \tag{4-53}$$

其中$(A \times B)^{T_1}$为模糊关系矩阵$(A \times B)_{(m\times n)}$构成的$m \times n$列向量，$m$和$n$分别为$A$和$B$论域元素的个数。

基于模糊推理规则，根据模糊关系R，可求得给定输入A_1和B_1对应的输出C_1：

$$C_1 = (A_1 \times B_1)^{T_2} \times R \tag{4-54}$$

其中$(A_1 \times B_1)^{T_2}$为模糊关系矩阵$(A_1 \times B_1)(m \times n)$构成的$m \times n$行向量，$m$和$n$分别为$A_1$和$B_1$论域元素的个数。

【例4-8】 设论域$x = \{a_1,\ a_2,\ a_3\}$，$y = \{b_1,\ b_2,\ b_3\}$，$z = \{c_1,\ c_2,\ c_3\}$，

已知：

$$A = \frac{0.5}{a_1} + \frac{1}{a_2} + \frac{0.1}{a_3},\quad B = \frac{0.1}{b_1} + \frac{1}{b_2} + \frac{0.6}{b_3},\quad C = \frac{0.4}{c_1} + \frac{1}{c_2}$$

试确定“If A and B then C”所决定的模糊关系R，以及输入为：$A_1 = \frac{1.0}{a_1} + \frac{0.5}{a_2} + \frac{0.1}{a_3}$，$B_1 = \frac{0.1}{b_1} + \frac{0.5}{b_2} + \frac{1}{b_3}$时的输出$C_1$。

解：

$$A \times B = A^T \wedge B = \begin{bmatrix} 0.5 \\ 1 \\ 0.1 \end{bmatrix} \wedge [0.1 \quad 1 \quad 0.6] = \begin{bmatrix} 0.1 & 0.5 & 0.5 \\ 0.1 & 1.0 & 0.6 \\ 0.1 & 0.1 & 0.1 \end{bmatrix}$$

将$A\times B$矩阵扩展成如下列向量：

$$R = (A \times B)^{T_1} \times C = [0.1 \quad 0.5 \quad 0.5 \quad 0.1 \quad 1.0 \quad 0.6 \quad 0.1 \quad 0.1 \quad 0.1]^T \circ [0.4 \quad 1]$$

$$= \begin{bmatrix} 0.1 & 0.4 & 0.4 & 0.1 & 0.4 & 0.4 & 0.1 & 0.1 & 0.1 \\ 0.1 & 0.5 & 0.5 & 0.1 & 1 & 0.6 & 0.1 & 0.1 & 0.1 \end{bmatrix}^T$$

当输入为A_1和B_1时，有：

$$(A_1 \times B_1) = A_1^T \times B_1 = \begin{bmatrix} 1 \\ 0.5 \\ 0.1 \end{bmatrix} \wedge [0.1 \quad 0.5 \quad 1] = \begin{bmatrix} 0.1 & 0.5 & 1 \\ 0.1 & 0.5 & 0.5 \\ 0.1 & 0.1 & 0.1 \end{bmatrix}$$

将$A_1\times B_1$矩阵扩展成如下行向量：

$$(A \times B)^{T_2} = [0.1 \quad 0.5 \quad 1 \quad 0.1 \quad 0.5 \quad 0.5 \quad 0.1 \quad 0.1 \quad 0.1]$$

最后得：

$$C_1 = [0.1\quad 0.5\quad 1\quad 0.1\quad 0.5\quad 0.5\quad 0.1\quad 0.1\quad 0.1]\circ \begin{bmatrix} 0.1 & 0.4 & 0.4 & 0.1 & 0.4 & 0.4 & 0.1 & 0.1 & 0.1 \\ 0.1 & 0.5 & 0.5 & 0.1 & 1 & 0.6 & 0.1 & 0.1 & 0.1 \end{bmatrix}^T = [0.4\quad 0.5]$$

即：

$$C_1 = \frac{0.4}{c_1} + \frac{0.5}{c_2}$$

3. 模糊关系方程

(1) 模糊关系方程概念

将模糊关系 R 看成一个模糊变换器。当 A 为输入时，B 为输出，如图 4-13 所示。

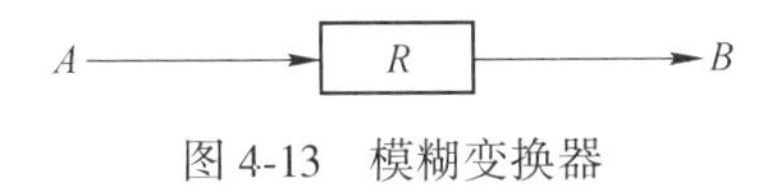

图 4-13 模糊变换器

可分为两种情况讨论：

1) 已知输入 A 和模糊关系 R，求输出 B，这是综合评判，即模糊变换问题。

2) 已知输入 A 和输出 B，求模糊关系 R，或已知模糊关系 R 和输出 B，求输入 A，这是模糊综合评判的逆问题，需要求解模糊关系方程。

(2) 模糊关系方程的解

近似试探法是目前实际应用中较为常用的方法之一。

【例 4-9】 解方程：

$$(0.6\quad 0.2\quad 0.4)\circ\begin{pmatrix} x_1 \\ x_2 \\ x_3 \end{pmatrix} = 0.4$$

解：由方程得：$(0.6 \wedge x_1) \vee (0.2 \wedge x_2) \vee (0.4 \wedge x_3) = 0.4$

显然三个括弧内的值都不可能超过 0.4。由于 $(0.2\wedge x_2) < 0.4$ 是显然的，因此 x_2 可以取 [0，1] 的任意值，即 $x_2 = [0,\ 1]$。

现在只考虑：$(0.6 \wedge x_1) \vee (0.4 \wedge x_3) = 0.4$ 这两个括弧内的值可以是：其中一个等于 0.4，另一个不超过 0.4。分两种情况讨论：

(1) 设 $0.6 \wedge x_1 = 0.4$，$0.4 \wedge x_3 \leqslant 0.4$，则 $x_1 = 0.4$，$x_3 = [0,\ 1]$，

即方程的解为 $x_1 = 0.4$，$x_2 = [0,\ 1]$，$x_3 = [0,\ 1]$。

(2) 设 $0.6 \wedge x_1 \leqslant 0.4$，$0.4 \wedge x_3 = 0.4$，则 $x_1 = [0,\ 0.4]$，$x_3 = [0.4,\ 1]$，

即方程的解为：$x_1 = [0,\ 0.4]$，$x_2 = [0,\ 1]$，$x_3 = [0.4,\ 1]$。

4.3 模糊控制原理

模糊控制是以模糊集理论、模糊语言变量和模糊逻辑推理为基础的一种智能控制方法，它是从行为上模仿人的模糊推理和决策过程的一种智能控制方法。该方法首先将操作人员或专家经验编成模糊规则，然后将来自传感器的实时信号模糊化，将模糊化后的信号

作为模糊规则的输入，完成模糊推理，将推理后得到的输出量加到执行器上。

4.3.1　模糊控制的基本原理

模糊控制的基本原理可由图4-14表示，它的核心部分为模糊控制器，如图中虚线框中部分所示。实现模糊控制算法的过程为：微机经中断采样获取被控制量的精确值，然后将此量与给定值比较得到误差信号 E，作为模糊控制器的一个输入量。用相应的模糊语言把误差信号 E 的精确量进行模糊量化变成模糊量，得到误差 E 的模糊语言集合的一个子集 e，再由 e 和模糊控制规则 R 根据推理的合成规则进行模糊决策，得到模糊控制量 u 为：

$$u = e \circ R \tag{4-55}$$

式中，u 为一个模糊量。

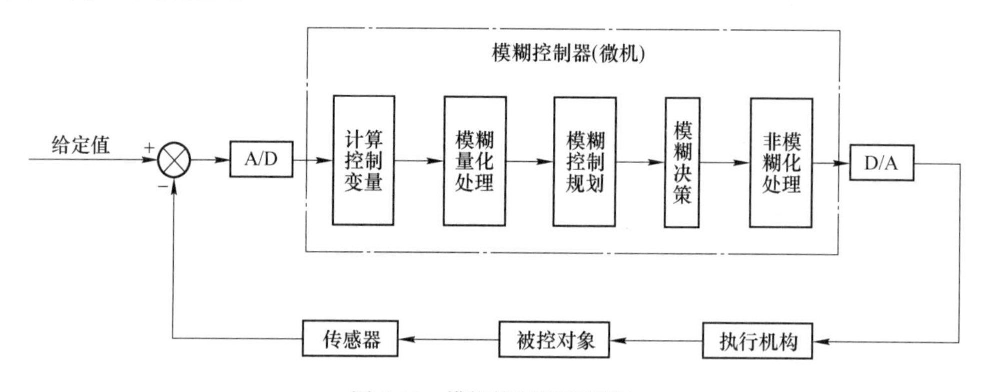

图4-14　模糊控制原理框图

为了对被控对象施加精确的控制，还需要将模糊量 u 转换为精确量，称为非模糊化处理。得到精确的数字控制量后，经数模转换为精确的模拟量送给执行机构，对被控对象进行一步控制。然后，中断等待第二次采样，进行二步控制。这样循环下去，就实现了被控对象的模糊控制。

模糊控制器也称为模糊逻辑控制器，由于所采用的模糊控制规则是由模糊理论中模糊条件语句来描述的，因此模糊控制器是一种语言型控制器，故也称为模糊语言控制器。

模糊控制器包括模糊化接口、推理机、解模糊接口以及由数据库和规则库所组成的知识库，其组成框图如图4-15所示。

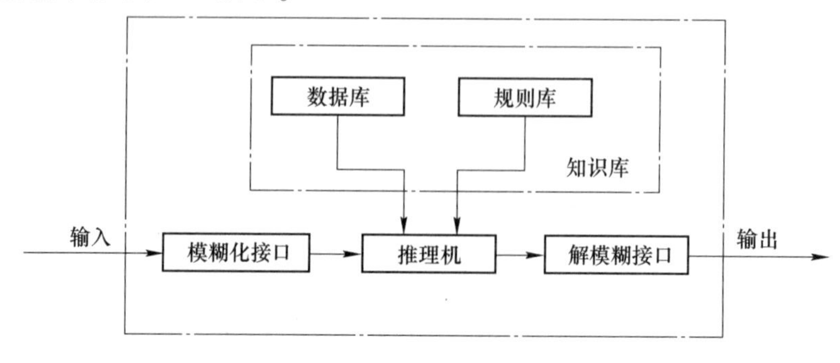

图4-15　模糊控制器的组成框图

1. 模糊化接口

模糊控制器的输入必须通过模糊化才能用于控制输出的求解，因此它实际上是模糊控制器的输入接口。它的主要作用是将真实的确定量输入转换为一个模糊矢量。对于一个模糊输入变量 e，其模糊子集通常可以做如下方式划分：

(1) {负大，负小，零，正小，正大} = {NB, NS, ZO, PS, PB}

(2) {负大，负中，负小，零，正小，正中，正大} = {NB, NM, NS, ZO, PS, PM, PB}

(3) {大，负中，负小，零负，零正，正小，正中，正大} = {NB, NM, NS, NZ, PZ, PS, PM, PB}

用三角形隶属度函数表示如图 4-16 所示。

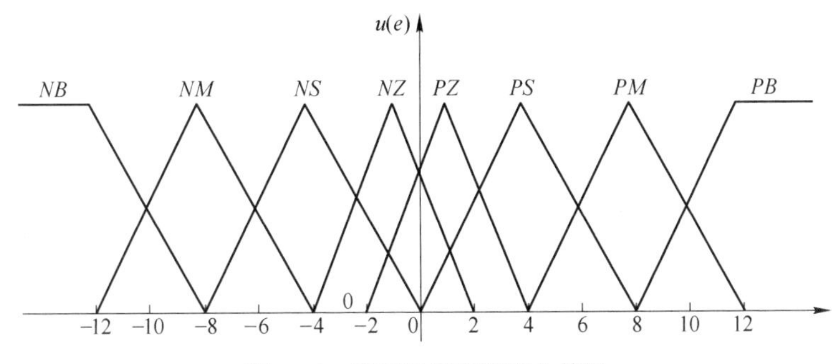

图 4-16　模糊子集和模糊化等级

2. 知识库

知识库由数据库和规则库两部分构成。

(1) 数据库

数据库所存放的是所有输入、输出变量的全部模糊子集的隶属度矢量值（即经过论域等级离散化以后对应值的集合），若论域为连续域则为隶属度函数。在规则推理的模糊关系方程求解过程中，向推理机提供数据。

(2) 规则库

模糊控制器的规则基于专家知识或手动操作人员长期积累的经验，它是按人的直觉推理的一种语言表示形式。模糊规则通常有一系列的关系词连接而成，如 if-then、else、also、end、or 等，关系词必须经过“翻译”才能将模糊规则数值化。最常用的关系词为 if-then、also，对于多变量模糊控制系统，还有 and 等。例如，某模糊控制系统输入变量为（误差）和（误差变化），它们对应的语言变量为 E 和 EC，可给出一组模糊规则：

R_1: IF E is NB and EC is NB then U is PB

R_2: IF E is NB and EC is NS then U is PM

通常把 if…部分称为“前提部”，而 then…部分称为“结论部”，其基本结构可归纳为 If A and B then C，其中 A 为论域 U 上的一个模糊子集，B 是论域 V 上的一个模糊子集。根据人工控制经验，可离线组织其控制决策表 R，R 是笛卡儿乘积集上的一个模糊子集，则某一时刻其控制量由下式给出：

$$C = (A \times B) \circ R \tag{4-56}$$

式中，× 为模糊直积运算；∘ 为模糊合成运算。

规则库是用来存放全部模糊控制规则的，在推理时为“推理机”提供控制规则。规则条数和模糊变量的模糊子集划分有关，划分越细，规则条数越多，但并不代表规则库的准确度越高，规则库的“准确性”还与专家知识的准确度有关。

3. 推理机

推理是模糊控制器中，根据输入模糊量，由模糊控制规则完成模糊推理来求解模糊关系方程，并获得模糊控制量的功能部分。在模糊控制中，考虑到推理时间，通常采用运算较简单的推理方法。最基本的有 Zadeh 近似推理，它包含有正向推理和逆向推理两类。正向推理常被用于模糊控制中，而逆向推理一般用于知识工程学领域的专家系统中。

4. 解模糊接口

推理结果的获得，表示模糊控制的规则推理功能已经完成。但是，至此所获得的结果仍是一个模糊矢量，不能直接用来作为控制量，还必须做一次转换，求得清晰的控制量输出，即为解模糊。通常把输出端具有转换功能作用的部分称为解模糊接口。

综上所述，模糊控制器实际上就是依靠微机（或单片机）来构成的。它的绝大部分功能都是由计算机程序来完成的。随着专用模糊芯片的研究和开发，也可以由硬件逐步取代各组成单元的软件功能。

5. 模糊控制器的输入输出变量

模糊控制器可以分为单变量模糊控制器和多变量模糊控制器，分别应用于单输入单输出系统和多输入多输出系统。

（1）单变量模糊控制器（SISO 系统）

由于模糊控制器的控制规则是根据人的手动控制规则提出的，模糊控制器的输入变量可以有误差、误差的变化及误差变化的变化，输出变量一般选择控制量的变化。通常，对于单变量模糊控制器，将输入变量的个数称为模糊控制的维数。根据模糊控制器的输入变量选择，可以分为一维模糊控制器、二维模糊控制器和三维模糊控制器。

1）一维模糊控制器

如图 4-17 所示，一维模糊控制器是一种比例控制器，它的输入变量往往选择为受控量和输入给定的偏差量 E。由于仅仅采用偏差值，很难反映过程的动态特性品质，因此，所能获得的系统动态性能是不能令人满意的。这种一维模糊控制器往往被用于一阶被控对象。

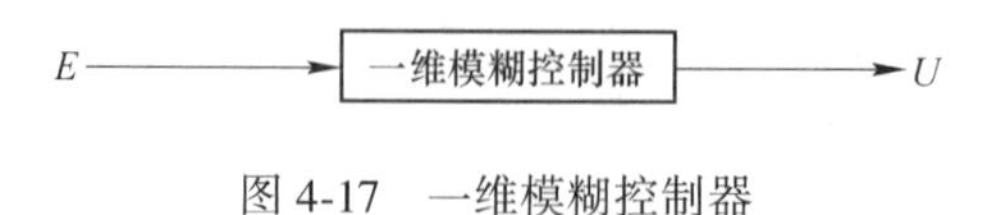

图 4-17　一维模糊控制器

2）二维模糊控制器

如图 4-18 所示，二维模糊控制器的两个输入变量基本上都选用受控变量和输入给定

的偏差 E 和偏差变化 EC，由于它们能够较严格地反映受控过程中输出变量的动态特性，因此，在控制效果上要比一维控制器好得多，也是目前采用较广泛的一类模糊控制器。

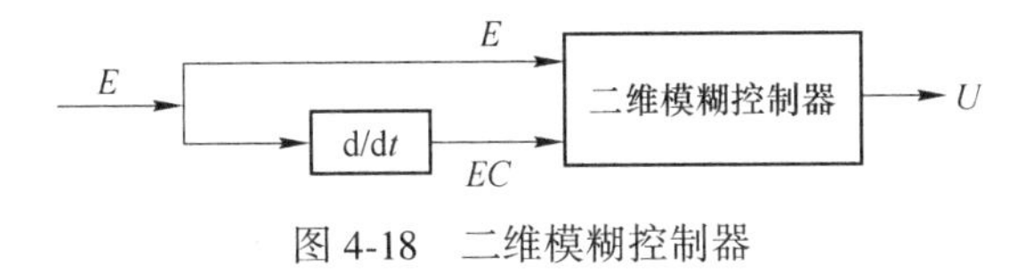

图 4-18 二维模糊控制器

3）三维模糊控制器

如图 4-19 所示，三维模糊控制器的三个输入变量分别为系统偏差量 E、偏差变化量 EC 和偏差变化的变化率 ECC。由于这些模糊控制器结构较复杂，推理运算时间长，因此除非对动态特性的要求特别高的场合，一般较少选用三维模糊控制器。

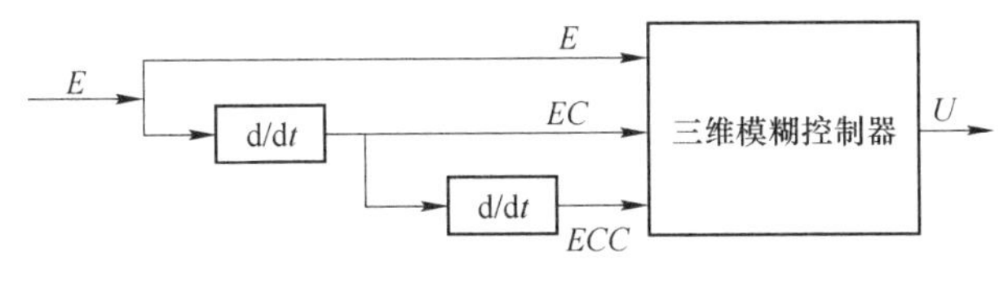

图 4-19 三维模糊控制器

模糊控制系统所选用的模糊控制器维数越高，系统的控制精度也就越高。但是维数选择太高，模糊控制规律就过于复杂，这是人们在设计模糊控制系统时，多数采用二维控制器的原因。

（2）多变量模糊控制器（MIMO 系统）

一个多变量模糊控制器系统所采用的模糊控制器，具有多变量结构，称之为多变量模糊控制器，如图 4-20 所示。

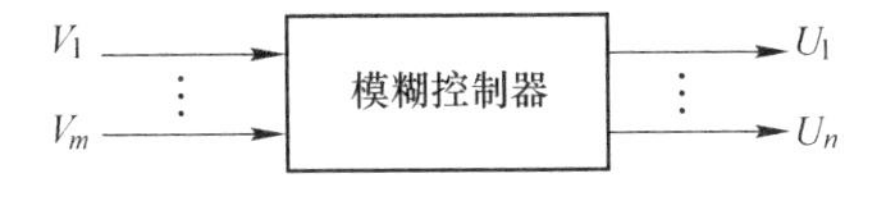

图 4-20 多变量模糊控制器

由于需要同时控制多个变量，而且各个变量间可能存在耦合，因此要直接设计一个多变量模糊控制器是相当困难的。可利用模糊控制器本身的解耦特点，通过模糊关系方程求解，在控制器结构上实现解耦，即将一个多输入—多输出（MIMO）的模糊控制器，分解成若干个多输入—单输出（MISO）的模糊控制器，这样可采用单变量模糊控制器方法设计。

4.3.2 模糊控制器的设计步骤

模糊控制器最简单的实现方法是将一系列模糊控制规则离线转化为一个查询表（又称为控制表）。这种模糊控制其结构简单，使用方便，是最基本的一种形式。这里以单变量二维模糊控制器为例，介绍这种形式模糊控制器的设计步骤，其设计思想是设计其他模糊控制器的基础。

1. 确定控制器结构

通常为单变量二维模糊控制器。

2. 定义输入、输出模糊集

完整的模糊集合：{NB，NM，NS，ZO，PS，PM，PB}。

对论域进行量化可以采用均匀量化或者非均匀量化：

均匀量化。计算简单，如 $e=[-4, -3, -2, -1, 0, 1, 2, 3, 4]$。

非均匀量化。精度高但计算复杂，如 $e=[-4.0, -2.5, -1.3, -0.8, 0.0, 0.8, 1.3, 2.5, 4.0]$。

其特点是误差越小，集合越密，灵敏度越高。

3. 确定输入、输出隶属函数

对于控制多采用三角形、梯形等便于计算的隶属函数；对于建模多用S形、广义钟形、高斯形等光滑的隶属函数。

4. 建立规则库

建立规则库需要注意规则库的完备性，对任意输入（e，ec），规则库中至少有一条规则满足：

$$\mu_{A_T}(e) \wedge \mu_{B_T}(ec) \neq 0 \tag{4-57}$$

【例4-10】　考虑 $U=U_1\times U_2$ 和 V 上一个二输入单输出模糊系统。在 U_1 上定义三个模糊集合 S_1、M_1、L_1，在 U_2 上定义两个模糊集合 S_2、L_2，如图4-21所示。为了保证模糊规则库的完备性，该规则库必须包含以下6条规则：

如果 x_1 为 S_1 且 x_2 为 S_2，则 y 为 B^1；

如果 x_1 为 S_1 且 x_2 为 L_2，则 y 为 B^2；

如果 x_1 为 M_1 且 x_2 为 S_2，则 y 为 B^3；

如果 x_1 为 M_1 且 x_2 为 L_2，则 y 为 B^4；

如果 x_1 为 L_1 且 x_2 为 S_2，则 y 为 B^5；

如果 x_1 为 L_1 且 x_2 为 L_2，则 y 为 B^6。

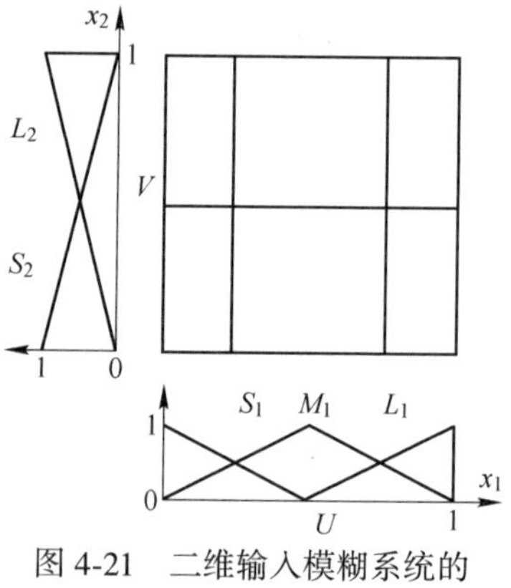

图4-21　二维输入模糊系统的隶属度函数实例

例如若缺少第2条规则，则对于 $x^*=(0, 1)$ 点，其所对应的隶属度即为零，没有相应的规则找到合适的输出。

5. 模糊推理

采用Mamdani推理方法进行模糊推理。

模糊推理可离线进行，即根据输入变量的论域和规则库计算出输入论域上的每对点对应的模糊控制量，再通过解模糊建立起模糊控制表。

6. 反模糊化

对模糊推理所得到的模糊控制量去模糊，才能得到可实施的清晰控制量。有以下三种常用的去模糊化的方法：最大隶属度法、重心法、加权平均法。

（1）最大隶属度法

选取推理结果的模糊集合中隶属度最大的元素作为输出值。分为两种情况：

1）输出模糊集合中只有一个峰值，取该峰值所对应的元素为输出，如图 4-22 所示。

$$u_0 = \{u \in U \mid \mu_{u^*}(u) = \max_{u \in U} \mu_{u^*}(u)\} \tag{4-58}$$

2）输出模糊集合中有多个峰值，取这些极值对应元素的平均值作为输出，如图 4-23 所示。

$$u_0 = \frac{1}{N}\sum_{i=1}^{N} u_0^i,\ u_0^i = \{u \in U \mid \mu_{u^*}(u) = \max_{u \in U} \mu_{u^*}(u)\} \tag{4-59}$$

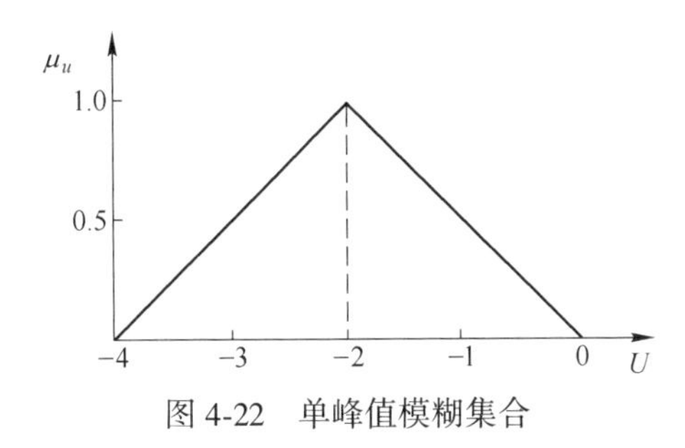

图 4-22　单峰值模糊集合

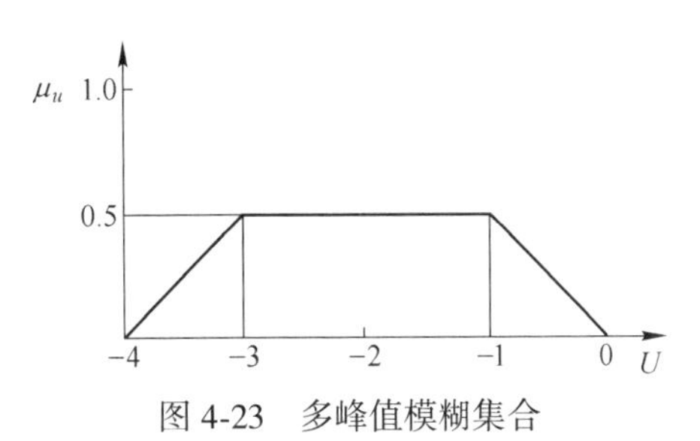

图 4-23　多峰值模糊集合

该方法计算简单，但可能会造成输出抖动。

（2）重心法（质心法、中心法）

重心解模糊器所确定的 u_0 是 u^* 的隶属函数所涵盖区域的中心，如图 4-24 所示。即：

$$u_0 = \frac{\int_V u\mu_{u^*}(u)\,\mathrm{d}u}{\int_V \mu_{u^*}(u)\,\mathrm{d}u} \tag{4-60}$$

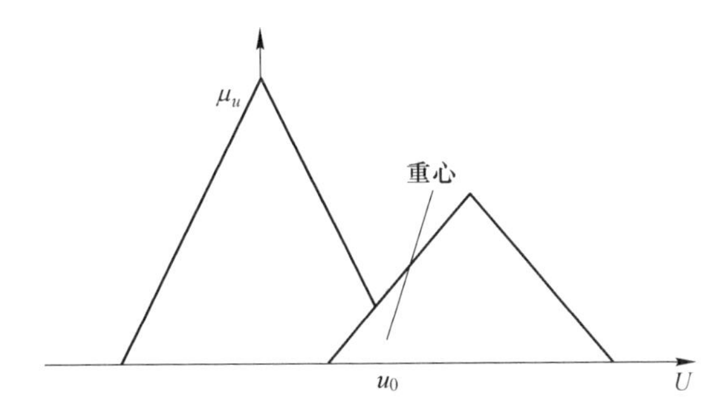

图 4-24　适用重心法的模糊集合

若将 $\mu_{u^*}(u)$ 看作物体沿轴向变化的密度，则上式即为计算物体的重心。当模糊集合为离散的时，有：

$$u_0 = \frac{\sum_i u_i \mu_{u^*}(u_i)}{\sum_i \mu_{u^*}(u_i)} \tag{4-61}$$

重心解模糊器的优点是直观合理，但对于不规则的隶属度函数，其计算量较大。

（3）加权平均法

该方法与重心法类似，当加权值 k_i 为隶属度 $\mu_{u^*}(u_i)$ 时，即成为重心法。

$$u_0 = \frac{\sum_i u_i k_i}{\sum_i k_i} \tag{4-62}$$

如图 4-25 所示，将图中的模糊集合 u^*，用三种不同的解模糊法所得结果如下：

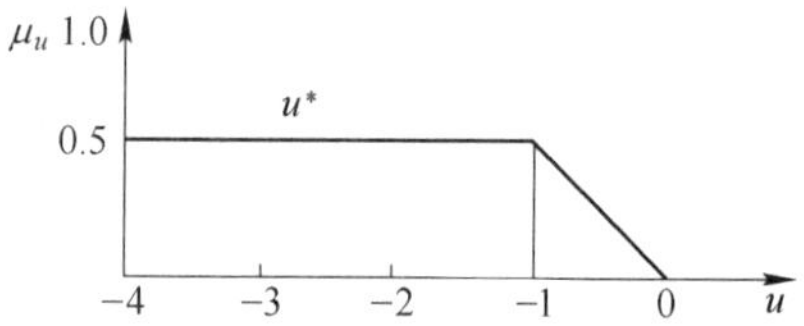

最大隶属度法：

$$u_0 = \frac{-4-3-2-1}{4} = -2.5 \tag{4-63}$$

图 4-25　适用加权平均法的模糊集合

重心法：

$$u_0 = \frac{0.5 \times (-4-3-2-1)}{4 \times 0.5} = -2.5 \tag{4-64}$$

加权平均法：

取 $k_i = 1$ 或 0.5，所得结果与上相同。

4.3.3　模糊自适应整定 PID 控制

在工业生产过程中，许多被控对象随着负荷变化或干扰因素影响，其对象特性参数或结构发生改变。自适应控制运用现代控制理论在线辨识对象特征参数，实时改变其控制策略，使控制系统品质指标保持在最佳范围内，但其控制效果的好坏取决于辨识模型的精确度，这对于复杂系统是非常困难的。因此，在工业生产过程中，大量采用的仍然是 PID 算法，PID 参数的整定方法很多，但大多数都以对象特性为基础。通过模糊控制，运用模糊数学的基本理论和方法，把规则的条件、操作用模糊集表示，并把这些模糊控制规则以及有关信息（如评价指标、初始 PID 参数等）作为知识存入计算机知识库中，然后计算机根据控制系统的实际响应情况，运用模糊推理，即可自动实现对 PID 参数的最佳调整，这就是模糊自适应 PID 控制。模糊自适应 PID 控制器目前有多种结构形式，但其工作原理基本一致。

自适应模糊 PID 控制器以误差和误差变化作为输入，可以满足不同时刻对 PID 参数自整定的要求。利用模糊控制规则在线对 PID 参数进行修改，便构成了自适应模糊 PID 控制器。自适应模糊 PID 控制器的结构如图 4-26 所示。

其中，PID 控制器算法为：

$$u(k) = k_p e(k) + k_i T \sum_{j=0}^{k} e(j) + k_d \frac{e(k) - e(k-1)}{T} \tag{4-65}$$

模糊控制设计的核心是总结工程设计人员的技术知识和实际操作经验，建立合适的模糊规则表，得到针对 Δk_p、Δk_i、Δk_d 三个参数分别整定的模糊控制表。

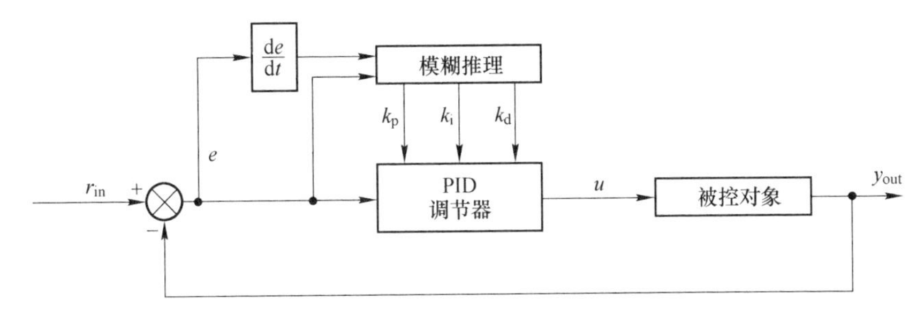

图 4-26 自适应模糊 PID 控制器系统结构

（1）Δk_p 的模糊整定规则表见表 4-3。

表 4-3 Δk_p 的模糊规则表

EC	E						
	NB	NM	NS	ZO	PS	PM	PB
NB	PB	PB	PM	PM	PS	ZO	ZO
NM	PB	PB	PM	PS	PS	ZO	NS
NS	PM	PM	PM	PS	ZO	NS	NS
ZO	PM	PM	PS	ZO	NS	NM	NM
PS	PS	PS	ZO	NS	NS	NM	NM
PM	PS	ZO	NS	NM	NM	NM	NB
PB	ZO	ZO	NM	NM	NM	NB	NB

（2）Δk_i 的模糊整定规则表见表 4-4。

表 4-4 Δk_i 的模糊规则表

EC	E						
	NB	NM	NS	ZO	PS	PM	PB
NB	NB	NB	NM	NM	NS	ZO	ZO
NM	NB	NB	NM	NS	NS	ZO	ZO
NS	NB	NM	NS	NS	ZO	PS	PS
ZO	NM	NM	NS	ZO	PS	PM	PM
PS	NM	NS	ZO	PS	PS	PM	PB
PM	ZO	ZO	PS	PS	PM	PB	PB
PB	ZO	ZO	PS	PM	PM	PB	PB

（3）Δk_d 的模糊整定规则表见表 4-5。

表 4-5　Δk_d 的模糊规则表

EC	*E*						
	NB	*NM*	*NS*	*ZO*	*PS*	*PM*	*PB*
NB	*PS*	*NS*	*NB*	*NB*	*NB*	*NM*	*PS*
NM	*PS*	*NS*	*NB*	*NM*	*NM*	*NS*	*ZO*
NS	*ZO*	*NS*	*NM*	*NM*	*NS*	*NS*	*ZO*
ZO	*ZO*	*NS*	*NS*	*NS*	*NS*	*NS*	*ZO*
PS	*ZO*	*ZO*	*ZO*	*ZO*	*ZO*	*ZO*	*ZO*
PM	*PB*	*NS*	*PS*	*PS*	*PS*	*PS*	*PB*
PB	*PB*	*PM*	*PM*	*PM*	*PS*	*PS*	*PB*

模糊控制规则表建立好后，可根据如下方法进行自适应校正。

将系统误差 e 和误差变化率 ec 变化范围定义为模糊集上的论域。

$$e,\ ec = \{-5,\ -4,\ -3,\ -2,\ -1,\ 0,\ 1,\ 2,\ 3,\ 4,\ 5\} \tag{4-66}$$

其模糊子集为 $e,\ ec = \{NB,\ NM,\ NS,\ O,\ PS,\ PM,\ PB\}$，子集中元素分别代表负大、负中、负小、零、正小、正中、正大。设 e、ec 和三个系数均服从正态分布，因此可得出各模糊子集的隶属度，根据各模糊子集的隶属度赋值表和各参数模糊控制模型，应用模糊合成推理设计 PID 参数的模糊矩阵表，查出修正参数代入下式计算。

$$\begin{aligned} k_p &= k_p' + \{e_i,\ ec_i\}_p \\ k_i &= k_i' + \{e_i,\ ec_i\}_i \\ k_d &= k_d' + \{e_i,\ ec_i\}_d \end{aligned} \tag{4-67}$$

在线运行过程中，控制系统通过对模糊逻辑规则的结果处理、查表和运算，完成对 PID 参数的在线自校正。其工作流程图如图 4-27 所示。

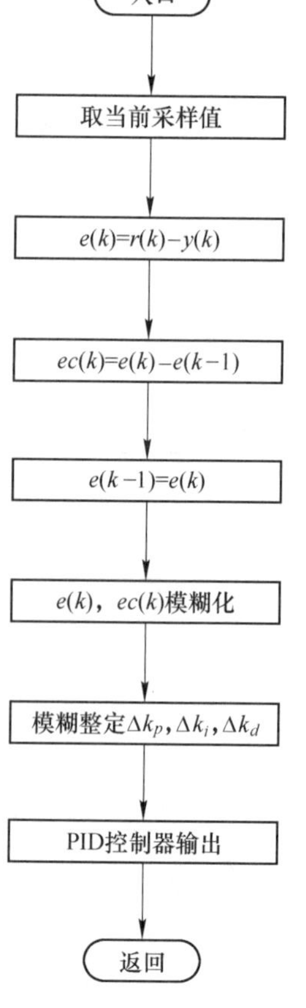

图 4-27　工作流程图

PID 参数的模糊调整如下：

增量调整：

$e(k) = r(k) - y(k)$

$k_p(k) = k_{p0} + \Delta k_p(k) \Rightarrow (k_{p0} = 0.4,\ -0.3 \leqslant \Delta k_p \leqslant 0.3)$

$k_i(k) = k_{i0} + \Delta k_i(k) \Rightarrow (k_{i0} = 0.0,\ -0.06 \leqslant \Delta k_i \leqslant 0.06)$

$k_d(k) = k_{d0} + \Delta k_d(k) \Rightarrow (k_{d0} = 1.0,\ -3 \leqslant \Delta k_d \leqslant 3)$

模糊规则表（见表 4-3~表 4-5）：

(1) If e is *NB* and Δe is *NB* then

Δk_p is *PB*

Δk_i is *NB*

Δk_d is *PS*

$k_p(k) = k_{p0} + \Delta k_p(k) \Rightarrow 0.7$

$k_i(k) = k_{i0} + \Delta k_i(k) \Rightarrow -0.06$

$k_d(k) = k_{d0} + \Delta k_d(k) \Rightarrow 2.0$

$$u(k)=k_p(k)e(k)+k_i(k)T(e(k)+\sum_{j=0}^{k-1}e(j))+k_d\Delta e(k)<0$$

(2) If e is PB and Δe is PB then

Δk_p is NB

Δk_i is PB

Δk_d *is* PB

$k_p(k)=k_{p0}+\Delta k_p(k)\Rightarrow 0.1$

$k_i(k)=k_{i0}+\Delta k_i(k)\Rightarrow 0.06$

$k_d(k)=k_{d0}+\Delta k_d(k)\Rightarrow 4.0$

$$u(k)=k_p(k)e(k)+k_i(k)T(e(k)+\sum_{j=0}^{k-1}e(j))+k_d\Delta e(k)>0$$

(3) If e is NB and Δe is PB then

Δk_p is ZO

Δk_i is ZO

Δk_d is PS

$k_p(k)=k_{p0}+\Delta k_p(k)\Rightarrow 0.4$

$k_i(k)=k_{i0}+\Delta k_i(k)\Rightarrow 0.0$

$k_d(k)=k_{d0}+\Delta k_d(k)\Rightarrow 2.0$

$$u(k)=k_p(k)e(k)+k_i(k)T(e(k)+\sum_{j=0}^{k-1}e(j))+k_d\Delta e(k)>0$$

(4) If e is NS and Δe is PS then

Δk_p is ZO

Δk_i is ZO

Δk_d is NS

$k_p(k)=k_{p0}+\Delta k_p(k)\Rightarrow 0.4$

$k_i(k)=k_{i0}+\Delta k_i(k)\Rightarrow 0.0$

$k_d(k)=k_{d0}+\Delta k_d(k)\Rightarrow 0.0$

$$u(k)=k_p(k)e(k)+k_i(k)T(e(k)+\sum_{j=0}^{k-1}e(j))+k_d\Delta e(k)<0$$

4.4 模糊控制应用实例

4.4.1 水位模糊控制

以水位的模糊控制为例介绍模糊控制的应用，如图 4-28 所示。设有一个水箱，通过调节阀可向内注水和向外抽水。设计一个模糊控制器，通过调节阀门将水位稳定在固定点附近。按照日常的操作经验，可以得到基本的控制规则：

“若水位高于 O 点，则向外排水，差值越大，排水越快”；

“若水位低于 O 点，则向内注水，差值越大，注水越快”。

根据上述经验，按下列步骤设计模糊控制器。

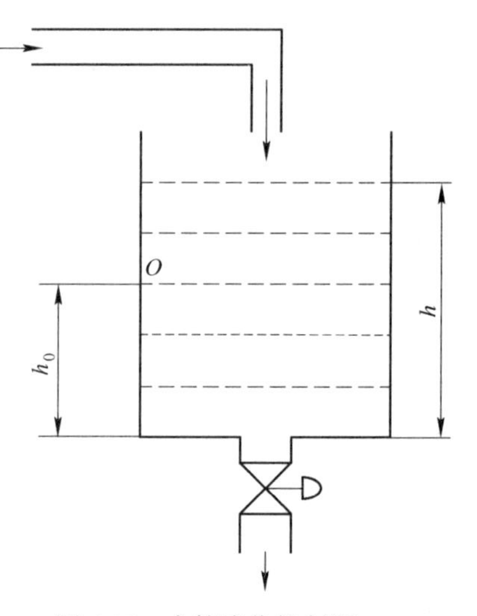

图 4-28　水箱液位控制图

1. 确定观测量和控制量

定义理想液位 O 点的水位为 h_0，实际测得的水位高度为 h，选择液位差 $e=\Delta h=h_0-h$，将当前水位对于 O 点的偏差 e 作为观测量。

2. 输入量和输出量的模糊化

将偏差 e 分为五级：负大（NB）、负小（NS）、零（O）、正小（PS）、正大（PB）。

根据偏差 e 的变化范围分为 7 个等级：−3、−2、−1、0、+1、+2、+3。得到水位变化模糊表 4-6。

表 4-6　水位变化模糊表

模糊集	变化等级						
	−3	−2	−1	0	1	2	3
PB	0	0	0	0	0	0.5	1
PS	0	0	0	0	1	0.5	0
O	0	0	0.5	1	0.5	0	0
NS	0	0.5	1	0	0	0	0
NB	1	0.5	0	0	0	0	0

控制量 u 为调节阀门开度的变化。将其分为五级：负大（NB）、负小（NS）、零（O）、正小（PS）、正大（PB）。并根据 u 的变化范围分为 9 个等级：−4、−3、−2、−1、0、+1、+2、+3、+4。得到控制量模糊划分表 4-7。

表 4-7　控制量变化划分表

模糊集	变化等级								
	−4	−3	−2	−1	0	1	2	3	4
PB	0	0	0	0	0	0	0	0.5	1
PS	0	0	0	0	0	0.5	1	0.5	0
O	0	0	0	0.5	1	0.5	0	0	0
NS	0	0.5	1	0.5	0	0	0	0	0
NB	1	0.5	0	0	0	0	0	0	0

3. 模糊规则的描述

根据日常的经验，设计以下模糊规则：

(1) “若 e 负大，则 u 负大”
(2) “若 e 负小，则 u 负小”
(3) “若 e 为 0，则 u 为 0”
(4) “若 e 正小，则 u 正小”
(5) “若 e 正大，则 u 正大”
其中，排水时，u 为负，注水时，u 为正。
上述规则采用“IF A THEN B”形式来描述：
(1) if $e=NB$ then $u=NB$
(2) if $e=NS$ then $u=NS$
(3) if $e=0$ then $u=0$
(4) if $e=PS$ then $u=PS$
(5) if $e=PB$ then $u=PB$
根据上述经验规则，可得模糊控制表 4-8。

表 4-8 模糊控制规则表

若（IF）	NBe	NSe	Oe	PSe	PBe
则（THEN）	NBu	NSu	Ou	PSu	PBu

4. 求模糊关系

模糊控制规则是一个多条语句，它可以表示为 $U\times V$ 上的模糊子集，即模糊关系 R：

$$R=(NBe\times NBu)\cup(NSe\times NSu)\cup(Oe\times Ou)\cup(PSe\times PSu)\cup(PBe\times PBu)$$

其中规则内的模糊集运算取交集，规则间的模糊集运算取并集。

$$NBe\times NBu=\begin{bmatrix}1\\0.5\\0\\0\\0\\0\\0\end{bmatrix}\times\begin{bmatrix}1 & 0.5 & 0 & 0 & 0 & 0 & 0 & 0 & 0\end{bmatrix}=\begin{bmatrix}1.0 & 0.5 & 0 & 0 & 0 & 0 & 0 & 0 & 0\\0.5 & 0.5 & 0 & 0 & 0 & 0 & 0 & 0 & 0\\0 & 0 & 0 & 0 & 0 & 0 & 0 & 0 & 0\\0 & 0 & 0 & 0 & 0 & 0 & 0 & 0 & 0\\0 & 0 & 0 & 0 & 0 & 0 & 0 & 0 & 0\\0 & 0 & 0 & 0 & 0 & 0 & 0 & 0 & 0\\0 & 0 & 0 & 0 & 0 & 0 & 0 & 0 & 0\end{bmatrix}$$

$$NBe\times NBu=\begin{bmatrix}1\\0.5\\0\\0\\0\\0\\0\end{bmatrix}\times\begin{bmatrix}1 & 0.5 & 0 & 0 & 0 & 0 & 0 & 0 & 0\end{bmatrix}=\begin{bmatrix}1.0 & 0.5 & 0 & 0 & 0 & 0 & 0 & 0 & 0\\0.5 & 0.5 & 0 & 0 & 0 & 0 & 0 & 0 & 0\\0 & 0 & 0 & 0 & 0 & 0 & 0 & 0 & 0\\0 & 0 & 0 & 0 & 0 & 0 & 0 & 0 & 0\\0 & 0 & 0 & 0 & 0 & 0 & 0 & 0 & 0\\0 & 0 & 0 & 0 & 0 & 0 & 0 & 0 & 0\\0 & 0 & 0 & 0 & 0 & 0 & 0 & 0 & 0\end{bmatrix}$$

$$Oe \times Ou = \begin{bmatrix} 0 \\ 0 \\ 0.5 \\ 1.0 \\ 0.5 \\ 0 \\ 0 \end{bmatrix} \times [0\ \ 0\ \ 0\ \ 0.5\ \ 1\ \ 0.5\ \ 0\ \ 0\ \ 0] = \begin{bmatrix} 0 & 0 & 0 & 0 & 0 & 0 & 0 & 0 & 0 \\ 0 & 0 & 0 & 0.5 & 0.5 & 0.5 & 0 & 0 & 0 \\ 0 & 0 & 0 & 0.5 & 1.0 & 0.5 & 0 & 0 & 0 \\ 0 & 0 & 0 & 0.5 & 0.5 & 0.5 & 0 & 0 & 0 \\ 0 & 0 & 0 & 0 & 0 & 0 & 0 & 0 & 0 \\ 0 & 0 & 0 & 0 & 0 & 0 & 0 & 0 & 0 \\ 0 & 0 & 0 & 0 & 0 & 0 & 0 & 0 & 0 \end{bmatrix}$$

$$PSe \times PSu = \begin{bmatrix} 0 \\ 0 \\ 0 \\ 0 \\ 1.0 \\ 0.5 \\ 0 \end{bmatrix} \times [0\ \ 0\ \ 0\ \ 0\ \ 0\ \ 0.5\ \ 1.0\ \ 0.5\ \ 0] = \begin{bmatrix} 0 & 0 & 0 & 0 & 0 & 0 & 0 & 0 & 0 \\ 0 & 0 & 0 & 0 & 0 & 0 & 0 & 0 & 0 \\ 0 & 0 & 0 & 0 & 0 & 0 & 0 & 0 & 0 \\ 0 & 0 & 0 & 0 & 0 & 0 & 0 & 0 & 0 \\ 0 & 0 & 0 & 0 & 0 & 0.5 & 1.0 & 0.5 & 0 \\ 0 & 0 & 0 & 0 & 0 & 0.5 & 0.5 & 0.5 & 0 \\ 0 & 0 & 0 & 0 & 0 & 0 & 0 & 0 & 0 \end{bmatrix}$$

$$PBe \times PBu = \begin{bmatrix} 0 \\ 0 \\ 0 \\ 0 \\ 0 \\ 0.5 \\ 1.0 \end{bmatrix} \times [0\ \ 0\ \ 0\ \ 0\ \ 0\ \ 0\ \ 0\ \ 0.5\ \ 1.0] = \begin{bmatrix} 0 & 0 & 0 & 0 & 0 & 0 & 0 & 0 & 0 \\ 0 & 0 & 0 & 0 & 0 & 0 & 0 & 0 & 0 \\ 0 & 0 & 0 & 0 & 0 & 0 & 0 & 0 & 0 \\ 0 & 0 & 0 & 0 & 0 & 0 & 0 & 0 & 0 \\ 0 & 0 & 0 & 0 & 0 & 0 & 0 & 0 & 0 \\ 0 & 0 & 0 & 0 & 0 & 0 & 0 & 0.5 & 0.5 \\ 0 & 0 & 0 & 0 & 0 & 0 & 0 & 0.5 & 1.0 \end{bmatrix}$$

由以上5个模糊矩阵求并集（即隶属函数最大值），得：

$$R = \begin{bmatrix} 1.0 & 0.5 & 0 & 0 & 0 & 0 & 0 & 0 & 0 \\ 0.5 & 0.5 & 0.5 & 0.5 & 0 & 0 & 0 & 0 & 0 \\ 0 & 0.5 & 1.0 & 0.5 & 0.5 & 0.5 & 0 & 0 & 0 \\ 0 & 0 & 0 & 0.5 & 1.0 & 0.5 & 0 & 0 & 0 \\ 0 & 0 & 0 & 0.5 & 0.5 & 0.5 & 1.0 & 0.5 & 0 \\ 0 & 0 & 0 & 0 & 0 & 0.5 & 0.5 & 0.5 & 0.5 \\ 0 & 0 & 0 & 0 & 0 & 0 & 0 & 0.5 & 1.0 \end{bmatrix}$$

5. 模糊决策

模糊控制器的输出为误差向量和模糊关系的合成：$u = e \circ R$。

当误差 e 为 NB 时，$e = [1.0\ \ 0.5\ \ 0\ \ 0\ \ 0\ \ 0\ \ 0]$。

控制器输出为：

$$u = e \circ R = [1\ \ 0.5\ \ 0\ \ 0\ \ 0\ \ 0\ \ 0] \circ \begin{bmatrix} 1.0 & 0.5 & 0 & 0 & 0 & 0 & 0 & 0 & 0 \\ 0.5 & 0.5 & 0.5 & 0.5 & 0 & 0 & 0 & 0 & 0 \\ 0 & 0.5 & 1.0 & 0.5 & 0.5 & 0.5 & 0 & 0 & 0 \\ 0 & 0 & 0 & 0.5 & 1.0 & 0.5 & 0 & 0 & 0 \\ 0 & 0 & 0 & 0.5 & 0.5 & 0.5 & 1.0 & 0.5 & 0 \\ 0 & 0 & 0 & 0 & 0 & 0.5 & 0.5 & 0.5 & 0.5 \\ 0 & 0 & 0 & 0 & 0 & 0 & 0 & 0.5 & 1.0 \end{bmatrix}$$

$$= [1\ \ 0.5\ \ 0.5\ \ 0.5\ \ 0\ \ 0\ \ 0\ \ 0\ \ 0]$$

6. 控制量的反模糊化

由模糊决策可知，当误差为负大时，实际液位远高于理想液位，$e=NB$，控制器的输出为一模糊向量，可表示为：

$$u=\frac{1}{-4}+\frac{0.5}{-3}+\frac{0.5}{-2}+\frac{0.5}{-1}+\frac{0}{0}+\frac{0}{+1}+\frac{0}{+2}+\frac{0}{+3}+\frac{0}{+4}$$

如果按照“隶属度最大原则”进行反模糊化，则选择控制量为 $u=-4$，即阀门的开度应关大一些，减少进水量。模糊控制响应表见表 4-9。

表 4-9 模糊控制响应表

e	-3	-2	-1	0	1	2	3
u	-4	-2	-1	0	1	2	4

4.4.2 间歇聚丙烯生产的智能控制

某化工厂的 1 万吨/年聚丙烯装置的主体是 A、B、C、D 4 个聚合釜，采用间歇式液相本体法聚合工艺，以液相丙烯为原料，采用络合Ⅱ型三氯化钛为催化剂，以一氯二乙基铝为活化剂，以氢气为聚合物分子量调节剂。液相丙烯经计量进入聚合釜，并将活化剂、催化剂和分子量调节剂按一定比例和顺序加入聚合釜。各物料加完后，开始向聚合釜夹套通热水给釜内物料升温升压。当温度升至 60℃、压力在 24MPa 左右时釜内开始反应，放出热量。由于反应放出的热量会加剧反应的进行，所以应及时停止加热，打开循环冷却水使釜内温度或压力按一定速度上升，当釜内温度升至（75±2）℃、釜压升到（35±0.1）MPa 时进行恒温恒压反应过程。随着反应时间延长，液相丙烯逐渐减少，聚丙烯颗粒的浓度增加。最后，釜内液相丙烯基本消失，釜内主要是聚丙烯固体颗粒和未反应的气相丙烯，即达到所谓“干锅”状态，釜压下降，此时认为反应结束。工艺流程如图 4-29 所示。

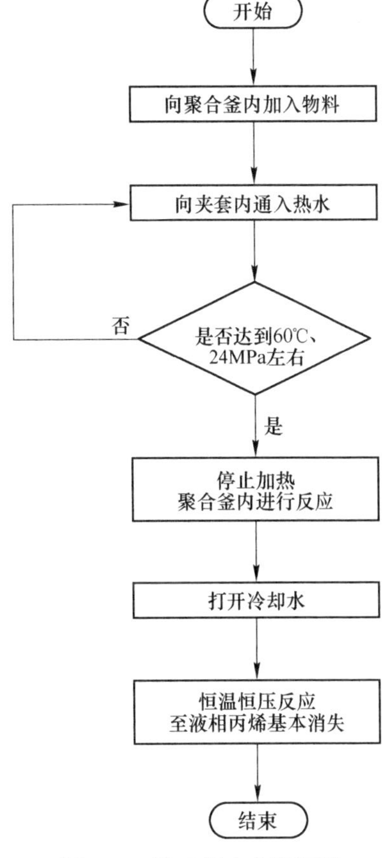

图 4-29 聚乙烯生产流程图

其中，升温升压阶段所需时间约 40min，恒温恒压反应阶段为 4~6h。可以得出，此过程具有明显分阶段的特点。

从控制的角度看，该聚合反应过程可分为 3 个阶段。

升温升压阶段：投入物料结束后，向聚合釜夹套通入热水至物料开始反应段。

过渡阶段：釜温 60~75℃，对应釜压为 2.4~3.5MPa。

恒温恒压阶段：这是正常反应阶段。

1. 控制方案选取

根据经验，选取釜内压力为被控变量，选取水流量作为操纵变量。设计如下智能复合控制方案：

在加热阶段，偏差大，压力变化大，希望控制系统能快速调整，而对控制精度要求相对较低，采用时间最优控制方案，即位式控制。位式控制是根据手操经验，当釜压达到 2.8MPa 时，要关闭热水阀，然后再观察釜内压力的上升趋势，决定是否开启冷水调控制或开度为多大。这样做有利于缩短单釜操作周期，提高设备的生产能力。

在过渡阶段，偏差不太大，希望控制系统能无超调地兼顾快速性和精度，参考操作工的手操经验，采用模糊控制方案。模糊控制的设计是仿照人工控制的经验，设计出二维模糊控制器，输入变量为釜内压力和釜压的变化，输出变量为冷水阀的开度。模糊控制的任务为在过渡过程的 2.8~3.5MPa 阶段，用双输入单输出的模糊控制，代替人的手动操作，实现快速平稳过渡。二维模糊控制器如图 4-30 所示。

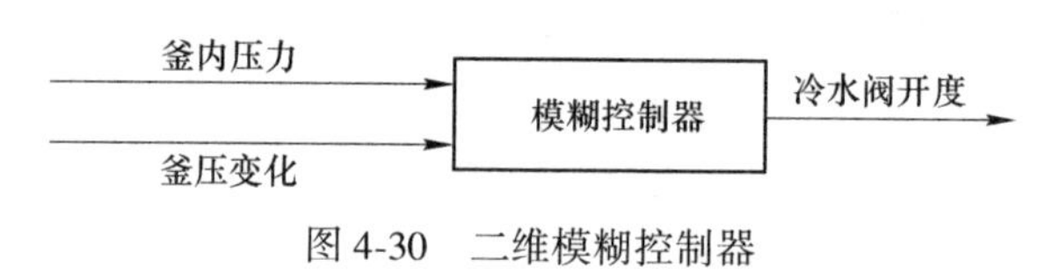

图 4-30　二维模糊控制器

（1）选择描述输入、输出变量的词集，见表 4-10。

表 4-10　输入、输出变量的词集

变　量	基本论域	量化论域	词　　集
输入变量釜压 p/MPa	[2.8,3.5]	$X = \{-3, -2, -1, -0\}$	{NB, NM, NS, NO} 4 个词汇分别表示釜内压力太低、偏低、稍低和正常
压力变化 p_c/MPa · min^{-1}	[0,0.2]	$Y=\{0,1,2,3\}$	{PO, PS, PM, PB} 4 个词汇分别表示压力上升速度为零、正小、正中、正大
冷水阀开度（控制量）U	[0,100]	$Z = \{0,1,2,3\}$	{PO, PS, PM, PB} 各词汇对应的阀门状态分别为全关、小开、大开、全开

（2）定义各模糊变量的模糊子集，根据手动策略，隶属函数采用等腰三角形的形式。由隶属函数曲线可以得出各模糊变量在量化论域上的赋值表。

（3）建立模糊控制规则。通过总结间歇聚丙烯生产过程熟练操作工控制和操作的经验，描述出冷却阀状态和反应釜压力及其变化的关系，从而归纳出被控制过程的控制规则。计算模糊关系矩阵 R 及控制表。对于所有可能的输入，通过离线计算，得出过渡阶段的模糊控制表。将表中的数据存放到过程控制计算机的内存，实际控制时，只要直接查这张控制表即可，在线的运算量是很少的。这种离线计算、在线查表的模糊控制方法比较容易满足实时控制的要求。

在正常反应期，状况相对平稳，希望有较高的控制精度，而 PID 控制具有稳态精度高的特点，因此用 PID 控制方案。智能复合控制系统如图 4-31 所示。

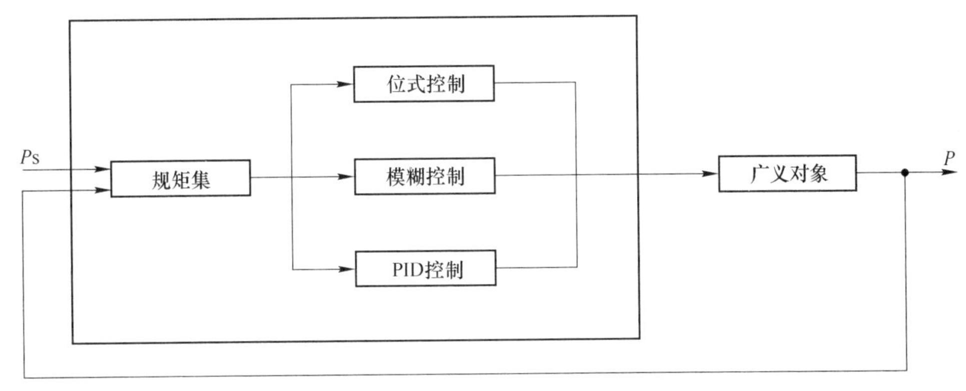

图 4-31 智能复合控制系统

根据釜内压力的高低，组成简单的规则集来实现智能复合控制。主要规则有：

IF $p<2.8$MPa THEN 位式控制

IF 2.8MPa$<p<$3.5MPa THEN 模糊控制算法输出

IF $p>3.5$MPa THEN PID 控制算法输出

2. 运行结果主要生产因素

投料量 $84m^3$，催化剂用量 270g，活化剂用量 1.5L，氢气 0.2MPa，热水槽水深 70%，热水温度 90℃，循环水温度 25℃这些都对运行结果产生着影响。用智能复合控制的方法，从开始加热到釜内压力上升到（3.5±0.1）MPa，所用时间为 30min 左右，最大超调量为 0.03MPa。通过分析手动控制的记录，可以发现，从开始加热到釜压平稳上升到(3.5±0.1)MPa，多数情况下需要 40～60min，在快速性上显然不如智能复合控制方案。手动控制经常出现的另一种情况：在 2.8～3.5MPa 这段范围内，人工控制往往不及时，易引起超调，影响后续反应的平稳性，对产品的质量影响也比较大。

本 章 小 结

本章主要介绍了模糊控制方法，具体包括模糊控制的基本思想、模糊控制的数学基础、模糊控制原理以及应用实例。本章要求重点掌握以下内容：

（1）模糊控制的数学基础。包括基本概念、模糊计划的定义及表示方法、模糊集合的运算、隶属函数、模糊关键及运算、模糊推理。

（2）模糊控制原理。包括模糊控制的基本原理、模糊控制器的设计步骤、模糊自适应整的 PID 控制。

第 5 章　神经网络控制

人工神经网络（简称神经网络，Neural Network）是在现代生物学研究人脑组织成果的基础上提出的，用来模拟人类大脑神经网络的结构和思维方式的数学模型。神经网络反映了人脑功能的基本特征，如并行信息处理、学习、联想、模式分类、记忆等。20 世纪 80 年代以来，神经网络研究取得了突破性进展，越来越多地用于控制领域的各个方面，如过程控制、机器人控制、生产制造、模式识别及决策支持等。基于人工神经网络的控制系统称之为神经网络控制系统，简称为神经网络控制。神经网络控制是将神经网络与控制理论相结合而发展起来的智能控制方法。它已成为智能控制的一个重要分支，为解决复杂的非线性、不确定、未知系统的控制问题开辟了途径。

5.1　神经网络的基本概念

本节主要介绍神经网络的基本概念，包括生物神经元模型、人工神经网络、神经网络常用的激发函数、神经网络的分类以及常用的学习方法等内容。

5.1.1　生物神经元模型

正常人脑是由大约 $10^{11} \sim 10^{12}$ 个神经元组成的，神经元是脑组织的基本单元。每个神经元具有 $10^{2} \sim 10^{4}$ 个突触与其他神经元相连接，形成了错综复杂而又灵活多变的神经网络。一个神经元的模型示意图如图 5-1 所示。神经元由胞体、树突和轴突构成。胞体是神经元的代谢中心，细胞体一般生长有许多树状突起物，称之为树突，它是神经元的主要接收器。轴突的作用是传导信息，通常轴突的末端分出很多末梢，它们与后一个神经元的树突构成一种称为突触的机构。每个细胞体有大量的树突和轴突。不同神经元的轴突与树突互连的结合部为突触，前一神经元的信息经由其轴突传到末梢之后，通过突触对后面各个神经元产生影响。突触决定神经元之间的连接强度和作用性质，而每个神经元胞体本身则是一非线性输入、输出单元。

从生物控制论的观点看，神经元作为控制和信息处理的单元，具有以下主要功能及特点：

（1）兴奋与抑制状态。神经元具有两种常规工作状态，当传入冲动的信息使细胞膜电位升高，超过被称为动作电位的阈值（约 40mV）时，细胞进入兴奋状态，产生神经冲动，由突触输出，称之为兴奋；否则，突触无输出，神经元的工作状态为抑制。神经元的这两种工作状态满足“0—1”率，对应于“兴奋—抑制”状态。

（2）突触的延期或不应期。神经冲动沿神经传导的速度在 1～150m/s 之间，在相邻的两次冲动之间需要一个时间间隔，即为不应期。

（3）学习、遗忘和疲劳。由于神经元结构的可塑性，突触的传递作用可增强、减弱

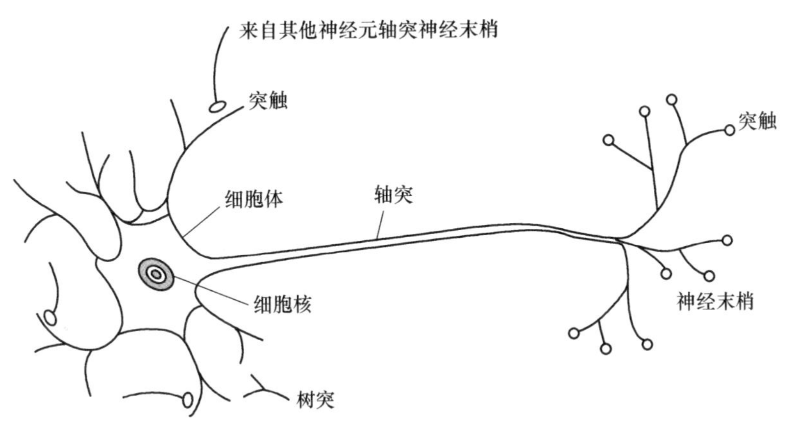

图 5-1 神经元模型示意图

和饱和，因此细胞具有相应的学习功能、遗忘或疲劳效应。

随着生物控制论的发展，人们对神经元的结构和功能有了进一步的了解，神经元不仅仅是一简单的双稳态逻辑元件，而且是超级的微型生物信息处理机或控制机单元。

5.1.2 人工神经网络

1. 人工神经网络的发展

人工神经网络模仿人脑神经的活动，力图建立脑神经活动的数学模型。近年来，智能控制作为一个新的交叉学科蓬勃兴起。人们在更高层次上寻求控制、计算机和神经生理学的新结合，以此来解决现实世界中常规控制论难以解决的一些问题。

神经网络的研究已有 70 多年的历史。20 世纪 40 年代初，心理学家 Mcculloch 和数学家 Pitts 提出了形式神经元的数学模型，且研究了神经元模型几个基本元件互相连接的潜在功能。1949 年，Hebb 和其他学者研究神经系统中的自适应定律，并提出了改进神经元连接强度的 Hebb 规则。1958 年，Rosenblatt 首先引入了感知器的概念，并提出了构造感知器的结构，这对以后的研究起到了很大的作用。1962 年，Widrow 提出了线性自适应元件，它用于连续取值的线性网络，主要用于自适应系统，与当时占主导地位的以顺序离散符号推理为基本特性的 AI 方法完全不同。

之后，Minsky 和 Papert 于 1969 年对以感知器为代表的网络作了严格的数学分析，证明了一些性质并指出了几个模型的局限性。神经元网络在相当长的一段时间发展缓慢。Grossberg 在 20 世纪 70 年代对神经元网络的研究有了新的突破性的进展。根据生物学和生理学的证明，他提出了具有新特征的几种非线性动态系统结构。1982 年，Hopfield 在网络研究中引入了“能量函数”的概念，将特殊的非线性结构用于解决优化类的问题，这引起了工程界的巨大兴趣。Hopfield 网至今仍是控制方面应用最多的网络之一。

1985 年，Hinton 和 Sejnowshi 借用了统计物理学的概念和方法，提出了 Boltzman 机模型，在学习过程中采用了模拟退火技术，保证系统能全局最优。1986 年，以 Rumelthard 和 Mcclelland 为代表的 PDP（Paralell Distributed Processing）小组发表了一系列研究结果和算法。由于他们卓越的工作，使得神经元网络的研究和应用进入了兴盛时期。此后，Kosko 提出了双向联想存储器和自适应双向联想存储器，为在具有噪声的环境中的学习提供了途径。

2. 神经网络的特性

神经网络作为一种新技术引起了人们的巨大兴趣，并越来越多地用于控制领域，这正是因为与传统的控制技术相比，神经网络具有以下主要特性：

（1）非线性。神经网络在理论上可以趋近任何非线性的映射。对于非线性复杂系统的建模、预测，神经网络比其他方法更实用、更经济。

（2）平行分布处理。神经网络具有高度平行的结构，这使其本身可平行实现，故较其他常规方法有更大程度的容错能力。

（3）硬件实现。神经网络不仅可以平行实现，而且一些制造厂家已经用专用的 VLSI 硬件来制作神经网络。

（4）学习和自适应性。利用系统实际统计数据，可以对网络进行训练。受适当训练的网络有能力泛化，即当输入出现训练中未提供的数据时，网络也有能力进行辨识。神经网络还可以在线训练。

（5）数据融合。神经网络可以同时对定性、定量的数据进行操作。在这方面，神经网络正好是传统工程和人工智能领域信息处理技术之间的桥梁。

（6）多变量系统。神经网络能处理多输入信号，且可以具有多个输出，故适用于多变量系统。

3. 人工神经元模型

人工神经元是神经网络的基本处理单元。它是对生物神经元的简化和模拟。图 5-2 表示一种简化的神经元结构。可以看出，它是一个多输入、单输出的非线性元件，其输入/输出关系可描述为：

$$\begin{cases} I = \sum_{j=1}^{n} w_j x_j - \theta \\ y = f(I) \end{cases} \tag{5-1}$$

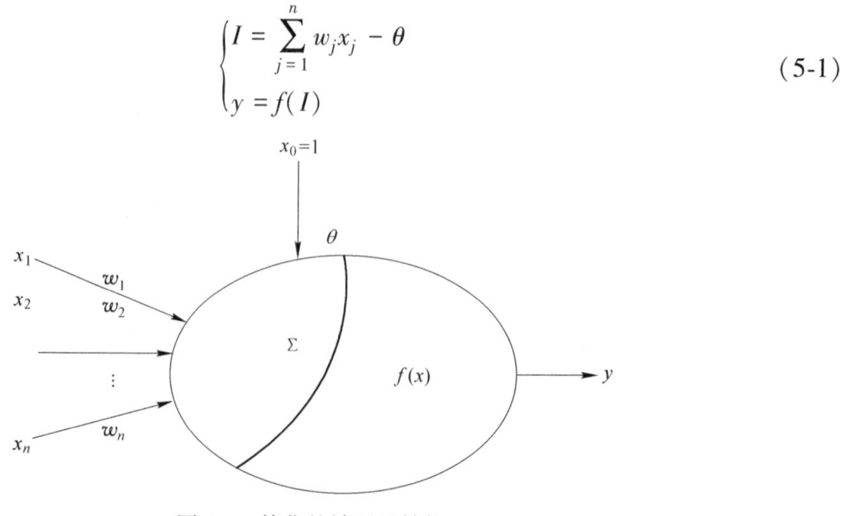

图 5-2　简化的神经元结构

其中 $x_j(j=1,2,\cdots,n)$ 是从其他细胞传来的输入信号，θ 为阈值，权系数 w_j 表示连接的强度，说明突触的负载。$f(x)$ 称为激发函数或作用函数，其非线性特性可用阈值型、分段线性型和连续型激发函数近似。

为了方便，有时将 $-\theta$ 也看成是对应恒等于 1 的输入 x_0 的权值，这时式（5-1）的和式变成：

$$I=\sum_{j=0}^{n} w_j x_j \tag{5-2}$$

其中，$w_0=-\theta$，$x_0=1$。

5.1.3 神经网络常用的激发函数

神经网络中常用的激发函数如图 5-3 所示。不同的激发函数决定了神经元的不同输出特性。

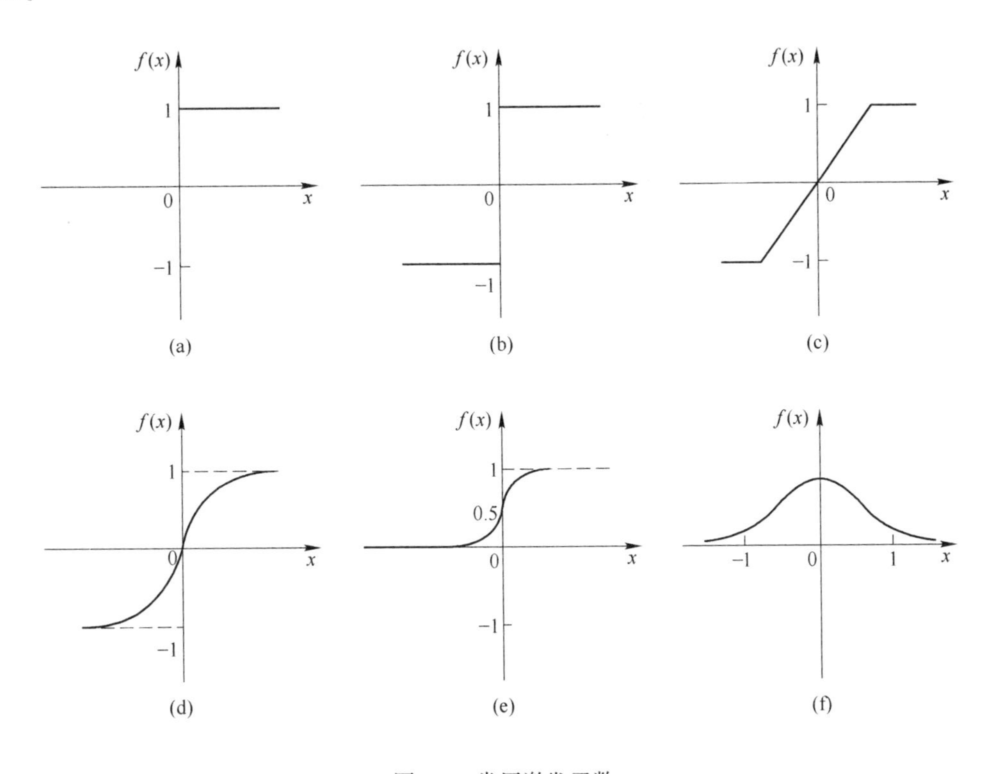

图 5-3 常用激发函数

1. 阈值型函数

图 5-3（a）和（b）为阈值型函数；当 y_i 取 0 或 1 时，$f(x)$ 为图 5-3（a）所示的阶跃函数：

$$f(x)=\begin{cases}1, & x \geqslant 0\\ 0, & x<0\end{cases} \tag{5-3}$$

当 y_i 取 -1 或 1 时，$f(x)$ 为图 5-3（b）所示的 sgn（符号函数）函数：

$$\mathrm{sgn}(x) = f(x) = \begin{cases} 1, & x \geqslant 0 \\ -1, & x < 0 \end{cases} \tag{5-4}$$

2. 饱和型函数

图 5-3（c）为饱和型函数，描述为：

$$f(x) = \begin{cases} 1, & x \geqslant \dfrac{1}{k} \\ kx, & -\dfrac{1}{k} \leqslant x < \dfrac{1}{k} \\ -1, & x < -\dfrac{1}{k} \end{cases} \tag{5-5}$$

3. 双曲型函数

图 5-3（d）是双曲型函数或称为对称的 sigmoid 函数，描述为：

$$f(x) = \tanh(x) = \frac{1 - \mathrm{e}^{-I}}{1 + \mathrm{e}^{-I}} \tag{5-6}$$

图 5-3（d）、(e）和（f）均为连续型的激发函数。其中 I 和 x 之间的关系见式（5-2）。

4. S 形函数

图 5-3（e）为 S 形函数，又称之为 sigmoid 函数，描述为：

$$f(x) = \frac{1}{1 + \mathrm{e}^{-\beta I}} \quad \beta > 0 \tag{5-7}$$

神经元的状态与输入之间的关系为在（0，1）内连续取值的单调可微函数。当 $\beta \to \infty$ 时，S 形函数趋于阶跃函数。通常情况下 β 取 1。

5. 高斯函数

图 5-3（f）是高斯函数：

$$f(x) = \exp\left[\frac{(I - c)^2}{b^2}\right] \tag{5-8}$$

式中，c 是高斯函数中心值，c 为 0 时函数以纵轴对称；b 是高斯函数的尺度因子，b 确定高斯函数的宽度。

5.1.4　神经网络的分类

神经网络是由大量的神经元广泛连接成的网络。根据连接方式的不同，神经网络可以分为两大类：无反馈的前向神经网络和相互连接型网络（包括反馈网络），分别如图 5-4 和图 5-5 所示。

前向网络分为输入层、隐含层（简称隐层也称为中间层）和输出层。隐层可以有若干层，每一层的神经元只接收前一层神经元的输出。而相互连接型网络的神经元相互之间都可能有连接，因此，输入信号要在神经元之间反复往返传递，从某一初态开始，经过若干次变化，渐渐趋于某一稳定状态或进入周期振荡等其他状态。

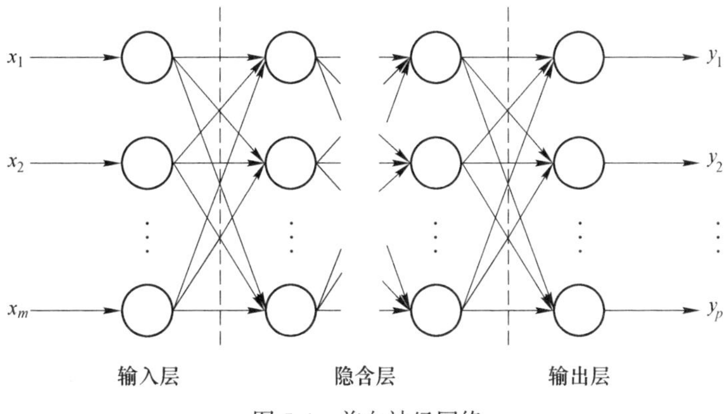

图 5-4 前向神经网络

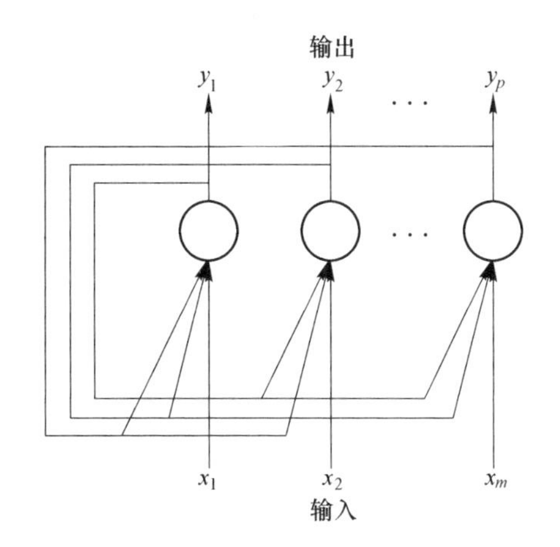

图 5-5 反馈型神经网络

5.1.5 神经网络学习方法

1. 学习方法的种类

神经网络学习方法有多种。网络的学习规则可分为三类：相关规则，即仅仅根据连接间的激活水平改变权值；纠错规则，即依赖关于输出节点的外部反馈来改变权系数；无教师学习规则，即学习表现为自适应于输入空间的检测规则。相应地，神经网络学习方法也可根据学习规则划分为不同的种类。

（1）相关规则

相关规则常用于自联想网络，执行特殊记忆状态的记忆式学习，也属于无教师的学习。Hopfield 网络就采用这种学习方法，称之为修正的 Hebb 规则：

$$\Delta w_{ij} = (2x_i - 1)(2x_j - 1) \tag{5-9}$$

式中，x_i和x_j分别表示两个相连接的神经元 i 和神经元 j 的激活值。

（2）纠错规则

纠错规则等效于梯度下降法，通过在局部最大改善的方向上逐步进行修正，力图达到表示函数功能的全局解。感知器即使用纠错规则，其特点为：

1）若一节点的输出正确，一切不变。

2）若输出本应为 0 而为 1，则相应的权值减小。

3）若输出应为 1 而为 0，则权值增加。

纠错规则的典型代表为δ学习规则，可分为一般δ规则和广义δ规则，常见的有以下 3 种。

1）δ学习规则。权值的Δw修正不是固定的量而与误差成正比，即：

$$\Delta w_{ij} = \eta \delta_i x_j \tag{5-10}$$

这里η是全局学习系数，而$\delta_i = t_i - x_i$，即期望值和实际值之差；x_j是神经元j的状态。

δ学习规则和感知器学习规则一样，只适用于线性可分函数，无法用于多层网络。

2）广义δ规则。它可在多层网络上有效地学习，可学习非线性可分函数。其关键是对隐节点的偏差δ如何定义和计算。对具有误差反向传播的前向神经网络的 BP 算法，当j为神经网络隐层节点时，定义：

$$\delta_j = f'(net_j) * \sum \delta_k w_{jk} \tag{5-11}$$

式中，w_{jk}是节点j到下一层神经节点k的权值；net_j为隐层第j个神经节点的输入网络；$f(net_j)$为隐层第j个神经节点的输出；$f'(net_j)$是连续的一次可微函数；δ_j为隐层神经节点j的误差反向传播系数；δ_k为下一层神经节点k的误差反向传播系数。

3）Boltzmann 机学习规则。它用模拟退火的统计方法来代替广义的δ规则。它提供了隐节点的有效学习方法，能学习复杂的非线性可分函数。这种方法也属于梯度下降法，其主要缺点是学习速度太慢。

（3）无教师学习规则

在这种学习规则中，关键不在于实际节点的输出怎样与外部的期望输出相一致，而在于调整参数以反映观测事件的分布。

这类无教师学习的系统并不在于寻找一个特殊函数表示，而是将事件空间分类成输入活动区域，且有选择地对这些区域响应。它在应用于开发由多层竞争族组成的网络等方面有良好的前景。它的输入可以是连续值，对噪声有较强的抗干扰能力，但对较少的输入样本，结果可能依赖于输入顺序。

在人工神经网络中，学习规则是修正网络权值的一种算法，以获得适合的映射函数或其他系统性能。Hebb 学习规则的相关假设是许多规则的基础，尤其是相关规则；Hopfied 网络和自组织特征映射展示了有效的模式识别能力；纠错规则采用梯度下降法，因而存在局部极小点问题。无教师学习提供了新的选择，它利用自适应学习方法，使节点有选择地接收输入空间上的不同特性，从而抛弃了普通神经网络学习映射函数的学习概念，并提供了基于检测特性空间的活动规律的性能描写。下面介绍几种常用的学习方法。

2. 常用的神经网络学习方法

（1）Hebb 学习方法

基于对生理学和对心理学的长期研究，D. O. Hebb 提出了生物神经元学的假设，即当两个神经同时处于兴奋状态时，它们之间的连接应当加强。这一假设可描述为：

$$w_{ij}(k+1)=w_{ij}(k)+I_iI_j \tag{5-12}$$

式中，$w_{ij}(k)$ 为连接从神经元 i 到神经元 j 的当前权值；I_i、I_j 为神经元 i、j 的激活水平。

Hebb 学习方法是一种无教师的学习方法，它只根据神经元连接间的激活水平改变权值，因此这种方法也称相关规则。

当 $I_i=\sum\limits_j w_{ij}x_j-\theta_i$ 时：

$$y_i=f(I_i)=\frac{1}{1+\exp(-I_i)} \tag{5-13}$$

则 Hebb 学习方法改写成：

$$w_{ij}(k+1)=w_{ij}(k)+y_iy_j \tag{5-14}$$

另外，根据神经元状态变化来调整权值的 Hebb 学习方法称为微分 Hebb 学习方法，可描述为：

$$w_{ij}(k+1)=w_{ij}(k)+[y_i(k)-y_i(k-1)][y_j(k)-y_j(k-1)] \tag{5-15}$$

(2) 梯度下降法

梯度下降法是一种有教师的学习方法。假设下列准则函数：

$$J(W)=\frac{1}{2}\varepsilon(W,\ k)^2=\frac{1}{2}(Y(k)-\hat{Y}(W,\ k))^2 \tag{5-16}$$

其中，$Y(k)$ 代表希望的输出，$\hat{Y}(W,\ k)$ 为期望的实际输出，W 是所有权值组成的向量，$\varepsilon(W,\ k)$ 为 $\hat{Y}(W,\ k)$ 对 $Y(k)$ 的偏差。现在的问题是如何调整 W 使准则函数最小。梯度下降法可用来解决此问题，其基本思想是沿着 $J(W)$ 的负梯度方向不断修正值，直至 $J(W)$ 达到最小。这种方法的数学表达式为：

$$W(k+1)=W(k)+\mu(k)\left(-\frac{\partial J(W)}{\partial W}\right)\bigg|_{W=W(k)} \tag{5-17}$$

其中，μ 是控制权值修正速度的变量；$J(W)$ 的梯度为：

$$\frac{\partial J(W)}{\partial W}\bigg|_{W=W(k)}=-\varepsilon(W,\ k)\frac{\partial \hat{Y}(W,\ k)}{\partial W}\bigg|_{W=W(k)} \tag{5-18}$$

在上述问题中，把网络的输出看成是网络权值向量 W 的函数，因此网络的学习就是根据希望的输出和实际之间的误差平方最小原则来修正网络的权向量。根据不同形式的 $\hat{Y}(W,\ k)$，可推导出相应的算法：δ 规则和 BP 算法。

(3) δ 规则

在 B. Widrow 的自适应线性元件中，自适应线性元件的输出表示为：

$$\hat{Y}(W,\ k)=W^Tx(k) \tag{5-19}$$

其中，$W=(w_0,\ w_1,\ \cdots,\ w_n)^T$ 为权值向量，$X(k)=(x_0,\ x_1,\ \cdots,\ x_n)^T(k)$ 为 k 时刻的输入模式。

因此准则函数的梯度为：

$$\frac{\partial J(W)}{\partial W}\bigg|_{W=W(k)}=-\varepsilon(W,\ k)\frac{\partial \hat{Y}(W,\ k)}{\partial W}\bigg|_{W=W(k)}=-\varepsilon(W,\ k)X(k)\big|_{W=W(k)} \tag{5-20}$$

当$\mu(k)=\dfrac{\alpha}{\| X \|^2}$时，有 Widrow 的$\delta$规则为：

$$W(k+1)=W(k)+\frac{\alpha}{\| x_k \|^2}\varepsilon(W(k),\ k)x(k) \tag{5-21}$$

这里α是控制算法和收缩性的常数，实际中往往取$0.1<\alpha<1.0$。

(4) BP 算法

误差反向传播的 BP 算法（Back Propagation Algorithm）最早是在 1974 年由 Webos 在他的论文中提出的一种 BP 学习理论，到 1985 年发展为 BP 网络训练算法。BP 网络不仅有输入层节点、输出层节点，而且有隐层节点。其作用函数通常选用连续可导的 Sigmoid 函数：

$$f(x)=\frac{1}{1+\exp(-I)} \tag{5-22}$$

或者双曲型函数（又称之为对称的 sigmoid 函数）：

$$f(x)=\tanh(x)=\frac{1-\exp(-I)}{1+\exp(-I)} \tag{5-23}$$

其中：

$$I_i=\sum_j w_{ij}x_j-\theta_i \tag{5-24}$$

在系统辨识中常用的是一种典型的多层并行网，即多层 BP 网。这是一种正向的、各层相互全连接的网络。输入信号要经过输入层向前传递给隐层节点，经过激发函数后，把隐层节点的输出传递到输出节点，再经过激发函数后才给出输出结果。如果输出层得不到期望的输出，则转入反向传播，将误差信号沿原来的连接通路返回。通过修改各层神经网络的权值，使过程的输出y_p和神经网络模型的输出y_m之间的误差信号最小为止。

(5) 竞争式学习

竞争式学习属于无教师学习方式。这种学习方式是指，不同层间的神经元发生兴奋性连接，同一层内距离很近的神经元间发生同样的兴奋性连接，而距离较远的神经元则产生抑制性连接，在这种连接机制中引入竞争机制的学习方式称为竞争式学习。其本质在于神经元网络中高层次的神经元对低层次的神经元的输入模式进行识别。竞争式机制的思想源于人的大脑的自组织能力，所以将这种神经网络称为自组织神经网络，也称为自适应共振网络模型（Adaptive Resonance Theory，ART）。自组织神经网络要求识别与输入最匹配的节点，定义距离：

$$d_j=\sum_{i=0}^{N-1}[x_i(k)-w_{ij}(k)]^2 \tag{5-25}$$

为接近距离测度，具有最短距离的节点选作胜者。它的权值向量经修正规则修正为：

$$\Delta w_{ij}=\begin{cases}a(x_i-w_{ij}) & i\in N_c\\ 0 & i\notin N_c\end{cases} \tag{5-26}$$

其中，x_i为神经元的第i个输入；w_{ij}是神经元i和j之间的连接权值；N_c是N个输入变量中距离半径较小的区域。修正权值的目的是使该节点对输入更敏感，使距离半径逐渐趋于 0。

下面是一种常用的自组织算法：

1）权值初始化，并选定领域的大小。

2）输入模式。

3）按式（5-25）计算空间距离。

4）选择节点 j^*，使其满足 $\min_j d_j$。

5）按式（5-27）修正 j^* 与其邻域节点的连接权值：

$$w_{ij}(k+1) = w_{ij} + h[x_i(k) - w_{ij}(k)] \quad j \in j^*;\ 0 \leqslant i \leqslant N-1 \tag{5-27}$$

其中，h 为学习因子，$0<h\leqslant 1$。

6）返回到第2）步，直到满足 $[x_i(k) - w_{ij}(k)]^2 < \varepsilon$，$\varepsilon$ 为给定误差。

通过以上学习，稳定后的网络输出对输入模式生成自然的特征映射，从而达到自动聚类的目的。

5.2 神经网络模型

本节主要介绍典型神经网络模型，包括感知器、BP 神经网络、径向基函数网络、反馈神经网络等内容。

5.2.1 感知器

1. 感知器的概念

感知器（Perceptron）是美国心理学家 Rosenblatt 于 1957 年提出来的，它是最基本的但具有学习功能的层状网络。最初的感知器由三层组成，即 S(Sensory）层、A(Association）层和 R(Response）层，如图 5-6 所示。S 层和 A 层之间的耦合是固定的，只有 A 层和 R 层之间的耦合程度（即权值）可通过学习改变。若在感知器的 A 层和 R 层加上一层或多层隐单元，则构成的多层感知器具有很强的处理功能，可用定理 5-1 来描述。

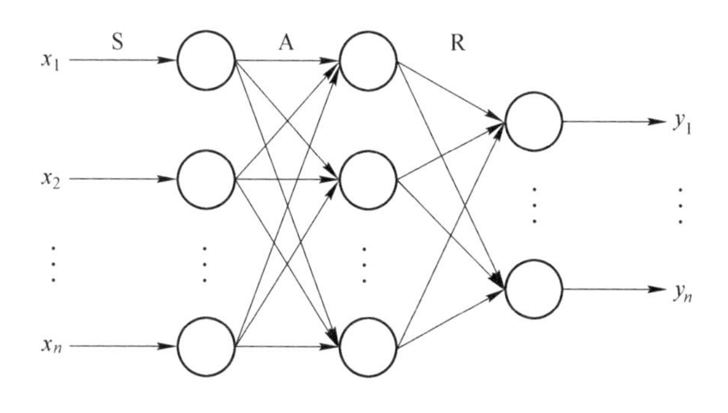

图 5-6 三层感知器

定理 5-1 如感知器隐层的节点可根据需求自由设置，那么用三层（不包括 S 层）的阈值网络可以实现任意的二值逻辑函数。

应注意，感知器学习方法在函数不是线性可分时得不出任意结果，另外也不能推广到一般前向网络中去。其主要原因是转移函数为阈值函数，为此，人们用可微函数如 Sigmoid 函数来代替阈值函数，然后采用梯度算法来修正权值。BP 网络就是采用这种算法的典型网络。

2. 感知器的局限性

这里只讨论 R 层只有一个节点的感知器，它相当于单个神经元，简化结构如图 5-7 所示。当输入的加权大于或等于阈值时，感知器的输出为 1，否则为 0（或-1），因此它可以用于两类模式分类。当两类模式可以用一个超平面分开时，权值 w 在学习中一定收敛，反之，不收敛。Minsky 和 Papert（1969）曾经对感知器的分类能力作了严格的评价，并指出了其局限性，例如，它连最常用的异或逻辑都无法实现。

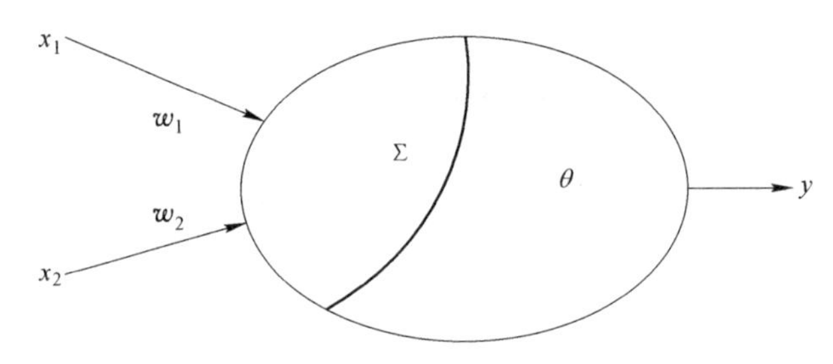

图 5-7　单神经元结构感知器模型

下面来分析感知器为什么不能实现异或逻辑运算。针对两类模式分类，在图 5-7 中单神经元只有两个输入，且 x_1 和 x_2 的状态分别为 1 或 0，寻找合适的权值 w_1、w_2 和 θ 满足下列不等式：

$$\begin{cases} \left.\begin{aligned} -w_1 - w_2 &< \theta \\ -w_1 + w_2 &\geqslant \theta \end{aligned}\right\} \Rightarrow \theta > 0 \\ \left.\begin{aligned} -w_1 + w_2 &< \theta \\ +w_1 + w_2 &\geqslant \theta \end{aligned}\right\} \Rightarrow \theta \leqslant 0 \end{cases} \tag{5-28}$$

显然不存在一组（w_1，w_2，θ）满足上面不等式。异或逻辑运算真值表见表 5-1。表 5-1中的 4 组样本也可分为两类，把它们标在图 5-8 所示的平面坐标系中，任何一条直线也不可能把两类样本分开。若两类样本可以用直线、平面或超平面分开，则称之为线性可分，否则，称之为线性不可分。从图 5-8 可见，异或逻辑运算从几何意义上讲是线性不可分的。因此，感知器不能实现异或逻辑运算。

表 5-1　“异或”运算真值表

x_1	x_2	y
0	0	0
0	1	1
1	0	1
1	1	0

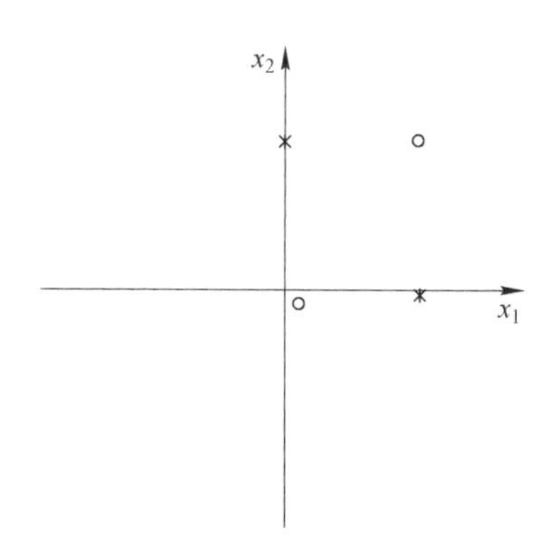

图 5-8 异或线性不可分示意图

3. 感知器的线性可分性

对于线性可分的样本，感知器可以实现对其分类。逻辑运算与和或都可以看作线性可分的分类问题，下面讨论单神经元结构感知器如何实现与逻辑运算和或逻辑运算。

与逻辑运算的真值表见表 5-2。

从表 5-2 可看出，4 组样本的输出有两种状态，输出状态为“0”的有 3 组样本，输出状态为“1”的有 1 组样本。对应的与运算分类示意图如图 5-9 所示。图中“ * ”表示输出为逻辑“1”，“○”表示输出为逻辑“0”，把“ * ”和“○”分开的直线称为分类线。

表 5-2 “与”运算真值表

x_1	x_2	y
0	0	0
0	1	0
1	0	0
1	1	1

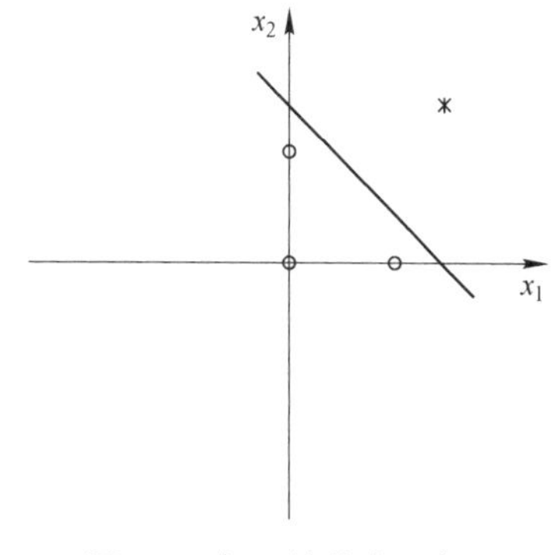

图 5-9 与运算分类示意图

现在采用图 5-7 所示单神经元感知器学习规则对与逻辑运算进行训练，令阈值 $\theta=-0.3$,则单神经元感知器输入网为：

$$0.2x_1+0.2x_2-0.3=0 \tag{5-29}$$

该方程决定了图 5-9 与运算分类示意图中的直线，但该直线并非唯一的，其权值可能有多组。

或逻辑运算的真值表见表 5-3，表中 4 组样本的输出有两种状态，输出状态为“0”的有 1 组样本，输出状态为“1”的有 3 组样本。同理可得到“或”运算分类示意图如图 5-10 所示。不难验证，利用图 5-7 单神经元感知器、感知器输入网及感知器的输出同样可以完成逻辑或分类，训练后得到连接权值 $w_1=w_2=0.4$，从而可得到逻辑或的分类判别方程为：

$$0.4x_1+0.4x_2-0.3=0 \tag{5-30}$$

显然，其权值也可能有多组，分类直线不唯一。

表 5-3　“或”运算真值表

x_1	x_2	y
0	0	0
0	1	1
1	0	1
1	1	1

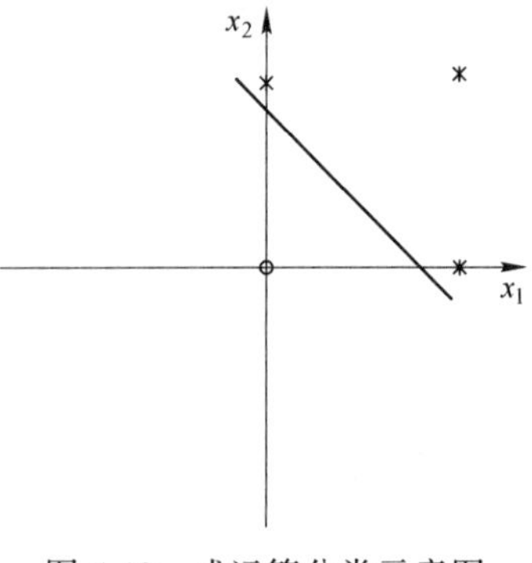

图 5-10　或运算分类示意图

5.2.2　BP 神经网络

在多层感知器的基础上增加误差反向传播信号，就可以处理非线性的信息，把这种网络称之为误差反向传播的（Back Propagation，BP）前向网络。BP 网络可以用在系统模型辨识、预测或控制中。BP 网络又称为多层并行网，其激发函数通常选用连续可导的 Sigmoid 函数：

$$f(x)=\frac{1}{1+\exp(-x)} \tag{5-31}$$

当被辨识的模型特性或被控制的系统特性在正负区间变化时，激发函数选对称的 Sigmoid 函数，又称双曲函数：

$$f(x)=\tanh(x)=\frac{1-\exp(-x)}{1+\exp(-x)} \tag{5-32}$$

设三层 BP 网络如图 5-11 所示，输入层有 M 个节点，输出层有 L 个节点，而且隐层只有一层，具有 N 个节点。一般情况下 $N>M>L$。设输入层神经节点的输出为 $a_i(i=1,2,\cdots,M)$；隐层节点的输出为 $a_j(j=1,2,\cdots,N)$；输出层神经节点的输出为 $y_k(k=1,2,\cdots,L)$；神经网络的输出向量为 y_m；期望的网络输出向量为 y_p。下面讨论一阶梯度优化方法，即 BP 算法。

1. 网络各层神经节点的输入输出关系

输入层第 i 个节点的输入为：

$$net_i=\sum_{i=1}^{M}x_i+\theta_i \tag{5-33}$$

式中，$x_i(i=1,2,\cdots,M)$ 为神经网络的输入，θ_i 为第 i 个节点的阈值。对应的输出为：

$$a_i=f(net_i)=\frac{1}{1+\exp(-net_i)}=\frac{1}{1+\exp\left(-\sum_{i=1}^{M}x_i-\theta_i\right)} \tag{5-34}$$

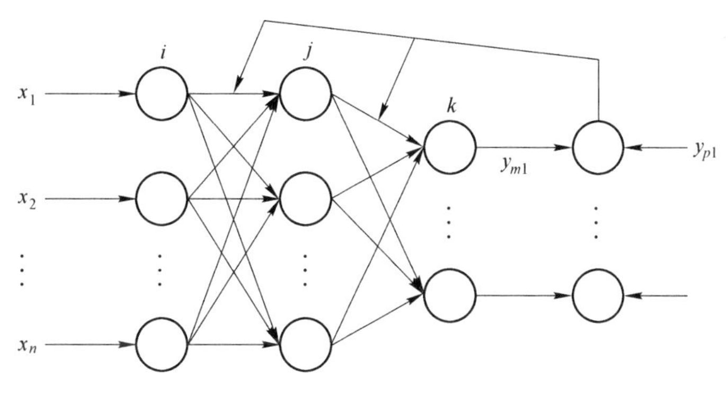

图 5-11 三层 BP 网络

在 BP 网络学习中，非线性特性的学习主要由隐层和输出层来完成。一般令：

$$a_i = x_i \tag{5-35}$$

隐层的第 j 个节点的输入为：

$$net_j = \sum_{j=1}^{N} w_{ij} a_i + \theta_j \tag{5-36}$$

式中，w_{ij}、θ_j 分别为隐层的权值和第 j 个节点阈值。对应的输出为：

$$a_j = f(net_j) = \frac{1}{1 + \exp(-net_j)} = \frac{1}{1 + \exp\left(-\sum_{j=1}^{N} w_{ij} a_i - \theta_j\right)} \tag{5-37}$$

输出层第 k 个节点的输入为：

$$net_k = \sum_{k=1}^{L} w_{jk} a_j + \theta_k \tag{5-38}$$

式中，w_{jk}、θ_k分别为输出层的权值和第 k 个节点的阈值。对应的输出为：

$$y_k = f(net_k) = \frac{1}{1 + \exp(-net_k)} = \frac{1}{1 + \exp\left(-\sum_{k=1}^{L} w_{jk} a_j - \theta_k\right)} \tag{5-39}$$

2. BP 网络权值调整规则

定义每一样本的输入、输出模式对应的二次型误差函数为：

$$E_p = \frac{1}{2} \sum_{k=1}^{L} (y_{pk} - a_{pk})^2 \tag{5-40}$$

则系统的误差代价函数为：

$$E = \sum_{k=1}^{P} E_p = \frac{1}{2} \sum_{p=1}^{P} \sum_{k=1}^{L} (y_{pk} - a_{pk})^2 \tag{5-41}$$

在式（5-41）中，P 和 L 分别为样本模式对数和网络输出节点数。问题是如何调整连接权值使误差代价函数 E 最小。下面讨论基于式（5-40）的一阶梯度优化方法，即最速下降法。

（1）当计算输出层节点时，$a_{pk} = y_k$，网络训练规则将使 E 在每个训练循环按梯度下降，则权系数修正公式为：

$$\Delta w_{jk} = -\eta \frac{\partial E_p}{\partial w_{jk}} = -\eta \frac{\partial E}{\partial w_{jk}} \tag{5-42}$$

为了简便，式中略去了 E_p 的下标。若 net_k 指输出层第 k 个节点的输入网络；h 为按梯度搜索的步长，$0<h<1$，则：

$$\frac{\partial E}{\partial w_{jk}} = \frac{\partial E}{\partial net_k}\frac{\partial net_k}{\partial w_{jk}} = \frac{\partial E}{\partial net_k}a_j \tag{5-43}$$

定义输出层的反传误差信号为：

$$\begin{aligned}\delta_k &= -\frac{\partial E}{\partial net_k} = -\frac{\partial E}{\partial y_k}\frac{\partial y_k}{\partial net_k} = (y_{pk} - y_k)\frac{\partial}{\partial net_k}f(net_{jk}) \\ &= (y_{pk} - y_k)f'(net_k)\end{aligned} \tag{5-44}$$

对式（5-39）两边求导，有：

$$f'(net_k) = f(net_k)(1 - f(net_k)) = y_k(1 - y_k) \tag{5-45}$$

将式（5-45）代入式（5-44），可得：

$$\delta_k = y_k(1 - y_k)(y_{pk} - y_k) \quad k = 1, 2, \cdots, L \tag{5-46}$$

（2）当计算隐层节点时，$a_{pk}=a_j$，则权系数修正公式为：

$$\Delta w_{ij} = -\eta \frac{\partial E_p}{\partial w_{ij}} = -\eta \frac{\partial E}{\partial w_{ij}} \tag{5-47}$$

为了简便，式中略去了 E_p 的下标，于是：

$$\frac{\partial E}{\partial w_{ij}} = \frac{\partial E}{\partial net_j}\frac{\partial net_j}{\partial w_{ij}} = \frac{\partial E}{\partial net_j}a_i \tag{5-48}$$

定义隐层的反传误差信号为：

$$\delta_j = -\frac{\partial E}{\partial net_j} = -\frac{\partial E}{\partial a_j}\frac{\partial a_j}{\partial net_j} = -\frac{\partial E}{\partial a_j}f'(net_j) \tag{5-49}$$

其中：

$$\begin{aligned}-\frac{\partial E}{\partial a_j} &= -\sum_{k=1}^{L}\frac{\partial E}{\partial net_k}\frac{\partial net_k}{\partial a_j} = \sum_{k=1}^{L}\left(-\frac{\partial E}{\partial net_k}\right)\frac{\partial}{\partial a_j}\sum_{j=1}^{N}w_{jk}a_j \\ &= \sum_{k=1}^{L}\left(-\frac{\partial E}{\partial net_k}\right)w_{jk} = \sum_{k=1}^{L}\delta_k w_{jk}\end{aligned} \tag{5-50}$$

又由于 $f'(net_j) = a_j(1-a_j)$，所以隐层的误差反传信号为：

$$\delta_j = a_j(1 - a_j)\sum_{k=1}^{L}\delta_k w_{jk} \tag{5-51}$$

为了提高学习速率，在输出层权值修正式（5-42）和隐层权值修正式（5-47）的训练规则上，再加一个势态项，隐层权值和输出层权值修正式为：

$$w_{ij}(k+1) = w_{jk}(k) + \eta_j\delta_j a_i + \alpha_j(w_{ij}(k) - w_{ij}(k-1)) \tag{5-52}$$

$$w_{jk}(k+1) = w_{jk}(k) + \eta_k\delta_k a_j + \alpha_k(w_{jk}(k) - w_{jk}(k-1)) \tag{5-53}$$

式中，h、α 均为学习速率系数。h 为各层按梯度搜索的步长，α 是各层决定过去权值的变化对目前权值变化的影响的系数，又称为记忆因子。

下面给出在系统模型辨识中 BP 反向传播训练的步骤：

（1）置各层权值和阈值的初值，w_{jk}、w_{ij}、θ_j为小的随机数阵；误差代价函数 ε 赋值；设置循环次数 R。

（2）提供训练用的学习资料：输入矩阵 x_{ki}（$k=1, 2, \cdots, R$；$i=1, 2, \cdots, M$），经过参考模型后可得到目标输出 y_{pk}，即教师信号；经过神经网络后可得到 y_k，对于每组 k 进行下面的第（3）~（5）步。

（3）按式（5-39）计算网络输出 y_k，按式（5-37）计算隐层单元的状态 a_j。

（4）按式（5-46）计算训练输出层误差值 δ_k，按式（5-51）计算训练隐层的误差值 δ_j。

（5）按式（5-52）和式（5-53）分别修正隐层权值 w_{ij}和输出层权值 w_{jk}。

（6）每次经过训练后，判断指标是否满足精度要求，即判断误差代价函数式（5-40）是否达到 $E \leqslant \varepsilon$。若满足要求则转到第（7）步，否则再判断是否到达设定的循环次数 $k=R$。若循环次数等于 R，转到第（7）步，否则转到第（2）步，重新读取一组样本，继续循环训练网络。

（7）停止。

BP 模型把一组样本的 I/O 问题变成了一个非线性的优化问题，使用了优化中最普通的梯度下降法，用迭代运算求解权系数，相应于学习记忆问题。加入隐节点使优化问题的可调参数增加，从而可得到更精确的解。如把这种神经网络看作从输入到输出的映射，则这种映射是一个高度非线性的映射。如输入节点个数为 m，输出节点个数为 L，则网络是从 $\boldsymbol{R}^m \rightarrow \boldsymbol{R}^L$ 的映射，即：

$$F: \boldsymbol{R}^m \rightarrow \boldsymbol{R}^L,\ Y = F(X) \tag{5-54}$$

式中，X、Y 分别为样本集合和输出集合。

5.2.3 径向基函数网络

1. 径向基函数网络模型

径向基函数（Radial Basis Function，RBF）网络是由 J. Moody 和 C. Darken 于 20 世纪 80 年代末在借鉴生物局部调节和交叠接受区域知识的基础上提出的一种采用局部接受域来执行函数映射的人工神经网络。RBF 网络最基本的构成包括三层，其结构如图 5-12 所示，其中每一层都有着完全不同的作用。

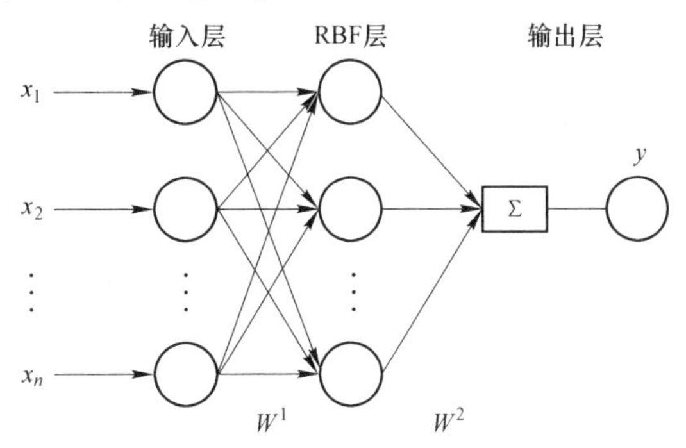

图 5-12 径向基函数神经网络结构图

输入层由一些源点组成，它们将网络与外界环境连接起来；第二层是网络中仅有的一个隐层，它的作用是进行从输入空间到隐层空间的非线性变换。隐层节点中的作用函数（基函数）对输入信号将在局部产生响应，当输入信号靠近基函数的中央范围时，隐层节点将产生较大的输出，由此看出这种网络具有局部逼近能力。输出层是线性的，它为作用于输入层的激活信号提供响应。

设 RBF 网络结构如下：输入层神经元节点数 n，径向基层神经元节点数 r，输出层神经元节点数 m。设径向基层神经元 j 与输入层神经元 i 之间的连接权为 w_{ji}，径向基层神经元 j 与输入层 n 个神经元之间的连接权向量为：

$$w_j = (w_{j1}, w_{j2}, \cdots, w_{jn})^T \quad j = 1, 2, \cdots, r \tag{5-55}$$

则径向基层神经元与输入层神经元之间的连接权矩阵为：

$$W^1 = (w_1, w_2, \cdots, w_r)^T \tag{5-56}$$

径向基层采用径向基函数为激活函数；线性输出层采用纯线性函数作为激活函数。

RBF 网络是以函数逼近理论为基础而构造的一类前向网络。拟合和插值都是函数逼近或者数值逼近的重要组成部分，它们的共同点都是通过已知的离散点集 M 上的约束，求取一个定义在连续集合 S（M 包含于 S）的未知连续函数，从而达到获取整体规律的目的。

拟合，是指已知某函数的若干离散函数值 $\{f_1, f_2, \cdots, f_N\}$，通过调整该函数中若干待定系数 $\{\lambda_1, \lambda_2, \cdots, \lambda_N\}$，使得该函数与点集 M 的差别最小。如果待定函数是线性的，就称为线性拟合或者线性回归，否则称为非线性拟合或者非线性回归。插值是指已知某函数在若干离散点上的函数值或导数信息，通过求解该函数中待定形式的插值函数以及待定系数，使得该函数在给定离散点上满足约束。插值函数又称为基函数，如果该基函数定义在整个定义域上，称为全域基，否则称为分域基。

如果约束条件中只有函数值的约束，称为 Lagrange 插值，否则称为 Hermite 插值。从几何意义上讲，拟合是指给定了空间中的一些点，找到一个已知形式未知参数的连续曲面来最大限度地逼近这些点；而插值是指找到一个或几个分片光滑的连续曲面来穿过这些点。

插值问题可以定义如下：给定一个包含 N 个不同点的集合 $\{x_i \in \boldsymbol{R}^n | i = 1, 2, \cdots, N\}$ 和相应的 N 个实数的一个集合 $\{d_i \in \boldsymbol{R}^1 | i = 1, 2, \cdots, N\}$，寻找一个函数 F：$\boldsymbol{R}^n \to \boldsymbol{R}^1$ 满足下述插值条件：

$$F(x_i) = d_i \quad i = 1, 2, \cdots, N \tag{5-57}$$

对于这里所述的严格插值来说，插值曲面（即函数 F）必须通过所有的已知数据点。

RBF 网络技术就是要选择一个函数 F 具有下列形式：

$$F(x) = \sum_{i=1}^{N} w_i \varphi(\| x - x_i \|) \tag{5-58}$$

其中 $\{\varphi(\| x - x_i \|) | i = 1, 2, \cdots, N\}$ 是 N 个任意函数的集合，称为径向基函数；$\| \cdot \|$ 表示范数，通常是欧几里得范数。已知数据 $\boldsymbol{x}_i \in \boldsymbol{R}^n$，$i = 1, 2, \cdots, N$ 定义为径向基函数的中心。

给定数据集 $T = \{(x_1, d_1), \cdots, (x_N, d_N)\} \in \boldsymbol{R}^n \times \boldsymbol{R}^1$，将式(5-57) 所给的插值条件代入式（5-58），可以得到一组关于未知系数的线性方程组：

$$\begin{bmatrix} \varphi_{11} & \varphi_{12} & \cdots & \varphi_{1N} \\ \varphi_{21} & \varphi_{22} & \cdots & \varphi_{2N} \\ \vdots & \vdots & & \vdots \\ \varphi_{N1} & \varphi_{N2} & \cdots & \varphi_{NN} \end{bmatrix} \begin{bmatrix} w_1 \\ w_2 \\ \vdots \\ w_N \end{bmatrix} = \begin{bmatrix} d_1 \\ d_2 \\ \vdots \\ d_N \end{bmatrix} \tag{5-59}$$

其中，$f_{ji} = f(\| x_j - x_i \|)$，$j, i = 1, 2, \cdots, N$。

令 $\boldsymbol{d} = [d_1, d_2, \cdots, d_N]^T$，$\boldsymbol{w} = [w_1, w_2, \cdots, w_N]^T$，$A = \{f_{ji} | j, i = 1, 2, \cdots, N\}$，则式（5-59）可以写成紧凑形式：

$$A\boldsymbol{w} = \boldsymbol{d} \tag{5-60}$$

显然，当矩阵 A 是非奇异矩阵时，上述方程有唯一解。可以证明，对于大量径向基函数满足 Micchelli 定理。

Micchelli 定理：如果 $\{\boldsymbol{x}_i \in \boldsymbol{R}^n\}_{i=1}^{N}$ 是 N 个互不相同的点的集合，则 $N\times N$ 阶的矩阵 A（第 ji 个元素是 $f_{ji} = f(\| x_j - x_i \|)$）是非奇异的。

常用的基函数有下列几种：

$$f(\boldsymbol{x}) = \exp(-\boldsymbol{x}/\boldsymbol{\sigma})^2 \tag{5-61}$$

$$f(\boldsymbol{x}) = \frac{1}{(\boldsymbol{\sigma}^2 + \boldsymbol{x}^2)^{\alpha}}, \quad \alpha > 0 \tag{5-62}$$

$$f(\boldsymbol{x}) = (\boldsymbol{\sigma}^2 + \boldsymbol{x}^2)^{\beta}, \quad \alpha < \beta < 1 \tag{5-63}$$

上面这些函数都是径向对称的，但最常用的是高斯函数：

$$R_i(\boldsymbol{x}) = \exp\left[-\frac{\| \boldsymbol{x} - \boldsymbol{c}_i \|}{2\boldsymbol{\sigma}_i^2}\right] \quad i = 1, 2, \cdots, m \tag{5-64}$$

其中 $\boldsymbol{x}$ 是 n 维输入向量；$\boldsymbol{c}_i$ 是第 i 个基函数的中心，与 $\boldsymbol{x}$ 具有相同维数的向量；$\boldsymbol{\sigma}_i$ 是第 i 个感知的变量，它决定了该基函数围绕中心点的宽度；m 是单元个数。$\| \boldsymbol{x} - \boldsymbol{c}_i \|$ 是向量 $\boldsymbol{x} - \boldsymbol{c}_i$ 的范数，它通常表示 $\boldsymbol{x}$ 与 $\boldsymbol{c}_i$ 之间的距离，$R_i(\boldsymbol{x})$ 在 $\boldsymbol{c}_i$ 处有一个唯一的最大值，随着 $\| \boldsymbol{x} - \boldsymbol{c}_i \|$ 的增大，$R_i(\boldsymbol{x})$ 迅速衰减到零。对于给定的输入 $\boldsymbol{x} \in \boldsymbol{R}^n$，只有一部分靠近中心被激活。

可以从两个方面理解径向基网络的工作原理。

（1）从函数逼近的观点看：若把网络看成是对未知函数的逼近，则任何函数都可以表示成一组基函数的加权和。在径向基网络中，相当于选择隐含层神经元的传输函数，使之构成一组基函数逼近未知函数。

（2）从模式识别的角度看：由模式识别理论可知，在低维空间非线性可分的问题总可映射到一个高维空间，使其在高维空间中变为线性可分。在 RBF 网络中，输入到隐层的映射为非线性的，而隐层到输出则是线性的。可把输出单元部分看作一个单层感知器，这样，只要合理选择隐单元数及其作用函数，就可以把原来的问题映射为一个线性可分问题，从而最后可用一个线性单元来解决问题，这就使得不太好处理的非线性问题线性化，便于分析。

2. RBF 网络的学习算法

对于网络的学习算法，RBF 网络分为有导师学习和无导师学习两部分。隐含层和输入层之间的权值采用无导师聚类方法训练，最常用的是 k—均值法。输出层和隐含层之间的权值采用有导师方法训练。简便实用的一种办法是在确定隐含层和输入层之间的权值之后，把训练样本矢量和其理想输出代入 RBF 网络，从而推出各个输出层神经元和隐含层之间的权值。

RBF 网络依然是典型的有导师学习网络，其学习过程包括两个步骤：

（1）确定每一个 RBF 单元的中心 c_j和半径 σ_j。

中心 c_j的确定。采用 k—均值聚类分析技术确定 c_j。找出有代表性的数据点作为 RBF 单元中心，从而极大地减少隐 RBF 单元数目，降低网络复杂化程度。利用 k—均值算法获得各个聚类中心后，即可将之赋给各 RBF 单元作为 RBF 的中心。

半径 σ_j的确定。半径 σ_j决定了 RBF 单元接受域的大小，对网络的精度有极大的影响。半径选择的原则是使得所有 RBF 单元的接受域之和覆盖整个训练样本空间。图 5-13 给出了 RBF 单元接受域的示意图。图中“ * ”代表样本，样本 D_j（$j=1, 2, \cdots$）表示第 j 个 RBF 单元的接受域，D 为样本空间。

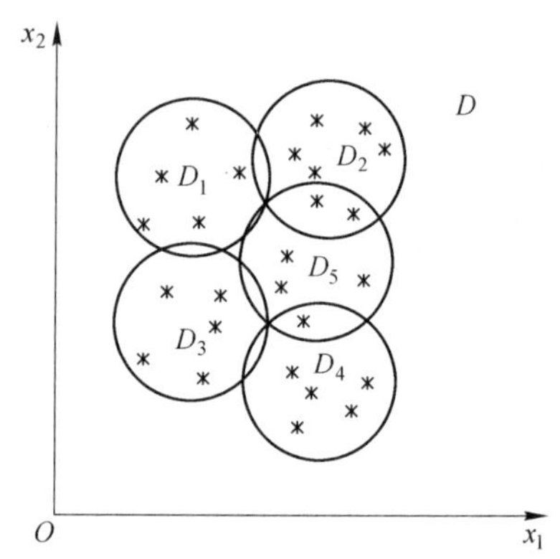

图 5-13　RBF 网络接受域示意图

通常应用 k—均值聚类法后，对每个聚类中心 c_j，可以令相应的半径 σ_j等于其与属于该类的训练样本之间的平均距离，即：

$$\sigma_j = \frac{1}{N_j} \sum_{x \in \Gamma_j} (x - c_j)^{\mathrm{T}} (x - c_j) \tag{5-65}$$

另一个选择 σ_j的方法是对每一个中心 c_j，求取它与其最邻近的 N 个近邻单元中心距离的平均值作为 σ_j的取值。

（2）调节权矩阵 W。

这里权 W 是指输出层和隐含层之间的权值，可以采用线性最小二乘法和梯度法来调节权矩阵 W。

1）线性最小二乘法。令网络输出为：

$$Y = W \cdot \Phi = T \tag{5-66}$$

则：

$$W = T\Phi^{\mathrm{T}} (\Phi^{\mathrm{T}} \Phi)^{-1} \tag{5-67}$$

2）梯度法。迭代公式如下：

$$W(t+1) = W(t) + \eta (T - Y) \Phi^{\mathrm{T}} \tag{5-68}$$

由于输出为线性单元，因而可以确保梯度算法收敛于全局最优解。

5.2.4　反馈神经网络

反馈型神经网络又称为递归网络或回归网络，它是一种反馈动力学系统。反馈网络与前馈网络是人工神经网络中两种最基本的网络模型。前馈网络研究的是网络的输出与输入之间的映射关系，通常不考虑它们之间在时间上的延迟关系，其输出、输入之间无反馈联系，给网络的分析带来了许多方便，讨论中心是学习算法的收敛速度。对于反馈网络，由于反馈的存在，使它成为一个复杂的动力学系统，需要考虑输出与输入之间的延迟关系。

反馈网络的模型虽然较多，但其中典型的是 Hopfield 神经网络。它是目前研究得较充分并得到广泛应用的神经网络模型之一。该网络的变量可以取离散值，也可以取连续值。因此，Hopfield 网络可分为两类：离散型与连续型。我们关心的是网络的稳定性问题，通过无教师的学习，使网络状态经过演变最终收敛到某一稳定状态，从而实现联想记忆或优化计算的功能。

Hopfield 网络作为一种全连接型的神经网络，曾经为人工神经网络的发展进程开辟了新的研究途径。它利用与阶层型神经网络不同的结构特征和学习方法，模拟生物神经网络的记忆机理，获得了令人满意的结果。它是由美国物理学家 J. J Hopfield 于 1982 年首先提出的，故称为 Hopfield 网络。下面对此网络进行详细介绍。

1. Hopfield 网络的结构

Hopfield 神经网络是一种单层的反馈型网络。若网络变量的取值为二值 $\{-1, +1\}$（或 $\{0, 1\}$），神经元的功能函数为线性阈值函数，则这样的网络称为离散型 Hopfield 神经网络，简称离散 Hopfield 网络。Hopfield 网络的基本结构如图 5-14 所示。

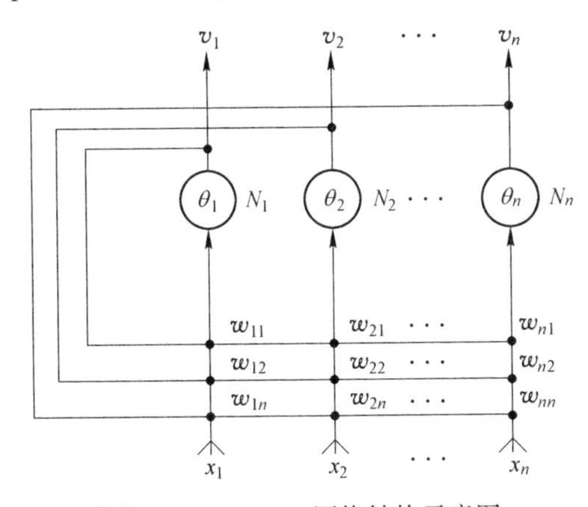

图 5-14　Hopfield 网络结构示意图

图中 N_1，N_2，…，N_n 表示网络的 n 个神经元，各神经元的功能函数通常均取为相同的符号函数；$\boldsymbol{x}=(x^1, x^2, \cdots, x^n)^{\mathrm{T}} \in \{-1, +1\}^n$ 为网络的输入；$y=(y_1, y_2, \cdots, y_n)^{\mathrm{T}} \in \{-1, +1\}^n$ 为网络的输出；$V(t)=[v_1(t), v_2(t), \cdots, v_n(t)]^{\mathrm{T}} \in \{-1, +1\}^n$ 为网络在时刻 t 的状态，各状态变量 $v_i(t)$ 通常是指神经元在时刻 t 的输出量，$t \in \{0, 1, 2, \cdots\}$ 为离散的时间变量。网络的动态特性可由下列一组非线性差分方程来描述：

$$net_j(t)=\sum_{i=1}^{n} w_{ji}v_i(t)-\theta_j \quad j=1, 2, \cdots, n \tag{5-69}$$

$$v_j(t+1)=f_j(net_j(t))=\mathrm{sgn}\left(\sum_{i=1}^{n} w_{ji}v_i(t)-\theta_j\right) \tag{5-70}$$

其中：θ_j 为神经元的阈值，通常取各神经元的阈值相等，且为了分析简便，往往均取为零（即 $\theta_1=\theta_2=\cdots=\theta_n=0$）；sgn（·）为符号函数，其取值为：

$$\mathrm{sgn}(S(t))=\begin{cases}+1, & S(t)\geq 0\\ -1, & S(t)<0\end{cases} \tag{5-71}$$

若采用二值 {0，1}，则式（5-70）应改写为：

$$v_j(t+1)=\frac{1}{2}[1+\mathrm{sgn}(\sum_{i=1}^{n}w_{ji}v_i(t)-\theta_j)] \tag{5-72}$$

下面的讨论均采用二值 {+1，-1}，所得结论具有普遍性。对于采用二值 {0，1} 也是有效的，读者若有兴趣可自行类推，这里不再赘述。

当网络经过学习，建立了连接权矩阵后，网络就处于待工作状态。网络运行时，通过输出、输入间的反馈作用，实现网络状态的演变，直至收敛到稳定状态为止。若作用在网络上的输入为 x，网络各神经元就处于一特定的初始状态，经网络的作用，可以得到这一时刻网络的状态。然后通过反馈作用，可得下一时刻的输入信号；由这个新的输入信号经过网络的作用，可得再下一时刻网络的状态，反馈至输入端又可得新的输入信号，依次反复演变。网络的状态通过反馈作用不断地如此演变。如果网络是稳定的，则随着状态演变不断地进行，网络状态的变化将不断减少，直至达到稳定状态。因此，网络的运行方程为：

$$\begin{cases}v_j(0)=x_j\\ v_j(t+1)=\mathrm{sgn}(\sum_{i=1}^{n}w_{ji}v_i(t)-\theta_j)\end{cases} \tag{5-73}$$

若达到 t 时刻后，网络状态不再改变，则已收敛至稳定点，即有：

$$v(t+1)=v(t) \tag{5-74}$$

这时由输出端可得网络的稳定输出：

$$y=v(t) \tag{5-75}$$

在网络的运行过程中，网络状态的演变主要有两种工作方式。

（1）异步方式。异步方式又称非同步或串行方式，其特点是：在每个时间节拍里只对神经元 j 进行调整，而其余的神经元状态保持不变。故异步工作方式的调整算法为：

$$v_j(t+1)=\begin{cases}\mathrm{sgn}\left(\sum_{i=1}^{n}w_{ji}v_i(t)-\theta_j\right) & j=i\\ v_j(t) & j\neq i\end{cases} \tag{5-76}$$

每次被调整的神经元序号 j 可以按随机方式选择，也可以按预定的序列逐个调整。

（2）同步方式。同步方式又称并行方式，其特点是：在同一时间节拍里，网络的所有神经元同时进行调整。故同步方式的调整算法为：

$$v_j(t+1)=\mathrm{sgn}\left(\sum_{i=1}^{n}w_{ji}v_i(t)-\theta_j\right)\quad j=1,2,\cdots,n \tag{5-77}$$

有时，也可以是一部分神经元的状态同时进行调整。通常，只要在同一时间节拍里进行同时调整的神经元不止一个，均称为同步工作方式。

2. Hopfield 网络的稳定性

作为一个非线性动力学系统，Hopfield 网络的稳定性是非常重要的，在任一初始状态作用下，网络可能收敛到稳定状态，也可能收敛到极限环产生振荡。若将每一记忆样本均视为网络的一个稳定状态，且要具有足够的稳定域，那么从初始状态的演变过程和收敛到稳定状态的过程则是寻找记忆的过程。初始状态可认为是给定的部分信息，网络的演变和收敛到稳定状态的过程，就是从部分信息找到全部信息实现联想记忆的过程。

(1) 吸引子和吸引域

若网络从初态出发，通过反馈，状态不断地演变，至某一刻 t 到达稳定状态，从此网络状态不随时间变化而变化，则称该网络是稳定的。其稳定状态的表达式为：

$$\boldsymbol{v}(t_0 + t + \Delta t) = \boldsymbol{v}(t_0 + t)\Delta t > 0 \tag{5-78}$$

若取 $t_0 = 0$，$\Delta t = 1$，则稳定状态表达式可变为：

$$\boldsymbol{v}(t+1) = \boldsymbol{v}(t) \tag{5-79}$$

或各分量为：

$$v_i(t+1) = \mathrm{sgn}\Big(\sum_{j=1}^{n} w_{ij}v_j(t) - \theta_i\Big) = \mathrm{sgn}(net_i(t)) = v_i(t) \quad i = 1,\ 2,\ \cdots,\ n \tag{5-80}$$

于是有：

$$v_i(t)net_i(t) > 0 \quad i = 1,\ 2,\ \cdots,\ n \tag{5-81}$$

式（5-81）表明，若 $v(t)$ 为网络的稳定状态，则其各神经元的加权输入量与输出量是同号的，因而其乘积大于零。故式（5-81）可作为网络稳定状态的条件表达式。

为了简化分析，通常取阈值 $\theta_j = 0$，于是，稳定状态表达式（5-80）可用向量矩阵简洁地表示如下：

$$\boldsymbol{v}(t+1) = \mathrm{sgn}(\boldsymbol{w} \cdot \boldsymbol{v}(t)) = \boldsymbol{v}(t) \tag{5-82}$$

输入模式 $\bar{\boldsymbol{x}}$ 为网络的稳定状态，由上式则应有：

$$\bar{\boldsymbol{x}} = \mathrm{sgn}(\bar{\boldsymbol{w}} \cdot \bar{\boldsymbol{x}}) \tag{5-83}$$

网络的稳定状态也称为“吸引子”或“不动点”。我们希望：需要网络记忆的样本皆为网络的稳定状态；除此之外网络不应再有别的吸引子，因为这些吸引子是多余的，相应的稳定状态称为伪稳定状态。

为了实现良好的联想记忆功能，当网络输入受了干扰或为缺损的样本时，网络应有能力自动联想，由部分信息恢复全部信息，并吸引到样本向量所对应的吸引子。这就是说，网络的吸引子应有一定的吸引范围或称吸引域，且这种吸引应是强吸引的。

设 $\boldsymbol{v}$ 为网络的吸引子。所谓强吸引，是指从 $\boldsymbol{x}$ 开始的每条状态演变路径都可到达 $\boldsymbol{v}$，则称 $\boldsymbol{x}$ 强吸引到 $\boldsymbol{v}$，并记作 $\boldsymbol{x} \xrightarrow{\text{强}} \boldsymbol{v}$；对于吸引子 $\boldsymbol{v}$ 的邻域 $N(\boldsymbol{v})$，若对于所有 $\boldsymbol{x} \in N(\boldsymbol{v})$ 都有 $\boldsymbol{x} \xrightarrow{\text{强}} \boldsymbol{v}$，则称 $N(\boldsymbol{v})$ 为 $\boldsymbol{v}$ 的强吸引域。与此相对应，弱吸引是指若存在一条路径可从 $\boldsymbol{x}$ 演变到 $\boldsymbol{v}$，则称 $\boldsymbol{x}$ 弱吸引到 $\boldsymbol{v}$，并记作 $\boldsymbol{x} \xrightarrow{\text{弱}} \boldsymbol{v}$；对于吸引子 $\boldsymbol{v}$ 的邻域 $N(\boldsymbol{v})$，若对所有 $\boldsymbol{x} \in N(\boldsymbol{v})$ 都有 $\boldsymbol{x} \xrightarrow{\text{弱}} \boldsymbol{v}$，则称 $N(\boldsymbol{v})$ 为 $\boldsymbol{v}$ 的弱吸引域。

(2) 汉明距离

为了说明各向量之间的差异程度，需引入某种度量的标准。通常使用信息与编码理论中广泛采用的汉明距离 d_H 来作为度量的标准。两向量 $\boldsymbol{v}_1$ 与 $\boldsymbol{v}_2$ 之间的汉明距离定义为：

$$d_H(\boldsymbol{v}_1,\ \boldsymbol{v}_2) = \boldsymbol{v}_1\text{与}\boldsymbol{v}_2\text{中对应元素不相同(即}\boldsymbol{v}_{1,\ i} \neq \boldsymbol{v}_{2,\ i}\text{) 的总个数} \tag{5-84}$$

对于元素取二值 $v_i \in \{-1,\ +1\}$，则有：

$$d_H(\boldsymbol{v}_1, \boldsymbol{v}_2) = \frac{1}{2}\sum_{i=1}^{n} |v_{1,i} - v_{2,i}| \tag{5-85}$$

显然，若 $\boldsymbol{v}_1 = \boldsymbol{v}_2$ 则 $d_H(\boldsymbol{v}_1, \boldsymbol{v}_2) = 0$；若两个 n 维向量各元素均相反，则 $d_H(\boldsymbol{v}_1, \boldsymbol{v}_2) = n$。

(3) 能量函数

研究动力学系统的稳定性，通常使用“能量函数”的方法，这是李雅普诺夫稳定性第二方法的一种推广应用。这里借用铁磁材料哈密顿函数的形式来定义离散 Hopfield 网络的能量函数。在铁磁体中铁磁分子旋转只有两个方向，即可认为自旋 $P_i \in \{-1, +1\}$，在铁磁材料中哈密顿函数为：

$$H = -\frac{1}{2}\sum_i \sum_j J_{ij}P_iP_j - \sum_i H_iP_i \tag{5-86}$$

其中：铁磁分子自旋 P_i、P_j 只有两个方向 $\{-1, +1\}$；J_{ij} 为第 i 个铁磁分子与第 j 个铁磁分子之间的作用，$J_{ij} = J_{ji}$。整个物质相互作用的结果是使哈密顿函数 H 达到最小。而离散 Hopfield 网络与此很相似，变量也是二值量，相互作用可由连接权 w_{ij} 表示。因此 Hopfield 就定义网络的能量函数为：

$$E = -\frac{1}{2}\sum_i \sum_j w_{ij}v_iv_j + \sum_i \theta_i v_i \tag{5-87}$$

由于 v_i，$v_j \in \{-1, +1\}$，w_{ij} 与 θ_i 有界，$i, j = 1, 2, \cdots, n$，故能量函数 E 是有界的。

如果从任意初态出发，网络状态的演变都能满足 $\Delta E \leqslant 0$，则表明随着状态演变过程的进行，能量函数 E 是单调下降的。也就是说，在吸引子的吸引域内，当状态离吸引子较远时，其能量是较大的；随着状态演变过程的进行，状态越趋近吸引子，其能量就越小；当能量达到极小点而不再改变（即 $\Delta E = 0$）时，网络就处于稳定状态。

(4) 稳定性结论

结论1　若网络按异步方式工作，且满足 $w_{ij} = w_{ji}$，$w_{ii} = 0$，$i, j = 1, 2, \cdots, n$，则从任意初态出发，Hopfield 网络最终将收敛到一个稳定状态。

证明对于离散 Hopfield 网络的单个神经元 j，其状态变化可能为：

$$\begin{aligned}\Delta v_j &= v_j(t+1) - v_j(t) \\ &= \begin{cases} 0 & v_j(t+1) = v_j(t) \\ 2 & v_j(t+1) = 1,\ v_j(t+1) = -1 \\ -2 & v_j(t+1) = -1,\ v_j(t) = 1 \end{cases}\end{aligned} \tag{5-88}$$

当网络工作在异步方式时，每一节拍只有一个神经元 i 状态发生变化，而其余神经元保持不变。于是可得：

$$\Delta E = E(t+1) - E(t) = -\frac{1}{2}\sum_{j=1}^{n} w_{ij}v_j(t)\Delta v_i + \theta_i \Delta v_i \tag{5-89}$$

由于网络对称，$w_{ij} = w_{ji}$，$w_{ii} = 0$，故上式可改写为：

$$\begin{gathered}\Delta E = -\left(\sum_{j=1}^{n} w_{ij}v_j(t) - \theta_i\right)\Delta v_i = -net_i(t)\Delta v_i \\ v_i(t+1) = \mathrm{sgn}(net_i(t)) \\ \Delta v_i = v_i(t+1) - v_i(t)\end{gathered} \tag{5-90}$$

因此有：

$$\text{当 } net_i(t) \geqslant 0 \text{ 时，} \Delta v_i \geqslant 0\text{，则 } \Delta E \leqslant 0;$$
$$\text{当 } net_i(t) < 0 \text{ 时，} \Delta v_i \leqslant 0\text{，则 } \Delta E \leqslant 0 \quad (5\text{-}91)$$

这表明，在任意初态下均能够满足 $\Delta E \leqslant 0$，因而保证了网络的稳定性。同理可证得下列结论。

结论 2 若网络按异步方式工作，且满足 $w_{ij}=w_{ji}$，$w_{ii}>0$（$i, j=1, 2, \cdots, n$），则网络是稳定的。

结论 3 若网络按同步方式工作，且满足 $w_{ij}=w_{ji}$，当权矩阵为非负定（$w \geqslant 0$）时，则网络从任意初态出发的演变过程将收敛到稳定状态；当权矩阵不满足非负定条件时，则将不能保证同步演变过程的收敛性，可能出现状态的周期振荡，形成权限环；若权矩阵为负定的，则网络周期振荡，出现权限环。

3. Hebb 学习规则

Hopfield 网络的学习采用的是无教师学习。学习的过程相应于形成网络的连接权矩阵。讨论的中心问题在于，如何使网络对于给定的问题进行学习，建立连接权矩阵，并使网络具有较强的联想记忆能力。假设需要存贮的记忆样本有 $\boldsymbol{x}^1$，$\boldsymbol{x}^2$，…，$\boldsymbol{x}^p$，$\boldsymbol{x}^i \in \{-1, +1\}^n$。

（1）对一个模式的学习

为了分析简便，首先考虑网络对一个模式的学习。这时需要存贮的记忆样本只有 1 个，设为 $\boldsymbol{x}^1$，它将成为网络的稳定状态，并具有最大的吸引域，或者说是具有最大的“纠错能力”。

将记忆样本 $\boldsymbol{x}^1$输入到网络，并作为网络的初始状态，经过演变，它将成为网络的稳定状态。设网络的连接权矩阵为 $\boldsymbol{w}$，有：

$$\boldsymbol{x}^1 = \text{sgn}(\boldsymbol{w}\boldsymbol{x}^1) \quad (5\text{-}92)$$

或

$$x_j^1 = \text{sgn}\left(\sum_{i=1}^{n} w_{ji} x_i^1\right) \quad j = 1, 2, \cdots, n \quad (5\text{-}93)$$

由符号函数的性质可知，式（5-93）等价于下列关系式：

$$x_j^1 \cdot \sum_{i=1}^{n} w_{ji} x_i^1 > 0 \quad (5\text{-}94)$$

网络对记忆样本的学习关系式为：

$$w_{ij} = a x_i^1 x_j^1 \quad (5\text{-}95)$$

其中比例系数 $a>0$ 为一常数。通常取 $a=1$ 或 $a=1/n$，n 为样本向量的维数。

式（5-95）的学习关系式是 Hebb 于 20 世纪 40 年代末首先提出的一种神经网络的学习算法，属于无教师学习，实际上它是一种死记式学习，收敛速度很快。

当网络只有一个输入模式时，它不仅是网络的吸引子，而且可以证明网络的观察向量为 $\boldsymbol{x}$，它与记忆样本 $\boldsymbol{x}^1$ 的汉明距离设为 $d_H(\tilde{\boldsymbol{x}}, \boldsymbol{x}^1) = k$，则网络的输出为：

$$y_j = \text{sgn}(net_j) \quad j = 1, 2, \cdots, n \quad (5\text{-}96)$$

其中：第 j 个神经元的加权输入为 $net_j = \sum_{i=1}^{n} w_{ji}\tilde{x}_i$。

将式（5-95）代入上式可得：

$$net_j = \sum_i a x_j^1 x_i^1 \tilde{x}_i = a x_j^1 [(n-k) - k] \tag{5-97}$$

式中，因子 $n-k$ 为 $\tilde{\boldsymbol{x}}$ 与 $\boldsymbol{x}^1$ 中相同的各元素乘积之和，即为 $\sum x_i^1 \tilde{x}_i$；$-k$ 为 $\tilde{\boldsymbol{x}}$ 与 $\boldsymbol{x}^1$ 中不同的各元素乘积之和。故式（5-96）可改写为：

$$y_j = \mathrm{sgn}(net_j) = \mathrm{sgn}[a x_j^1 (n-2k)] \tag{5-98}$$

为使网络的输入观察向量能收敛到吸引子 $\boldsymbol{x}^1$ 上，根据稳定条件应满足：

$$x_j^1 = \mathrm{sgn}[a x_j^i (n-2k)] \tag{5-99}$$

而 $a>0$，故由上式可导出：

$$n - 2k > 0 \text{ 或 } k < \frac{n}{2} \tag{5-100}$$

式（5-100）表明，当 Hopfield 网络只有一个记忆样本时，网络的最大纠错能力可达 $n/2$ 汉明距离。这就是说，输入 50%的信息，网络可联想出全部的信息。

（2）对多个模式的学习

当网络需要学习的记忆样本有 p 个($\boldsymbol{x}^1$，$\boldsymbol{x}^2$，…，$\boldsymbol{x}^p$) 时，学习的算法仍然是 Hebb 规则，它是式（5-95）的推广，则有：

$$w_{ij} = a\sum_{k=1}^{p} x_i^k x_j^k \tag{5-101}$$

于是权矩阵为：

$$\boldsymbol{w} = a\sum_{k=1}^{p} \boldsymbol{x}^k (\boldsymbol{x}^k)^{\mathrm{T}} \tag{5-102}$$

可见，当系数 $a=1$ 时，根据 Hebb 规则，网络的连接权矩阵可表示为各学习模式 $\boldsymbol{x}^1$，$\boldsymbol{x}^2$，…，$\boldsymbol{x}^p$ 的外积和。

在实际应用中往往取 $w_{ii}=0$，因为不带自环的 Hopfield 网络的稳定性易于保证。对于这种不带自环的网络，式（5-101）和式（5-102）可改写为：

$$w_{ij} = \begin{cases} a\sum_{k=1}^{p} x_i^k x_j^k & i \neq j \\ 0 & i = j \end{cases} \tag{5-103}$$

和

$$\boldsymbol{w} = a\sum_{k=1}^{p} [\boldsymbol{x}^k (\boldsymbol{x}^k)^{\mathrm{T}} - I] \tag{5-104}$$

学习过程一旦结束，连接权矩阵就形成，网络便可进入工作状态。输入观察向量 $\boldsymbol{x}$，则网络进行状态演变，直至收敛到稳定状态。这时网络的稳定输出就是联想的结果。

5.3　神经网络控制系统

本节主要讲述神经网络控制系统，具体介绍神经网络控制器及辨识器的设计方法。

5.3.1 神经网络控制系统概述

把人工神经网络引进到自动控制领域，是神经网络学界和自动控制学界共同努力的结果，它反映了两个学科分支的共同心愿。神经网络学界急切希望找到自己的用武之地，自动控制领域迫切希望实现更高层面上的自动化。

把人工神经网络引进到自动控制领域，是因为无论从理论上还是实践上，都已经证明神经网络具有逼近任意连续有界非线性函数的能力。非线性系统本身具有明显的不确定行为，即便是线性系统，为了改善网络的动态特性，也常常需要在线性前馈网络的隐层构造非线性单元，形成非线性前馈网络。

1. 神经网络控制系统的基本结构

神经网络控制系统的全称是人工神经网络控制系统，其主要系统形式依旧是负反馈调节，系统的基本结构依旧划分成开环和闭环两类。它的一般结构如图 5-15 所示，图中的控制器、辨识器和反馈环节均可以用神经网络构成。人工神经网络使用二元逻辑，是一种数字网络，神经网络控制是一种数字控制，用数字量控制被控对象。神经网络控制系统是一种数字控制系统，它具有数字控制系统的一般特征。和一般的微机系统一样，它由硬件与软件两部分组成。

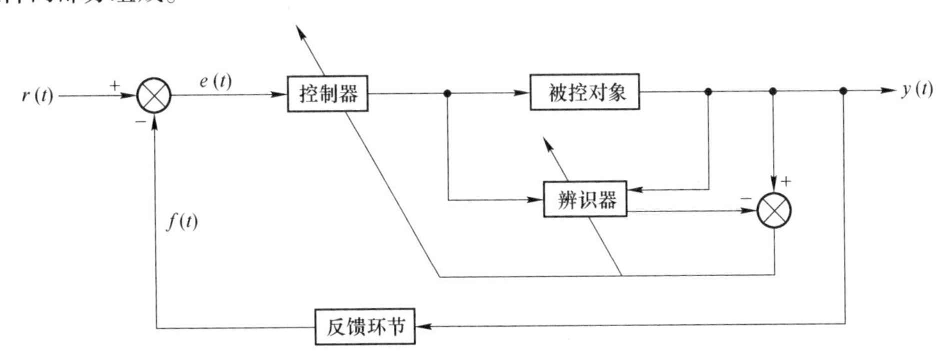

图 5-15 人工神经网络控制系统的一般结构

2. 神经网络在神经网络控制系统中的作用

神经网络控制给非线性系统带来一种新的控制方式。在神经网络进入自控领域之前，控制系统的设计分析方法是首先建立数学模型，用数学表达式描述系统，然后对相应的数学方程求解。古典控制理论形成了一整套利用拉氏变换求解微分方程的做法；现代控制理论则是状态方程和矩阵求解。如果数学模型不正确，描述系统的数学式子不能反映系统的真实面貌，与真实系统相差太大，设计结果就不能使用。这就是系统设计失败的原因。无论是古典控制系统，还是现代控制系统，控制器的设计都与被控制器的数学模型有直接的关系。

神经网络从根本上改变了上述设计思路，因为它不需要被控制对象的数学模型。在控制系统中，神经网络是作为控制器或辨识器起作用的。控制器具有智能行为的系统，称为智能控制系统。在智能控制系统中，有一类具有学习能力的系统，被称为学习控制系统。

学习的过程是一个训练并带有将训练结果记忆的过程，人工神经网络控制系统就是一种学习控制系统。

神经网络控制器与古典控制器和现代控制器相比，有优点也有缺点。优点是神经网络控制器的设计与被控制对象的数学模型无关，这是神经网络控制器的最大优点，也是神经网络能够在自动控制中立足的根本原因。缺点是神经网络需要在线或离线开展学习训练，并利用训练结果进行系统设计。这种训练在很大程度上依赖训练样本的准确性，而训练样本的选取依旧带有人为的因素。神经网络辨识器用于辨识被控对象的非线性和不确定性。不同的神经网络控制系统有不同的配置：有的只需要神经网络控制器；有的只需要神经网络辨识器，有的既需要神经网络控制器，又需要神经网络辨识器。不同的配置按照不同的对象要求设定。

5.3.2　神经网络控制器的设计方法

神经网络控制器的设计大致可以分为两种类型，一类是与传统设计手法相结合；一类是完全脱离传统手法，另行一套。目前较为流行的神经网络控制器设计过程是：设计人员根据自己的经验选用神经网络、选择训练方法，确定是否需要供训练使用的导师信号，设计算法并编制程序，然后上机运行，得到仿真结果，根据结果决定是否需要进一步修改相关参数或修改网络体系。

神经网络控制器的设计方法大体有如下几种：模型参考自适应方法、自校正方法、内模方法、常规控制方法、神经网络智能方法和神经网络优化设计方法。

1. 模型参考自适应方法

模型参考自适应方法设计出来的神经网络控制器多用于被控制对象是线性对象，但也适合于被控制对象是非线性对象。两种不同对象对神经网络辨识器的要求不同。这种方式设计出的系统基本结构如图 5-16 所示。从图中可以看到，神经网络的功能是控制器，但是它的训练信号却是参考模型信号与系统输出信号之间的差值：$e=z-y$，由此可以确定神经网络控制器的训练目标为参考模型输出与被控对象输出的差值最小。

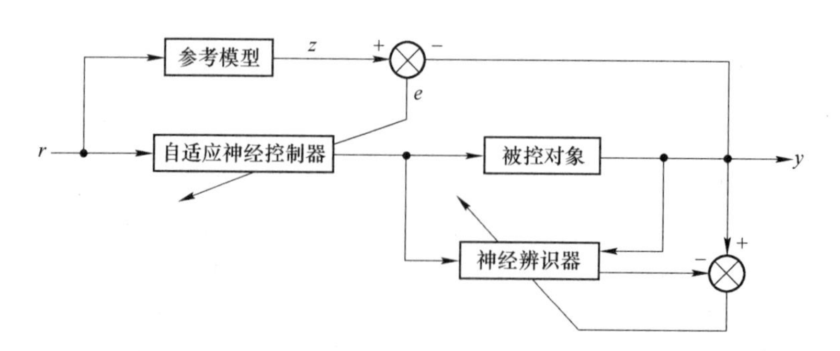

图 5-16　模型参考自适应神经网络控制系统

训练之前必须要先解决的问题是如何得到参考模型输出与被控对象输出，由于无法知道被控对象的数学模型，或者是引入神经网络控制的目的就是不用知道被控对象的数学模型，因而对象的特性未知，给训练带来困难。解决办法是在被控对象的两边增加神经网络辨识器，通过辨识器具有的在线辨识功能获得被控对象的动态特性。线性被控对象和非线性被控对象的系统辨识是不相同的，对比之下，非线性被控对象的系统辨识要困难得多。

2. 自校正方法

用自校正方法设计出来的神经网络控制系统既能用于线性对象，也能用于非线性对象。自校正神经网络控制系统的基本结构如图 5-17 所示。其中自校正控制器由人工神经网络构成，它的输入有两部分：一部分是偏差信号，一部分是辨识估计的输出。辨识估计器能正确估计被控对象的动态建模，在某种程度上，它是一个反馈部件。辨识估计器显然应当由神经网络构成。

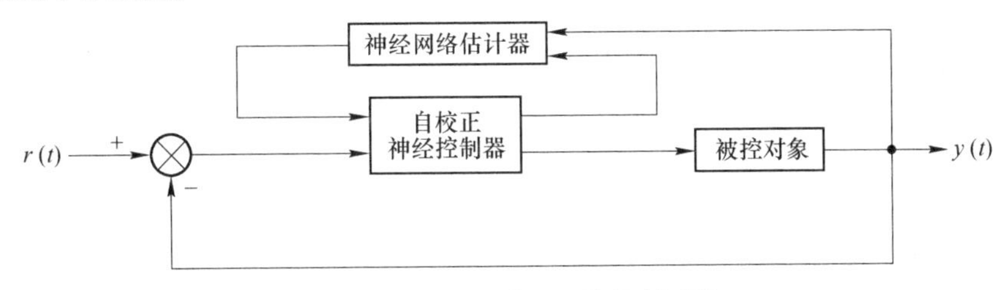

图 5-17　自校正神经网络控制系统

自校正有直接控制和间接控制两类。自校正直接控制往往只需要一个自校正控制器，结构简单，常用于线性系统的实时控制。自校正直接控制器的设计方法有两种：有模型设计和无模型设计。在有模型设计中，通常在系统中加入白噪声信号，以获得较好的控制效果。辨识过程常常出现饱和，影响辨识结果及跟踪快慢。为了自动适应对快速变化的系统实时辨识，使用经过训练后的神经网络，能及时准确提取被控对象的参数，对干扰有较强的抵抗能力，对失误有较强的容错能力。自校正间接控制器着重解决非线性系统的动态建模。

用于线性对象的控制器常采用零极点配置进行设计，这是一种常规的自适应设计。用于非线性对象的控制器常采用 I/O 线性化或采用逆模型控制等设计。

3. 内模方法

内模方法设计出来的内模神经网络控制系统主要用于非线性系统，内模神经网络控制器既要作用于被控对象，又要作用于被控对象的内部模型。内模神经网络控制系统结构如图 5-18 所示，其稳定的充分兼必要条件是控制器和被控对象都要稳定。系统中的控制器和被控对象的内部模型都由神经网络承担。

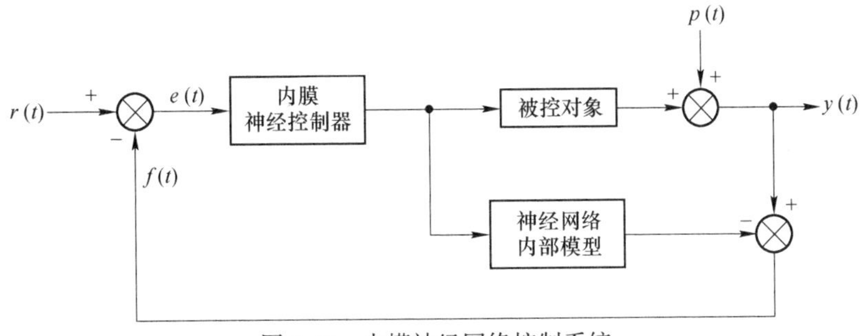

图 5-18　内模神经网络控制系统

4. 常规控制方法

常规控制方法使用古典控制理论、现代控制理论和智能控制中控制器的设计方法。这些方法较成熟，可以在设计过程中用神经网络取代设计出的控制器。取代不是简单的更换，而是确定神经网络的训练算法，做到快速衰减而又稳定。这一类系统比较多，有神经PID 调节控制系统、神经预测控制系统和变结构控制系统等。图 5-19～图 5-21 分别是这三种系统的结构示意图。

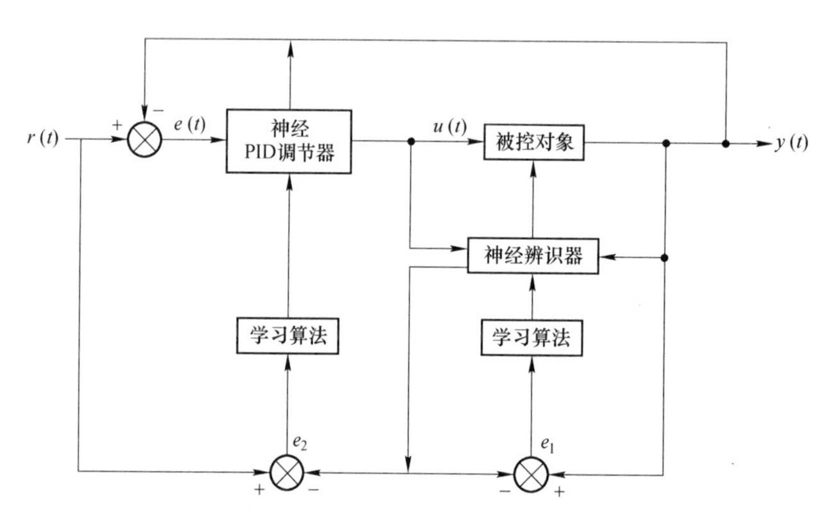

图 5-19　神经 PID 调节控制系统

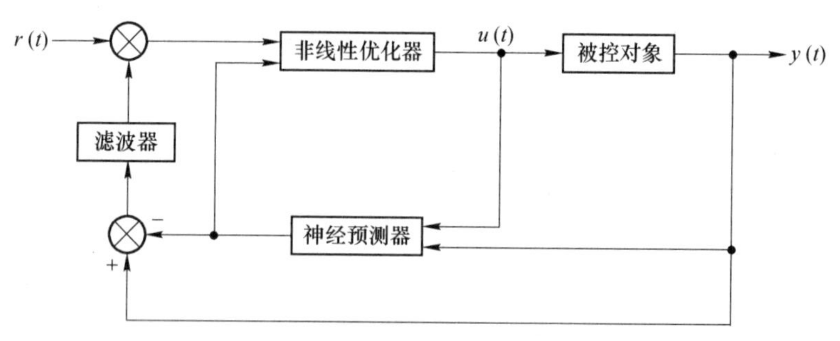

图 5-20　神经预测控制系统

常规 PID 调节是古典控制理论中使用十分成熟且十分有效的工程控制方法。无论是古典控制理论、现代控制理论，还是智能控制，都离不开 PID 调节方式。对于结构明了、参数固定不变或基本不变的线性定常系统，PID 调节的控制功能发挥得淋漓尽致。PID 调节器既可以用运算放大器等模拟芯片构成，也可以用数字电路构成，还可以用计算机构成。算法简单，易于实现。

对于一些在控制过程中存在不确定性、存在非线性、存在时变的被控对象，由于数学模型不明确，常规 PID 调节器往往难以奏效，不能保证系统稳定性。目前能够想到的解决办法有两个，两个办法都离不开神经网络。一个是对被控对象使用系统辨识，PID 调节

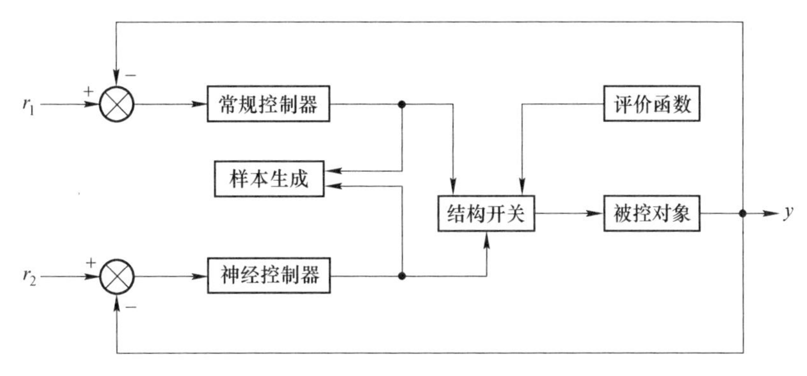

图 5-21　变结构控制系统

器继续使用常规调节器，系统辨识由神经网络承担；另一个是使用神经 PID 调节器。在系统中引入神经网络，相应需要学习训练。

神经预测控制系统也是用于非线性、不确定性被控对象的系统，预测未来将要发生的事情，将来的事不可能今天就能确定下来。但是，如同今天是过去的继续一样，将来是今天的继续。利用今天统计规律获得的知识能推导未来的发展趋势。例如江河湖堤的水文分析，未来一周或下个月的天气情况，十几、几十年后人口的出生状况、受教育状况、就业状况等等。在预测中引入基于学习训练的神经网络，将不逊于基于模糊逻辑的专家系统，不逊于基于规则的人工智能。

变结构控制系统中的神经网络需要面对变参数、变结构的被控对象，相应控制方案要复杂一些。在这种系统中，神经网络控制器和常规控制器并存，由于参数经常发生变化，神经网络的主要功能将是识别参数的变化，为常规控制器决策提供依据。在传统的模糊控制或人工智能中，跟踪参数变化主要使用条件转移语句，如类似于“IF...THEN...”或一些比较判别语句。这类语句本身并没有什么大的问题，问题是条件带有人为主观因素，因而存在较大的系统误差。神经网络在学习跟踪系统的参数变化时，时时注意到控制参数与系统结构之间的转换，在训练过程中记忆系统参数的内在联系，系统的初始化更加易于实施，效果更加明显，控制结果更加令人满意，系统的鲁棒性明显增强。系统内有一个样本生成环节，用于生成训练样本。由于参数随时变化，需要一个样本生成的参照系，参照系由神经网络承担。

5.3.3　神经网络辨识器的设计方法

系统辨识的基本任务就是寻求到满足一定条件的一个模型。由于“一组给定模型”是人为给出的，如果内部包括有与实际被控系统完全等价的模型，那么就完全用不着给出一组进行辨识。事实上不可能找到与被控系统完全等价的模型，只能选一个相近的模型。这样做当然也会带来一个问题，给出一组什么样的“给定模型”是至关重要的。如果给出的一组模型中，个个都与实际被控系统相差巨大，那么再好的神经辨识也无能为力。

系统辨识的等价准则是识别模型接近被控系统的误差标准，在数学上为一个误差的泛函，用 $J=\|e\|$ 表示，其中最常见的是 L_2 范数。

神经网络辨识器的设计方法在于确定一个原则，选择一个模型，将所选模型的动态、静态特性与被控系统的动态、静态特性最大限度地拟合。图5-22所示是神经辨识系统的基本结构。

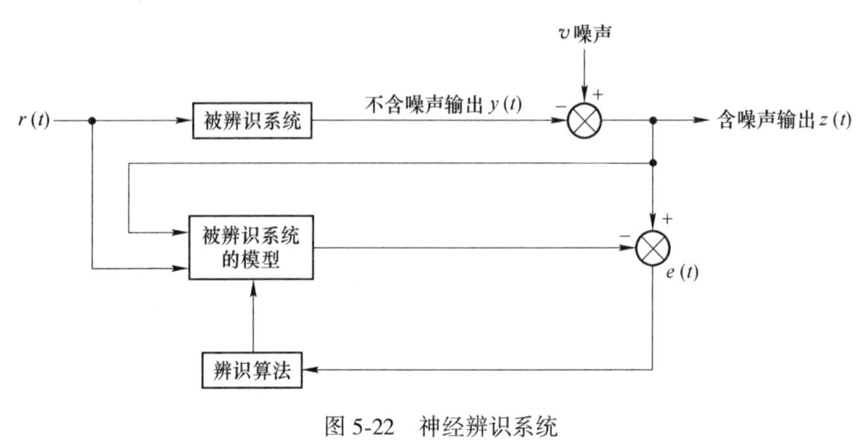

图5-22　神经辨识系统

5.4　神经网络控制应用实例

5.4.1　生化过程神经网络控制

人工神经网络已经较多地应用到各工业领域进行建模、控制和优化等，且取得了一定的效果。而在生化领域中，这些应用要相对落后一些。目前，多采用多层感知网络，这一类网络包括BP网络、循环BP网络、径向基网络、模糊神经网络等。其中以BP网络最为常用。

以下主要介绍人工神经网络在建模和状态估计的应用。

（1）过程建模和状态估计：过程模拟就是建立过程影响因素与过程状态参数间的对应关系，这种关系可以用一个函数 $Y = F(x)$ 来表示，BP网络就可以映射此类过程。

例如酶A的活性与温度、pH有关，该酶的活力模型可按照以下步骤建立。

1）按照一定的实验设计方法在不同温度、pH条件下进行实验，实验数据，即酶活力神经网络模型的训练样本与预测样本，见表5-4。

表5-4　酸活力实验记录

样本	实验编号	温度/℃	pH	酶活力/%
训练样本	1	10	6	0.018
	2	20	2	0.160
	3	30	8	0.967
	4	40	4	0.273
	5	50	10	0.014
预测样本	6	15	6	0.102
	7	26	8	0.824

2）确定神经网络结构，由于酶活力有两个影响因素，所以酶活力模型有两个输入变量（温度、pH）和一个输出变量（酶活力），相应神经网络有两个输入节点和一个输出节点，按照经验，取中间层节点数目为5，因此，网络为一个单隐含层BP网络，结构如图5-23所示。

3）用高斯法初始化网络权重。

4）利用训练样本训练网络，直到收敛，模型建立完成。

5）利用预测样本检测模型的预测精度。

网络训练5000次后，训练平均误差达到1%，网络收敛。预测结果见表5-5。

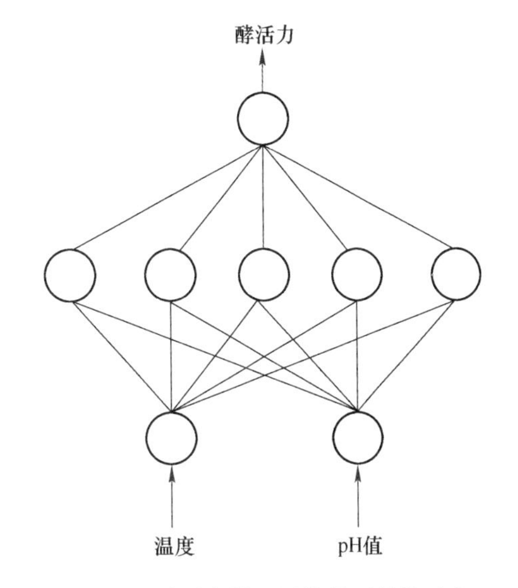

图5-23 酶活力神经网络模型结构示意

表5-5 网络模型预测结果与实验结果比较

实验编号	实验值	网络模型预测值
6	0.102	0.105
7	0.824	0.835

但是，由于实际发酵生产过程的复杂性，样本的选取和数据预处理十分重要，否则训练后的网络的预估和泛化能力较差。另外一个要特别注意的是网络的校正机构，即隔一段时间后，发现网络的预测精度有所下降且已经不能满足生产要求时，就必须根据实验室的化验值对网络的输出进行校正，或者对网络重新进行训练。

（2）发酵过程的优化：采用人工神经网络对谷氨酸发酵过程的优化操作进行研究。整个网络由模拟、优化子网络结合构成。其中，模拟子网络采用BP网络并用于作为发酵过程的数学模型，以获取过程初始条件和操纵变量对谷氨酸产量的影响，优化子网络采用两层的对应线性联结网络，可以进行单变量和多变量优化。

5.4.2 轧钢机钢板厚度的非线性神经网络控制

由于轧钢机具有变时滞和变增益等特征，故而适合应用神经网络方法来建模和控制。这里介绍的是采用神经网络控制冷轧机钢板厚度。

1. 轧钢机模型与控制问题

首先介绍轧钢过程中的基本物理描述以及和控制问题有关的变量。轧钢模型如图5-24所示。

（1）非线性模型

轧制特征可通过线性关系描述为：

$$f_w = M(h_a - s_0) \tag{5-105}$$

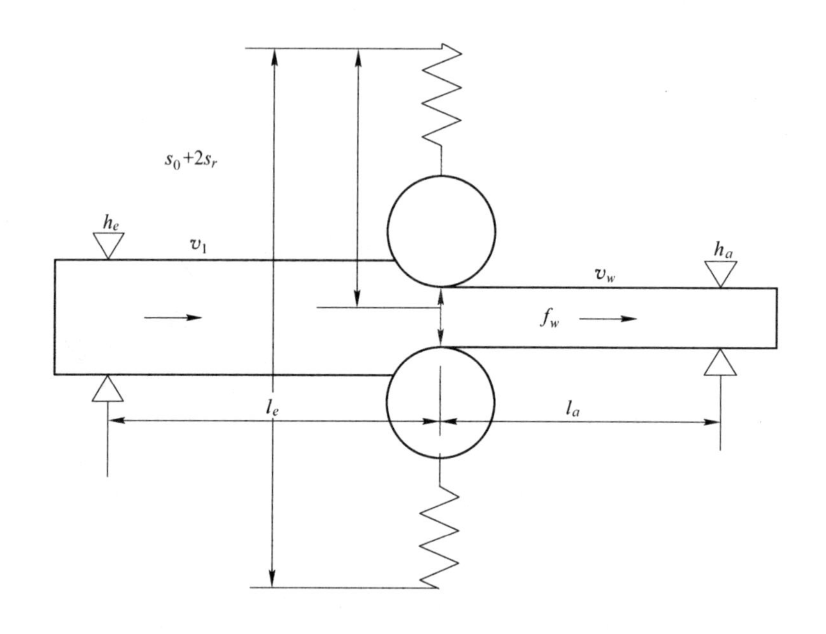

图 5-24　轧钢模型

（2）控制问题

基本控制目标是保持出口材料的厚度 h_a 。尽可能接近参考值 $h_{a_{ref}}$ ，控制变量是 s_0，可获得的测量变量是 h_e 、h_a 、v_1、v_w 和 f_w ，评价指标是误差平方在经历时间上的积分：

$$I = \int_{t=0}^{t_{\max}} (h_{a_{ref}} - h_{a(t)})^2 dt \tag{5-106}$$

（3）线性控制器

为了得到一个轧钢机的非线性如何影响一个基于线性化对象的传统 PI 控制器，采用图 5-25 给出的基本结构，包括一个反馈控制器和一个前馈控制器。

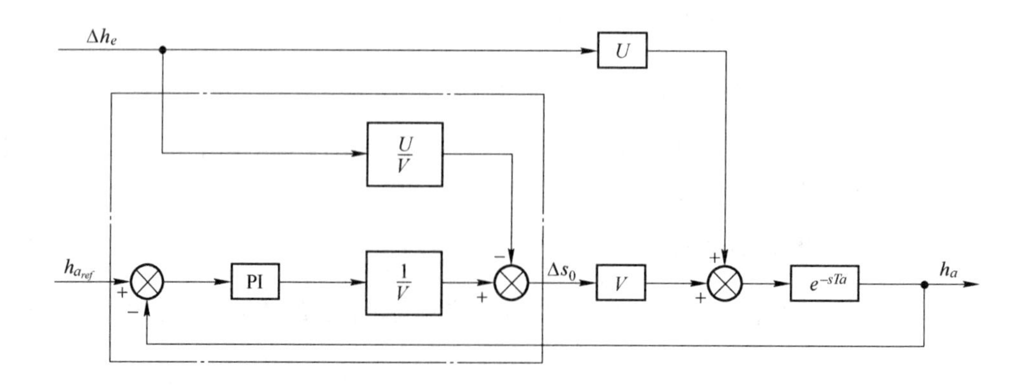

图 5-25　前馈和反馈线性控制器

2. 用神经网络进行对象建模

对象的特征可用一神经网络描述，这里应用径向基函数（RBF）网络的一个特殊形式 Gaussian 网络，它可描述为：

$$y = \sum_{i=1}^{N} c_i G(x, x_i, \delta_i) \tag{5-107}$$

对象的前向模型结构如图 5-26 所示，即是一个具有外部变时滞的变量间非线性关系的静态描述。

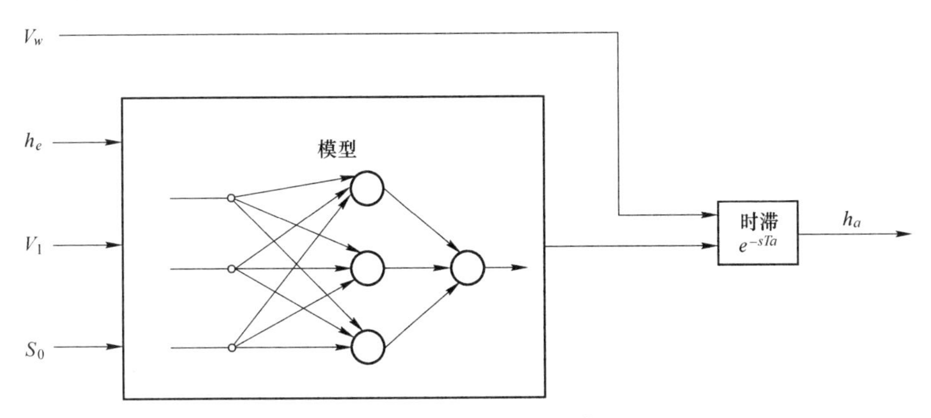

图 5-26 对象的神经网络模型

3. 应用神经网络模型的非线性控制

（1）逆模型开环控制

通过获得的逆态模型可用作开环控制器，如图 5-27 所示。

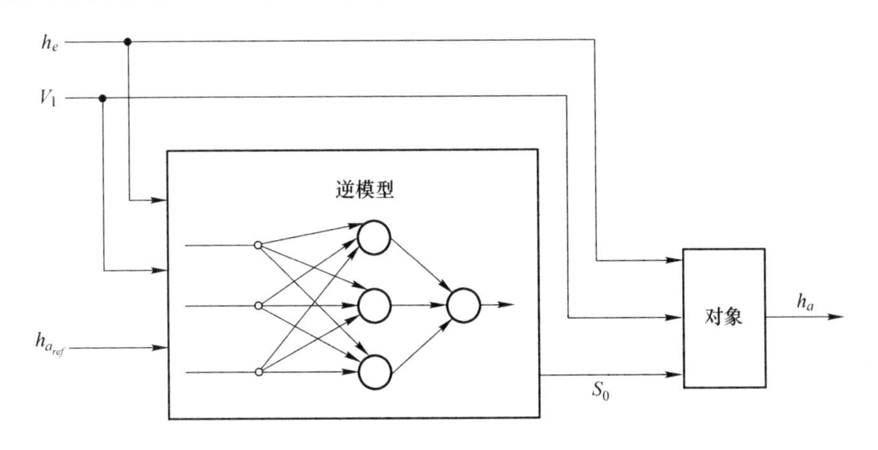

图 5-27 对象逆模型开环控制器

（2）PI 和对象逆模型闭环控制

在闭环控制的结构中，主要思想是通过在回路中引入系统的非线性逆模型，补偿对象变量间的非线性关系，如图 5-28 所示。

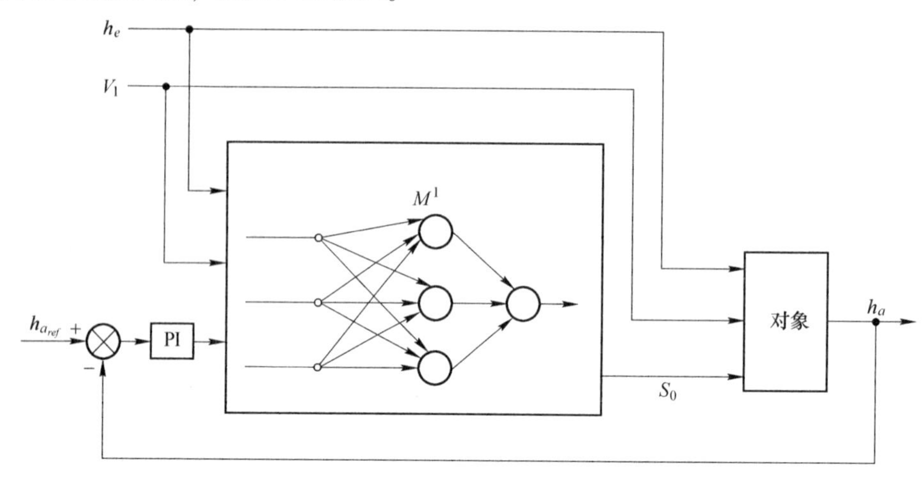

图 5-28　PI 和对象的神经网络逆模型闭环控制系统

（3）神经内模控制

内模控制（IMC）的一个重要特性是：若给定的对象和控制器是输入—输出稳定的，并有对象的一个精确模型，则闭环系统也将是输入—输出稳定的。神经内模控制如图 5-29 所示，模型与对象并行应用。

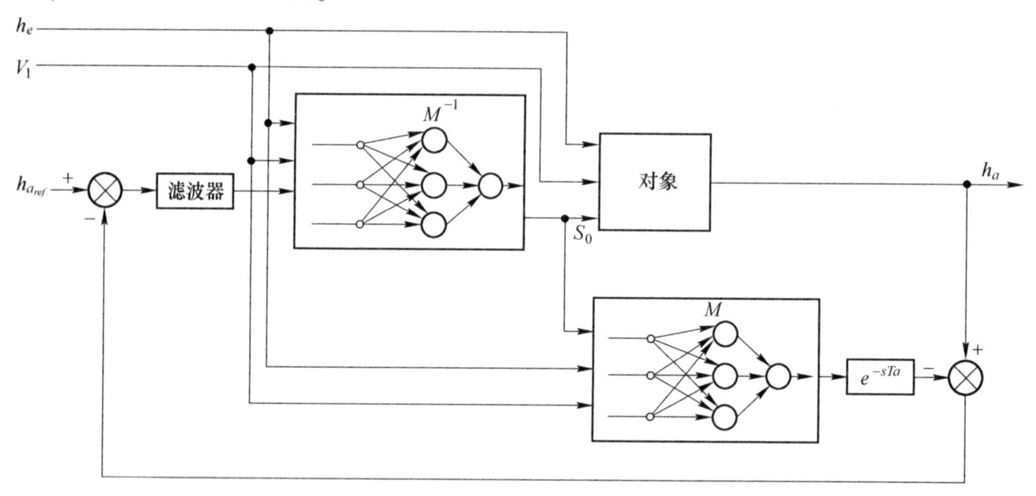

图 5-29　轧钢机的神经内模控制

（4）神经模型预测控制

模型预测控制（MPC）实际上应用了与内模控制相同的控制结构，控制器不是应用一个传递函数，而被当作一个有限动态优化过程来实现，它要求对任何时间步长 j 都能求解。MPC 的结构如图 5-30 所示。

4. 结果

所获得的控制结果如表 5-6 所示，所有基于神经网络的方法，比传统的 PI 控制都具有更好的特性。

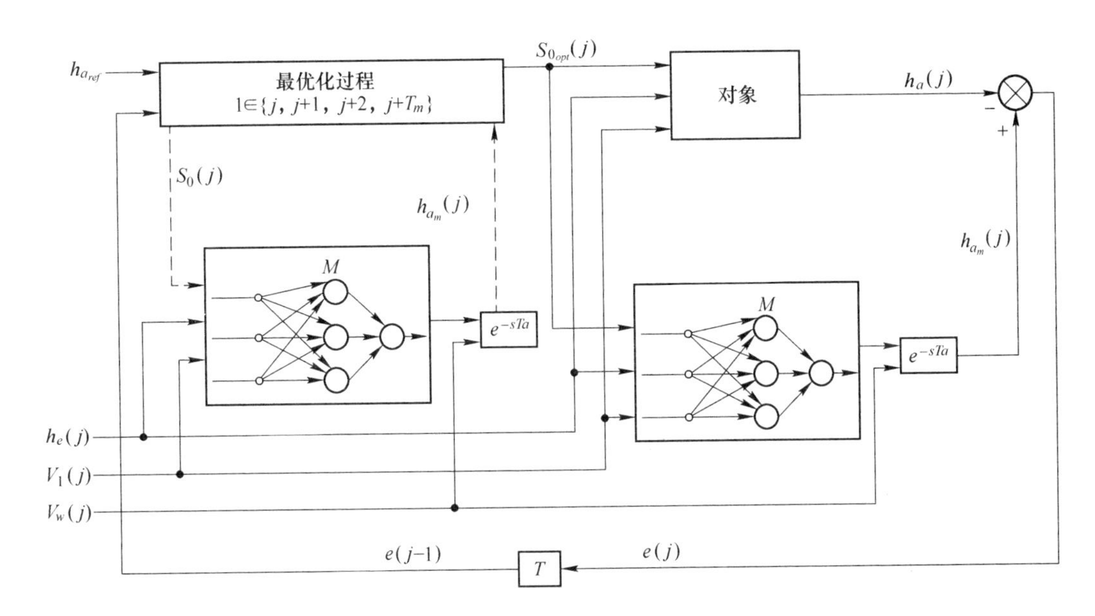

图 5-30 轧钢机神经模型预测控制

表 5-6 仿真结果比较

控 制 方 法	评价指标 I
PI 控制器	2.63×10^{-6}
逆模型开环控制	5.31×10^{-8}
PI 和对象逆模型控制	3.11×10^{-8}
I 和对象逆模型并行控制	2.79×10^{-8}
内模控制	3.64×10^{-8}
模型预测控制 $R=10^{-4}$	1.20×10^{-7}
模型预测控制 $R=10^{-6}$	2.87×10^{-8}

本 章 小 结

本章主要介绍神经网络控制。具体包括神经网络控制的基本概念、神经网络模型以及神经网络控制系统。本章要求重点掌握以下内容：

（1）神经网络的基本概念。包括生物神经元模型、人工神经元、神经网络常用的激发函数、神经网络的分类以及学习方法。

（2）神经网络模型。包括感知器、BP 神经网络、径向基函数网络、反馈神经网络的结构及应用。

（3）神经网络控制系统。包括神经网络控制器与辨识器的设计方法。

第6章　仿人智能控制

智能控制从根本上说就是要仿效人的智能行为进行控制和决策，即在宏观结构上和行为功能上对人的控制行为进行模拟。大量的控制实践表明，由于人脑的智能优势，在得到必要的训练后，由人实现的控制方法是接近最优的，在许多情况下，手动控制的效果比自动控制好很多。如空中格斗的飞机操纵、公路上的汽车驾驶、运用自如的杂技与体操表演，以及一些复杂的工业过程和大系统的控制。对于复杂而未知的被控对象，能熟练操作该对象的专家的手动控制是一般控制机器所无法比拟的。仿人智能控制系统的主导思想就是，在对人体控制结构宏观模拟的基础上，进一步研究人的控制行为功能，并加以模拟。

传统的比例、积分、微分控制就是著名的PID控制，已被广泛用于工业生产过程。但是其比例、积分和微分调节参数是采用试验加试凑的方法由人工整定的。这种整定工作不仅需要熟练的技巧，而且还往往相当费时。更为重要的是，当被控对象特性发生变化，需要对调节器参数进行相应调整时，PID调节器没有这种自适应能力，只能依靠人工重新整定参数。由于生产过程的连续性以及参数整定所需的时间，这种整定实际很难进行，甚至几乎是不可能的。众所周知，调节器参数的整定和控制质量是直接有关的，而控制质量往往意味着显著的经济效益。因此，调节参数的自整定已成为控制工程的重要研究课题。近年来出现了专家自适应PID控制器或称为智能PID控制器。本章从分析传统的PID控制的实质出发，引入仿人智能控制的基本思想，并介绍了多种仿人智能控制形式。

6.1　仿人智能控制的基本原理

传统的PID控制是一种反馈控制，存在着按偏差的比例、积分和微分三种控制作用。比例控制的特点是，偏差一旦产生，控制器立即就有控制作用，使被控制量朝着减小偏差的方向变化，控制作用的强弱取决于比例系数 K_P。但 K_P 过大时，会使闭环系统不稳定。积分控制的特点是，它能对偏差进行记忆并积分，有利于消除静差，但作用太强会使控制的动态性能变差，以至于使系统不稳定。微分控制的特点是，它能敏感出偏差的变化趋势。增大微分控制作用可以加快系统响应，使超调量减少，但会使系统抑制干扰的能力降低。

根据不同被控对象适当地整定PID的三个参数，可以获得比较满意的控制效果。实践证明，这种整定参数的过程，实际上是对比例、积分和微分三部分控制作用的折中。应该指出，虽然存在许多PID参数的整定方法及经验公式，但是这种整定不仅费时间，且参数之间相互影响，往往难于收到最优效果。

对于大多数工业被控对象来说，由于它本身固有的惯性、纯滞后特性，以及控制系统中被控对象（或过程）动力学特性的内部不确定性和外部环境扰动的不确定性，所有这些因素都给系统控制带来困难，使控制问题复杂化。采用上述线性组合的PID控制难以取得满意的控制效果。

从物理本质上看，控制过程是一种信息处理及能量转移的过程。因此，提高信息处理能力，以最短的时间或最小的代价实现系统按预定的规律进行能量转移，就是控制系统设计所要解决的中心问题。

下面我们来分析一下 PID 控制中的三种控制作用的实质以及它们的功能与人的控制思维的某种智能差异，从而看出控制规律的智能化发展趋势。

（1）比例作用。实际上是一种线性放大（或缩小）作用，它有些类似于人脑的想象功能，人可以把一个量（或物体、事物）想象得大一些或小一些，但人的想象力具有非线性和时变性，这一点是常规的比例控制作用所不具备的。

（2）积分作用。实际上是对误差信号的记忆功能。人脑的记忆功能是人类的一种基本智能，但是人的记忆功能具有某种选择性，人总是有选择地记忆某些有用的信息，而遗忘无用的信息。而常规 PID 控制中的积分作用，不加选择地“记忆”了误差的存在及其误差变化的信息，其中也包含了对控制不利的信息，因此，这种积分作用缺乏智能性。

（3）微分作用。体现了某种信号的变化趋势，这种作用类似于人的预见性，但是常规 PID 控制中的微分作用的“预见性”缺乏人的远见卓识的预见性，因为它对变化快的信号敏感，而不善于预见变化缓慢信号的变化趋势。

从上述分析可以看出，常规 PID 控制中的比例、积分、微分三种控制作用，对于获得良好的控制来说是必要的，但还不是充分的条件。

应该指出，为了获得满意的控制系统性能，一般说来，单纯采用线性控制方式还是不够的，还必须引进一些非线性控制方式。因为在系统动态过程及暂态过程中，对于比例控制、积分控制和微分控制作用的要求是不同的。所以，在控制过程中要根据系统的动态特征和行为，采取“灵活机动”的有效控制方式，如采取变增益（增益适应）、智能积分（非线性积分）等多种途径。实现这些途径的重要方式是借助于专家经验、启发式直观判断和直觉推理规则。这样的控制决策有利于解决控制系统中的稳定性与准确性的矛盾，又能增强系统对不确定性因素的适应性，即鲁棒性。这样的 PID 控制器，已经同常规 PID 控制器有了质的区别，这一类型的 PID 控制已成为智能控制的一个研究方向，即智能或专家自适应 PID 控制。

仿人智能控制研究的基本方法是：从递阶智能控制系统的最低层（运行控制级）着手，充分应用已有的控制理论成果和计算机仿真结果，直接对人的控制经验、技巧和各种直觉推理逻辑进行推测、概括和总结；并将其编制成各种简单实用、精度高、能实时运行的控制算法，并直接应用于实际控制系统，进而建立起系统的仿人智能控制理论体系。这种计算机控制算法，以人对控制对象的观察、记忆、决策等智能的模仿作为基础，根据被控量、偏差以及偏差的变化趋势来确定控制策略。从人工智能问题求解的基本观点来看，一个控制系统的运行，实际上就是控制机构对控制问题的一个求解过程。因此，仿人智能控制研究的主要目标不是被控对象，而是控制器本身如何对控制专家结构和行为的模拟。若用计算机控制一个动态系统，如何根据输入、输出的信息来识别被控系统所处的状态、动态特征及行为，并使计真机借助于这些特征变量更好地实现仿人智能控制，是仿人智能控制的一个重要问题。

仿人智能控制理论认为，智能控制为对控制问题的求解是两次映射的信息处理过程，即从“认知”到“判断”的定性推理过程和从“判断”到“操作”的定量控制过程。仿人智能控制不仅具有其他智能控制（如：模糊控制，专家控制等）方法那样的并行、逻辑控制和语言控制的特点，而且还具有以数学模型为基础的传统控制的解析定量控制的特点。总结人的控制经验，模仿人的控制行为，以产生式规则描述其在控制方面的启发与直觉推理行为。仿人智能控制在结构和功能上具有以下基本特征：

（1）分级递阶的信息处理和决策机构（高阶产生式系统结构）；

（2）在线的特征辨识和特征记忆；

（3）开闭环控制结合和定性决策与定量控制结合的多模态控制；

（4）启发式和直觉推理逻辑的应用。

仿人智能控制在结构上具有分级递阶的控制结构，遵循“智能增加而相应精度降低”（IPDI）原则。不同于 Saridis 的分级递阶结构理论，仿人智能控制认为：其最低层（运行控制级）不仅仅由常规控制器构成，而应具有一定智能，以满足实时、高速、高精度的控制要求。正如 1992 年美国国家自然科学基金会与美国电力科学研究院联合发起的研究智能控制的倡议书中所强调那样：“研究工作应开辟新途径去提出问题，去设计智能控制器，而不是把传统的控制方法（如较低层的 PID 控制器）与高层的以规则为基础的控制器简单而松散地联系在一起”。

6.2　仿人智能控制器的原型

6.2.1　基本算法和静特性

早在 1979 年，重庆大学周其鉴、柏建国等人就认为，以 PID 为代表的线性调节规律远非尽善尽美，未能妥善地解决闭环系统的稳定性与准确性、快速性之间的矛盾是它的一大弱点；采用积分作用解决稳态误差，必然增大系统的相位滞后，严重地削弱系统响应速度，这是它的另一缺陷。采用现有的非线性控制，也只能在某一特定条件下，改善系统的品质，其使用范围有限，就是运用全状态反馈控制模式，由于积分的采用也会使其响应速度大受影响。

基于上述分析，周其鉴等人运用“保持”特性取代积分作用，有效地消除了积分作用带来的相位滞后和积分饱和问题。他们大胆地设想将线性与非线性的特点有机地融为一体，使人为的非线性元件能适用于叠加原理，并提出了用“抑制”作用来解决控制系统的稳定性与准确性、快速性之间的矛盾。他们在苏联控制学者如 Φephep. B. 提出的半比例控制器的基础上，提出了一种新的具有极值采样保持形式的控制器，并以此为基础发展成为一种仿人智能控制器。仿人智能控制器的基本算法以熟练操作者的观察、决策等智力行为做基础，根据被调量偏差及变化趋势决定控制策略，因此它接近于人的思维方式。当控制系统的控制误差趋于增大时，人控制器发出强烈的控制作用，抑制误差的增加；而当误差有回零趋势，开始下降时，人控制器减小控制作用，等待观察系统的变化；同时，控制器不断地记录偏差的极值，校正控制器的控制点，以适应变化的要求。仿人智能控制器的原型算法为：

$$u=\begin{cases}K_Pe+kK_P\sum\limits_{i=1}^{n-1}e_{m,\ i} & (e\cdot\dot{e}>0\cup e=0\cap\dot{e}\neq 0)\\ kK_P\sum\limits_{i=1}^{n}e_{m,\ i} & (e\cdot\dot{e}<0\cup\dot{e}=0)\end{cases}\tag{6-1}$$

式中 u ——控制输出；

K_P ——比例系数；

k ——抑制系数；

e ——误差；

$\dot{e}$ ——误差变化率；

$e_{m,\ i}$ ——误差第 i 次峰值。

图 6-1 表示误差相平面上的特征及相应的控制模态，当系统误差处于误差相平面的第一与第三象限，即 $e\cdot\dot{e}>0$ 或 $e=0\cap\dot{e}\neq 0$ 时，仿人智能控制器工作于比例控制模态，而当误差处于第二与第四象限，即 $e\cdot\dot{e}<0\cup\dot{e}=0$ 时，仿人智能控制器工作于保持控制模态。

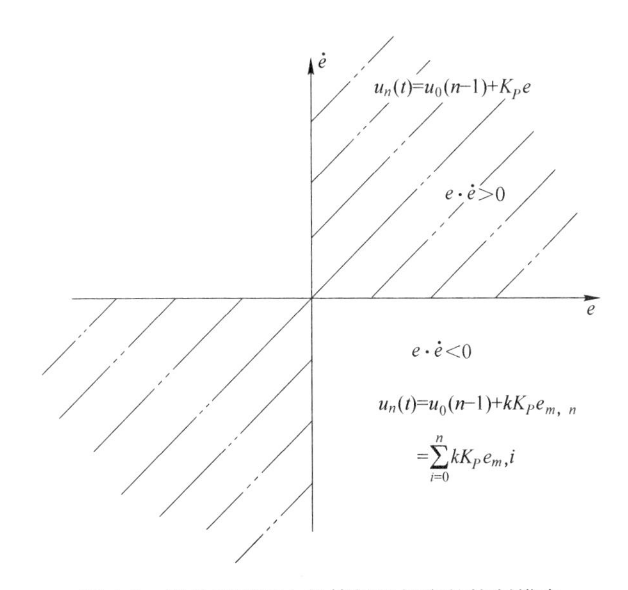

图 6-1　误差相平面上的特征及相应的控制模态

进一步分析仿人智能控制器原型的输入输出关系，可以得到图 6-2 所示仿人智能控制器原型的静态特性分析。

1. 图 6-2（a）

保持模态中抑制系数 k 偏大时控制器的静特性图。

（1）oa 段——比例控制模式

当系统出现误差且误差趋向增加时，误差与误差导数的乘积大于零，即 $e\cdot\dot{e}>0$，控制器输出 u 与误差 e 成比例关系。这时的比例放大系数为 K_P，即 $u=K_Pe$，其中，比例增

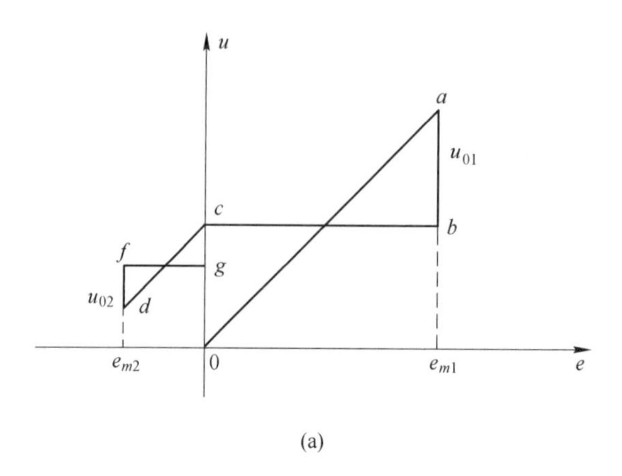

(a)

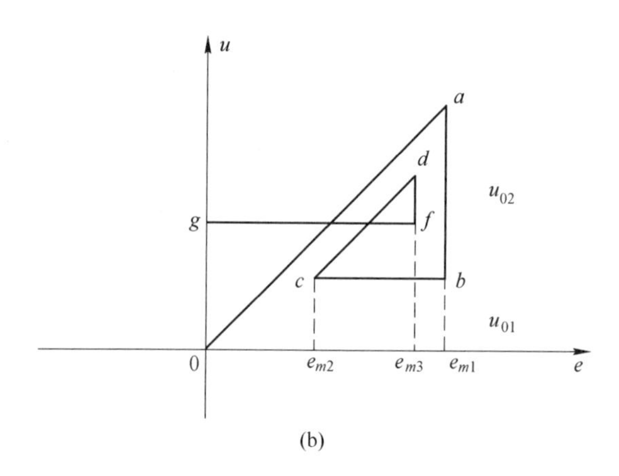

(b)

图 6-2　仿人智能控制器原型的静态特性

（a）抑制系数 k 偏大；（b）抑制系数 k 偏小

益 K_P 可以大大超过传统比例控制器所允许的数值。比例控制模态运行在 $e=0$ 至 $e=e_{m1}$ 区间，e_{m1} 为误差的第1次极值。当 e 值达到了 e_{m1} 后，该闭环负反馈比例控制过程立即结束，开始进入 ab 段的增益抑制过程。

（2）ab 段——增益抑制

当误差 e 等于极值 e_{m1} 时，控制模态切换为增益抑制保持模态，保持值 u_{01} 等于当时控制器输出 $K_P e_{m1}$ 乘以抑制系数 k，即 $u_{01}=kK_P e_{m1}$，这时控制器工作在 ab 段。即当系统误差达到极值 e_{m1} 以后，控制器施加一种阻尼作用，原比例增益 K_P 乘上一个小于1的抑制系数 k，使其增益降低。增益抑制控制有助于改善系统品质和增加系统的稳定裕度。

（3）bc 段——开环保持模式

当 ab 段的过程结束，系统立刻进入保持模式，并在 $e\cdot\dot{e}>0$ 的整个过程中，即在图中 bc 段的整个过程中，控制器输出都为保持值 u_{01}。在此过程中，误差从极值 e_{m1} 减小并向原点趋近，整个保持过程 bc 段是一根平行于 e 轴的水平线。

上述的 $oa—ab—bc$ 段，完成了控制器的第 1 个控制周期，即一个“比例—抑制—保持”的控制过程。

（4）$cd—df—fg$ 段——第 2 个控制周期

如果抑制系数 k 偏大，误差将沿 bc 段变化，向原点趋近，并过零朝负方向变化。此时控制器的控制模态将又切换为比例模态，并工作于图中 cd 段。控制器从 cd 段开始第 2 个控制周期，cd 段为反向的比例控制。当 e 值越过 u 轴变为负值时，系统在反向比例闭环控制作用下，将使误差再次产生 1 个负方向的极值，即 e_{m2}。对于一个稳定控制系统而言，一般有 $|e_{m2}| < |e_{m1}|$。当误差到达极值 e_{m2} 后，控制器又切换为保持模态，并且在 $e \cdot \dot{e} < 0$ 的整个过程中，即在 fg 段中，控制器输出保持值 u_{02}，且 $u_{02} = kK_P(e_{m1} + e_{m2})$。如果系统误差到此能稳定在零上，控制过程就到此结束。否则控制器将继续 $abcd$ 和 $cdfg$ 这样的过程，即第 3 控制周期，第 4 控制周期，……，第 n 控制周期，直至误差为零。

2. 图 6-2（b）

保持模态中抑制系数 k 偏小时控制器的静特性图。

（1）$oa—ab—bc$ 段——第 1 个控制周期

此时的工作情况与图 6-2（a）中保持模态抑制系数 k 偏大时一样，只是由于保持模态抑制系数 k 偏小，被抑制后的控制作用 u_{01} 不足以使误差回到零，而在 c 点形成误差输出的极小值 e_{m2}，并再一次向误差增加的方向变化，误差与误差导数的乘积将又开始大于零。

（2）$cd—df—fg$ 段——第 2 个控制周期

当误差沿 bc 段变化到 c 点，形成误差输出极小值 e_{m2} 后，控制器的控制模态又将切换为比例模态，此时控制器工作于图中 cd 段。控制器从 cd 段开始经 $df—fg$ 段形成第 2 个控制周期。同样，对于一个稳定控制系统而言，一般来说 $|e_{m2}| < |e_{m1}|$。当误差到达极值 e_{m2} 后，控制器再切换为保持模态，并且在 $e \cdot \dot{e} < 0$ 的整个过程中，即 fg 段中，控制器输出保持值 u_{02}，且 $u_{02} = kK_P(e_{m1} + e_{m2})$。如果系统误差到此稳定在零上，控制过程也到此为止，否则控制器将继续 $abcd$ 和 $cdfg$ 这样的过程，即第 3 控制周期，第 4 控制周期，……，第 n 控制周期，直至误差为零。与图 6-2（a）不同的是在整个过程中系统的误差都不改变符号。

（3）k 取的恰到好处时

应当指出当抑制系数 k 取的恰到好处时，图中的控制过程将在 c 点结束，即整个控制过程只有一个控制周期。当然这是最为理想的情况。

6.2.2 动态特性分析

图 6-3 是仿人智能控制器原型的动态特性图。它表明了当系统受到阶跃干扰的作用，输出响应偏离给定值时，仿人智能控制器在误差输入的作用下，产生的控制输出与误差响应的对应关系。当抑制系数 k 取得偏大时，如图 6-3（a）所示，误差的动态响应将呈现过零的衰减振荡形式。控制器相应的输出则呈现出以保持值 u_{0i} 为中心的反转锯齿状。当误差向偏离给定值的方向变化时，控制器输出将在保持值 u_{0i} 上叠加一个与误差成比例的

控制增量，即 $u = u_{0i} + K_P e$ 。当误差的变化指向给定值时，控制器输出保持值 u_{0i} ，随着误差曲线的衰减，保持值 u_{0i} 将趋向于一个稳定的值。当抑制系数 k 取得偏小时，如图 6-3（b)所示，误差的动态响应曲线将呈现为不过零的衰减振荡形式。控制器输出则呈现出在保持值 u_{0i} 一边的锯齿状曲线。同样当误差向偏离给定值的方向变化时，控制器输出在保持值 u_{0i} 上，叠加一个与误差成比例的控制增量 $K_P e$ ，即 $u = u_{0i} + K_P e$ 。同样当误差的变化指向给定值时，控制器输出保持值 u_{0i} ，随着误差曲线的衰减，保持值 u_{0i} 也趋向一个稳定的值。可以想象当抑制系数 k 取得合适时，误差曲线将不会呈现振荡，而一次回复到零位，这当然是最为理想的控制。

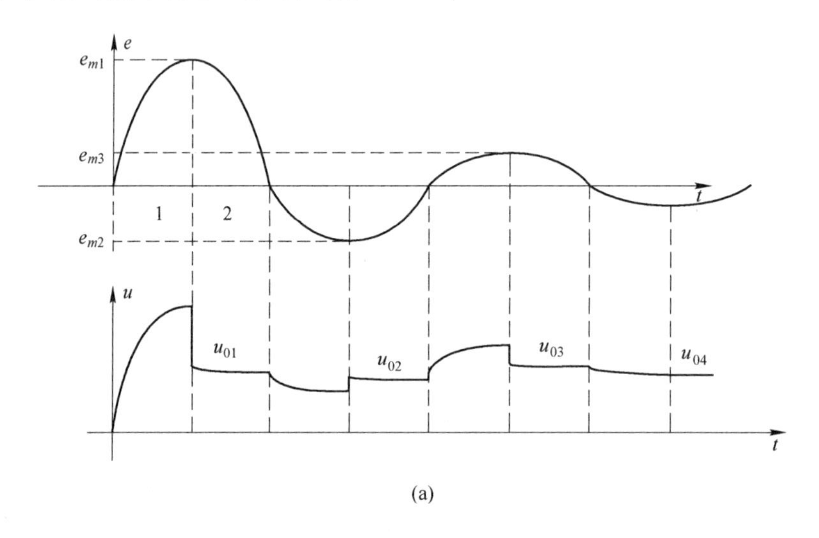

(a)

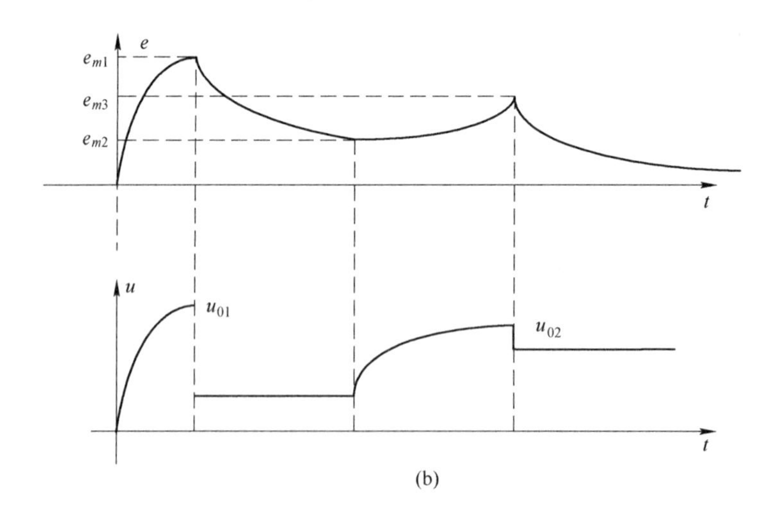

(b)

图 6-3　仿人智能控制器原型的动态特性

（a）抑制系数 k 偏大；（b）抑制系数 k 偏小

以下进一步分析比较仿人智能控制器原型与最常用的 PID 控制器的动态特性，如图6-4 所示。

（1）当系统给定值发生阶跃变化，系统输出小于给定值，即误差 $e > 0$ 时，仿人智能控制器采取磅—磅控制，相应图中 0— a 有 $u_{HSIC} > u_{PID}$（HSIC 为仿人智能控制，下同），即仿人智能控制有更快的响应速度。

（2）当系统输出出现超调，并在误差到达极值 e_{m1} 之前时（即图中 a—b 段），由于 HSIC 容许选取比 PID 大得多的比例系数，故 u_{HSIC} 以很快的速度下降到比 u_{PID} 更小的值，即仿人智能控制可以很容易获得较小的超调量。

（3）当系统输出到达超调极值，并在误差到达极值 e_{m1} 之时（即 $\dot{e}=0$），仿人智能控制模仿有经验的操作者，不希望 u 在负方向上取值过大，以致引起较大的回调甚至多次振荡。HSIC 采用保持模态，并通过抑制系数 k 的作用，使得 u_{HSIC} 以一个适当的值保持，控制误差 e 的变化率不致过大，从而有较 PID 控制更小的振荡。这种保持作用有积分的特点，但由于这种“记忆”作用仅对极值点起作用，它既可以消除静差，又不会造成控制器像 PID 那样出现积分饱和。以后，系统输出出现回调时，u_{HSIC} 又以较 u_{PID} 绝对值更大的控制量去控制系统，这样一来，快速调节（比例）与抑制作用（保持）的交替进行，使得仿人智能控制有比 PID 控制更快的响应速度和更小的超调量。仿人智能控制原型解决了在常规控制中认为是不可调和的矛盾和难以解决的问题。因此，仿人智能控制原型有比常规控制更好的控制品质。

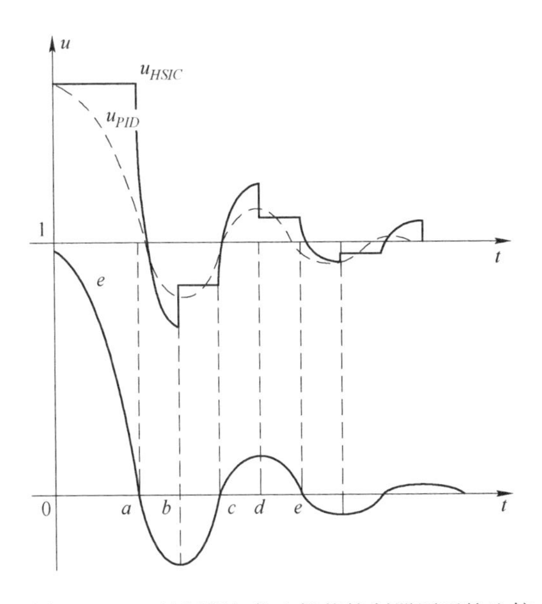

图 6-4 PID 控制器与仿人智能控制器原型的比较

6.2.3 仿人智能控制器原型中的智能属性

观察了解人的智能控制特性，仔细分析以上仿人智能控制算法，我们会发现仿人智能控制器原型中，有着一些在传统控制算法中没有的智能属性。首先，一般说来，在传统控制中控制器的输入、输出之间是一种单映射关系，而仿人智能控制器原型是一种双映射关系，也就是一种双模态控制，一种开闭环交替的控制模式。这与人控制器在不同情况下，采用不同控制策略的多模态控制方式类似。俗话说“兵来将挡，水来土掩”。其次，在仿人智能控制原型算法中，控制策略与控制模态的选择和确定，是依据误差变化趋势的特征进行的，而这些确定误差变化趋势特征的集合，反映在误差相平面上的全部特征，构成了整个控制决策的依据，我们称之为特征模型。这与人控制器拥有并依据先验知识进行控制的方式类似。依据特征模型选择确定控制模态，这种决策推理和信息处理的行为与人的直觉推理过程，即从“认知到判断”再从“判断到操作”的决策推理过程十分接近。最后，在仿人智能控制器原型的保持模态中，对误差极值的记忆和利用，也与人的记忆方式及对记忆的利用类似，我们可以称之为特征记忆。

综上所述，由于仿人智能控制器原型具有以上这些智能属性，因而具有优于传统控制的控制性能。对它的智能属性的分析与认识，并进一步扩展发挥，对我们如何建立仿人智能控制的理论体系，有着十分重要的启示。

6.3　仿人智能控制系统的设计方法

本节从仿人智能控制器的设计角度出发，介绍了仿人智能控制系统设计的依据——系统的瞬态性能指标，论述了系统设计必需的被控对象的“类等效”简化模型，并介绍了仿人智能控制器的设计方法和设计步骤。

6.3.1　仿人智能控制系统的性能指标

动态控制系统的控制性能，主要从快速性、稳定性和精确性这三方面去描述和衡量，特别是对它们的定量描述，构成了表现控制系统性能优良度的主要指标。性能指标是控制器和系统设计的依据。因为控制系统是动态的，在传统控制理论中，性能指标可以根据特定的阶跃输入的瞬态响应来定义，或根据系统的频域响应来定义，也可以从系统误差在某种条件下的泛函积分的最小来建立用于评价的性能指标。

经典的时域性能指标最直观，超调量 M_P 表明了系统控制的平稳程度，即系统的相对稳定性。上升时间 T_r 和调节时间 T_s 是衡量系统快速性程度的参数，而稳态误差 E_s 描述了系统的静态精度。但在经典的时域设计中，除线性二阶系统的设计可以用公式直接把它们计算出来以外，一般说来，经典时域性能指标只能作为最后调整的工具，而且在设计中三方面的性能指标难以兼顾。

传统控制中以经典的时域性能指标和最优控制的误差泛函积分评价指标来描述控制系统控制性能的好坏。这些性能指标对于控制系统的设计十分重要，但也存在着一定局限性。经典的时域性能指标非常直观，但不能直接参与设计，只能作为设计结束后的评价。传统的单模态控制方式在设计时无法兼顾所有的指标。最优控制的误差泛函积分评价指标虽然可直接参与设计，但只能在各经典的时域性能指标中折中。特别应当指出的是，传统控制系统的设计必须基于对象精确的数学模型。

仿人智能控制器基于特征模型、特征辨识的多模态控制方式为实现各经典时域性能指标之间的兼顾创建了基础。在仿人智能控制器的设计中，为设计特征模型和控制模态集，并整定它们中的参数，建立一种能够依据系统瞬态响应，判断系统当前状态与目标状态的差距以及当前运行趋势好坏的指标，并作为设计用的目标函数非常必要。这就是一种能够评价系统运行瞬态品质的性能指标。一个能够兼顾各经典时域性能指标的控制系统，其动态过渡过程在误差时间相空间中将画出一条理想的误差时相轨迹。这条理想误差时相轨迹构成了设计和实时控制过程中的瞬态性能指标。图 6-5 表明了与图 6-6 对应的理想的系统闭环阶跃响应相对应的误差时相轨迹。仿人智能控制器特征模型与控制（决策）模态集的设计的目标就是使系统的动态响应在理想的误差时相轨迹上滑动。

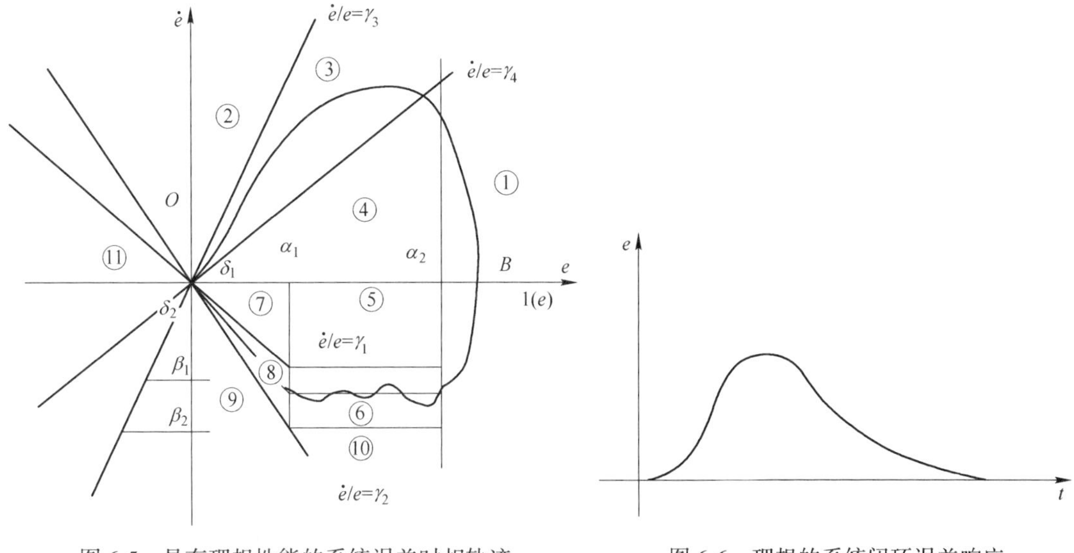

图 6-5　具有理想性能的系统误差时相轨迹　　　图 6-6　理想的系统闭环误差响应

瞬态性能指标的定义：一个能评价智能控制系统运行的瞬态品质，并最终能兼顾系统快速性、稳定性和精确性指标要求的理想误差时相轨迹称之为智能控制系统的瞬态性能指标。

无论是定值控制还是伺服控制，一个动态控制过程总会在 $(e \rightarrow \dot{e} \rightarrow t)$ 空间中画出一条轨迹，品质好的控制画出的是一条理想的轨迹。如果我们以这条理想轨迹作为设计智能控制器的目标，应该说轨迹上的每一点都可视为控制过程中需要实现的瞬态指标。这条理想的误差时相轨迹可以分别向 $(e \rightarrow t)$、$(\dot{e} \rightarrow t)$、$(e \rightarrow \dot{e})$ 三个平面投影，设计者可以根据分析的侧重点，考虑这三条投影曲线中的一条或几条作为设计用的瞬态指标，以简化设计的目标。

(1) 在系统无纯滞后时，考虑这条轨迹在 $(e \rightarrow \dot{e})$ 相平面上的投影，设计即可在 $(e \rightarrow \dot{e})$ 相平面上进行。

图 6-7 中曲线（a）+（b）表明了一个理想的定值控制过程；曲线（b）则为一个理想伺服控制的动态过程。如果以这样的运动轨迹作为设计智能控制器的目标，理想的情况就是，控制器迫使系统的动态特性在该轨迹上滑动。但由于被控对象具有不确定性且又不确知，实际上运动的轨迹只可能处在这条理想曲线周围的一曲柱中（对 $(e \rightarrow \dot{e})$ 相平面而言应是一曲带中）。因此设计的任务就变成根据这一曲柱在误差时相空间的位置划分出特征状态空间，并以迫使系统状态的运动轨迹始终运动在曲柱体内为目标，设计出与特征状态对应的控制与决策模态。

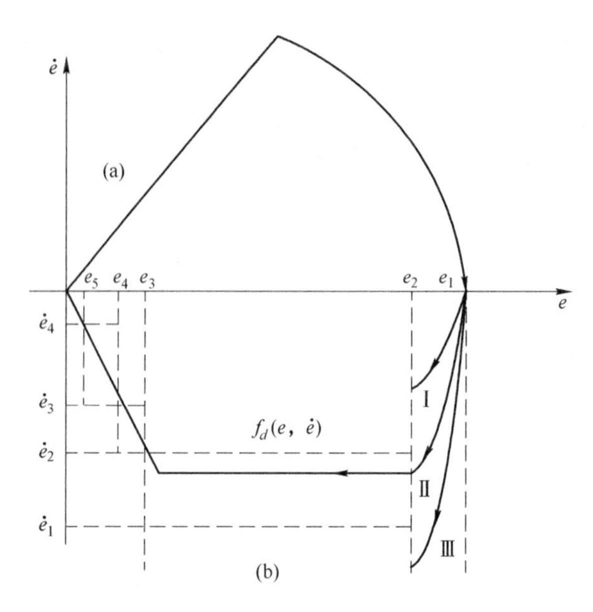

图 6-7　设计 HSIC 的误差相平面图

（2）当系统有纯滞后时，可以考虑这条理想轨迹对（$e \to t$）面的投影，设计就可以在（$e \to t$）平面上进行。

图 6-8 为一对系统的快速性有要求，即对上升时间有一定限制，同时对超调量和峰值时间也有要求的伺服跟踪控制系统的理想误差曲线。定义上升时间 t_r 为误差达到初始误差 e_0 的 5%的时刻，并定义误差曲线上相应的点 A 为上升时间特征点。同时，将 A 点与误差曲线起点（0，e_0）相连所确定的直线定义为第一上界特征直线 L_{1u}，将 L_{1u}与时间轴 t 所成锐角的角平分线定义为第一下界特征直线 L_{1l}并规定理想误差曲线介于 L_{1u}与 L_{1l}之间。

进一步对于时间段（t_r，t_p）进行分析，与（o，t_r）段类似，引入峰值特征点 B、第二上界特征直线 L_{2u}、第二下界特征直线 L_{2l}的概念，如图 6-8 所示，也规定理想误差曲线介于 L_{2u}与 L_{2l}之间。并以它们对信息空间的划分，建立起相应的特征模型和控制模态集。

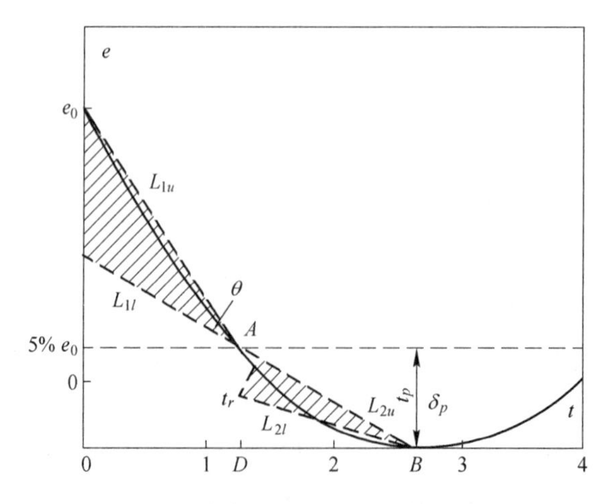

图 6-8　设计 HSIC 的误差时间平面图

6.3.2 被控对象的“类等效”简化模型

大多数的实际对象都具有非线性、时变性和不确定性，要获得准确而又便于智能控制设计方法利用的模型非常困难。但是，控制系统数学模型的“类等效”模型简化方法为设计者提供了一个十分有效的途径。具有可调参数的控制系统数学模型简化理论表明，尽管在许多情况下被控对象的全特性不确知，但其所具有的非线性、时变性和不确定性对控制的影响总可以用一些典型的非线性环节加上被控对象的“类等效”的简化线性模型，在结构和参数上的变化来近似模拟。根据对被控对象的定性了解，建立起对象的结构模型，并根据对某些反映被控对象动态特性的主要特征量（例如：某些非线性特征、纯滞后、等效时滞和增益等）的模糊估计确定对象模型结构和参数可能变化的大致范围。

设一个带有纯滞后环节的高阶线性动态系统的传递函数形式为：

$$
\begin{aligned}
G(s) &= \frac{K(1 + a_1 s + \cdots + a_m s^m)}{(1 + b_1 s + \cdots + b_n s^n)} \mathrm{e}^{-\tau s} \\
&= \frac{K(1 + \tau_1 s)\cdots(1 + \tau_m s)}{(1 + T_1 s)\cdots(1 + T_n s)} \mathrm{e}^{-\tau s}
\end{aligned}
\tag{6-2}
$$

则描述系统动态特性的时域和频域的主要特征量有：

增益（Gain）K：表示系统对零频（直流）输入信号的放大能力，决定了稳定系统域中单位阶跃响应的稳态值，即：

$$K = \lim_{s \to 0} G(s) \tag{6-3}$$

纯滞后（Dead Time）τ：表示系统对输入信号的不应期。

等效时滞（Equivalent Dead Time）D：表示系统对输入信号的滞后特性。由下述积分定义表示：

$$D = \int_0^{\infty} \left(u(t) - \frac{g(t)}{K} \right) \mathrm{d}t \tag{6-4}$$

式中，$u(t)$ 为单位阶跃输入函数，$g(t)$ 为 $G(s)$ 的单位阶跃响应。D 是系统中所有滞后（积分）因素和所有超前（微分）因素之差，其与传递函数的关系为：

$$D = b_1 - a_1 = \sum_{j=1}^{n} T_j - \sum_{i=1}^{m} \tau_i = -\left[\frac{\mathrm{d}}{\mathrm{d}\omega} \angle G(\mathrm{j}\omega) \right]_{\omega=0} \tag{6-5}$$

主要频率响应数据（带宽频率、截止频率、穿越频率、转角频率及其相应的相位角）：反映系统对不同频率信号的通过能力，以及系统的相对稳定性。

被控对象的“类等效”简化模型应该在增益、纯滞后、等效时滞和某些主要频率响应数据上与对象一致。因此，“类等效”简化模型最大的特点是，它在反映对象主要动态特性的一些主要特征量上与实际对象一致。

6.3.3 被控对象的模型处理

根据系统“类等效”模型的定义，可以通过对被控对象的定性了解，建立起对象的结构模型，并根据对主要特征量（如某些非线性特征、纯滞后、等效时滞和增益等）的模糊估计，可以确定对象模型结构和参数可能变化的大致范围。例如：具有纯滞后的过程对象和具有非线性环节的伺服对象，可以对被控对象做如下处理。

带纯滞后过程对象：

$$\frac{K(1+a_1s)}{(1+b_1s)(1+b_2s)}e^{-\tau s} \quad \begin{cases} K' \leqslant K \leqslant K'' \\ a_1' \leqslant a_1 \leqslant a_1'' \\ b_1' \leqslant b_1 \leqslant b_1'' \\ b_2' \leqslant b_2 \leqslant b_2'' \\ \tau' \leqslant \tau \leqslant \tau'' \end{cases} \tag{6-6}$$

带非线性环节伺服对象：

$$f(\cdot)\frac{K(1+as)}{s(1+bs)} \quad \begin{cases} K' \leqslant K \leqslant K'' \\ a' \leqslant a \leqslant a'' \\ b' \leqslant b \leqslant b'' \end{cases} \tag{6-7}$$

仿人智能控制器具有多种控制模态（变结构，多参数）和分级递阶（运行控制、参数校正、任务适应）的控制结构，因而有非常强的鲁棒性和适应性。仿人智能控制器的设计就是要确定其结构和参数。式（6-6）中 5 个参数变化的范围可以在相当程度上模拟一类具有纯滞后的过程对象，式（6-7）中 3 个参数变化的范围则可以在相当程度上模拟一类典型非线性环节的伺服对象。仿人智能控制器设计的任务就是采用尽可能简单的结构和尽可能少的控制模态和参数，能够在以上对象模型参数变化的范围内，能达到控制指标的要求。可以说这样的模型处理解决了在没有对象准确数学模型的条件下的仿人智能控制器设计时的对象模型问题。

6.3.4　仿人智能控制器设计的基本步骤

1. 设计目标轨迹的确立（理想误差时相轨迹的确定）

根据用户对控制性能指标（例如：上升时间、超调量、稳态精度等）的要求，确定理想的单位阶跃响应过程，并把它变换到 $(e \to \dot{e} \to t)$ 时相空间中去，构成理想的误差时相轨迹。我们以这条理想轨迹作为设计仿人智能控制器的目标轨迹，轨迹上的每一点都可视为控制过程中的瞬态指标。这条理想轨迹可以分别向 $(e \to t)$ 、$(\dot{e} \to t)$ 、$(e \to \dot{e})$ 三个平面投影，根据分析的侧重点，考虑这三条投影曲线中的一条或几条，作为设计仿人智能控制器特征模型和控制、校正模态的目标轨迹，以简化设计目标。

2. 特征模型的建立

依据目标轨迹在误差相平面 $(e \to \dot{e})$ 上的位置，或者在误差时间平面 $(e \to t)$ 上的位置，以及控制器的不同级别（运行控制级、参数校正级、任务适应级），确定特征基元集：Q_i ，划分出特征状态集：Φ_i ，从而构成不同级别的特征模型 $Q_i = P \odot \Phi_i (i = 1, 2, 3)$ 。

3. 控制规则与控制模态集的设计

针对系统运动状态处于特征模型中某特征状态时与瞬态指标（理想轨迹）之间的差距，以及理想轨迹的运动趋势，模仿人的控制决策行为，设计控制或校正模态，并设计出模态中的具体参数。

为便于说明，以对象不含有纯滞后环节的伺服系统为例，具体说明仿人智能控制器的设计步骤。在快速、无超调和控制受限等要求下，伺服控制的理想误差相平面轨迹如图6-7中的第4象限部分所示。设计智能控制算法的基本步骤如下：

（1）在控制的初始阶段（$e_1 \to e_2$），偏差很大，应采用磅—磅控制激发出 e_2 点的偏差变化速度 $\dot{e}$ 。应当指出，不同的对象（如参数不同）这一速度是不一样的。图6-7中的Ⅰ、Ⅱ、Ⅲ表明，对象由偏差 e_1 变化到偏差 e_2 时，偏差变化的速度显然是不同的。这一速度相对反映了对象的静态增益及时间常数等参量的大小，可以说也是对象在线辨识思想的一种体现形式。

（2）在偏差减小的中间段（$e_2 \to e_3$），采用偏差为 e_2 时的偏差变化速度作为控制的瞬态目标，并以控制住这一速度来控制系统的性能。当实际的偏差变化速度大于此速度时，采取将偏差速度压低的组合控制模态；而当实际偏差变化速度低于此速度时，采取相应措施将偏差速度提高。此段时期的控制策略是尽可能保持这一较大的偏差减小速度，提高动态过程的可控性，并使偏差较快减小。

（3）当偏差减少到 e_3 时，为了使被控量无超调且无静差地逐步跟踪上输入给定值，应采取压低偏差变化速度的措施。为了使其逐步减小，可采用分段压低策略。在（$e_3 \to e_4$）段和（$e_4 \to e_5$）段分别设立偏差减小速度的上下限（$\dot{e}_2$，$\dot{e}_3$，$\dot{e}_4$）作为此时的瞬态特征（指标）。这一段过程（$e_3 \to e_4 \to e_5$），主要是为了降低较大的偏差减小速度，避免超调。进而为避免速度过小出现的爬行现象，应逐步使偏差变化速度减小，使偏差过渡到控制所要求的值。

（4）在偏差及偏差变化速度满足控制要求时（$e \leqslant e_5$，$\dot{e} \leqslant \dot{e}_4$），采取保持控制量的策略，使之自行衰减达到平衡，以实现对被控量的无超调且无静差控制。

（5）为了防止失控现象，从特征模型到控制（决策）行为模态的映射应是满射。当误差相轨迹进入第2象限时（第4象限同样），应有相应控制（决策）模式。此外，对误差相轨迹进入第3象限（第1象限类似）的控制（决策）模式也必须加以研究。误差相轨迹进入第3象限时，说明有超调发生。对于不同的超调及不同的偏差上升速度，应采取不同的控制措施。加上对误差进入相平面第3象限时的情况研究，以上整个过程对定值控制也是有效的。定值控制时，误差首先进入相平面第1象限，当误差变化速度衰减为零时，开始进入相平面第4象限，设计思想同以上（1）~（4）点。

（6）任务空间的划分。即与输入量相当的控制量的确定、各阶段内参数、阈值的调整、控制量及偏差变化速度的限制和稳定性监控等有关问题，由任务适应层解决。保持、抬高和压低偏差变化速度的具体决策模式，可以在参数校正层用多模态的组合形式及参数校正解决。多模态控制的具体实施（求值运算），由直接控制层完成。

6.3.5 仿人智能控制的多种模式

仿人智能控制器可以在线识别被控系统动态过程的各种特征，它不仅知道当前系统输出的误差和误差变化以及误差变化的趋势，还可以知道系统动态过程当前所处的状态和姿态及其动态行为，可以记忆前期控制决策的有效性。总之，仿人智能控制器在同样条件下，所获取的关于动态过程的各种信息（包括定量的、定性的），要比传统的控制方式丰富得多。正因为这样，仿人智能控制器才做到了“心中有数”，才能不失时机地做出相应的控制决策。

对于仿人智能控制来说，为了获得好的控制效果，关键还在于合理地确定控制方式，实时地选择大小和方向适当的控制量以及合理的采样周期和控制周期。

从不同的角度模仿人的控制决策过程，就出现了多种仿人智能控制模式，例如仿人智能开关控制、仿人比例控制、仿人智能积分控制等。此外，在仿人智能控制中还采用变增益比例控制、比例微分控制以及开环、闭环相结合的控制方式，达里所说的开环是指一种保持控制方式，即控制器当前的输出保持前一时刻的输出值，此时控制器的输出量与当前动态过程无关，相当于系统开环运行。

仿人智能控制所要研究的主要目标不是被控对象，而是控制器自身，研究控制器的结构和功能如何更好地从宏观上模拟控制专家大脑的结构功能和行为功能。

6.4　几类常见的仿人智能控制器

6.4.1　仿人智能开关控制器

1. 智能开关控制

开关控制又称 Bang—Bang 控制，由于这种控制方式简单且易于实现，因此在许多电加热炉的控制中被采用。但常规的开关控制难以满足进一步提高控制精度和节能的要求。

常规的开关控制方式在采样间隔时间内控制量要么是一固定常数，要么是零。这样固定不变的控制模式缺乏人工开关控制的特点。人工开关控制过程中，人要根据误差及误差变化趋势来选择不同的开关控制策略，例如在采样时间（T）内，控制量输出的时间根据需要是可调的。这种以人的知识和经验为基础，根据实际误差变化规律及被控对象（或过程）的惯性、纯滞后及扰动等特性，按一定的模式选择不同控制策略的开关控制称为智能开关控制。

2. 智能开关控制器的设计实例

被控量为氧化还原炉的温度，控制量为交流电压 $U(t)$，其输出波形如图 6-9 所示。其中 T 为采样时间常数（s），t_0 为控制量输出时间或称为开关接通时间（s）。

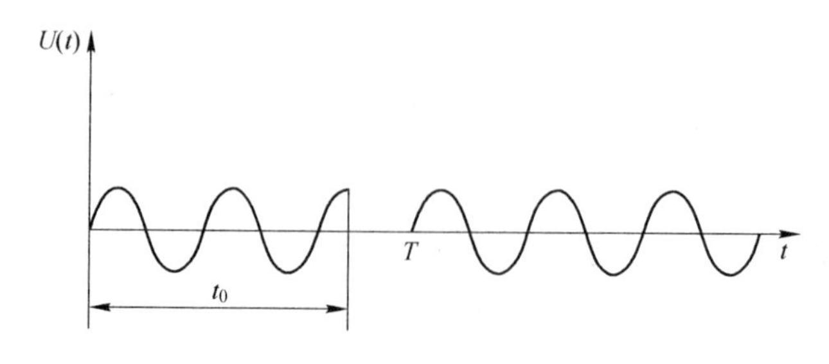

图 6-9　控制电压波形图

图 6-10 给出了开关控制过程中的一段误差曲线。设 k 是当前采样时刻，$e(k)$ 表示当前时刻的误差，$\Delta e(k)$ 表示当前时刻误差的变化，则显然可得到如下特征：

$$e(k)\cdot\Delta e(k)>0,\quad k\in(0,\ t_1)\text{或}(t_2,\ t_3)$$
$$e(k)\cdot\Delta e(k)<0,\quad k\in(t_1,\ t_2)\text{或}(t_3,\ t_4)$$

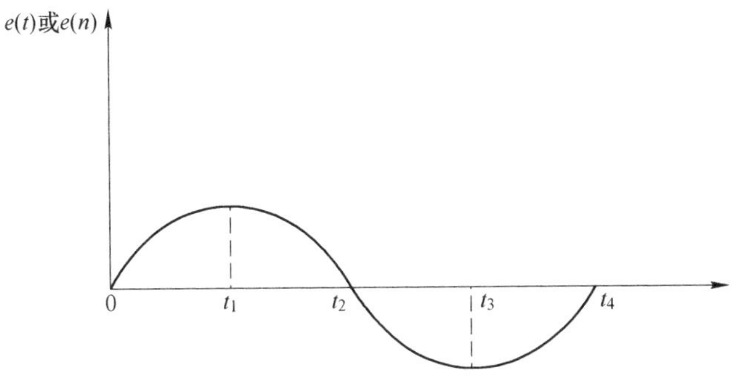

图 6-10 误差变化曲线

根据上述特征，考虑到被控对象的大惯性及具有一定纯滞后的特点，采用产生式规则来设计智能开关控制算法，共能总结出 12 条规则如下：

(1) IF $|e(k)|\geqslant M,\ e(k)>0$ THEN $U(k)=U,\ t_0(k)=T$

(2) IF $|e(k)|\geqslant M,\ e(k)<0$ THEN $U(k)=0,\ t_0(k)=0$

(3) IF $|e(k)|=0,\ e(k-1)<0$ THEN $U(k)=U,\ t_0(k)=K_1t_0(k-1)$

(4) IF $|e(k)|=0,\ e(k-1)>0$ THEN $U(k)=U,\ t_0(k)=t_0(k-1)$

(5) IF $|e(k)|<\mathrm{E},\ e(k)>0,\ \Delta e(k)>0$ THEN $U(k)=U,\ t_0(k)=K_2t_0(k-1)$

(6) IF $|e(k)|<\mathrm{E},\ e(k)>0,\ \Delta e(k)<0$ THEN $U(k)=U,\ t_0(k)=K_3t_0(k-1)$

(7) IF $|e(k)|<\mathrm{E},\ e(k)<0,\ \Delta e(k)<0$ THEN $U(k)=U,\ t_0(k)=K_4t_0(k-1)$

(8) IF $|e(k)|<\mathrm{E},\ e(k)<0,\ \Delta e(k)>0$ THEN $U(k)=U,\ t_0(k)=t_0(k-1)$

(9) IF $E\leqslant|e(k)|<M,\ e(k)>0,\ \Delta e(k)>0$ THEN $U(k)=U,\ t_0(k)=K_5t_0(k-1)$

(10) IF $E\leqslant|e(k)|<M,\ e(k)>0,\ \Delta e(k)<0$ THEN $U(k)=U,\ t_0(k)=K_6t_0(k-1)$

(11) IF $E\leqslant|e(k)|<M,\ e(k)<0,\ \Delta e(k)<0$ THEN $U(k)=U,\ t_0(k)=K_7t_0(k-1)$

(12) IF $E\leqslant|e(k)|<M,\ e(k)<0,\ \Delta e(k)>0$ THEN $U(k)=U,\ t_0(k)=K_8t_0(k-1)$

其中 E 为允许误差的绝对值；M 为给定的常数，且 $M>E$；$t_0(k)$、$t_0(k-1)$ 分别为本次和上次控制量输出时间；$U(k)$ 为本次输出的控制量；$K_1\sim K_8$ 均为根据经验而整定的参数。

分析上述控制规则可知，由于考虑了误差的大小、正负误差的变化趋势，从而决定了本次控制量的大小及输出时间，因此这种具有仿人智能的开关控制较普通的开关控制具有较高的控制精度和较强的鲁棒性，故称其为智能开关控制。

6.4.2 仿人比例控制器

1. 仿人比例控制的原理

对于一些被控对象，虽然简单的比例反馈控制能保证其稳定，但常有较大的静差，满足不了稳态精度的要求。利用微机模仿人的操作，不断地调整给定值，使系统输出不断逼近期望值，从而可以提高稳态精度，这就是一种仿人比例控制的基本原理。

假定对象为线性定常系统，其比例反馈控制系统如图 6-11 所示，图 6-12（a）是该系统的闭环单位阶跃响应曲线。y_{ss_0} 为系统的稳态输出值，e_{ss_0} 为静差。若系统输出响应进入稳态后，再给一个阶跃输入，幅值为 e_{ss_0}，则此时给定值变为 $1 + e_{ss_0}$。系统的第二级输出为 $y_{ss_0} + y_{ss_1}$，静差减小为 e_{ss_1}。再给一个幅值为 e_{ss_1} 的阶跃输入，系统第三级稳态输出变为 $y_{ss_0} + y_{ss_1} + y_{ss_2}$，静差进一步减小为 e_{ss_2}，此时系统的给定变为 $1 + e_{ss_0} + e_{ss_1}$。这样如此下去，系统的整个输出过程如图 6-12（b）所示，即：

$$\text{输出 } y = \sum_{i=0}^{n} y_{ss_i} \xrightarrow{n \to \infty} R = 1 \tag{6-8}$$

$$\text{静差 } e_{ss_n} \xrightarrow{n \to \infty} 0 \tag{6-9}$$

实际上，为了保证静态精度的要求，只要选择 n 足够大即可。例如原比例控制静差为 $e_{ss_0} = 20\%$，$y_{ss_0} = 80\%$，若精度要求为 1%，只须取 $n = 2$，稳态精度为 0. 8%已能满足要求。

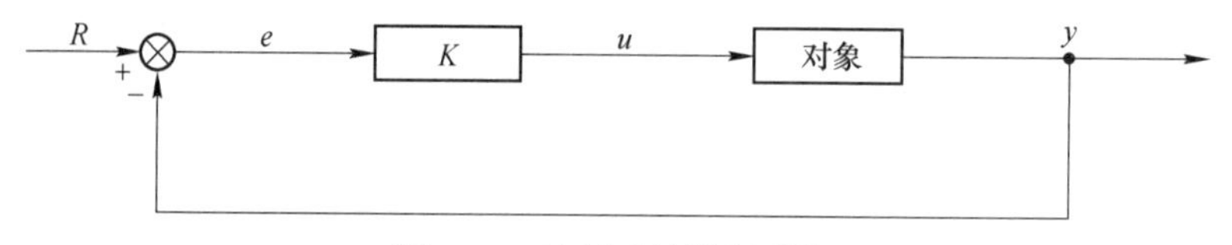

图 6-11　比例反馈控制系统

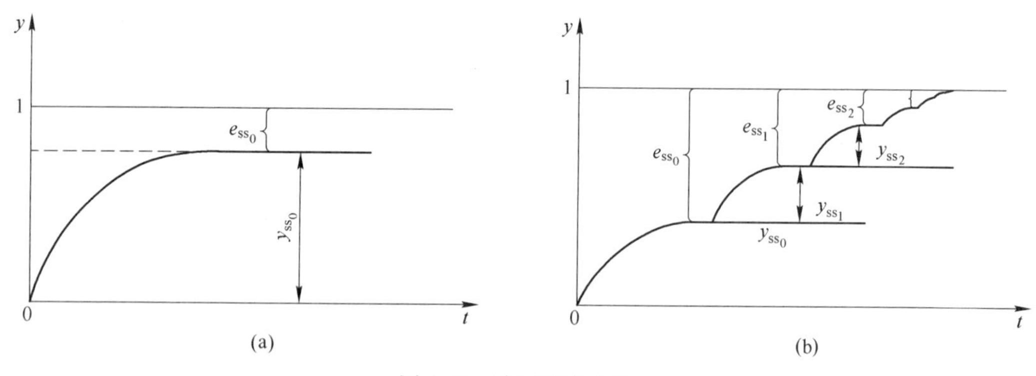

图 6-12　阶跃响应曲线

2. 仿人比例控制算法

仿人比例控制系统如图 6-13 所示，图中积分开关只有在满足稳态条件时，才闭合一次，完成一次 $e_0^{(n)} = e_0^{(n-1)} + e$ 运算后又立即断开，此后 $e_0^{(n)}$ 不变。

为了判断系统处于稳态条件而不受干扰和振荡的影响，给出如下判据。

系统处于稳态的充分条件是存在一个 K_0，使得当 $K_0 \leqslant K \leqslant K_0 + N$ 时：

$$|e(K) - e(K-1)| < \delta$$

成立，其中 δ 是大于 0 的一个常数，即以连续 N 步满足 $|e(K) - e(K-1)| < \delta$ 作为判稳条件。

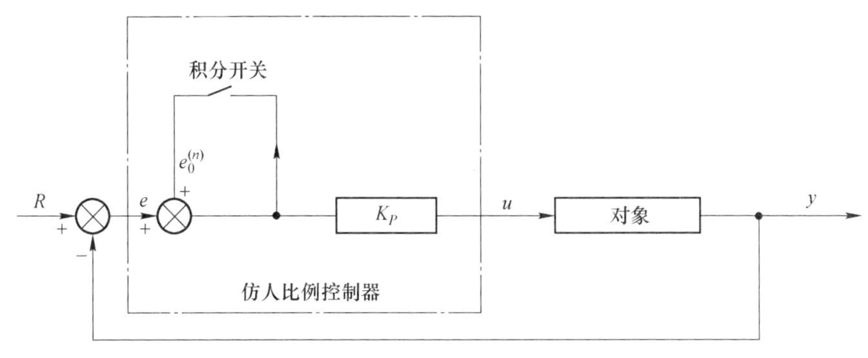

图 6-13　仿人比例控制器

为实现仿人比例控制算法，可采用产生式规则加以描述如下：

$$\text{IF } K_0 \leqslant K \leqslant K_0 + N,\ |e(k) - e(k-1)| < \delta$$

$$\text{THEN } e_0^{(n)} = e_0^{(n-1)} + e \tag{6-10}$$

上述控制规则中 δ 一般选为系统允许稳态误差的 2 倍，N 与对象的时间常数最大值与采样间隔之比成正比，即 N 正比于 τ/T，若系统还有最大不超过 $\mathrm{d}T$ 的时延，则得在 N 上再加上 $\mathrm{d}T$ 以保证判断正确。

上述控制算法的实质等价于比例控制加智能积分。当系统未满足稳态条件时，系统仅有比例控制作用，当满足稳态条件时，积分才起一次作用。进入调节状态（$|R - Y| < \delta$）后，积分开关每 N 个采样周期才闭合一次，积分器工作一次。这样就避免了由于引入积分器而使相位裕量减小。由于不必通过提高增益来改善稳态精度，因而可以将增益 K_P 取得较小以增大增益裕量。所以，比例加智能积分的控制器，有效地解决了传统控制器设计中稳态精度与稳定裕量的矛盾。

6.4.3　仿人智能积分控制器

1. 仿人智能积分原理

众所周知，在控制系统中引进积分控制作用是减小系统稳定误差的重要途径。前面已对常规 PID 控制中的积分控制作用进行分析，这种积分作用对误差的积分过程如图 6-14（c）所示。这种积分作用在一定程度上模拟了人的记忆特性，它“记忆”了误差的存在及其变化的全部信息。依据这种积分作用产生的积分控制作用有以下缺点；其一，积分控制作用针对性不强，甚至有时不符合控制系统的客观需要；其二，由于这种积分作用只要误差存在就一直进行积分，在实际应用中导致“积分饱和”，会使系统的快速性下降；其三，这种积分控制的积分参数不易选择，而选择不当就会导致系统出现振荡。

造成上述积分控制作用不佳的原因在于：这种积分控制作用没有很好地体现出有经验的操作人员的控制决策思想。在图 6-14（c）的积分曲线区间（a，b）和（b，c）中，积分作用和有经验的操作人员的控制作用相反。此时系统出现了超调，正确的控制策略应该是使控制量在常值上加一个负量控制，以压低超调，尽快降低误差。但在此区间的积分控制作用却增加了一个正量控制，这是由于在（0，a）区间的积分结果很难被抵消而改变符号，故积分控制量仍保持为正。这样的结果导致系统超调不能迅速降低，从而延长了系统的过渡过程时间。

在上述积分曲线的 (c, d) 段，积分作用增加一个正量的控制有利减小回调。但在 (d, e) 区间积分作用继续增强，其结果势必造成系统再次出现超调，这时的积分作用对系统的有效控制帮了倒忙。

为了克服上述积分控制作用的缺点，采用如图 6-14（d）中的积分曲线，即在 (a, b)、(c, d) 及 (e, f) 等区间上进行积分，这种积分能够为积分控制作用及时地提出正确的附加控制量，能有效地抑制系统误差的增加；而在 $(0, a)$、(b, c) 及 (d, e) 等区间上，停止积分作用，以利于系统借助于惯性向稳态过渡。此时系统并不处于失控状态，它还受到比例等控制作用的制约。

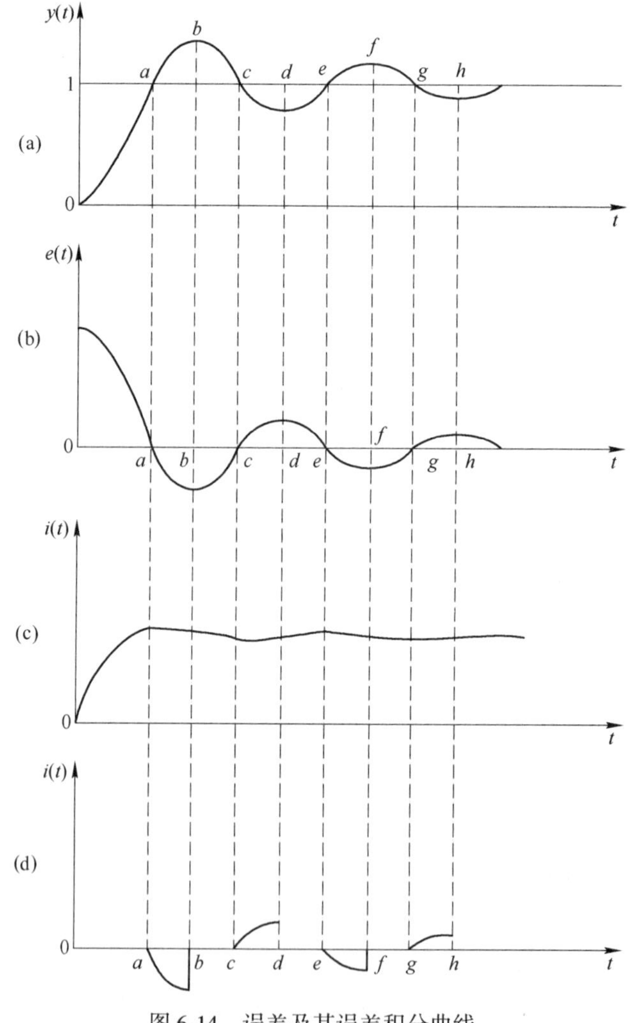

图 6-14　误差及其误差积分曲线

这种积分作用较好地模拟了人的记忆特性及仿人智能控制的策略，它有选择地“记忆”有用信息，而“遗忘”无用信息，所以可以很好地克服一般积分控制的缺点。它具有仿人智的非线性积分特性，称这种积分为仿人智能积分。

2. 仿人智能积分控制算法

为了把智能积分作用引进到控制算法中，首先必须解决引入智能积分的逻辑判断问题，这种条件由图6-14中智能积分曲线可以很自然地得出如下判断条件：

当本次采样时刻的误差 e_n 及误差变化 Δe_n 具有相同符号，即 $e_n \cdot \Delta e_n > 0$ 时，对误差进行积分；相反，e_n 与 Δe_n 异号，即 $e_n \cdot \Delta e_n < 0$ 时，对误差不进行积分。这就是引入智能积分的基本条件。再考虑到误差和误差变化的极值点，即边界条件，可以把引进智能积分和不引进积分的条件综合如下：

当 $e \cdot \Delta e > 0$ 或 $\Delta e_n = 0$ 且 $e \neq 0$ 时，对误差积分；当 $e \cdot \Delta e < 0$ 或 $e = 0$ 时，不对误差积分。这样引进的积分即为智能积分作用。

例如，一种具有智能积分控制作用的模糊控制算法，其控制规律的量化描述如下：

$$U = \begin{cases} \langle \alpha E + (1-\alpha)C \rangle & E \cdot C < 0 \text{或} E = 0 \\ \langle \beta E + \gamma C + (1-\beta-\gamma)\sum_{i=1}^{k} E_i \rangle & E \cdot C > 0,\ C = 0,\ E \neq 0 \end{cases} \tag{6-11}$$

其中 U、E、C 均为经过量化的模糊变量，其相应的论域分别为控制量、误差、误差变化率，进而 α、β 及 γ 为加权因子，且 α、β、$\gamma \in (0, 1)$。

符号 $\langle \cdot \rangle$ 表示取最接近于“·”的一个整数。$\sum E_i$ 为智能积分项，引入它是为了提高控制系统的稳态精度。

实现上述控制算法的一种控制系统的结构如图6-15所示。图中点划线框部分是智能积分控制环节，它首先判断是否符合智能积分条件，若符合条件则进行智能积分II（Intelligent Integral）否则，不引入积分作用。

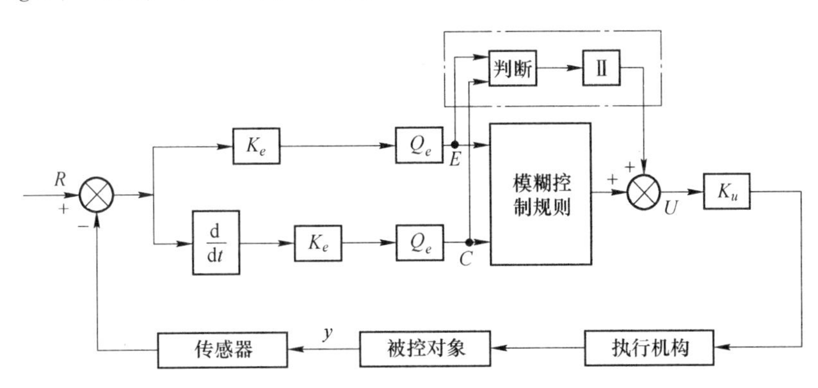

图6-15 具有智能积分控制的模糊控制系统

经数字仿真结果表明，仿人智能积分控制算法由于引进了智能积分控制，大大提高了模糊控制系统的稳态精度。同一般的模糊控制器相比，仿人智能积分控制算法具有稳态精度高的优点；同常规PID控制相比，这种控制算法又具有响应速度快、超调小或无超调等优点。因此，这是一种实现智能控制的较好算法。

6.5　pH 过程的仿人智能控制

pH 值的测量与控制在化工过程中是一个十分重要而典型的控制过程。pH 值的测量与控制在提高生产效率，工厂设备的安全防护及环境保护中，常常是一个关键因素。但是对 pH 值实施控制却并非易事。pH 这样的成分变量之所以难以控制，主要原因在于 pH 过程本身具有严重的非线性特性（见图 6-16）。主要表现在中和点附近具有极高的灵敏度，且难以建立准确的数学模型。小的干扰就会引起过程特性大的改变。

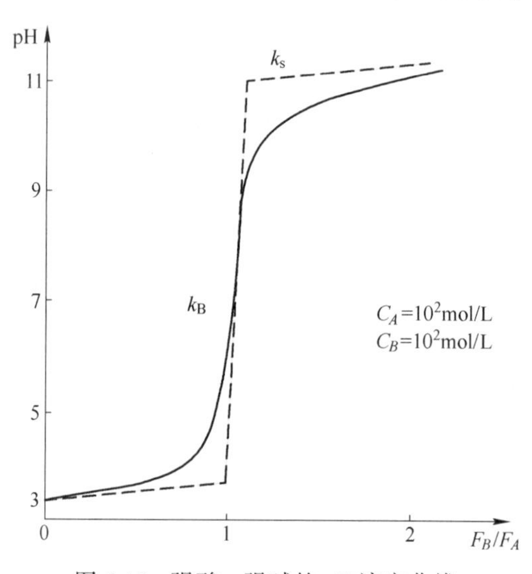

图 6-16　强酸、强碱的 pH 滴定曲线

C_A、C_B 分别为酸、碱浓度；F_A、F_B 分别为酸、碱流量。

显然，传统的 PID 控制难以处理这种严重非线性与变动态特性问题。针对此问题，从仿人智能控制的基本思想出发，采用开闭环结合的方法，以及专家系统技术，设计了一种能方便地处理严重非线性与变动态特性的智能控制器。大量仿真实验证明，pH 仿人智能控制系统具有很强的自适应能力和满意的品质指标。

6.5.1　pH 仿人智能控制器的设计

pH 过程的智能控制，主要是在仿人智能控制原型算法基础上，结合 pH 非线性控制的特点，设计出更具有灵活控制策略的仿人智能控制器，使原型算法的功能得到扩展。

专家系统就是一个智能程序系统，它利用知识库和推理机构来解决专业范围内只有靠专家才能解决的问题。由于专家系统不仅可以利用理论知识，而且可以直接总结和利用人的经验知识，具有高度的灵活性，因而能很好地处理不确定性问题。这无疑为实现工业过程的仿人智能控制提供了十分有效的途径。

通常，专家系统都具有庞大的知识库和复杂的推理机构，建立专家系统的过程长，耗资大。考虑到工业过程控制对实时性、可靠性以及性能价格比的要求，pH 仿人智能控制系统把专家系统技术引入控制系统设计的同时，对专家系统的结构进行了简化，把知识库、推理机构和规则集合并为一个具有优异控制性能而结构又较为简单的仿人智能控制器。pH 仿人智能控制器保留了原型算法中开闭环控制的基本特征，并利用专家系统技术实现了灵活的多模态控制，增强了判断和推理的能力。pH 仿人智能控制器也可视为一个基于规则的动态控制器，它能在线修正控制策略和控制参数以适应过程的变化。以 pH 仿人智能控制器为核心的智能控制系统的基本结构如图 6-17 所示。

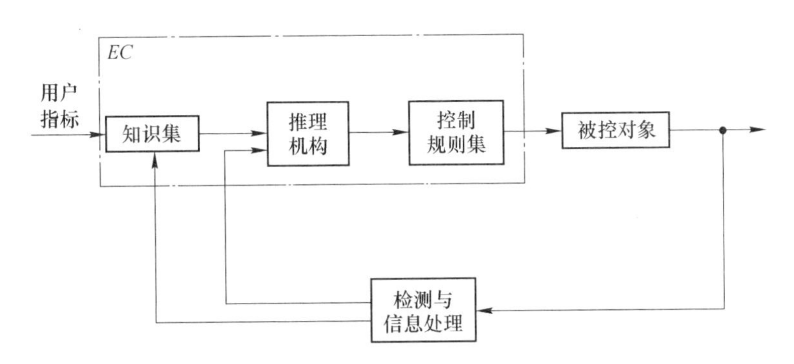

图 6-17　pH 仿人智能控制系统的基本结构

被控过程的动态信息经检测、滤波以及必要的数据处理，通过特征识别，抽取出能反映过程特性的特征量，送入 pH 仿人智能控制器。一方面补充或修改知识集的内容，进行有选择的记忆和遗忘，另一方面向推理机构提供所需的信息。推理机构根据知识库的先验知识和过程的特征信息进行判断、推理，决定出合适的控制策略，并采取相应的控制行为对被控对象进行调节，使被调量获得满意的品质指标。下面分别介绍 pH 仿人智能控制器各部分的实现方法。

1. 知识的获取与知识集的建立

知识集是 pH 仿人智能控制器的基础。它包括对象的先验知识（如 pH 滴定曲线的类型及变化范围、中和池的尺寸、中和试剂和工作液的流速范围、传感器的动态特性等），用户要求的性能指标、控制参数的可调范围及修正规则、经验公式和数据等。这些知识的获取需要查阅大量的资料，做大量的实验，是一项艰巨的工作。

建立知识集实际上是如何表达已获取的知识。pH 仿人智能控制系统采用产生式规则来建立知识集。其基本结构是：

$$IF\langle condition\rangle THEN\langle action\rangle \tag{6-12}$$

基于产生式规则构成的系统的突出优点是模块性好，每条规则都可独立增删、修改，各产生式规则之间无直接联系。产生式规则的另一特点是自然性好。在满足特定的条件下做特定的工作，这正是对人的智能行为的自然模拟。PH 仿人智能控制器中所有的控制规则、经验公式及参数校正规则均由产生式规则表示，这比较适合工业过程控制的特点。

2. 控制规则集

控制规则集是在原型仿人智能控制算法的基础上进一步总结了人的控制经验而建立的一套适合于不同特征状况的控制规则。它集中反映了人的智能控制行为。pH 仿人智能控制器的控制规则集包括以下 10 条规则：

$$IF\ e > \beta R\quad THEN\quad u_n = u_m \tag{6-13}$$

$$IF\ e < -\beta R\quad THEN\quad u_n = -u_m \tag{6-14}$$

$$IF\ |e| < \delta_1\quad and\quad |\dot{e}| < \delta_2\quad THEN\quad u_n = u_{n-1} \tag{6-15}$$

$$IF\ |e| > m \cdot R\quad and\quad e \cdot \dot{e} > 0\quad THEN\quad u_n = u_p \tag{6-16}$$

$$IF\quad e \cdot \dot{e} < 0\quad and\quad |e/\dot{e}| > a\quad THEN\quad u_n = ap_1 \tag{6-17}$$

$$IF\quad e \cdot \dot{e} < 0\quad and\quad |e/\dot{e}| < b\quad THEN\quad u_n = p_1 + K_a\dot{e} \tag{6-18}$$

$$IF\quad e \cdot \dot{e} < 0\quad and\quad b \leqslant |e/\dot{e}| \leqslant a\quad THEN\quad u_n = p_1 \tag{6-19}$$

$$\begin{aligned} &IF\quad e \cdot \dot{e} \geqslant 0\quad and\quad |e| \in (\delta_1,\ \theta_1),\ (|\dot{e}| \in (\delta_2,\ \theta_2)) \\ &THEN\quad u_n = P_1 + K_{P2}e + K_{i2}\sum_j e_j \end{aligned} \tag{6-20}$$

$$\begin{aligned} &IF\quad e \cdot \dot{e} < 0\quad and\quad |e| \in (\delta_1,\ \theta_1),\ (|\dot{e}| \in (\delta_2,\ \theta_2)) \\ &THEN\quad u_n = P_1 + K_{P2}e \end{aligned} \tag{6-21}$$

$$\begin{aligned} &IF\quad e \cdot \dot{e} \geqslant 0\quad and\quad |e| > \theta_2 \\ &THEN\quad u_n = P_1 + K_{P1}e + K_{i1}\sum_j e_j - K_d\dot{y} \end{aligned} \tag{6-22}$$

式中　u_n——控制器的第 n 次输出值；

u_m——与输入变化量 ΔR 有关的一个输出保持值；

u_p——强制保持值；

e，$\dot{e}$——偏差及其变化率；

$\dot{y}$——对象输出的变化率；

$p_1 = r\sum_{i=1}^{l} e_{m,\ i}$——控制器输出的最近一次保持值，$e_{m,\ i}$ 为偏差的第 i 次极值，r 为极值加权因子，可在线修正；

$K_{p1}, K_{p2}, K_{i1}, K_{i2}, K_d$——比例、积分和微分增益；

$\sum_j e_j$——在 $e \cdot \dot{e} \geqslant 0$ 期间内偏差的累积值；

β——切换因子；

a，b——常数，由知识集中的经验规则确定；

R——设定值；

δ_1，δ_2，θ_1，θ_2——允许的误差及误差速率范围。

3. 推理机构

由于规则集中只有 10 条规则，搜索空间很小，故采用前项推理方法，逐次判别各规则的条件。若满足则执行，否则继续搜索。由于 e、$\dot{e}$ 的任一状态都有所对应的控制规则，故必能搜索到目标。

6.5.2　仿真实验及结果

在计算机上对pH仿人智能控制器的性能进行了大量数字仿真实验。以一个具有良好搅拌的中和池为被控对象，pH控制系统示意图如图6-18所示。相应的仿真结构框图见图6-19。

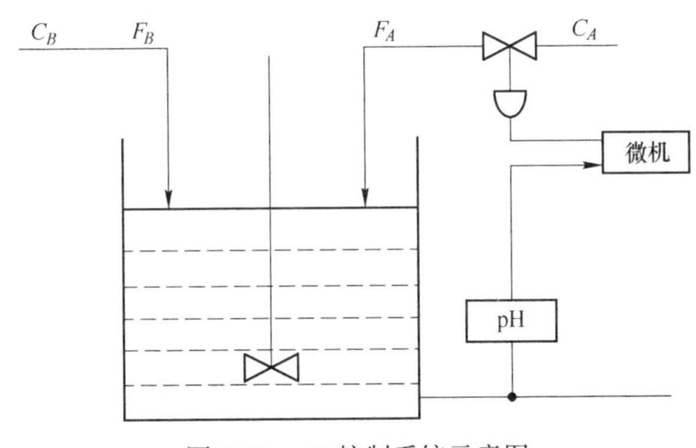

图6-18　pH控制系统示意图

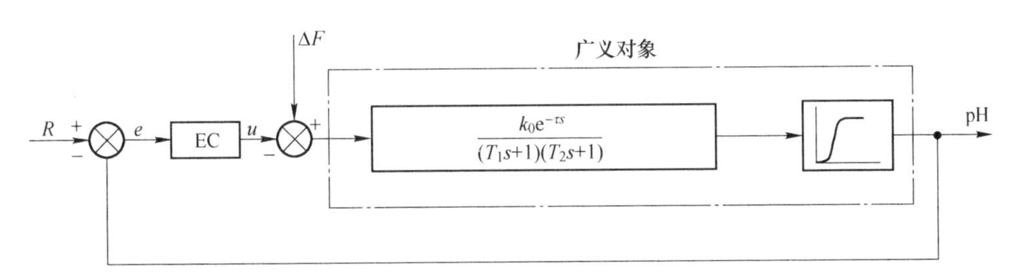

图6-19　pH控制系统仿真框图

其中广义对象包括中和池、pH传感器、执行器以及图6-16中的pH滴定曲线。ΔF为负荷干扰。

在仿真实验中，pH滴定曲线用图6-16中的3段折线近似。下面是部分仿真实验及其结果分析。

【例6-1】　中和池输入或输出流量的变化，将会引起等效时间常数的变化。为检验仿人智能控制器（HSIC）对时间常数变化的适应性，在取$K_0=1$，$T_2=0.5\text{min}$，$\tau=0.2\text{min}$时，分别取$T_1=5$、10、20、30、50，时间常数变化到10倍。pH设定值从3到7作阶跃变化。其阶跃响应曲线见图6-20，曲线1~5分别代表T_1取上述值的响应曲线。其中最大超调为0.15pH（相应于曲线1）。

【例6-2】　当酸或碱液的浓度发生变化或混入干扰元素时，pH特性会发生改变，从而引起对象增益的变化。为检验HSIC对增益变化的适应性，在$T_1=20\text{min}$，$T_2=0.5\text{min}$，$\tau=0.2\text{min}$时，分别取$K_0=0.5$、1、2、5。对象增益变化10倍。PH设定值从3到7阶跃变化，其响应曲线如图6-21所示。曲线1~4分别表示$K_0=0.5$、1、2、5的阶跃响应。其中最大超调为0.75pH（相应于曲线4）。

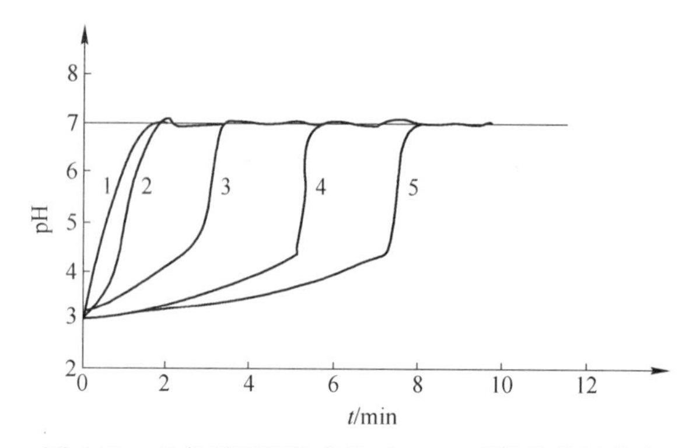

图 6-20　对象时间常数变化时 HSIC 系统的阶跃响应

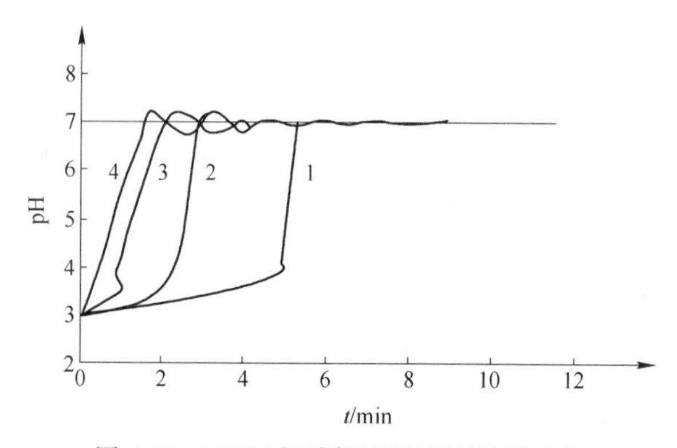

图 6-21　HSIC 对不同过程增益的阶跃响应

由例 6-1、例 6-2 可以看出，对象的时间常数和静态增益分别做大幅度变化时，HSIC 仍能保持良好的控制性能，且过渡过程时间短，说明 HSIC 有很强的鲁棒性。

以下是 HSIC 和非线性 PID（简称 NPID）的比较实验，NPID 是 pH 控制中的常用控制方法。它是由常规 PID 算法前面串入一个非线性补偿环节构成（见图 6-22），其中低增益区的宽度±Δ 由滴定曲线确定。

$$k = \frac{K_s}{K_B} \tag{6-23}$$

式中，K_s、K_B 分别为图 6-16 中滴定曲线的斜率。

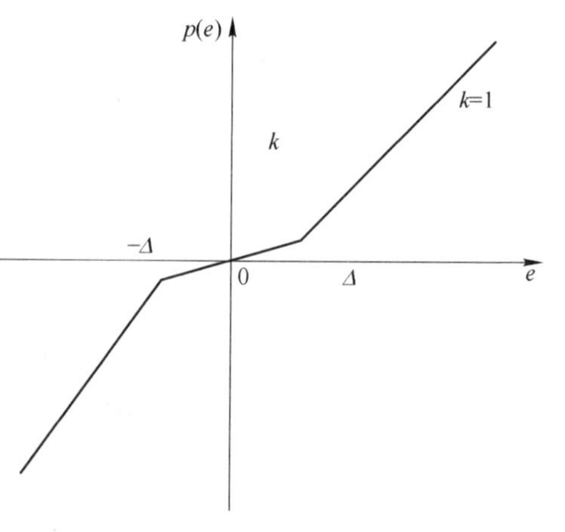

图 6-22　非线性补偿环节

在比较实验中，NPID 的参数均在已知对象的特性和参数的条件下，按 PID 最佳整定公式给出，然后进行在线调整，直到获得满意的控制品质后再将参数固定下来。

【例 6-3】　本实验是当纯滞后 τ 发生变化时，比较 HSIC 和 NPID 的控制性能。取 T_1 =20min，T_2 = 1min，τ = 0. 2min，K_0 = 1。根据上述方法获得的 PID 最佳参数为 K_p =

20，T_i = 0.65min，T_d = 0.2min 。这时，HSIC 和 NPID 均能获得良好的控制品质（如图6-23所示）。图 6-23 中曲线 1、2 分别为 HSIC 和 NPID 对给定阶跃和负荷阶跃干扰的响应曲线。曲线 3 为 HSIC 系统的流量 F_B 阶跃扰动信号。当 HSIC 对给定阶跃响应进入稳态后，加入 100%的流量阶跃扰动，即 F_B/F_A 从 1 变为 2。相当于 4 个 pH 的正向扰动。当 HSIC 的响应曲线重新进入稳态后，再将阶跃扰动撤去，这相当于加入 100%的负荷阶跃扰动。曲线 4 为类似情况下给 NPID 系统加的扰动信号。如图 6-23 所示，HSIC 对给定阶跃无超调，对 100% 的负荷阶跃干扰的最大偏差小于 0.2pH。NPID 对给定阶跃的超调为 0.3pH，对负荷扰动的最大偏差为 0.3pH。HSIC 和 NPID 对给定阶跃的过渡过程时间分别为 6.75min 和 14.2min。

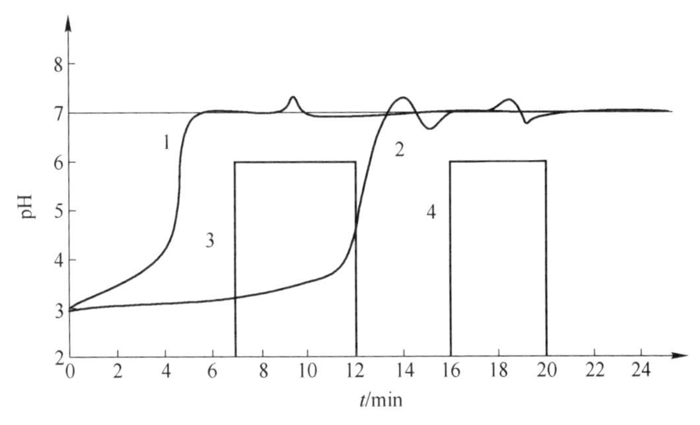

图 6-23 HSIC 与 NPID 的比较曲线

图 6-24 是 τ 从 0.2min 变为 0.35min 时 HSIC 和 NPID 的响应曲线。曲线 1 为 HSIC 对给定阶跃和在曲线 2 的扰动信号下的响应曲线，过渡过程时间为 6.55min，对扰动的最大偏差小于 0.4pH。而这时 NPID 控制的响应（曲线 3）已发生振荡，欲改善控制质量，必须重新整定参数。

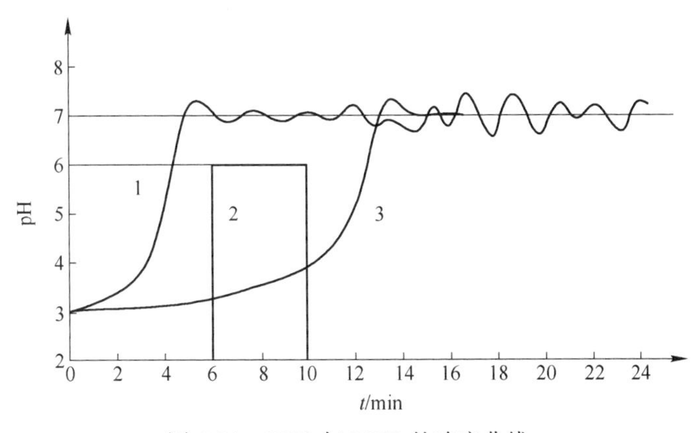

图 6-24 HSIC 与 NPID 的响应曲线

【例 6-4】 pH 传感器的动态特性对系统的质量有明显影响。本实验的目的是当传感器动态特性发生变化（等效于广义对象的小时间常数 T_2 变化）后，比较 HSIC 和 NPID 的控制效果。

取 $T_1=10\text{min}$，$T_2=1\text{min}$，$\tau=0.2\text{min}$，$K_0=1$，NPID 的最佳参数值为 $K_p=20$，$T_i=0.65\text{min}$，$T_d=0.1\text{min}$，如图 6-25 所示，曲线 1 为 HSIC 的响应曲线，曲线 2 为 NPID 的响应曲线。性能指标见表 6-1。

现在，其他参数不变，T_2 从 1min 变为 2min，这时 HSIC 和 NPID 的响应曲线见图6-26。显然，HSIC 仍能保持良好的控制性能，曲线 1 的超调为 0，过渡过程时间 4min，对扰动的最大偏差为 0.3pH。而 NPID 当 T_2 变化后，其响应曲线 2 已经发散。

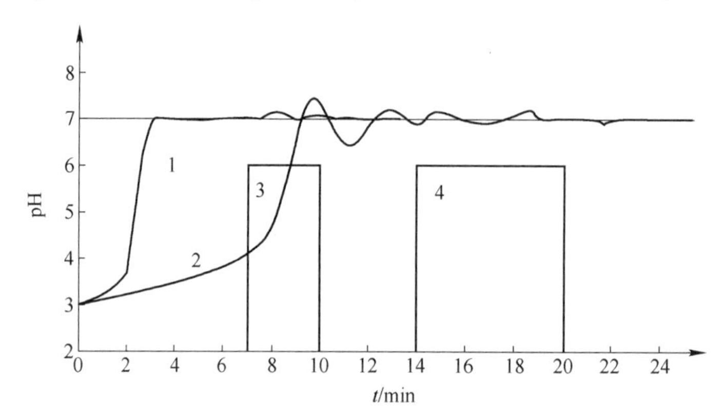

图 6-25　HSIC 与 NPID 的比较曲线

表 6-1　性能指标比较

控制器	超调量	过渡过程时间	对扰动的最大偏差
HSIC	0	3min	≤0.35pH
NPID	0.4pH	11.6min	0.55pH

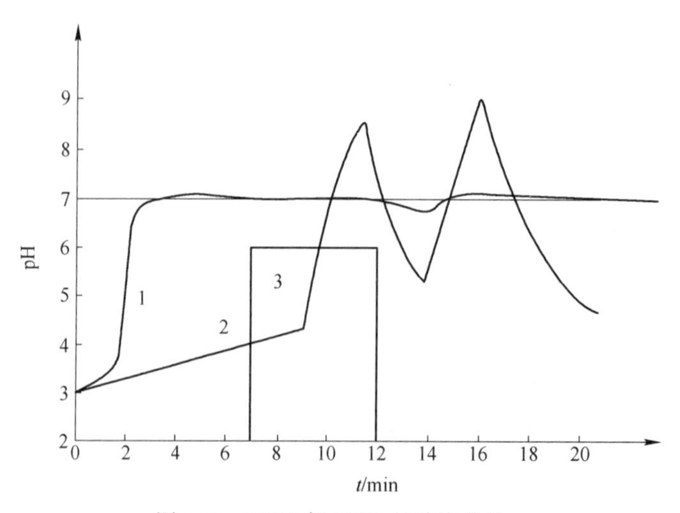

图 6-26　HSIC 与 NPID 的响应曲线

实验表明：对于 pH 过程这样难控的对象，HSIC 不仅使系统无论在给定值阶跃变化或负荷受到阶跃干扰的情况下，均能获得满意的控制品质，而且对过程参数的变化有很强的适应性，体现了仿人智能控制的优越性。

仿人智能控制不仅具有优良的控制效果，而且对被控的过程的先验知识要求甚少，并对环境的变化有很强的自适应能力。仿人智能控制技术是实现智能控制的一条有效途径。由于 HSIC 采用产生式系统，模块性强，并且结构简单，实时性好，这无疑给实际应用带来了极大的方便。只要将 HSIC 的知识集和控制规则集中的规则进行一些修改或增删，HSIC 就可用于不同的工业对象，如大纯滞后对象，多变量强耦合对象，非线性时变对象等。

本章小结

本章介绍了仿人智能控制理论的基本概念和仿人智能控制器的基本结构，从仿人智能控制器的设计角度出发，介绍了仿人智能控制系统设计的依据——系统的瞬态性能指标，论述了系统设计必需的被控对象的“类等效”简化模型，并介绍了仿人智能控制器的设计方法和设计步骤。最后介绍了几种常用的仿人智能控制器及应用实例。

第7章　智能决策支持系统

本章主要介绍面向管理决策者的计算机应用新技术：决策支持系统，以及将人工智能技术与其结合起来而形成的智能决策支持系统。它们改变着各种组织机构的管理方法，影响着管理决策的效能和效率。

7.1　决策支持系统的内涵

决策支持系统（Decision Support System，DSS）是研究如何把计算机应用于支持管理决策的信息技术学科。自20世纪70年代开展研究至今，不论是在理论研究上还是在实际应用方面，DSS都取得了令人瞩目的进展，已成为系统工程、管理科学、人工智能等领域十分活跃的研究课题，并逐步发展成为一门新的边缘学科，具有广阔的应用前景。

7.1.1　决策支持系统的概念

决策支持系统是以管理科学、运筹学、控制论和信息技术为基础，以计算机技术、仿真技术和信息技术为手段，综合利用现有的数据和模型，通过人机交互方式辅助解决半结构化和非结构化决策问题的具有智能作用的人—机计算机网络系统。它能为决策者提供决策所需要的数据、信息和背景材料，帮助明确决策的目标，进行问题的识别，建立修改决策模型，提供各种备选方案，并对各种方案进行评价和选优，通过反复人—机对话进行分析、比较和判断，为正确决策提供有益帮助。

7.1.2　决策支持系统的组成与系统结构

人们在多年研制DSS的实践中，积累了许多富有启发性的经验，形成了各种各样的体系结构和开发模式。从中找出其基本的原则、方法和结构，对研究和开发DSS无疑会有指导作用的。

在现有的DSS中，按其功能要求，不同的组成成分和构造方法形成了差异化的系统结构。尽管如此，不难发现，DSS的基本结构大同小异。

按照DSS主要功能要求，DSS构成的基本框架，也称为基本结构，有三个组成部分：数据库及其管理系统，简称数据子系统，用DBMS表示；模型库及其管理系统，简称模型子系统，用MBMS表示；用户界面，称为对话生成管理系统，简称对话子系统，用DGMS表示。其构成如图7-1所示。

其中，虚框里面表示整个DSS（包括软、硬件），有两个库：DSS数据库（DB）和模型库（MB），软件分3个部分：数据库管理系统（DBMS）、对话生成管理系统（DGMS）、模型管理系统（MBMS），简称DDM框架或模式。

虚框外面是DSS的用户、决策任务及决策环境。DSS实际上是一个包括决策人员、计算机硬件及 DSS 软件等组成的人机系统，虚框内指的主要是两库及三个子系统。

这一典型的基本结构完全反映了 DSS 的主要功能，下面将分别对每个子系统的主要功能、结构做出说明。

1. 对话子系统

对话子系统是 DSS 用户的接口部分，具有与决策者对话的能力，反映出 DSS 的表示能力。该于系统的主要功能如下：

（1）具有处理不同对话方式的能力，例如问答式、菜单式、图表式、语言交谈式等。

（2）具有为决策者提供使用帮助和探讨决策问题的能力。

对于对话子系统，一般性的要求是易学、方便、便于探向（即探索或探讨问题的引导）；技术方面的要求是对话语言，表示语言（包括图形）、使用的知识等设施的实现。

对话子系统的组成部分一般包括命令及语言处理、输出处理、转换处理（用户命令、语言、建模和数据存取等接口）3 个主要部分，其结构如图 7-2 所示。

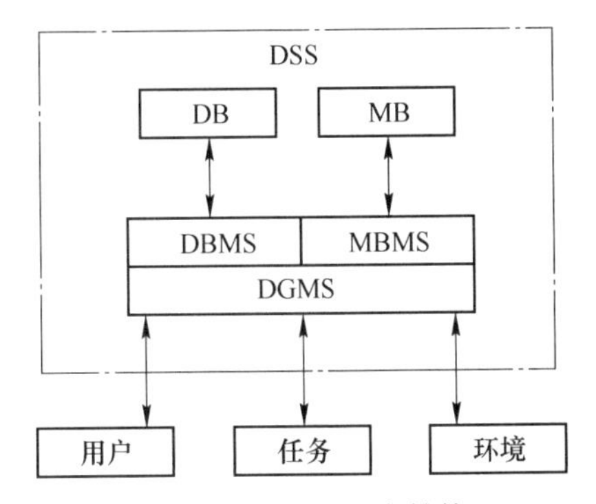

图 7-1 DSS 的基本结构

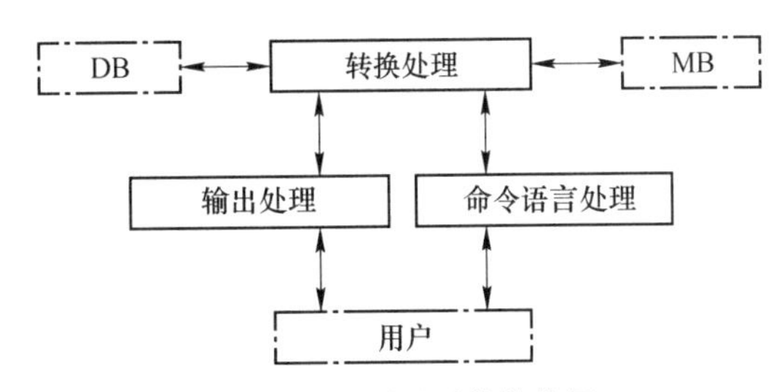

图 7-2 对话子系统结构图

2. 数据库子系统

数据库是 DSS 的记忆部分，来源于两个部分：一部分是经调查收集而来的外部数据，另一部分是由组织中的业务数据库中抽取而来的内部数据。因此，数据子系统应含有 DSS 数据库的管理系统，其主要功能有：

（1）能快速从各个内部数据库抽取 DSS 所需的数据和获取外部数据的能力。

（2）能迅速方便地对 DSS 数据库进行所需操作的能力。

（3）具有支持用户描述数据库逻辑结构和维护的能力。

对数据子系统的要求，一般性的要求是响应迅速、访问方便、冗余度低、安全保密；技术上的要求是能实现数据插入、保留、抽取和查询等操作功能。

数据子系统一般包括：数据抽取、查询处理、数据库及其管理等部分，其结构如图 7-3所示。其中，数据抽取部分包括外部数据的输入和内部数据的抽取，形成 DSS 数据库；查询处理部分主要是将从模型、对话子系统转来的数据请求形成相应的操作序列，并将结果返回到相应子系统；数据库管理承担一般的数据库管理工作。

3. 模型子系统

这是 DSS 的分析与求解问题的核心部分，主要是求解、建模和对模型的存储、运行、

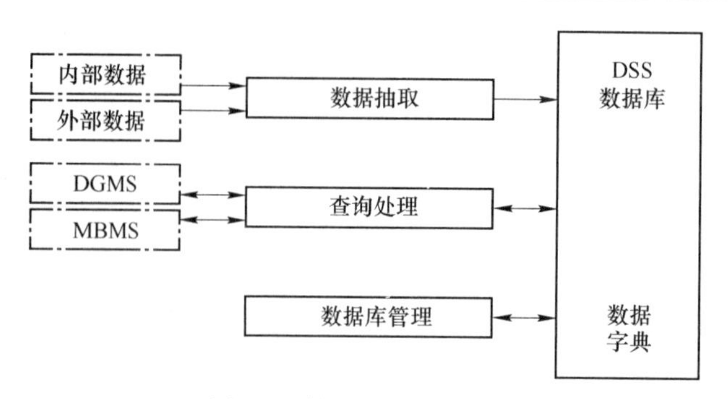

图 7-3　数据子系统结构图

控制进行管理。通过模型子系统能够形成 DSS 求解问题的各种候选方案并连接所需的模型，从 DSS 数据库取得模型所需的数据，运行模型并评价其结果等。其主要功能如下：

（1）具有多种方法以形成求解方案，并联结、生成新模型的能力。

（2）能以合适的方法将数据库的数据与模型相联结的能力。

（3）对模型库进行操作管理的能力（包括建模语言处理、建立、更新模型等）。

对模型子系统的要求，一般性的要求是模型以用户习惯的形式来表示，分析能力强，组合模型容易、方便，有探索、试验方案以适应决策环境的灵活性；在技术上，一般提供统计及数学操作的功能。模型子系统的结构如图 7-4 所示。

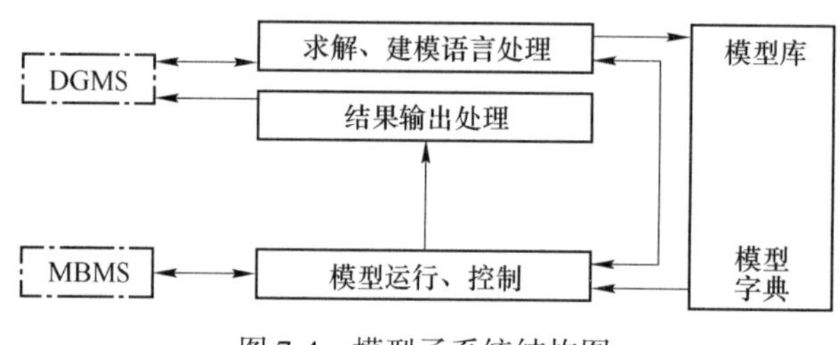

图 7-4　模型子系统结构图

其中，求解、建模语言处理部分承担由对话管理转来的问题求解及建模语言的分析处理，生成有关控制命令序列，用以实现建模或运行问题求解有关模型的要求；模型运行、控制部分执行模型管理的有关操作，当运行模型时，从数据库中存取有关模型运行需要的数据；输出处理部分按输出要求将结果形成相应输出格式，转为对话子系统的输出部分。

4. DSS 的工作流程

由这一基本结构组成的 DSS，其一般工作流程大致如下：

（1）决策者向 DSS 提出决策要求。

（2）DSS 分析决策要求。如果该要求仅是单纯的信息查询，则生成查询语句（包括查询条件），检索 DSS 数据库；如果该库没有，还须通过数据库子系统从 DSS 数据库抽取。将取得的信息以适当的形式反馈给决策者。否则转下一步。

（3）按决策要求，生成相应的一系列求解问题步骤，按问题步骤所需的模型，通过模型及数据的联结，形成相应的调用序列。

（4）进一步根据问题特点，采用相应模型的合适求解方法，执行求解（包括运行模型）序列，得到一组变量的输出结果值，或存于数据库，或将其返还给决策者。

7.2 智能决策支持系统的内涵

20世纪70年代建立在数据处理和以模型驱动为基础上的决策支持系统侧重定量分析。由于它不具备人的智能，缺乏知识和专家的支持，在处理含有判断性、模糊性、创造性及环境易变性等任务上远远达不到预期的效果，因而决策水平不高。而以知识库为基础的专家系统则具有拟人类专家的水平，侧重定性分析，缺乏定量分析的支持。

因此，从20世纪80年代开始人们在决策支持系统DSS的基础上集成人工智能的专家系统（Expert System，ES），并称这种进化了的决策系统为智能决策支持系统（Intelligent Decision Support System，IDSS），本节我们将详细介绍智能决策支持系统的有关内容。

7.2.1 智能决策支持系统的基本概念

智能决策支持系统的概念最早由Bonczek等人于20世纪80年代中期提出来的，如同决策支持系统一样，至今还没有一个统一的定义。就其功能而言，智能决策支持系统既能处理定量问题，又能处理定性问题。

究竟什么是智能决策支持系统呢？学者们对此有不同的理解和定义。通常认为智能决策支持系统的核心思想是将人工智能技术和其他相关学科的成果及技术相结合，使决策支持系统具有人工智能的行为，能够充分地利用人类知识，进行决策问题的描述、获取决策过程的过程性知识和求解问题的推理性知识。利用这些知识，通过逻辑推理、创造性思维描述解决复杂的决策问题，在综合利用知识工程、智能技术及其他相关技术的基础上，进行创造性思维、逻辑推理和判断。因此，它是这些技术与传统DSS的集成体，能比传统DSS更有效地支持决策过程中对半结构化或非结构化问题的表示、求解及进行全过程决策。

不失一般性，智能决策系统的定义为：智能决策支持系统是人工智能（Artificial Intelligence，AI）和决策支持系统相结合而成的决策支持系统，它应用专家系统技术，通过逻辑推理的手段充分应用人类知识处理复杂的决策问题。

决策支持系统的概念我们在前一节已经详细了解过了，现在我们来介绍人工智能和专家系统的含义，专家系统的详细设计过程可参考第2章，这里只做简单说明。

人工智能（AI）是一个包含有很多定义的术语。多数专家认为，AI与两个基本概念相关：第一，它涉及对人类思维过程的研究（理解什么是智能）；第二它借助机器（如计算机、机器人等）研究如何表现这些过程。AI的一个众所周知的定义是：使机器显示如果发生在人类身上就会被认为是智能的行为，另外一个比较典型的定义为：AI是研究如何让计算机去做那些目前由人类才能胜任的工作。

专家系统（ES）的名称是从“基于知识的专家系统（Knowledge-based Expert System）”这个概念简化而来的，是计算机化的知识密集的咨询程序，利用存储在计算机中的人类知识去解决原来要求人类专门知识和技能才能解决的问题。设计良好的系统能够模仿人类专家对特殊问题求解时的推理过程。非专家人员能使用ES加强他们解决问题的能力，而专家则能够使用它们作为具有渊博知识的助手。ES用来传递和保存珍贵的知识资源，从而得到改进的前后一致的结果。ES的终极目的是：在特定的、通常是很狭窄的专门知识领域内，比任何单独的人类专家更好地行使职责、做出判断，逐步走向求解问题决策过程的专业化和自动化。

7.2.2　智能决策支持系统的结构及特点

智能决策支持系统（IDSS）是在决策支持系统（DSS）的基础上集成人工智能的专家系统（ES）而形成的。决策支持系统主要由：(1) 人机交互与问题处理系统（由语言系统和问题处理系统组成）；(2) 模型库系统（由模型库管理系统和模型库组成）；(3) 数据库系统（由数据库管理系统和数据库组成）；(4) 方法库系统（由方法库管理系统和方法库组成）等组成。专家系统主要由知识库、推理机和知识库管理系统三者组成。决策支持系统和专家系统集成为智能决策支持系统，如图7-5所示。

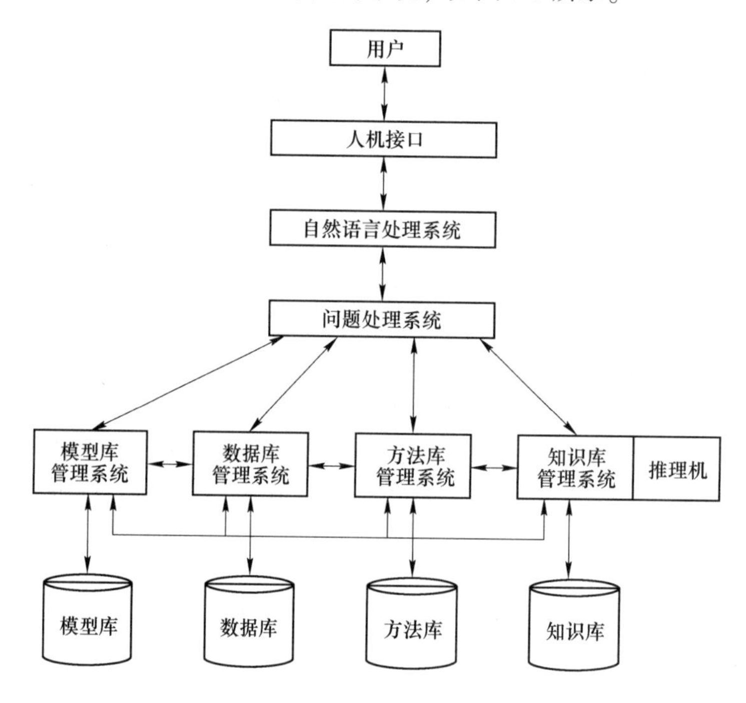

图7-5　智能决策支持系统

1. 智能人机接口

四库系统的智能人机接口接受用自然语言或接近自然语言的表达方式的决策问题及决策目标，这较大程度地改变了人机界面的性能。

2. 问题处理系统

问题处理系统处于DSS的中心位置，是联系人与机器及所存储的求解资源的桥梁，主要由问题分析器与问题求解器两部分组成。其工作流程如图7-6所示。

(1) 自然语言处理系统：转换产生的问题描述，由问题分析器判断问题的结构化程度，对结构化问题选择或构造模型，采用传统的模型计算求解；对半结构化或非结构化问题则由规则模型与推理机制来求解。

(2) 问题处理系统：它是IDSS中最活跃的部件，既要识别与分析问题，设计求解方案，又要为问题求解调用四库中的数据、模型、方法及知识等资源，对半结构化或非结构化问题还要触发推理机做推理成新知识的请求。

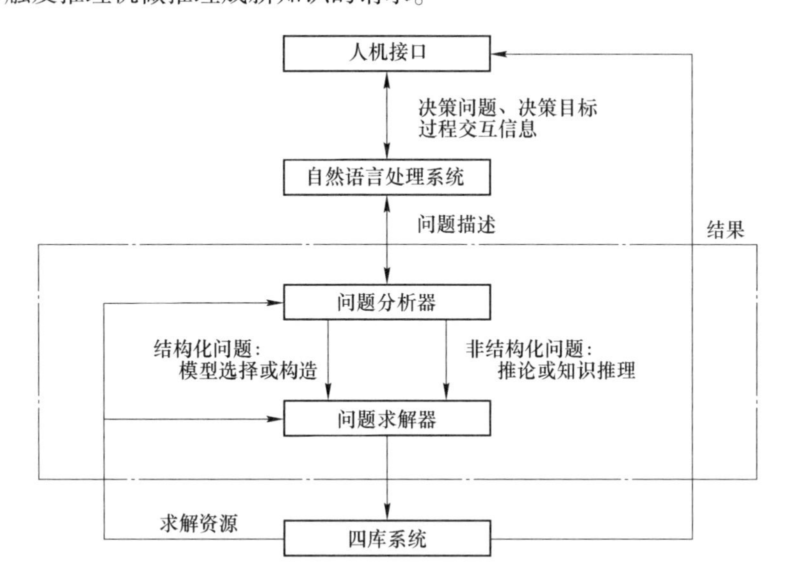

图7-6 问题处理系统工作流程

3. 专家系统

专家系统的组成可分为三个部分：知识库、推理机及知识库管理系统。

(1) 知识库。

知识库是知识库子系统的核心。

知识库中存储的是那些既不能用数据表示，也不能用模型方法描述的专家知识和经验，即是决策专家的决策知识和经验知识，同时也包括一些特定问题领域的专门知识。

知识库中的知识表示是为描述世界所做的一组约定，是知识的符号化过程。对于同一知识可有不同的表示形式，它直接影响推理方式，并在很大程度上决定着一个系统的能力和通用性，是知识库系统研究的一个重要课题。

知识库包含事实库和规则库两部分。事实库中存放了“任务A是紧急订货”“任务B是出口任务”那样的事实；规则库中存放着“IF任务i是紧急订货，and任务i是出口任务，THEN任务i按最优先安排计划”“IF任务i是紧急订货，THEN任务i按优先安排计划”那样的规则。

(2) 推理机。

推理是指从已知事实推出新事实（结论）的过程。推理机是一组程序，它针对用户问题去处理知识库（规则和事实）。

推理原理如下：

若事实M为真，且有一规则“IF M THEN N”存在，则N为真。

因此，如果事实“任务A是紧急订货”为真，且有一规则“IF任务i是紧急订货

THEN 任务 i 按优先安排计划”存在，则任务 A 就应该优先安排计划。

（3）知识库管理系统。

功能主要有两个：一是回答对知识库知识增、删、改等知识维护的请求，二是回答决策过程中问题分析与判断所需知识的请求。

4. IDSS 集成形式及特点

IDSS 既充分发挥了专家系统以知识推理形式解决定性分析问题的特点，又兼具以计算为核心解决定量分析问题的特点，充分实现定性分析和定量分析的有机结合，使得解决问题的能力和范围得到了一个大的拓展。IDSS 中 DSS 和 ES 的结合主要体现在三个方面：

（1）DSS 和 ES 的总体结合。由集成系统把 DSS 和 ES 有机结合起来（将两者一体化）。

（2）KB 和 MB 的结合。模型库中的数学模型和数据处理模型作为知识的一种形式，即将过程性知识加入知识推理过程中去。

（3）DB 和动态 DB 的结合。DSS 中的 DB 可以看成是相对静态的数据库，它为 ES 中的动态数据库提供初始数据，ES 推理结束后，动态 DB 中的结果再送回到 DSS 中的 DB 中去。

由 DSS 和 ES 这三种结合形式，也就形成了三种 IDSS 的集成形式。

（1）DSS 和 ES 并重的 IDSS 结构：DSS 和 ES 两者之外的集成系统，它具有调用和集成 DSS 和 ES 的能力，这种结构形式如图 7-7 所示。

（2）DSS 为主体的 IDSS 结构：这种集成结构形式体现了以定量分析为主体，结合定性分析解决问题的特点。这种结构中集成系统和 DSS 控制系统合为一体，从 DSS 角度来看，简化了 IDSS 的结构，如图 7-8 所示。

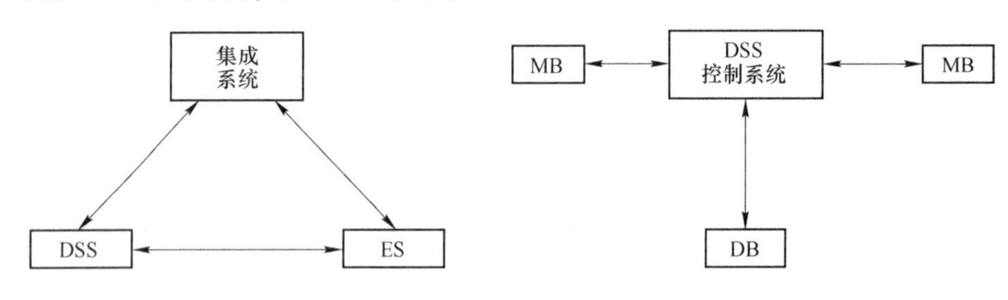

图 7-7　DSS 和 ES 并重的 IDSS 结构　　图 7-8　DSS 为主体的 IDSS 结构

（3）ES 为主体的 IDSS 结构：这种结构形式体现以定性分析为主，定量分析为辅。这种结构将人机交互系统和 ES 的推理机合为一体，简化了 IDSS 的结构。

1）DSS 作为一种推理机形式出现，受 ES 中的推理机所控制。其结构形式如图 7-9（a）所示。

2）数学模型作为一种知识出现，即模型是一种过程性知识，其结构形式如图 7-9（b）所示。

7.2.3　智能决策支持系统的特性和功能

智能决策支持系统将决策支持系统的人机交互系统、模型库系统、数据库系统和专家

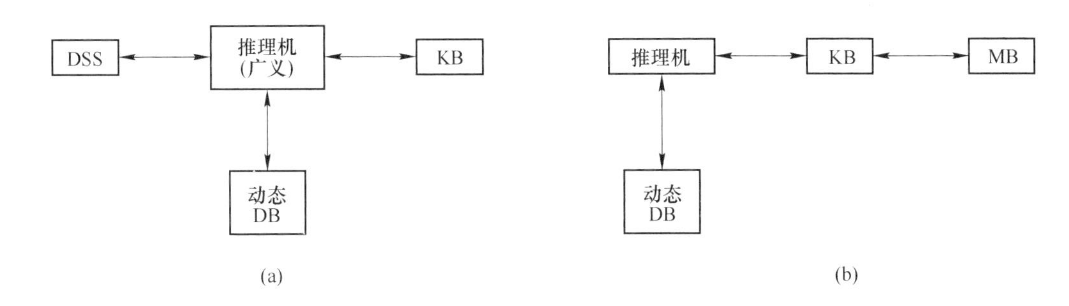

图 7-9 ES 为主体的 IDSS 结构

系统的知识库、推理机及动态数据库相结合，因此拥有优于传统决策支持系统的特性和功能：

(1) 由于智能 DSS 具有推理机构，能模拟决策者的思维过程，所以能根据决策者的需求，通过提问会话、分析问题、应用有关规则引导决策者选择合适的模型。

(2) 智能 DSS 的推理机能跟踪问题的求解过程，从而可以证明模型的正确性，增加了决策者对决策方案的可信度。

(3) 决策者使用 DSS 解决半结构化或非结构化的问题时，有时对问题的本身或问题的边界条件不是很明确，智能 DSS 却可以通过询问决策者来辅助诊断问题的边界条件和环境。

(4) 智能 DSS 能跟踪和模拟决策者的思维方式，所以它不仅能回答 "what…if…" 而且还能够回答 "why" "when" 之类的解释性原因，从而能使决策者不仅知道结论，而且知道为什么会产生这样的结论。

由于在 DSS 的运行过程中，各模块要反复调用上层的桥梁，比起直接采用低层调用的方式运行效率要低。但是考虑到 IDSS 只是在高层管理者作重大决策时才运行，其运行频率与其他信息系统相比要低得多，况且每次运行的环境条件差异很大，所以牺牲部分的运转效率以换取系统维护的效率是完全值得的。

7.3 智能决策的主要方法

IDSS 采用机器推理方法实现决策支持功能，而人类专家的知识总是有限的，能够以符号逻辑表示并用来推理的知识更是有限的，人类很多专家知识并不是一开始就已经具备，很多是在决策过程中学习得到的，如何充分利用在大量决策过程中得到的知识，是人工智能和决策支持系统研究的重要内容。

7.3.1 机器学习

机器学习通过在数据中搜索统计模式和关系，把记录聚集到特定的分类中，产生规则和规则树。这种方法的优势在于不仅能提供关于预测和分类模型，而且能从数据中产生明确规则。如常用的递归分类算法，通过逐步减少数据子集的熵（entropy），把数据分离为更细的子集，从而产生决策树。决策树是对数据集的一种抽象描述，可以作为知识进行推理使用。

最著名的两种机器学习算法有 ID3 和 CART。ID3 通过数据在独立变量上的分类，形成具有一定特征的数据子集，可以用来产生分类树；CART 算法通过数据聚类的距离的最大化，减少数据子集的无序性，可以产生分类树和回归树，是回归分析、聚类分析等统计分析方法的自然延伸。由于递归分类算法根据数据的统计特性进行数据的分类，在有大量噪声数据的情况下具有较好的鲁棒性。除此之外，神经网络、模糊逻辑、遗传算法、粗糙集理论等也被广泛应用于机器学习。

7.3.2　软计算方法

软计算不是一个单独的方法论，而是一个方法的集合，主要包括模糊逻辑、神经计算、概率推理、遗传算法、混沌系统、信任网络及其他学习理论。其本质与传统的智能计算方法不同，在于适应现实世界普遍的确定性。

现有的决策模型一般采用数学方法，通过对现实世界的抽象建立模型。为简化模型，一般需要对要描述的事物做出一些假设。模型的有效性也就和这些假设密切相关，当这些假设条件有所改变，模型也就不再适用。现有的人工智能技术也主要致力于以语言和符号来表达和模拟人类的智能行为。软计算方法则通过与传统的符号逻辑完全不同的方式，解决那些无法精确定义的问题决策、建模和控制。如神经计算是受神经生物学研究的启发，采用并行计算结构模拟人的大脑结构，通过映射实现知识处理过程的一种方法。遗传算法的思想来源于生物进化过程。

遗传算法（GA）的思想来源于生物进化过程。20 世纪 60 年代，Holland 把进化过程中的信息遗传机制和优胜劣汰的自然选择法则引入机器学习过程中，通过一个种群的许多代进化适应，设计出具有自然系统的自适应特征的人工系统。遗传算法把复杂的结构用简单的位串编码表示，通过位串的复制、变异、杂交、反转等遗传算子的操作改变这种结构，使系统通过多次变换达到理想的结果。GA 方法的求解过程简单，不受搜索空间的限制性假设的约束，能从离散、多极值、有噪声的多维问题中通过随机搜索和优化找到全局最优解，在已知系统目标但无法确知求解过程的决策问题非常适用。

1962 年，Zadeh 提出了模糊数学方法，用来处理语言描述的模糊性，可以把复杂的系统分解为许多简单的局部问题，在很多领域的决策问题中得到应用。

7.3.3　数据仓库和数据挖掘

为了说明数据仓库的概念，下面给出几种有代表性的观点：

一种观点认为，数据仓库是面向主题的、集成的、稳定的、不同时间的数据集合，用于支持经营管理中的决策控制过程。

另一种观点认为，数据仓库是把分布在企业网络中不同信息岛上的商业数据集成到一起，存储在一个单一的集成关系型数据库中。利用这种集成信息，可方便用户对信息的访问，可方便决策人员对历史数据的分析和对事物发展趋势的研究。

还有一种观点认为，数据仓库是一种管理技术，旨在通过畅通、合理、全面的信息管理，达到有效的决策支持。

1990 年，Inmon 提出了数据仓库的概念，数据仓库通过多数据源信息的概括、聚集和集成，建立面向主题、集成、时变、持久的数据集，从而为决策提供可用信息。与数据仓库同时发展起来的 OLAP（联机分析处理）技术通过对数据仓库的即席、多维、复杂查询和综合分析，得出隐藏在数据中的总体特征和发展趋势。目前，数据仓库和 OLAP 技术已相当成熟，出现了 Business Object Power Play 等多维分析工具，并已经在企业决策中发挥着重要作用。在美国，几乎所有的大型企业都已建立或规划建立自己的数据仓库。

数据挖掘（Data Mining）就是从存放在数据库、数据仓库或其他信息库中的大量的数据中获取有效的、新颖的、潜在有用的、最终可理解的模式的非平凡过程。在技术上可以根据它的工作过程分为：数据的抽取、数据的存储和管理、数据的展现等关键技术。

1. 数据的抽取

数据的抽取是数据进入仓库的入口。由于数据仓库是一个独立的数据环境，它需要通过抽取过程将数据从联机事务处理系统、外部数据源、脱机的数据存储介质中导入数据仓库。数据抽取在技术上主要涉及互联、复制、增量、转换、调度和监控等几个方面的处理。在数据抽取方面，未来的技术发展将集中在系统功能集成化方面，以适应数据仓库本身或数据源的变化，使系统更便于管理和维护。

2. 数据的存储和管理

数据仓库的组织管理方式决定了它有别于传统数据库的特性，也决定了其对外部数据的表现形式。数据仓库管理所涉及的数据量比传统事务处理大很多，且随时间的推移而快速累积。在数据仓库的数据存储和管理中需要解决的是如何管理大量的数据、如何并行处理大量的数据、如何优化查询等。目前，许多数据库厂家提供的技术解决方案是扩展关系型数据库的功能，将普通关系数据库改造成适合担当数据仓库的服务器。

3. 数据的展现

在数据展现方面主要方式如下所述。

（1）查询：实现预定义查询、动态查询、OLAP 查询与决策支持智能查询。

（2）报表：产生关系数据表格、复杂表格、OLAP 表格、报告以及各种综合报表。

（3）可视化：用易于理解的点线图、直方图、饼图、网状图、交互式可视化、动态模拟、计算机动画技术表现复杂数据及其相互关系。

（4）统计：进行平均值、最大值、最小值、期望、方差、汇总、排序等各种统计分析。

（5）挖掘：利用数据挖掘等方法，从数据中得到关于数据关系和模式的识别。

数据挖掘和数据仓库的协同工作可以迎合和简化数据挖掘过程中的重要步骤，提高数据挖掘的效率和能力，确保数据挖掘中数据来源的广泛性和完整性。当前，数据挖掘技术已经成为数据仓库应用中极为重要和相对独立的方面和工具。

数据挖掘和数据仓库是融合与互动发展的，其学术研究价值和应用研究前景将是令人振奋的。它是数据挖掘专家、数据仓库技术人员和行业专家共同努力的成果，更是广大渴望从数据库“奴隶”到数据库“主人”转变的企业最终用户的通途。

7.3.4 基于范例推理

基于范例推理（Case-Based Reasoning，CBR）是从过去的经验中发现解决当前问题线索的方法。过去事件的集合构成一个范例库（Case Base），即问题处理的模型；当前处理的问题成为目标范例，记忆的问题或情境成为源范例。CBR 处理问题时，先在范例库中搜索与目标范例具有相同属性的源范例，再通过范例的匹配情况进行调整。基于范例推理简化了知识获取的过程，对过去的求解过程的复用，提高了问题求解的效率，对有些难以通过计算推导来求解的问题可以发挥很好的作用。

7.4 智能决策支持系统在交通事故管理上的应用

交通事故问题一直对国民经济的发展有着重要影响，如何合理而高效地解决交通事故问题一直是决策者关注的焦点。一直以来，交通事故问题的解决主要依赖于专家的经验，但随着信息技术的发展，信息手段在解决交通事故问题上将发挥越来越重要的作用。

信息技术经历了从数字化、网络化到智能化的发展。决策支持等智能化信息技术的出现，为社会发展注入了新的内涵。本节分析将智能决策支持系统应用于交通事故管理的可行性，并介绍交通事故管理智能决策支持系统的设计思路，在前人对交通事故管理智能决策支持系统所作研究的基础上，进一步强调了系统的整体性和综合性，不仅分析了系统的整体结构，而且对系统每个模块都进行了具体设计。

7.4.1 适用性分析

交通事故管理问题是一个非常复杂的非结构问题。交通事故的管理可以分为事故检测、事故确定、事故响应和事故清除 4 个阶段，每个阶段又有很多方案需要决策者进行决策。面对大量、复杂的相关数据，决策者采取哪套救援方案、如何指挥各个部门协同工作，高效地进行事故管理，将直接影响到事故所造成的损失大小。IDSS 在决策支持系统的基础上引入人工智能技术，能够较好地解决非结构化问题，为决策者提供定性和定量的建议，辅助其决策。因此，在交通事故管理中引入 IDSS 是一个非常有利的选择。

交通事故管理智能决策支持系统的优势有：

（1）对数据的采集和分析可以利用 IDSS，减少人工负担；

（2）IDSS 可以对事故管理措施的效果进行模拟及评价，有利于决策者做出最佳选择；

（3）由于交通事故的实时性，IDSS 可以减少专家判定的延时，从而使得对于事故的处理更加及时，减少经济损失。

7.4.2 模型库的设计

模型库主要包括以下几个部分。

1. 基本数学模型库

存放一些具有无针对性的基本数学模型和算法，如初等模型、微分方程模型、图论及网络分析模型以及概率统计模型等，支持其他模型库的运行。

2. 交通事故检测模型库

存放一些用于事故检测的模型和算法。比较典型的交通事故检测模型见表 7-1。

表 7-1 交通事故检测模型

事故检测算法类型	具体算法
模式识别	California 算法
	APID 算法
	PATREG 检测算法
事故理论算法	McMaster 算法
统计预测算法	HIOCC 算法
	ARIMA 检测算法
	SND 检测算法
	EDS 算法
	DELOS 过滤模型检测算法
	Bayesian 检测算法
	SSID 检测算法
人工智能检测算法	人工神经网络算法
	模糊逻辑检测算法

3. 交通事故影响范围确定模型库

交通事故影响范围主要指由于交通事故而导致的交通延误和排队长度等。该模型库中主要存放车辆排队模型、车流波动模型和 Boltzman 模型等，以计算延误和排队长度。

4. 交通事故影响范围分析模型库

该模型库的模型还并不成熟，需要自主开发和建模。其目标是建立事故延误和排队长度与年平均日交通量、通行能力、事故率、事件持续时间和左右路肩宽度等因素的关系，可以利用基本数学模型库中的模型实现。该模型库的输出能够得到决定交通事故影响范围的各因素的主次关系，从而为交通事故预防措施的选择提供数据支持。

7.4.3 数据库的设计

数据库主要负责数据的存储、管理、提供与维护。而在交通事故管理智能决策支持系统中，数据库中的数据主要可以分为以下几类。

1. 面向单个检测器的数据

所有的事故检测算法都是根据交通流参数进行事故判断的，因此，需要建立各个检测器的交通流参数表。其结构见表 7-2。

表 7-2 交通流参数表

字 段 名	类　型
检测日期	日期
检测器编号	整型

续表 7-2

字 段 名	类　型
流量	单精度类型
速度	单精度类型
密度	单精度类型
占有率	单精度类型

2. 面向两个检测器的数据

由于各种检测算法所要求交通流参数的输入形式不同，例如，加利福尼亚算法需要上、下游检测线圈各自的占有率及两者之差。因此，需要建立面向两个检测器的数据表，结构见表 7-3。

表 7-3　两检测器数据表

字　段　名	类　型
检测日期	日期
检测器 1 编号	整型
检测器 2 编号	整型
流量差	整型
速度差	单精度类型
密度差	单精度类型
占有率差	单精度类型
密度比	单精度类型
占有率比	单精度类型
行程时间	单精度类型

3. 统计数据

统计分析来自各检测器的数据。统计 ADT（日交通量）、AADT（年均日交通量）、WADT（周均日交通量）、MADT（月均日交通量）、PHF（高峰小时系数）、C（道路通行能力）、高峰时段等数据。

4. 综合数据（包括图和表）

存储模型库模型和其他数据分析工具对源数据分析处理的结果：交通流模型参数、C1（事件发生后道路通行能力）、RT（事件响应时间）、CT（事件清除时间）、DT（事件持续时间）、INO（事件数）、IR（事件率）、ANO（事故数）、AR（事故率）、DR（检测率）、FAR（误警率）等。当然，除了对上述数据进行简单的存储之外，建立数据库时还需要考虑描述数据的物理结构、更新频率，建立一些数据之间的关系模型，并确定关键字方便按主题查找等。

7.4.4 知识库的设计

知识库包括事实库和规则库两部分，下面分别就两部分的设计进行说明。

1. 事实库

（1）事故描述事实库。存放“事故 A 为追尾事故”“事故 B 为货车与货车相撞事故”等对事故现象进行描述的事实。事故描述事实库可以按照对事故不同角度的描述进行构造，见表 7-4。

表 7-4 事故描述事实库

描述角度	事实说明
事故发生原因	直行事故
	超车事故
	追尾事故
	左转弯事故
	右转弯事故
事故双方类型	货/客车与货/客车
	货/客车与轿车
	货/客车与障碍物
	货/客车与人
	轿车与轿车
	轿车与障碍物
	轿车与人
	侧翻与侧滑
	其他情况
有无人员伤亡	有人员伤亡
	无人员伤亡
交通事故等级	轻微事故
	一般事故
	重大事故
	特大事故

（2）事故处理策略事实库。存放对各种交通事故处理方案的描述。事故处理策略事实库的设计见表 7-5。

表 7-5 事故处理策略事实库

处理方案	事实说明	职能
调动部门	交通警察部门	负责事故现场的调查与管理方案
	医务部门	负责对伤亡人员进行紧急救援
	事故排查部门	负责事故的排除

续表 7-5

处理方案	事实说明	职　　能
调动部门	消防部门	负责灭火
	特种物品（化学物品等）	负责对特种物品进行处置
	处置部门	负责管理方案的制定、交通信息的发布及诱导策略的制定
	交通管理部门	距离最短原则
	事故处理线路选择	时间最少原则

（3）疏导策略事实库。存放对各种交通管理措施和诱导策略的描述。疏导策略事实库的设计见表 7-6。

表 7-6　疏导策略事实库

事故信息发布
上游流入交通迂回诱导
上游流入交通控制管理
关联平面道路管理

2. 规则库

规则库中存放着“IF 交通事故 i 是超车事故，AND 交通事故 i 是轿车与轿车相撞事故，AND 交通事故 i 有人员伤亡，AND 交通事故 i 为一般事故，THEN 呼叫医院救援中心，调用交警对事故现场进行调查、管理，对流入交通进行迂回诱导与控制管理”这样的规则。规则库实际上是事故描述事实库与事故处理和疏导策略事实库的映射关系。它的描述需要专家的经验，是交通事故管理智能决策支持系统能否有效地对事故管理决策进行支持的关键所在。

7.4.5　推理机的设计

1. 存在规则匹配

根据交通事故的描述，如果交通事故描述事实 M 为真，并且在规则库中有相应的规则“IF M THEN N”存在，则 N 为真。例如，如果有交通事故事实“交通事故 A 产生了人员伤亡”，且有一规则“IF 交通事故 i 产生了人员伤亡，THEN 调动医务部门进行紧急救援”存在，那么，就将该策略提供给决策者。

2. 不存在规则匹配

对于不存在规则匹配的情况，则需要根据事故性质、事故的影响范围、事故发生点的交通环境及资源供给情况确定选择某事故处理和疏导策略的概率，辅助决策者采取措施，指挥各个部门协同工作。

7.4.6　系统实现分析

在交通事故管理智能决策支持系统各个模块的设计基础上，只有各个模块相互协调工作，才能实现系统支持决策者决策的功能。图 7-10 所示系统作为一个整体的工作流程，包括事故管理决策输出流程和反馈流程两部分。

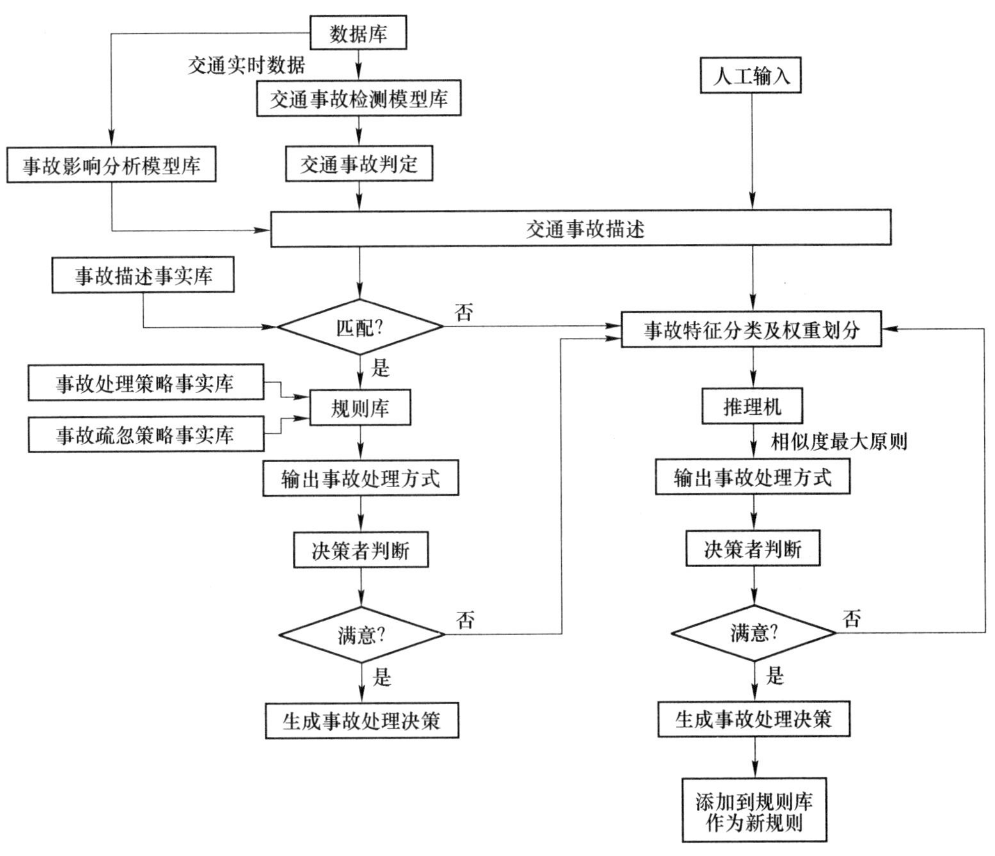

交通事故管理决策输出流程

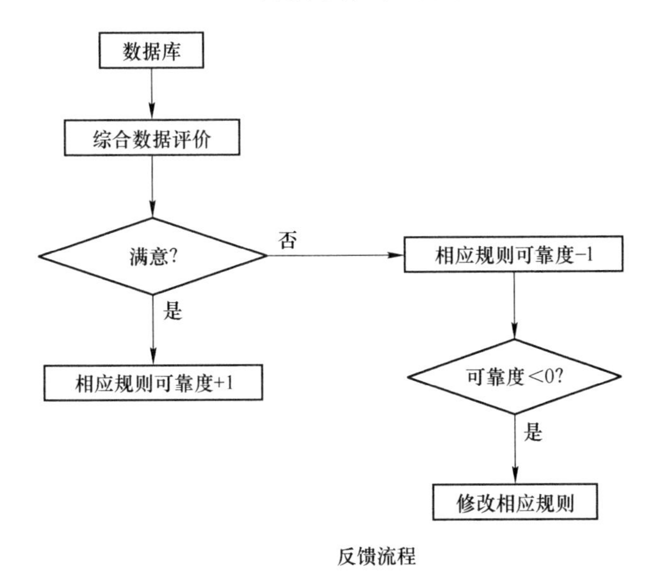

反馈流程

图 7-10 系统工作流程图

首先，交通事故检测模型库通过存储的模型算法，对数据库中的实时交通数据进行计算，从而判断是否发生交通事故，确定发生交通事故后，通过事故影响分析模型库对所发生的事故进行描述，这个过程也可以通过人工输入来完成。

其次，通过对事故描述的结果与事故描述事实库进行比对，若内容匹配，则查找规则库中存储的规则，并按其规则输出事故处理方式给决策者，为决策者提供决策支持，决策者如果对处理方案满意，则作为最终的结果发布给相关部门；若决策者不满意或者在事故描述事实库中没有找到匹配的内容，则需要通过推理机来进行工作。推理机根据事故的描述，将事故特点进行分类及权重划分，并按照权重从高到低的原则，将每个特点与事故描述事实库进行比较，以相似度最大原则得到事故处理方式的集合，并输出给决策者，决策者如果对方案满意，则作为最终的结果发布给相关部门，同时，将该规则添加到规则库。而若决策者不满意，则重新回到事故特征分类及权重划分阶段。最后，是一个反馈过程。在事故处理完毕后，通过数据库中记录的综合数据，对事故处理结果进行评价，若评价令人满意，则相应的规则可靠度加1，否则可靠度减1，当可靠度<0时，则需要对相应的规则进行修改。

交通事故往往容易对交通带来连环的恶劣影响，甚至引起整个路网交通流的紊乱。为了高效地解决这个问题，将损失降至最小，将IDSS应用于交通事故管理。交通事故管理智能决策支持系统通过交通流参数的异常变化，自动调用模型库反馈流程事故检测模型检测是否有交通事故发生，确认事故的存在后，调用车流波动等模型确定事故的影响范围，并以知识库为依托提供事故处理和疏导方案。从而减小交通事故延误和事故导致的经济损失。交通事故管理不仅能高效地解决交通事故问题，也为整个社会经济的可持续发展提供了支持。

本章小结

本章简要地介绍了决策支持系统和智能决策支持系统的相关概念和定义，以及常用的智能决策方法，主要包括机器学习、软计算、数据仓库数据挖掘和基于范例推理。最后介绍了智能决策支持系统在交通事故管理上的应用实例。

第 8 章　现代优化方法在智能决策中的应用

20 世纪 80 年代以来，一些新颖的优化算法，如进化算法、粒子群算法、模拟退火等，通过模拟或揭示某些自然现象或过程而得到发展，其思想和内容涉及数学、物理学、生物进化、人工智能、神经学科和统计力学等方面，为解决复杂问题提供了新的思路和手段。在优化领域，由于这些算法构造的直观性与自然机理，因而通常称作智能优化算法（Intelligent Optimization Algorithms），或称现代启发式算法（Meta-heuristic Algorithm）。智能优化算法与传统方法相比，有很多不同之处，具有智能性、本质并行性、过程性、多解性、内在学习性等特点。

智能优化算法不依赖于问题具体的领域，对问题的种类有很强的鲁棒性，是求解复杂系统优化问题的有效方法，所以广泛应用于许多学科。目前，智能优化算法在生物技术和生物学、化学和化学工程、计算机辅助设计、物理学和数据分析、动态处理、建模与模拟、医学与医学工程、微电子学、模式识别、人工智能、生产调度、机器学习、采矿工程、电信学、售货服务系统等领域都得到了应用，成为求解全局优化问题的有力工具之一。

8.1　进 化 算 法

进化算法（Evolutionary Algorithm, EA）包括遗传算法（GA）、遗传规划（GP）、进化规划（EP）和进化策略（ES）等，这些方法的基本思想都是借鉴生物进化的规律，按照优胜劣汰的自然选择的规律和方法来解决实际问题。进化算法具有自组织、自适应、自学习的特性，是一种具有较强鲁棒性和广泛适用性的全局优化方法，目前已成功应用在人工智能、配电网重构、电网规划、图像识别、机械设计及制造等方面。

8.1.1　进化算法的基本框架

进化算法提供了一种求解复杂系统优化的通用框架，主要通过选择、重组和变异这三种操作实现优化问题的求解，下面描述进化算法的一种基本框架。

（1）进化代数计数器初始化：$t = 0$。

（2）随机产生初始群体 $P(t)$ 。

（3）评价群体 $P(t)$ 的适应度值。

（4）个体重组操作：$P'(t) = \text{Recombination}[P(t)]$ 。

（5）评价群体：$P''(t) = \text{Mutation}[P'(t)]$ 。

（6）个体复制操作：$P(t+1) = \text{Reproduction}[P(t) \cup P''(t)]$ 。

（7）终止条件判断：若不满足终止条件，则 $t = t + 1$，转移到第（4）步，继续进行进化操作过程；若满足终止条件，则输出当前最优个体，算法结束。

8.1.2　遗传算法

遗传算法（Genetic Algorithm，GA）最早是由美国密歇根大学 Holland 教授及其学生于 20 世纪 60 年代末到 70 年代初提出的，起源于对生物系统所进行的计算机模拟研究。它是模仿自然界生物进化机制发展起来的随机全局搜索和优化方法，借鉴了达尔文的进化论和孟德尔的遗传学说。其本质是一种高效、并行、全局搜索的方法，能在搜索过程中自动获取和积累有关搜索空间的知识，并自适应地控制搜索过程以求得最佳解。

遗传算法使用群体搜索技术，通过对当前群体施加选择、交叉等一系列遗传操作，从而产生新一代的群体，并逐步使群体进化到包含或接近最优解的状态。生物的进化过程主要是通过染色体之间交叉和染色体基因的变异来完成的。与此相对应，遗传算法中最优解的搜索过程正是模仿生物的这个进化过程，进行反复迭代，从第 t 代群体 $P(t)$ 经过一代遗传和进化后，得到第 $t+1$ 代群体 $P(t+1)$。这个群体不断经过遗传和进化操作，并且每次都按照优胜劣汰的规则将适应度较高的个体更多地遗传到下一代，这样最终在群体将会得到优良的个体 X，达到或接近于这个问题的最优解。具体遗传算法的运算流程图如图 8-1 所示。

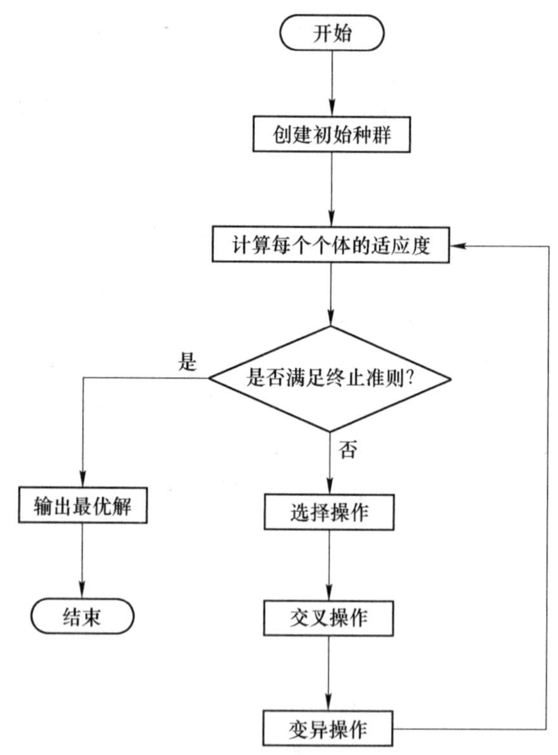

图 8-1　遗传算法的运算流程图

下面说明遗传算法（GA）的一些基本概念。

1. 个体和种群

个体是指染色体带有特征的实体，表示可行解。

种群是个体的集合，表示可行解集。该集合内个体数称为种群的大小。

2. 染色体和基因

染色体是包括生物体所有遗传信息的化合物，表示可行解的编码。

基因是控制生物体某种症状（即遗传信息）的基本单位，表示可行解编码的分量。

3. 适应度

适应度即生物群体个体适应生存环境的能力。在遗传算法中，用来评价个体优劣程度的数学函数，称为个体的适应度函数。对于求解最大值的优化问题，某个体的适应度函数值越大，即表示该个体越适应环境。

4. 遗传编码

遗传编码是将优化变量转化为基因的组合表示形式，优化变量的编码机制主要有二进制编码、十进制编码（实数编码）等。其中二进制编码是遗传算法最简单和最早使用的一种编码方法，但二进制编码存在一些问题：首先，二进制编码存在着连续函数离散化时的映射误差，个体编码串长度较短时，达不到精度要求，而个体编码串长度较长时，能提高编码精度，但会使遗传算法的搜索空间急剧增大；其次，二进制编码不便于反映所求问题的特定知识，为改进二进制编码的这些缺点，从而提出了实数编码。

5. 遗传操作

遗传算法的基本操作包括选择、交叉和变异。在生物进化过程中，一个群体中生物特性的保持是通过遗传来继承的。生物的遗传主要通过选择、交叉、变异三个过程把当前父代群体的遗传信息遗传到下一代成员。与此对应，遗传算法中最优解的搜索过程也模仿生物的这个进化过程，使用所谓的选择、交叉和变异算子来实现。

（1）选择

根据个体的适应度，按照一定的规则或方法，从第 t 代群体 $P(t)$ 中选择一些优良的个体遗传到下一代群体 $P(t+1)$ 中。其中适应度值比例方法（也叫轮盘赌方法）是遗传中最早提出的一种选择方法，它是一种基于比例的选择，利用各个个体适应度所占比例的大小来决定其子孙保留的可能性。若某个个体 i 的适应度为 f_i ，种群大小为 NP，则它被选中的概率表示为

$$p_i = f_i / \sum_{i=1}^{NP} f_i (i = 1, 2, \cdots, NP) \tag{8-1}$$

个体适应度越大，则其被选择的机会也越大；反之亦然。为了选择交叉个体，需要进行多轮选择，选择足够多的个体达到种群大小。每一轮产生一个［0，1］内的均匀随机数 r，将 r 作为选择指针来确定被选个体。若 $r \leqslant q_1$，则个体 $i(i=1)$ 被选中；若 $q_{k-1} < r \leqslant q_k(2 \leqslant k \leqslant NP)$ ，则个体 $i(i=k)$ 被选中。其中 $q_i(i=k)$ 称为个体 i 的积累概率，其计算公式如下所示：

$$q_i = \sum_{j=1}^{i} p_j (i = 1, 2, \cdots, NP) \tag{8-2}$$

其他常见选择方法还有适应度比例方法、随机遍历抽样法、精英个体保留策略、锦标赛选择方法等。

（2）交叉

将被选择的优良个体所组成的新种群 $P(t+1)$ 中的各个个体随机搭配，对每一对个体，以某一概率（交叉概率 P_c）交换它们之间的部分染色体。交叉操作一般分为以下几个步骤：首先，从交配池中随机取出要交配的一对个体；然后，根据位串长度 L，对要交配的一对个体，随机选取［1，$L-1$］中的一个或多个整数 k 作为交叉位置；最后，根据交叉概率 P_c 实施交叉操作，配对个体在交叉位置处，相互交换各自的部分基因，从而形成一对新的个体。遗传算法的性能在很大程度上取决于采用的交叉操作的性能。

常见的交叉操作有均匀交叉、模拟二进制交叉、单点交叉和两点交叉等。

（3）变异

对群体中的每个个体，以某一概率（变异概率 P_m）将某一个或某一些基因上的基因值改变为其他的等位基因值。一般来说，遗传算法中引入变异有如下两个目的：其一是为了改善遗传算法局部搜索能力；其二是为了能够维持群体的多样性，防止出现早熟现象。

变异的一般步骤为：首先，对种群中所有个体按事先设定的变异概率判断是否进行变异；然后对进行变异的个体随机选择变异位进行变异。根据个体编码方式的不同，变异方式有：实值变异、二进制变异等。

遗传算法是模拟生物自然环境中的遗传和进化的过程而形成的一种并行、高效、全局搜索的方法，它主要有以下特点：

1）遗传算法将问题参数编码成染色体后进行进化操作，而不是针对参数本身，这使得遗传算法不受函数约束条件的限制，如连续性、可微性等。

2）采用群体搜索方式，搜索过程是从问题解的一个集合开始的，而不是从单个个体开始的，具有隐含并行搜索的特性，从而大大减小了陷入局部极小的可能。

3）遗传算法使用的遗传操作都是随机操作，同时根据个体的适应度进行搜索。

4）遗传算法具有全局搜索能力，最善于搜索复杂问题和非线性问题。

5）遗传算法具有自组织、自适应和自学习等特性，易于同别的算法相结合，有极强的扩展性。

8.1.3　差分进化算法

差分进化算法（Differential Evolution，DE）是由 Rainer Storn 和 Kenneth Price 为求解切比雪夫多项式而于 1996 年共同提出的。作为进化算法的一种，DE 也是一种基于种群的随机搜索算法，一般采用浮点矢量编码在连续空间中进行随机搜索。差分进化算法与遗传算法类似，也是主要通过变异、交叉和选择等操作来进行智能搜索。但是，与其他方法不同之处在于，DE 主要采用候选解间的差距来产生新的个体。与其他进化算法相比，具有结构简单、收敛速度快、高效随机并行性等优点。近年来，DE 在约束优化计算、模糊控制器优化设计、神经网络优化、滤波器设计等方面得到了广泛的应用。

差分进化算法由 NP（种群规模）个 D（决策变量个数）维参数向量 $x_{i,1}^{j}=(i=1,\cdots,NP,j=1,\cdots,D)$ 在搜索空间进行并行直接的搜索。DE 的基本操作包括变异（Mutation）、交叉（Crossover）和选择（Selection）三种操作。随机选择两个不同的个体向量相减生成差分向量，将差分向量赋予权值之后加到第三个随机选择的个体向量上，生成变异向量，该操作称为变异。变异向量与目标向量进行参数混合，生成试验向量，这一过程称之为交叉。DE 按照贪婪准则，如果试验向量的目标函数值优于目标向量的目标函数值，则用试验向量取代目标向量而形成下一代，该操作称为选择。在每一代的进化过程中，每一个体向量作为目标向量一次。初始种群是在搜索空间随机生成的，且要求初始种群覆盖整个搜索空间。初始群体一般采用均匀分布的随机函数来产生。DE 的运算流程图如图 8-2 所示。

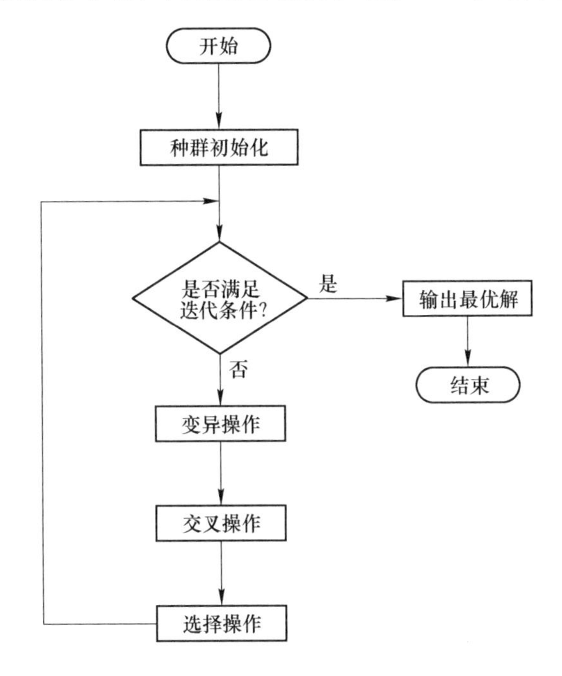

图 8-2　差分进化算法的运算流程图

在进化过程中，DE 保持一个规模为 NP 的种群，并且通过进化的方式来改善种群中候选解的质量。它利用当前种群个体间的差异信息来产生下一代种群。通常 DE 算法包含以下主要组成部分。

1. 参数设置

DE 中包含三个主要参数，即种群规模 NP、缩放因子 F、交叉概率 C_r，这几个参数对 DE 的性能具有重要影响。

2. 个体评价函数

为评价种群个体的优劣，需要根据优化问题的目标确定一个评价函数，使得每一个候选解都对应着一个评价值，用于区分种群中个体好坏的标准，并为个体选择提供依据。通常采用目标函数值作为评价函数。

3. 解的表示形式

对于一般的连续优化问题，DE 采取的是一种基于实数的直接表示方式来描述问题的候选解，但对于组合优化或混合变量的问题，需要考虑其解的编码和解码方式，以便能满足不同优化问题的求解需要。

4. 新个体产生策略

常见的 DE 主要由三个操作组成，即变异操作、交叉操作和选择操作。其中变异操作采用变异策略来生成变异变量，交叉操作根据目标向量和变异向量的交叉策略来产生新的试验向量，而选择操作根据试验向量和目标向量的评价函数来选择进入下一代种群的个体。

DE 和其他进化算法的主要区别在于其基于差异的变异操作。DE 主要借助于变异操作来产生新的个体。变异策略通常采用“DE/a/b”的形式表示，其中 a 表示参与变异的基向量选择方式，“rand”和“best”分别表示随机和最好个体，b 表示参与变异操作的向量个数。目前被广泛采用的变异策略有 DE/rand/1、DE/rand/2、DE/best/1、DE/best/2、DE/current-to-best/1 等。

交叉操作是对每一维度以一定概率从变异向量 v_i 与目标向量 x_i 选取一个值组成试验向量 u_i。交叉方式主要有两种：二项式交叉和指数交叉。目前大部分研究中采用二项式交叉操作，二项式交叉操作对每一维度均产生随机数与设定的交叉控制参数比较，然后判断此维度取变异向量还是目标向量对应维度的值，其数学公式可表示如下：

$$u_{i,\ G+1}^{j}=\begin{cases}v_{i,\ G+1}^{j}, & \text{if} \quad r(j) \leqslant CR \text{ or } j=D_j \\ x_{i,\ G+1}^{j}, & \text{otherwise}\end{cases} \tag{8-3}$$

其中，保证了 $j=D_j$ 至少有一个维度来源于变异向量，$r(j)$ 表示随机数。

DE 采用“贪婪”的搜索策略，以最小化优化问题为例，选择操作是在试验向量 u_i 和目标向量 x_i 中选取目标函数值较小的向量作为下一代的目标向量。选择操作的数学公式可表述为如下形式：

$$x_{i,\ G+1}=\begin{cases}u_{i,\ G}, & \text{if} \quad f(u_{i,\ G})<f(x_{i,\ G}) \\ x_{i,\ G}, & \text{otherwise}\end{cases} \tag{8-4}$$

其中，$f(u_{i,\ G})$ 和 $f(x_{i,\ G})$ 分别表示试验向量 $u_{i,\ G}$ 和目标向量 $x_{i,\ G}$ 的目标函数值。

DE 与其他进化算法（如遗传算法）一样容易陷入局部最优，存在早熟收敛现象。目前的解决方法主要是增加种群的规模，但这样会增加算法的运算量，也不能从根本上克服早熟收敛的问题，以下是近些年对 DE 算法的一些改进：

（1）在算法中加入迁移算子和加速算子以提高算法的种群多样性和收敛速率。

（2）针对差分矢量的缩放因子 F 和交叉概率 CR 两参数对算法的影响，提出一种模糊自适应差分进化算法。

（3）将缩放因子 F 由固定数值设计为随机函数，减少了需调整的参数。

（4）将 PSO 等其他算法与 DE 算法结合，以提高算法的全局搜索能力。

8.1.4 进化算法在优化决策中的应用

1. BP 神经网络概述

BP 神经网络是一类多层的前馈神经网络。它的名字来源于网络训练的过程中，调整网络的权值的算法是误差的反向传播（Back Propagation）的学习算法，即为 BP 学习算法。BP 算法是 Rumelhart 等人在 1986 年提出来的。由于它的结构简单，可调整的参数多，训练算法也多，而且可操作性好，BP 神经网络获得了非常广泛的应用。据统计，有 80%~90%的神经网络模型都是采用了 BP 神经网络或者它的变形。BP 神经网络虽然是人工神经网络中应用最广泛的算法，但是也存在着一些缺陷，例如学习收敛速度太慢、不能保证收敛到全局最小点，网络结构不易确定。

另外，网络结构、初始连接权值和阈值的选择对网络训练的影响很大，但是又无法准确获得，针对这些特点可以采用进化算法中的遗传算法对神经网络进行优化。

2. 案例问题描述

此案例以某型拖拉机的齿轮箱为工程背景，介绍使用基于遗传算法的 BP 神经网络进行齿轮箱故障的诊断。统计表明，齿轮箱故障中 60%左右都是由齿轮故障导致的，所以此案例只研究齿轮故障的诊断。对于齿轮的故障，这里选取了频域中的几个特征量。频域中齿轮故障比较明显的是在啮合频率处的边缘带上。所以在频域特征信号的提取中选取了在 2、4、6 挡时在 1、2、3 轴的边频带族 $f_s \pm nf_z$ 处 $A_{i,\ j1}$、$A_{i,\ j2}$ 和 $A_{i,\ j3}$，其中 f_s 为齿轮的啮合频率，f_z 为轴的转频，$n=1$，2，3，$i=2$，4，6，表示挡位，$j=1$，2，3 表示轴的序号。由于 2 轴和 3 轴上有两对齿轮啮合，所以 1、2 分别表示两个啮合频率。这样，网络的输入就是一个 15 维的向量。因为这些数据具有不同的量纲和量级，所以在输入神经网络之前首先进行归一化。表 8-1 和表 8-2 列出了归一化后的齿轮箱状态样本数据。

表 8-1 齿轮箱状态样本数据

样本序号	样本特征值	齿轮状态
1	0.2286 0.1292 0.0720 0.1592 0.1335 0.0733 0.1159 0.0940 0.0522 0.1345 0.0090 0.1260 0.3619 0.0690 0.1828	无故障
2	0.2090 0.0090 0.9470 0.1393 0.1387 0.2558 0.0900 0.0771 0.0882 0.1430 0.0126 0.1670 0.2450 0.0508 0.1328	无故障
3	0.0442 0.0880 0.1147 0.0563 0.3347 0.1150 0.1453 0.0429 0.1818 0.0378 0.0092 0.2251 0.1516 0.0858 0.0670	无故障
4	0.2603 0.1715 0.0702 0.2711 0.1491 0.1330 0.0968 0.1911 0.2545 0.0871 0.0060 0.1793 0.1002 0.0789 0.0909	齿根裂纹
5	0.3690 0.2222 0.0562 0.5157 0.1872 0.1614 0.1425 0.1506 0.1310 0.0500 0.0078 0.0348 0.0451 0.0707 0.0880	齿根裂纹
6	0.0359 0.1149 0.1230 0.5460 0.1977 0.1248 0.0624 0.0832 0.1640 0.1002 0.0059 0.1503 0.1837 0.1295 0.0700	断齿

续表 8-1

样本序号	样本特征值	齿轮状态
7	0.1759　0.2347　0.1839　0.1811　0.2922　0.0655　0.0774　0.0227　0.2056 0.0925　0.0078　0.1852　0.3501　0.1680　0.2668	断齿
8	0.0724　0.1909　0.1340　0.2409　0.2842　0.0450　0.0824　0.1064　0.1909 0.1586　0.0116　0.1698　0.3644　0.2718　0.2494	断齿
9	0.2634　0.2258　0.1165　0.1165　0.1154　0.1074　0.0657　0.0610　0.2623 0.1155　0.0050　0.0978　0.2273　0.3220	断齿

从表中可以看出齿轮状态有三种故障模式，因此可以采用如下的形式来表示输出。

无故障：(1，0，0)

齿根裂纹：(0，1，0)

断齿：(0，0，1)

为了对训练好的网络进行测试，另外再给出三组新的数据作为网络的测试数据，见表 8-2。

表 8-2　测试样本数据

样本序号	样本特征值	齿轮状态
10	0.2101　0.0950　0.1298　0.1395　0.2601　0.1001　0.0753　0.0890　0.0389 0.1451　0.0128　0.1590　0.2452　0.0512　0.1319	无故障
11	0.2593　0.1800　0.0711　0.2801　0.1501　0.1298　0.1001　0.1891　0.2531 0.0875　0.0058　0.1803　0.0992　0.0802　0.1002	齿根裂纹
12	0.2599　0.2235　0.1201　0.0071　0.1102　0.0683　0.0621　0.2597　0.2602 0.1167　0.0048　0.1002　0.1521　0.2281　0.3205	断齿

3. 算法流程

遗传算法优化 BP 神经网络算法的流程图如图 8-3 所示。

图 8-3 中加粗黑框部分为神经网络算法部分。遗传算法优化 BP 神经网络主要分为：BP 神经网络结构的确定、遗传算法优化权值和阈值、BP 神经网络的训练及预测。其中，BP 神经网络的拓扑结构是根据样本的输入/输出参数个数定的，这样就可以确定遗传算法优化参数的个数，从而确定种群个体的编码长度。因为遗传算法优化参数是 BP 神经网络的初始权值和阈值，只要网络结构已知，权值和阈值的个数就可以已知。神经网络的权值和阈值一般是通过随机初始化为［-0.5，0.5］区间的随机数，这个初始化参数对网络训练的影响很大，但是又无法准确获得，对于相同的初始权重值和阈值，网络的训练结果是一样的，引入遗传算法就是为了优化出最佳的初始权值和阈值。

4. 神经网络算法实现

针对该案列，下面详细介绍 BP 神经网络算法的实现。

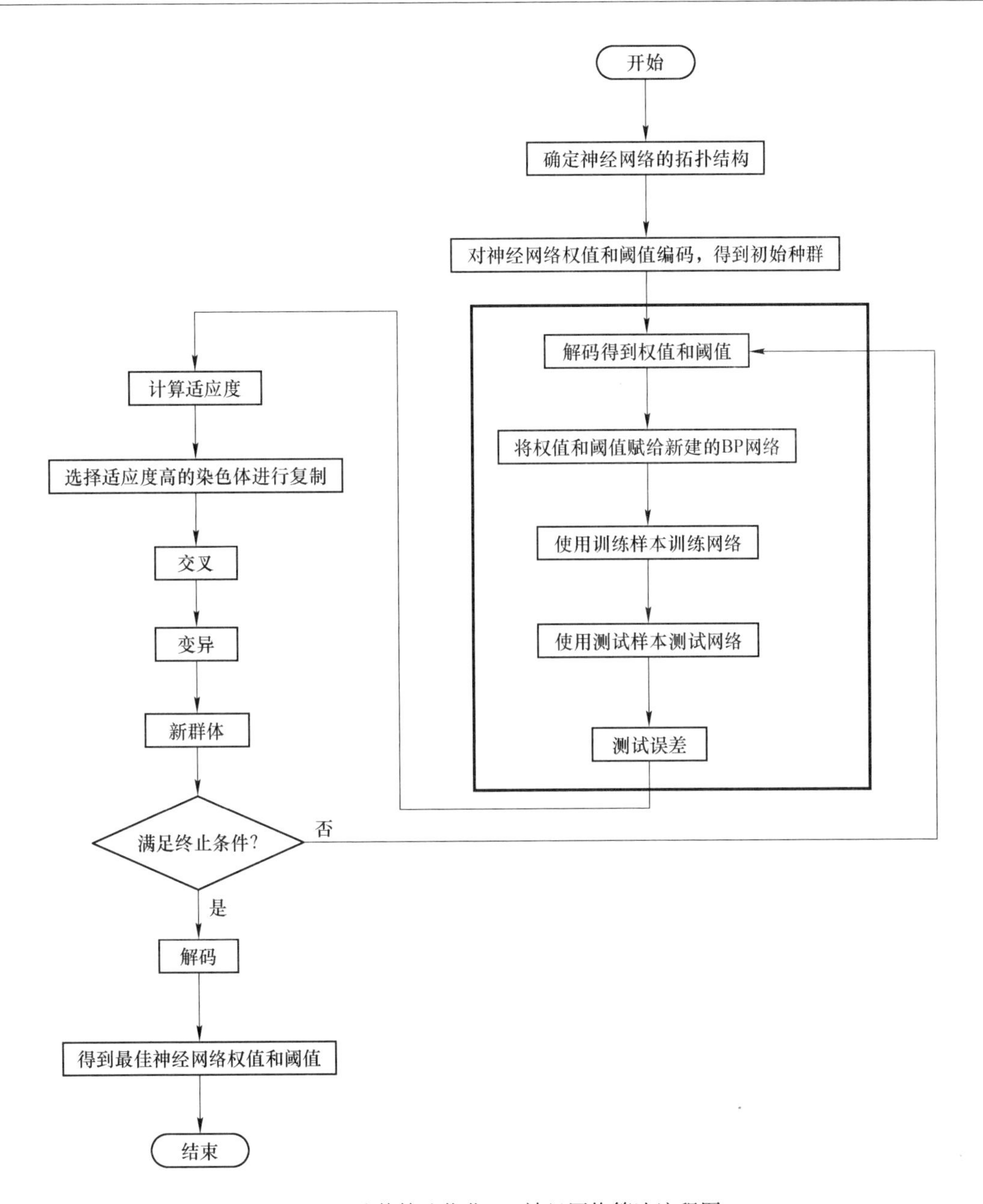

图 8-3 遗传算法优化 BP 神经网络算法流程图

(1) 网络创建

BP 网络结构的确定有以下两条比较重要的指导原则：

1) 对于一般的问题，三层网络可以很好地解决问题。

2) 在三层网络中，隐含层神经网络个数 n_2 和输入层神经元个数 n_1 之间有 $n_2 = 2 \times n_1 + 1$ 的近似关系。

在本案例中，由于样本有 15 个输入参数，3 个输出参数，所以这里 n_2 取值为 31，设置的 BP 神经网络结构为 15 - 31 - 3，即输入层有 15 个节点，隐含层有 31 个节点，输出层有 3 个节点，共有 15 × 31 + 31 × 3 = 558 个权值，31 + 3 = 34 个阈值，所以遗传算法优化参数的个数为 558 + 34 = 592。使用表 8-1 中的 9 个样本作为训练数据，用于网络训练，表 8-2 中的 3 个样本作为测试数据。把测试样本的测试误差的范数作为衡量网络的泛化能力（网络的优劣）的指标，再通过误差范数计算个体的适应度值，个体的误差范数越小，个体适应值越大，该个体越优。

（2）网络训练和测试

网络训练是一个不断修正权值和阈值的过程，通过训练，使得网络输出的误差越来越小。网络训练之后需要对网络进行测试。

5. 遗传算法优化 BP 神经网络

使用遗传算法来优化 BP 神经网络的初始权值和阈值，使优化后的 BP 神经网络能够更好地进行样本预测。遗传算法优化 BP 神经网络的要素包括种群初始化、适应度函数、选择算子、交叉算子和变异算子。

（1）种群初始化

个体编码使用二进制编码，每个个体均为一个二进制串，由输入层与隐含层连接权值、隐含层阈值、隐含层与输出层连接权值、输出层阈值四部分组成，每个权值和阈值使用 M 位的二进制编码，将所有权值和阈值的编码连接起来即为一个个体的编码。例如，本案例中的网络结构是 15-31-3，所以权值和阈值的个数见表 8-3。

表 8-3　权值和阈值的个数

输入层与隐含层连接阈值	隐含层阈值	隐含层与输出层连接权值	输出层阈值
456	31	93	3

假定权值和阈值的编码均为 10 位二进制数，那么个体的二进制编码长度为 5920。其中，前 4650 位为输入层与隐含层连接权值编码；4651—4960 位为隐含层阈值编码；4961—5890 为隐含层与输出层连接权值编码；5891—5920 位为输出层阈值编码。

（2）适应度函数

本案例是为了使 BP 网络在预测时，预测值与期望值的误差尽可能小，所以选择预测样本的预测值与期望值的误差矩阵的范数作为目标函数的输出。

（3）选择算子

选择算子采用随机变异抽样。

（4）交叉算子

交叉算子采用最简单的单点交叉算子。

（5）变异算子

变异以一定概率产生变异基因数，用随机方法选出发生变异的基因。如果所选基因的编码为 1，则变为 0；反之，则变为 1。

6. 优化结果

根据上述描述进行编程，可得到的进化曲线如图 8-4 所示。再得到最优初始权值和阈值之后，可以得到如图 8-5 和图 8-6 所示的随机权值和阈值以及优化后的权值和阈值两种情况下的训练误差曲线。

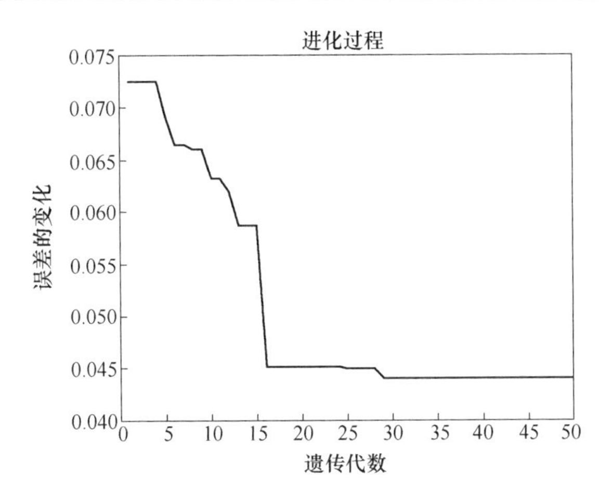

图 8-4 误差进化曲线

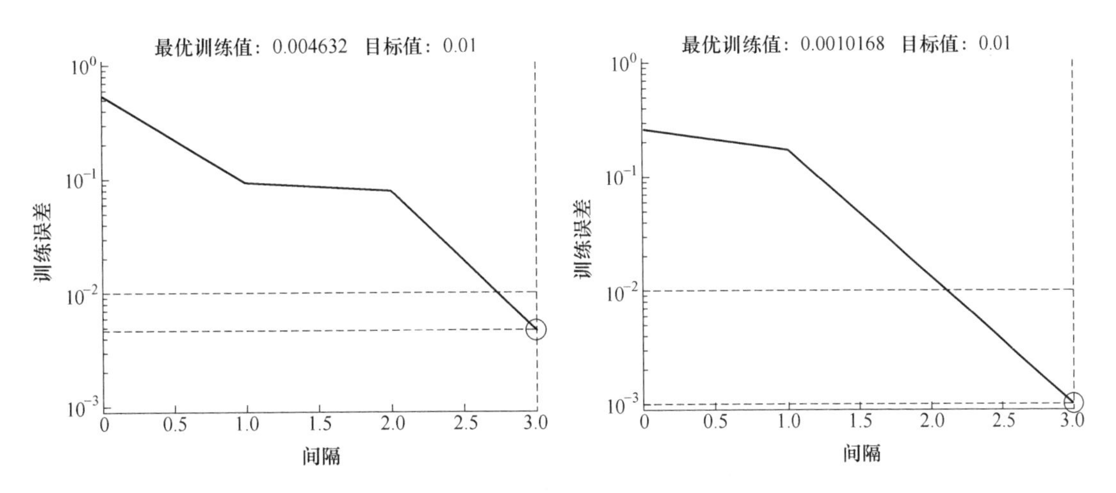

图 8-5 随机权值和阈值训练误差曲线

图 8-6 优化权值和阈值训练误差曲线

最后可以得到如下输出的结果：

(1) 使用随机权值和阈值

测试样本的仿真结果误差为 0.082483，训练样本的仿真误差为 0.42007。测试样本预测结果：

$$Y_1 = \begin{pmatrix} 1.0000 & 0.0072 & 0.0002 \\ 0.0397 & 0.9330 & 0.0067 \\ 0.0080 & 0.0332 & 0.9998 \end{pmatrix}$$

。

(2) 使用优化后的权值和阈值

测试样本的仿真误差为 0.043615，训练样本的仿真误差为 0.15602。测试样本预测结果：

$$Y_2 = \begin{pmatrix} 0.9962 & 0.0038 & 0.0001 \\ 0.0126 & 0.9857 & 0.0127 \\ 0.0077 & 0.0005 & 0.9992 \end{pmatrix}$$

通过比较可以看出，优化初始权值和阈值后的测试样本的误差由 0.082483 减少到

0.043615，训练样本的误差由 0.42007 减少到 0.15602。BP 神经网络的训练和预测样本的测试效果都得到了比较大的改善。

综上可得，用遗传算法优化 BP 神经网络的目的是通过遗传算法得到更好的网络初始权值和阈值，其基本思想就是用个体代表网络的初始权值和阈值，把预测样本的 BP 神经网络的测试误差的范数作为目标函数的输出，进而计算该个体的适应度值，通过选择、交叉、变异操作寻找最优个体，即最优的 BP 神经网络初始权值和阈值。除了遗传算法之外，还可以用其他的进化算法来优化 BP 神经网络初始权值和阈值。

8.2　粒子群算法

粒子群算法（Particle Swarm Optimization，PSO）又称微粒群算法，最初由 J. Kennedy 和 R. C. Eberhart 受鸟类群体行为建模和仿真的研究结果的启发在 1995 年提出。其基本思想是通过群体中个体之间的协作和信息共享来寻求最优解，具有概念简单、容易实现、搜索速度快及搜索范围大等优点，本质上是一种并行的全局性随机搜索的算法。常被用于解决大量非线性、不光滑和多峰值的复杂优化问题，现已广泛应用于函数优化、神经网络训练、模式分类、模糊控制等领域。

8.2.1　基本粒子群算法

粒子群算法的运行机理不是根据个体的自然规律，而是对生物群体的社会行为进行模拟。PSO 受鸟类捕食行为的启发并对这种行为进行模仿，将优化问题的搜索空间比作鸟类的飞行空间，将每只鸟抽象为一个粒子，可以表征问题的一个可行解，优化问题所要搜索到的最优解则等同于鸟类寻找的食物源。粒子群算法为每一个粒子制定了鸟类运动类似的简单行为规则，使整个粒子群的运动表现出与鸟类捕食相似的特性，从而可以求解出复杂的优化问题。在生物群体中存在着个体与个体、个体与群体之间的相互作用、相互影响的行为，这种行为体现的是一种存在于生物群体中的信息共享的机制。粒子群算法就是对这种社会行为的模拟，即利用信息共享的机制，使得个体间可以相互借鉴经验，从而促进整个群体的发展。

粒子群算法首先在给定的解空间随机初始化粒子群，待优化问题的变量数决定了解空间的维数。每个粒子有了初始位置与初始速度，然后通过迭代寻优。在每一次迭代中，每个粒子通过跟踪两个“极值”来更新自己在解空间的空间位置与飞行速度：一个极值就是单粒子本身在迭代过程中找到的最优解粒子，即个体极值；另一个极值是种群中所有粒子在迭代过程中所找到的最优解粒子，即全局极值。上述这一类方法叫作全局粒子群算法。如果不用种群中所有粒子而只用其中一部分作为该粒子的邻居粒子，那么在所有邻居粒子中的极值就是局部极值，这一类方法叫作局部粒子群算法。具体粒子群算法的运算流程图如图 8-7 所示。

下面简述 PSO 的几个基本概念。

1. 粒子

类似于 GA 中的染色体，粒子是 PSO 中的基本组成单位。所有粒子在解空间进行搜索，问题的候选解用每个粒子所处的位置来表示。简言之，有 m 个粒子，问题的候选解就有 m 个。

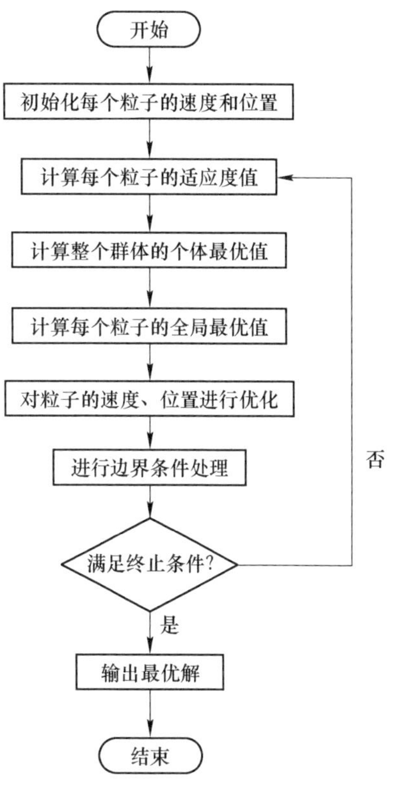

图 8-7 粒子群算法的运算流程图

2. 种群

m 个粒子构成的群体，称为种群。

3. 个体极值

个体极值是单个粒子从搜索开始到当前迭代对应适应度的最优解，也是每个粒子到目前为止自己所经历的最好位置。对于粒子 i ，记作 P_i 。

4. 全局极值

全局极值是整个种群从搜索开始到当前迭代对应的适应度最优的解，也是整个种群到目前为止所经历的最好位置，记作 P_g 。

5. N 维问题中粒子的速度向量和位置向量的表示方法

对于粒子 $i(1 \leqslant i \leqslant m)$ ，在 N 维空间中。在解决这类问题时，粒子的速度向量 V_i 和位置向量 X_i 可如下定义：

$$V_i = \{V_{i1}, V_{i2}, \cdots, V_{iN}\}$$
$$X_i = \{X_{i1}, X_{i2}, \cdots, X_{iN}\} \tag{8-5}$$

每个粒子都有一个速度，记作 V ，其值由式（8-6）可得：

$$V_i^{t+1} = V_i^t + C_1 \cdot \text{rand}() \cdot (P_i^t - X_i^t) + C_2 \cdot \text{rand}() \cdot (P_g^t - X_g^t) \tag{8-6}$$

其中 i 为种群中第 i 个粒子；V_i 为粒子 i 的速度分量；t 为当前迭代次数；C_1、C_2 是常数，通常被称作学习因子或加速系数；rand( ) 产生一个 0~1 之间的随机数。

不难看出，式（8-6）中的三部分共同决定了粒子的空间搜索能力。第一部分是粒子先前的速度，该部分说明了粒子目前的状态，反映了粒子当前速度对粒子移动方向的影响，是粒子能够进行飞行的保证；第二部分是粒子的自身认知部分，使粒子有了足够强的全局搜索能力，避免陷入局部最优解；第三部分是社会认知部分，即粒子从群体中学习的成分，表示粒子在飞行中考虑到社会的经验，向领域中其他粒子学习，使粒子在飞行中向领域内所有粒子曾经找到过的最好点靠近，从而实现粒子和粒子间信息的共享和合作。其中 $C_1 = 0$ 对应社会认知模型，该模型收敛速度比较快，但容易早熟；当 $C_2 = 0$ 时对应自身认知模型，收敛速度比较慢；当 $C_1 = C_2$ 时对应完全模型。

粒子群算法本质是一种随机搜索算法，它是新兴的智能优化技术，该算法能以较大的概率收敛于全局最优解。实践证明，它适合在动态、多目标优化环境中寻优。粒子群的特点可概括为以下几点：

（1）PSO 是基于群体智能理论的优化算法，通过群体中粒子间的合作与竞争产生的群体智能指导优化搜索。与其他算法相比，PSO 是一种高效的并行搜索算法。

（2）PSO 与 GA 都是随机初始种群，使用适应度值来评价个体的优劣程度和进行一定的随机搜索。但 PSO 根据自己的速度来决定搜索，没有 GA 的交叉和变异。与其他算法相比，保留了基于种群的全局搜索策略，但是其采用的速度-位移操作简单，避免了复杂的遗传操作。

（3）由于每个粒子在算法结束时仍保持其个体极值，即 PSO 除了可以找到问题的最优解外，还会得到若干较好的次优解，因此将 PSO 用于智能决策问题可以得出多种有意义的方案。

（4）PSO 特有的记忆使其可以动态地跟踪当前搜索情况并调整其搜索策略。另外，PSO 对种群的大小不敏感，即使种群数目下降，性能下降也不会很大。

8.2.2　粒子群算法的改进

对于粒子群算法的性能改进主要是提高粒子群算法求解最优解精度问题。粒子群算法是随机性算法，主要用于优化多峰问题。粒子群算法的主要特点是简单、易理解、参数较少。但是，粒子群算法存在易陷入局部最优解的缺点，因此对粒子群算法需要加以改进。

1. 标准粒子群算法

为改善算法收敛能力，1998 年 X. H. Shi 等提出带有惯性权重的改进粒子群算法，在式（8-6）中引入惯性权重 ω ，可以得到：

$$V_i^{t+1} = \omega \cdot V_i^t + C_1 \cdot \mathrm{rand}() \cdot (P_i^t - X_i^t) + C_2 \cdot \mathrm{rand}() \cdot (P_g^t - X_g^t) \tag{8-7}$$

可以看出，惯性权重 ω 表示在多大程度上保留了原来的速度。ω 越大，则全局收敛能力较强，局部收敛能力较弱；ω 越小，则局部收敛能力较强，全局收敛能力较弱。

当 $\omega = 1$ 时，此时标准粒子群算法就是基本粒子群算法。经过多方实验表明：ω 在0.8~1.2 之间，粒子群算法有更快的收敛速度；而当 $\omega > 1.2$ 时，算法容易陷入局部极值。

另外，可以在搜索过程中对 ω 进行动态调整：在算法开始时，ω 赋予很大的正值，随着搜索的进行，可以将 ω 逐渐减小，这样可以保证在算法开始时，各粒子能够以较大的速度步长在全局范围内探测到较好的区域；而在搜索的后期，较小 ω 值则可以保证粒子能够在极值点周围进行精细的搜索，从而使算法有更大的概率向全局最优解的位置收敛。目前采用较多的动态惯性权重值是 Shi 等提出的线性递减权值策略，其表达式如下：

$$\omega = \omega_{max} - \frac{(\omega_{max} - \omega_{min}) \cdot t}{T_{max}} \tag{8-8}$$

其中，T_{max} 表示最大进化迭代次数；ω_{min} 表示最小惯性权重；ω_{max} 表示最大惯性权重；t 表示当前迭代次数。在大多数应用中 $\omega_{max} = 0.9$，$\omega_{min} = 0.4$ 。

2. 压缩因子粒子群算法

Clerc 等提出利用约束因子来控制系统行为的最终收敛。压缩因子粒子群算法用与标准粒子群算法类似的方法来平衡算法的全局搜索能力与局部搜索能力，可以有效搜索不同的区域，并且能得到高质量的解。引入约束因子 λ ，压缩因子法的速度更新公式为：

$$V_i^{t+1} = \lambda \cdot [V_i^t + C_1 \cdot \mathrm{rand}() \cdot (P_i^t - X_i^t) + C_2 \cdot \mathrm{rand}() \cdot (P_g^t - X_g^t)] \tag{8-9}$$

其中：

$$\lambda = \frac{2}{\left|2 - \varphi - \sqrt{(\varphi^2 - 4\varphi)}\right|} \tag{8-10}$$

$$\varphi = c_1 + c_2 \tag{8-11}$$

压缩因子算法可以保证算法在不需要速度钳制的情况下，收敛到一个稳定点。在满足条件 $\varphi \geqslant 4$ 时，种群可以保证收敛。如果压缩因子 $\lambda \in [0, 1)$，则意味着速度随着迭代逐渐减小，所以不需要最大速度的限制。

压缩因子算法与标准粒子群算法一样有效，两种方法都是以平衡算法的全局搜索能力与局部搜索能力为目标，并以此改进算法的性能，获得更快的收敛速度和更精确的解，但与标准粒子群算法相比，该算法具有更快的收敛速度。使用较小的 λ 值有利于加强算法的局部搜索能力；反之，较大的 λ 值则有助于增强算法的全局搜索能力。

3. 离散粒子群算法

标准粒子群算法适应在连续搜索空间进行计算，而对于离散的搜索空间，其不能直接加以应用，必须对标准粒子群算法改进。为了使粒子群算法能解决离散组合优化问题，J. Kennedy和 R. Eberhart 在 1997 年开发出一个粒子群算法的离散二进制版本。离散粒子群本质上不同于原始粒子群，首先粒子是由二进制编码组成，每个二进制位用来产生速度，而其速度值被转换成变换的概率，也就是位变量取 1 值的机会。此外，离散粒子群参数之间关系也不同于正常连续粒子群算法。

在离散粒子群算法中，将离散问题空间映射到连续粒子运动空间，并适当修改粒子群算法来求解，在计算上仍保留经典粒子群算法速度-位置更新运算规则。粒子在状态空间的取值和变化只限于 0 和 1 两个值，而速度 V_i 的每一维更新公式依然保持不变，但是无论个体极值还是全局极值只能在 [0, 1] 内取值。其位置更新等式如下：

$$s(V_i) = 1/[1 + \exp(-V_i)] \tag{8-12}$$

$$x_i = \begin{cases} 1 & \text{if rand}() \leqslant s(V_i) \\ 0 & \text{otherwise} \end{cases} \tag{8-13}$$

其中，rand( ) 是一个随机数，从区间 [0, 1] 的统一分布中随机产生。为了避免 $s(V_i)$ 太靠近 1 或 0，一个参数 V_{max} 作为最大速度值，用于限制速度 V_i 的范围，即 $V_i \in [-V_{max}, -V_{min}]$。速度的限制最终是限制了位移 x_i 取 1 或 0 的概率。例如，$V_{max} = 6$，那么限制 $s(V_i)$ 的值在 0.0025 和 0.9975 之间。在连续粒子群算法中，大的 V_{max} 有利于粒子的全局开拓能力，而在离散算法二进制版本中，小的 V_{max} 值才会增加位的变异率。

4. 量子粒子群算法

受到量子力学的启发，2004 年，Sun 在研究了 Clerc 等人关于粒子收敛行为的研究成果后，从量子力学的角度上提出了量子粒子群算法，使得粒子可以在整个可行解的空间中进行搜索，从而寻求全局最优解，因此比粒子群算法具有更好的全局收敛性和搜索能力。

在标准粒子群算法中，粒子 i 生物轨迹由其位置矢量 X_i 和速度矢量 V_i 决定，粒子沿着牛顿力学决定的轨迹运行。然而在量子力学中，轨迹这个术语是无意义的，因为根据测不准原理，粒子的位置和速度是不能同时被决定的。所以在量子粒子群算法中，粒子的状态由波函数决定，粒子在 X_i 处出现的概率由密度函数给定，利用蒙特卡洛随机模拟的方式得到粒子的位置方程为：

$$X_i^t = p_i^t \pm \frac{L_i^t}{2}\ln(1/u_i^t) \tag{8-14}$$

$$p_i^t = \frac{\varphi_1 P_i^t + \varphi_2 P_g^t}{\varphi_1 + \varphi_2} \tag{8-15}$$

其中，p 是吸引子，其作用是为了保证算法收敛性而存在的，每个粒子都会收敛于一点吸引子；φ_1 和 φ_2 是在（0，1）内变化的随机因子；u 是在（0，1）内变化的随机数，L 的定义是该粒子出现在相对的点位置的概率大小，其计算公式为：

$$L_i^{t+1} = 2\beta\,|\,\text{mbest} - X_i^t\,| \tag{8-16}$$

$$\text{mbest} = \sum_{i=1}^{N} P_i/N \tag{8-17}$$

其中，β 为收缩扩张系数，是关系到量子粒子群算法能否收敛的重要参数；N 为粒子的总数目；mbest 为当前粒子的个体平均最优位置。最后得到的粒子位置方程为：

$$\begin{aligned} X_i^{t+1} &= p_i^t + \beta\,|\,\text{mbest} - X_i^t\,|\ln(1/u_i^t) \quad u_i^t \geqslant 0.5 \\ X_i^{t+1} &= p_i^t - \beta\,|\,\text{mbest} - X_i^t\,|\ln(1/u_i^t) \quad u_i^t \leqslant 0.5 \end{aligned} \tag{8-18}$$

8.2.3　粒子群算法在优化决策中的应用

PID 控制器应用广泛，其一般形式为：

$$u(t) = K_P e(t) + K_i \int_0^t e(\tau)\,\mathrm{d}\tau + K_d \frac{\mathrm{d}e(t)}{\mathrm{d}t} \tag{8-19}$$

其中，$e(t)$ 是系统误差；K_P、K_i、K_d 分别是对系统误差信号及其积分与微分量的加权，控制器通过这样的加权就可以计算出控制信号，驱动受控对象。如果控制器设计合理，那么控制信号将能使误差朝减小的方向变化，达到控制的要求。

可见，PID 控制器的性能取决于 K_P、K_i、K_d 这 3 个参数是否合理，因此，优化 PID 控制器参数具有重要意义。目前，PID 控制器参数主要是人工调整，这种方法不仅费时，而且不能保证获得最佳的性能。PSO 已经广泛应用于函数优化、神经网络训练、模式分类、模糊控制以及其他应用领域，本案例将使用 PSO 进行 PID 控制器参数的优化设计。

1. 问题描述

PID 控制器的系统结构图如图 8-8 所示。

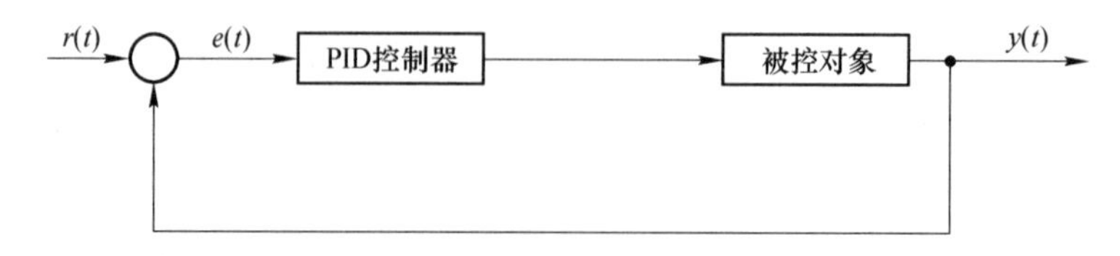

图 8-8　PID 控制器系统结构图

PID 控制器的优化问题就是确定一组合适的参数 K_P、K_i、K_d，使得指标达到最优。

常用的误差性能指标包括 ISE（平方误差积分）、IAE（绝对误差积分）、ITAE（时间乘以误差绝对值积分）、ITSE（时间乘以平方误差积分）等，这里选用 ITAE 指标，其定义为：

$$J = \int_0^{\infty} t|e(t)|\mathrm{d}t \tag{8-20}$$

选取的被控对象为以下不稳定系统：

$$G(s) = \frac{s + 2}{s^4 + 8s^3 + 4s^2 - s + 0.4} \tag{8-21}$$

在 Simulink 环境下建立的模型如图 8-9 所示。其中，微分环节是由一个一阶环节近似，输出端口 1 为式（8-20）所示的 ITAE 指标，通过将时间及误差绝对值的乘积进行积分后得到。

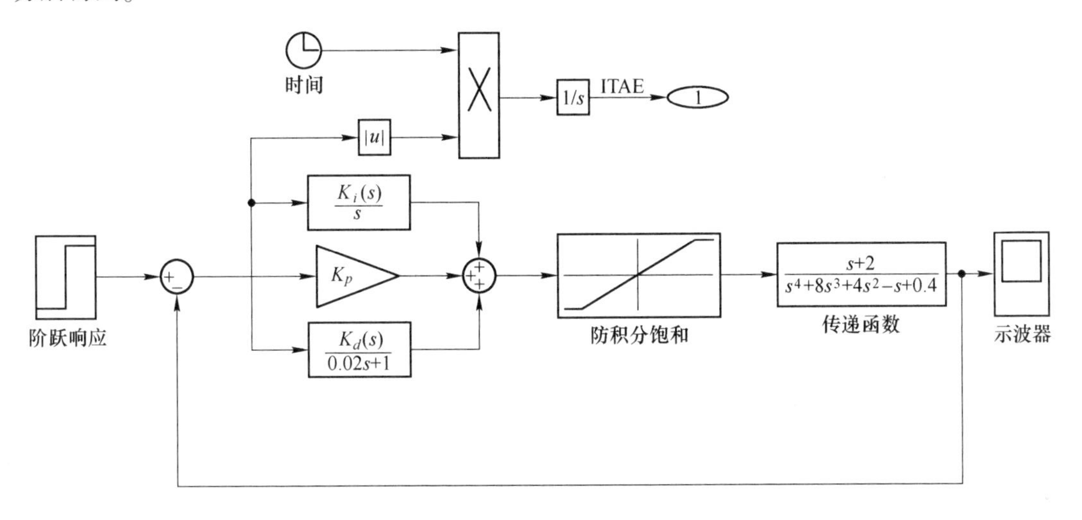

图 8-9 Simulink 环境下的 PID 控制系统模型

2. 优化设计过程

利用粒子群算法对 PID 控制器的参数进行优化设计，其过程如图 8-10 所示。

图 8-10 中的黑框代表的是 Simulink 模型运行部分的过程，粒子群算法与 Simulink 模型之间的桥梁是粒子（即 PID 控制器参数）和该粒子对应的适应值（即控制系统的性能指标）。优化过程如下：PSO 产生粒子群（可以是初始化粒子群，也可以是更新后的粒子群），将该粒子群中的粒子依次赋值给 PID 控制器的参数 K_P、K_i、K_d，然后运行控制系统的 Simulink 模型，得到该组参数对应的性能指标，该性能指标传递到 PSO 中作为该粒子的适应值，最后判断是否可以退出算法。

3. 粒子群算法的实现

粒子在搜索空间的速度和位置根据以下公式确定：

$$V_i^{t+1} = \omega \cdot V_i^t + C_1 \cdot \mathrm{rand}() \cdot (P_i^t - X_i^t) + C_2 \cdot \mathrm{rand}() \cdot (P_g^t - X_g^t) \tag{8-22}$$

$$X_i^{t+1} = X_i^t + V_i^{t+1} \tag{8-23}$$

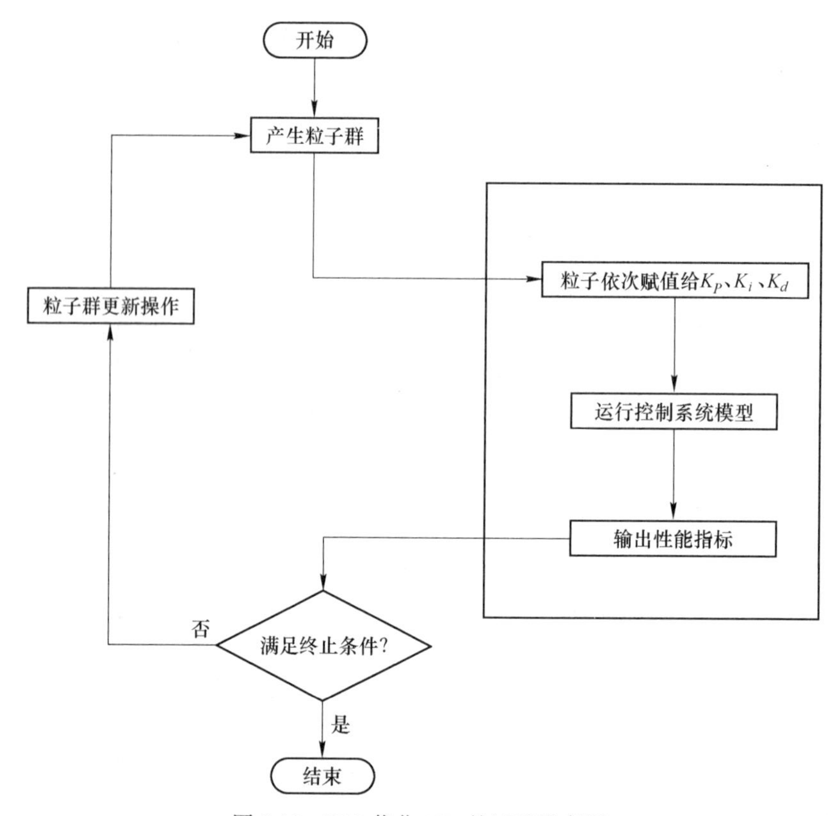

图 8-10　PSO 优化 PID 的过程示意图

其中，X 表示粒子的位置；V 表示粒子的速度；ω 为惯性因子；C_1、C_2 为加速常数；rand( ) 为［0，1］区间内的随机数；P_i^t 和 P_g^t 分别为局部最优位置和全局最优位置。设置 PSO 的参数为：惯性因子 $\omega=0.6$，加速常数，$C_1=C_2=2$，维数为 3（有 3 个待优化参数），粒子规模为 100，待优化函数为 Simulink 模型传递给 PSO 部分的参数，最大迭代次数为 100，最小适应值为 0.1，速度范围为［-1，1］，3 个待优化参数范围均为［0，300］。

POS 的流程如下：

（1）初始化粒子群，随机产生每一个粒子 i 的位置和速度，并确定粒子的 P_i^t 和 P_g^t 。

（2）对每个粒子，将其适应值与该粒子所经过的最优位置 P_i^t 的适应值进行比较，若较好，则将其作为当前的 P_i^t 。

（3）对每个粒子，将其适应值与整个粒子群所经过的最优位置 P_g^t 的适应值进行比较，若较好，则将其作为当前的 P_g^t 。

（4）按式（8-22）和式（8-23）更新粒子的速度和位置。

（5）如果没有满足终止条件（通常为预设的最大迭代次数和适应值下限值），则返回（2）；否则，退出算法，得到最优解。

4. 结果

根据上述算法流程编写代码，运行之后可以得到的优化过程如图 8-11 和图 8-12 所示。图 8-11 为 PID 控制器 3 个参数 K_P、K_i、K_d 的变化曲线，图 8-12 为性能指标 ITAE 的变化曲线。得到的最优控制器参数及性能指标为：

$$K_P = 33.6469,\ K_i = 0.1662$$

$$K_d = 38.7990,\ \text{ITAE} = 1.0580$$

将以上参数代入图 8-9 所示的模型，得到的单位阶跃响应曲线如图 8-13 所示。

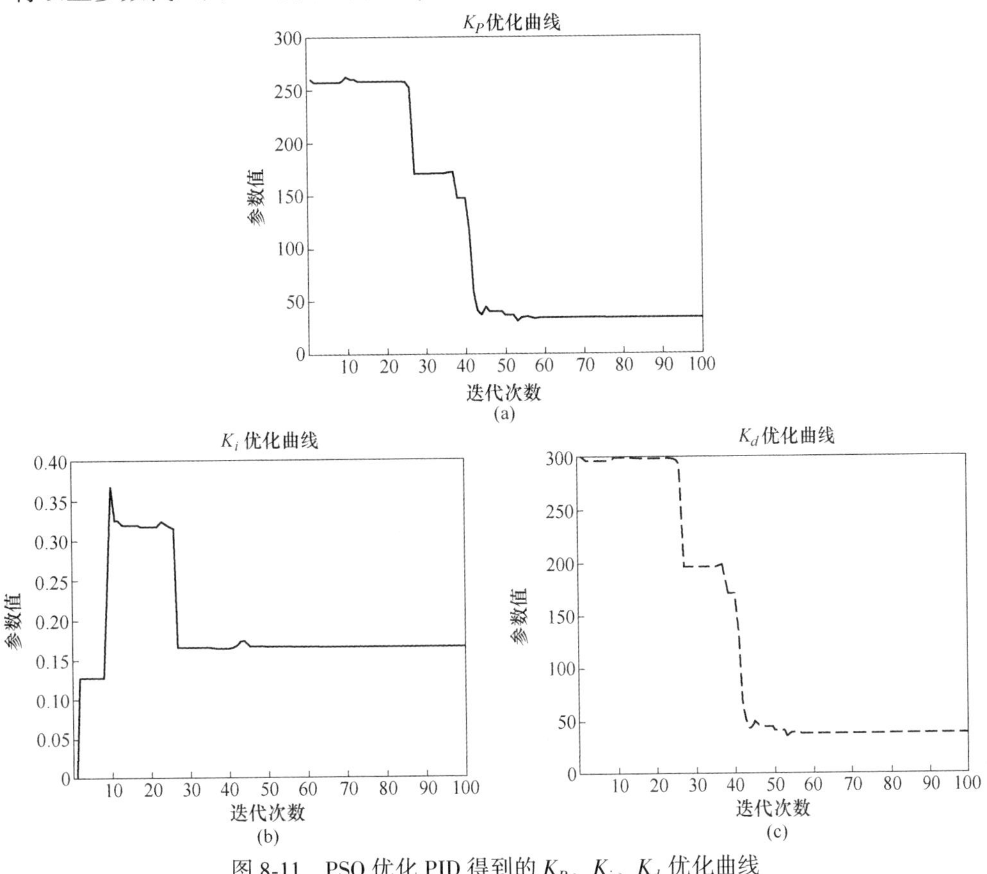

图 8-11　PSO 优化 PID 得到的 K_P、K_i、K_d 优化曲线

（a）K_P 优化曲线；（b）K_i 优化曲线；（c）K_d 优化曲线

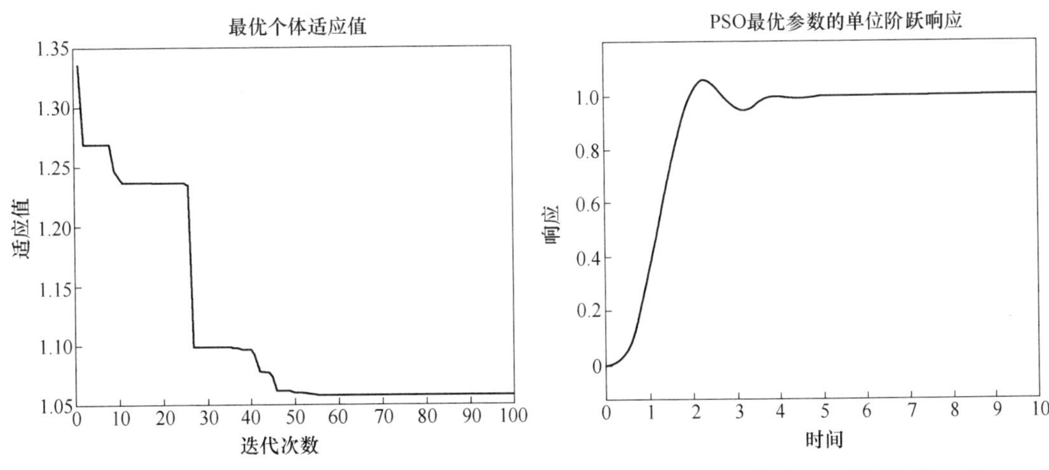

图 8-12　PSO 优化 PID 得到的性能指标 ITAE 变化曲线

图 8-13　PSO 优化 PID 得到参数对应的单位阶跃响应曲线

由图 8-12 所知，算法优化过程中，性能指标 ITAE 不断减小，PSO 不断寻求更优的参数。由图 8-13 可知，对于不稳定的被控对象，由 PSO 设计出的最优 PID 控制器使得 K_P、K_i、K_d 的选择合理，很好地控制了被控对象。

8.3　模拟退火算法

模拟退火算法（Simulated Annealing，SA）的思想最早由 Metropolis 等在 1953 年提出，而后由 Kirkpatrick 等在 1983 年将其应用于组合优化问题。模拟退火算法以优化问题的求解与物理系统退火过程相似性为基础，它利用 Metropolis 算法并适当地控制温度的下降过程来实现模拟退火，从而达到求解全局优化问题的目的。模拟退火算法是一种通用的全局优化算法，因此获得了广泛的工程应用，如生产调度、控制工程、机器学习、神经网络、图像处理、模式识别及集成电路等领域。

8.3.1　模拟退火算法原理

模拟退火的核心思想与热力学的原理极为类似。在高温下，液体的大量分子彼此之间进行着相对自由移动。如果该液体慢慢冷却，热能原子可动性就会消失。大量原子常常能够自行排列成行，形成一个纯净的晶体，该晶体在各个方向上都被完全有序地排列在几百万倍于单个原子的距离之内。对于这个系统来说，晶体状态是能量最低状态，而所有缓慢冷却的系统都可以自然达到这个最低能量状态。实际上，如果液体金属被迅速冷却，则它不会达到这一状态，而只能达到一种只有较高能量的多晶体状态或非晶体状态。因此，这一过程的本质在于缓慢地冷却，以争取足够的时间，让大量原子在丧失可动性之前进行重新分布，这是确保能量达到低能量状态所必需的条件。一般的退火过程分为以下三个过程。

1. 加温过程

其目的是增强粒子的热运动，使其偏离平衡位置。当温度足够高时，固体将融解为液体，从而消除系统原先可能存在的非均匀态，使随后进行的冷却过程以某一平衡态为起点。融解过程与系统的能量增大过程相联系，系统能量也随温度的升高而增大。

2. 等温过程

通过物理学的知识得知，对于与周围环境交换热量而温度不变的封闭系统，系统状态的自发变化总是朝着自由能减小的方向进行；当自由能达到最小时，系统达到平衡。

3. 冷却过程

其目的是使粒子的热运动减弱并逐渐趋于有序，系统能量逐渐下降，从而得到低能量的晶体结构。

模拟退火主要的思想是：在搜索区间随机游走（即随机选点），再利用 Metropolis 抽样准则，使随机游走逐渐收敛于局部最优解。而温度是 Metropolis 算法中的一个重要控制参数，可以认为这个参数的大小控制了随机过程向局部或全局最优解移动的快慢。

Metropolis 是一种有效的重点抽样法，其算法为：系统从一个能量状态变化到另一个状态时，相应的能量从 E_1 变化到 E_2，其概率为：

$$p = \exp\left(-\frac{E_2 - E_1}{T}\right) \tag{8-24}$$

如果 $E_2 < E_1$，系统接受此状态；否则，以一个随机的概率接受或丢弃此状态。状态2被接受的概率为：

$$p(1 \to 2) = \begin{cases} 1, & E_2 < E_1 \\ \exp\left(-\dfrac{E_2 - E_1}{T}\right), & E_2 \geqslant E_1 \end{cases} \tag{8-25}$$

这样经过一定次数的迭代，系统会逐渐趋于一个稳定的分布状态。

模拟退火算法从某个初始解出发，经过大量解的变换后，可以求得给定控制参数值时组合优化问题的相对最优解。然后减少控制参数 T 的值，重复执行 Metropolis 算法，就可以在控制参数 T 趋于零时，最终求得组合优化问题的整体最优解。控制参数的值必须缓慢衰减。

温度是 Metropolis 算法的重要控制参数，模拟退火可视为 Metropolis 算法在控制参数 T 递减时的迭代。开始时 T 值大，可以接受较差的恶化解；随着 T 的减小，只能接受较好的恶化解；最后在 T 趋于0时，就不再接受任何恶化解了。

在无限高温时，系统立即均匀分布，接受所有提出的变化。T 的衰减越小，T 到达终点的时间越长；但可使 Markov 链减少，以使达到准平衡分布的时间变短。

8.3.2 模拟退火算法流程

模拟退火算法求的解与初始解状态无关，具有渐近收敛性，已在理论上被证明是一种以1概率收敛于全局的优化算法。模拟退火算法可以分解为解空间、目标函数和初始解三部分，具体的算法流程图如图8-14所示。而模拟退火算法新解的产生和接受可分为如下三个步骤：

（1）由一个产生函数从当前解产生一个位于解空间的新解；为便于后续的计算和接受，减少算法耗时，通常选择由当前解经过简单变换即可产生新解的方法。值得注意的是，产生的新解的变换方法决定了当前解的邻域结构，因而对冷却进度表的选取有一定的影响。

（2）判断新解是否被接受，判断的依据是一个接受准则，最常用的接受准则是 Metropolis 准则：若 $\Delta E < 0$，则接受 X' 作为新的当前解 X；否则，以概率 $\exp(-\Delta E/T)$ 接受 X' 作为新的当前解 X。

（3）当新解被确定接受时，用新解代替当前解，同时修正目标函数值即可。此时，当前解实现了一次迭代，可在此基础上开始下一轮试验。若当前解被判定为舍弃，则在原当前解的基础上继续下一轮实验。

下面简单概述模拟退火算法的要素构成。

1. 状态表达

状态表达是利用一种数学形式来描述系统所处的一种能量状态。在 SA 中，一个状态

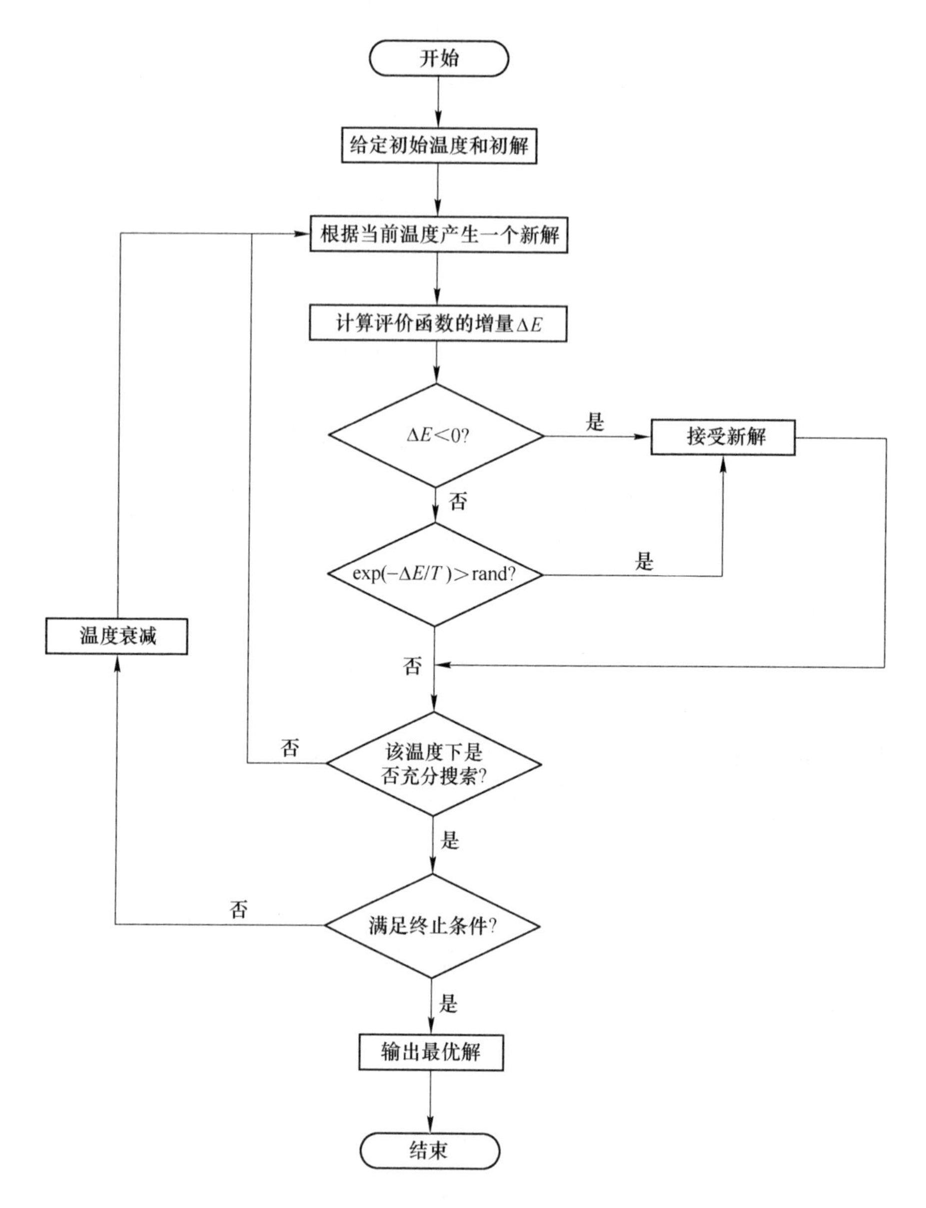

图 8-14　模拟退火算法的流程图

就是问题的一个解，而问题的目标函数就对应于状态的能量函数。常见的状态表达方法有适用于背包问题和指派问题的 0-1 编码表示法，适用于 TSP 问题和调度问题的自然数编码表示法以及适用于各种连续函数优化的实数编码表示法等。状态表达是 SA 的基础工作，直接决定着邻域的构造和大小，一个合理的状态表达方法会大大减小计算复杂性，改善算法的性能。

2. 邻域定义与移动

SA 是基于邻域搜索的，邻域定义的出发点应该是保证其中的解能尽量遍布整个解空间，其定义方式通常是由问题的性质所决定的。

给定一个解的邻域之后，接下来就要确定从当前解向其邻域中的一个新解进行移动的方法。SA 算法采用了一种特殊的 Metropolis 准则的邻域移动方法，也就是说，依据一定的概率来决定当前解是否移向新解。在 SA 中，邻域移动分为两种方式：无条件移动和有条件移动。若新解的目标函数值小于当前解的目标函数值（新状态的能量小于当前状态的能量），则进行无条件移动；否则，依据一定的概率进行有条件移动。

设 i 为当前解，j 为其邻域中的一个解，它们的目标函数值分别为 $f(i)$ 和 $f(j)$，用 Δf 来表示它们的目标值增量，$\Delta f = f(j) - f(i)$。

若 $\Delta f < 0$，则算法无条件从 i 移动到 j（此时 j 比 i 好）；

若 $\Delta f > 0$，则算法依据概率 p_{ij} 来决定是否从 i 移向 j（此时 i 比 j 好），这里 $p_{ij} = \exp(-\Delta f / T_k)$，其中 T_k 是当前的温度。

这种邻域移动方式的引入是实现 SA 进行全局搜索的关键因素，能够保证算法具有跳出局部最小和趋向全局最优的能力。当 T_k 很大时，p_{ij} 趋近于 1，此时 SA 正在进行广域搜索，它会接受当前邻域中的任何解，即使这个解要比当前解差。而当 T_k 很小时，p_{ij} 趋近于 0，此时 SA 进行的是局域搜索，它仅会接受当前邻域中更好的解。

3. 热平衡达到

热平衡的达到相当于物理退火中的等温过程，是指在一个给定温度 T_k 下，SA 基于 Metropolis 准则进行随机搜索，最终达到一种平衡状态的过程。这是 SA 算法中的内循环过程，为了保证能够达到平衡状态，内循环次数要足够大才行。但是在实际应用中达到理论的平衡状态是不可能的，只能接近这一结果。最常见的方法就是将内循环次数设成一个常数，在每一温度，内循环迭代相同的次数。次数的选取同问题的实际规模有关，往往根据一些经验公式获得。此外，还有其他一些设置内循环次数的方法，比如根据温度 T_k 来计算内循环次数，当 T_k 较大时，内循环次数较少，当 T_k 减小时，内循环次数增加。

4. 降温函数

降温函数用来控制温度的下降方式，这是 SA 算法中的外循环过程。利用温度的下降来控制算法的迭代是 SA 的特点，从理论上说，SA 仅要求温度最终趋于 0，而对温度的下降速度并没有什么限制，但这并不意味着可以随意下降温度。由于温度的大小决定着 SA 进行广域搜索还是局域搜索，当温度很高时，当前邻域中几乎所有的解都会被接受，SA 进行广域搜索；当温度变低时，当前邻域中越来越多的解将被拒绝，SA 进行邻域搜索。若温度下降得过快，SA 将很快从广域搜索转变为局域搜索，这就很可能造成过早地陷入局部最优状态，为了跳出局部最优解，只能通过增加内循环次数来实现，这就会大大增加算法进程的 CPU 时间。当然，如果温度下降得过慢，虽然可以减少内循环次数，但是由于外循环次数的增加，也会影响算法进程的 CPU 时间。可见，选择合理的降温函数能够帮助提高 SA 算法的性能。

常用的降温函数有两种：

（1）$T_{k+1} = T_k \cdot r$，其中 $r \in (0.95 - 0.99)$，r 越大温度下降得越慢。这种方法的优点是简单易行，温度每一步都以相同的比率下降。

（2）$T_{k+1} = T_k - \Delta T$，ΔT 是温度每一步下降的长度。这种方法的优点是易于操作，而且可以简单控制温度下降的总步数，温度每一步下降的大小都相等。

此外，初始温度和终止温度的选择对 SA 算法的性能也会有很大的影响。一般来说，初始温度 T_0 要足够大，也就是使 $f_i/T_0 \approx 0$，以保证 SA 在开始时能够处在一种平衡状态。在实际应用中，要根据以往经验，通过反复实验来确定 T_0 的值。而终止温度 T_f 要足够小，以保证算法有足够的时间获得最优解。T_f 的大小一般可以根据降温函数的形式来确定，若降温函数为 $T_{k+1} = T_k \cdot r$，则可以将 T_f 设成一个很小的正数；若 $T_{k+1} = T_k - \Delta T$，则可以根据预先设定的外循环次数和初始温度 T_0 计算出终止温度 T_f 的值。

模拟退火算法适用范围广，求得全局最优解的可靠性高，算法简单，便于实现。该算法的搜索策略有利于避免搜索过程中陷入局部最优解的缺陷，有利于提高求得全局最优解的可靠性。模拟退火算法具有十分强的鲁棒性，比起其他普通的优化搜索方法，它具有以下几个特点：

（1）以一定概率接受恶化解

模拟退火算法在搜索策略上不仅引入了适当的随机因素，而且还引入了物理系统退火过程的自然机理。这种自然机理的引入，使模拟退火算法在迭代过程中不仅接受使目标函数值变好的点，而且还能够一定概率接受使目标函数值变差的点。模拟退火算法以一种概率的方式来进行搜索，增加了搜索过程的灵活性。

（2）引入算法控制参数

引入类似于退火温度的算法控制参数，它将优化过程分成若干阶段，并决定各个阶段下随机状态的取舍标准，接受函数由 Metropolis 算法给出一个简单的数学模型，提高了模拟退火算法全局最优解的可靠性。

（3）对目标函数要求少

传统的搜索算法不仅需要利用目标函数值，而且往往需要目标函数导数值等其他一些辅助信息才能确定搜索方向，当这些信息不存在时，算法就失效了。而模拟退火算法不需要其他的辅助信息，而只是定义邻域结构，在其邻域结构内选取相邻解，再用目标函数进行评估。

8.3.3　模拟退火算法的实现与应用

1. 理论基础

TSP（Traveling Salesman Problem，旅行商问题）是典型的 NP 完全问题，即其最坏情况下的时间复杂度随着问题规模的增大按指数方式增长，到目前为止还未找到一个多项式时间的有效算法。

TSP 问题可描述为：已知 n 个城市相互之间的距离，某一旅行商从某个城市出发访问每个城市仅一次，最后回到出发城市，如何安排才使其所走路线最短。简言之，就是需按照一条最短的遍历 n 个城市的路径，或者说搜索自然子集 $X = \{1, 2, \cdots, n\}$（X 的元素便是对 n 个城市的编号）的一个排列 $\pi(X) = \{V_1, V_2, \cdots, V_n\}$，使：

$$T_d = \sum_{i=1}^{n-1} d(V_i, V_{i+1}) + d(V_n, V_1) \tag{8-26}$$

取最小值，其中 $d(V_i, V_{i+1})$ 表示城市 V_i 到城市 V_{i+1} 的距离。

TSP 问题并不仅仅是旅行商问题，其他许多 NP 完全问题也可以归结为 TSP 问题，如邮路问题、装配线上的螺母问题和产品的生产安排问题等，使得 TSP 问题的有效求解具有重要意义。

2. 问题描述

本案例以 14 个城市为例，假定 14 个城市的位置坐标见表 8-4。寻优出一条最短的遍历 14 个城市的路径。

表 8-4 14 个城市的位置坐标

城市编号	X 坐标	Y 坐标	城市编号	X 坐标	Y 坐标
1	16.47	96.10	8	17.20	96.29
2	16.47	94.44	9	16.30	97.38
3	20.09	92.54	10	14.05	98.12
4	22.39	93.37	11	16.53	97.38
5	25.23	97.24	12	21.52	95.59
6	22.00	96.05	13	19.41	97.13
7	20.47	97.02	14	20.09	92.55

3. 算法流程

模拟退火算法求解 TSP 问题的流程框图如图 8-15 所示。

4. 模拟退火算法的实现

（1）控制参数的设置

需要设置的主要控制参数有降温速率 q 、初始温度 T_0、结束温度 T_{end} 以及链长 L ，见表 8-5。

（2）初始解

对于 n 个城市的 TSP 问题，得到的解就是 $1\sim n$ 的一个排序，其中每个数字为对应城市的编号，如对 10 个城市的 TSP {1，2，3，4，5，6，7，8，9，10}，则 |1|10|2|4|5|6|8|7|9|3| 就是个合法的解，采用产生随机排列的方法产生一个初始解 S。

（3）解变换生成新解

通过对当前解 S_1 进行变换，产生新的路径数组即新解，这里采用的变换是用产生随机数的方法来产生将要变换的两个城市，用二邻域变换法产生新的路径，即新的可行解 S_2。

例如 $n=10$ 时，产生两个 [1，10] 范围内的随机整数 r_1 和 r_2，确定两个位置，将其对换位置，如 $r_1=4$，$r_2=7$

9 5 1| 6| 3 8| 7| 10 4 2

得到的新解为：

9 5 1| 7| 3 8| 6| 10 4 2

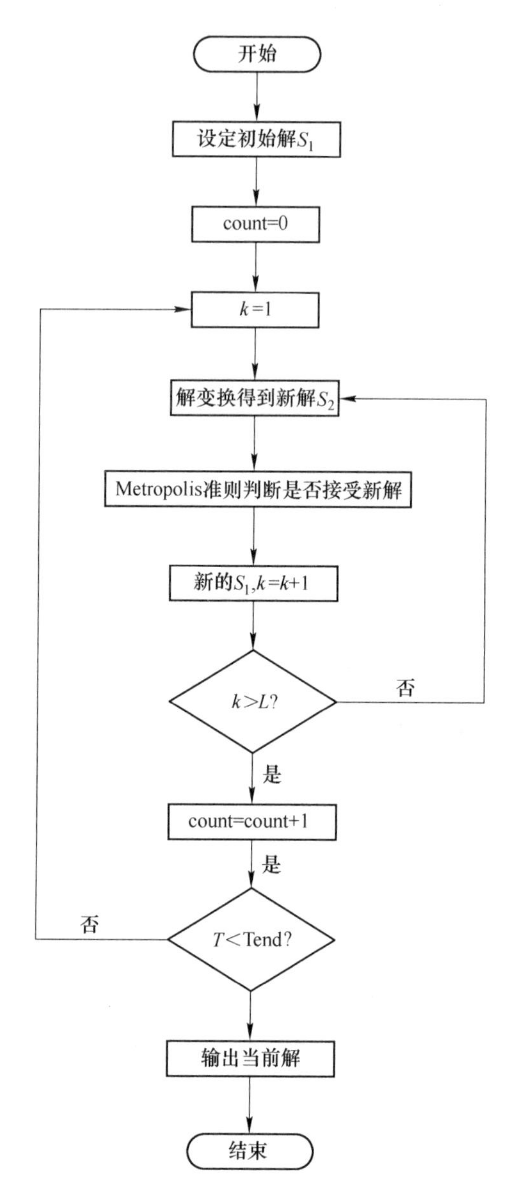

图 8-15　模拟退火算法求解 TSP 问题的流程框图

表 8-5　参数设定

降温速率 q	初始温度 T_0	结束温度 T_{end}	链长 L
0.9	1000	0.001	200

（4）Metropolis 准则

若路径长度函数为$f(S)$，则当前解的路径$f(S_1)$，新解的路径$f(S_2)$，路径差为 $df = f(S_2) - f(S_1)$，则 Metropolis 准则为：

$$P = \begin{cases} 1, & df < 0 \\ \exp\left(-\dfrac{df}{T}\right), & df \geqslant 0 \end{cases} \tag{8-27}$$

如果 $df<0$，则以概率 1 接受新的路径；否则以概率 $\exp(-df/T)$ 接受新的路径。

(5) 降温

利用降温速率 q 进行降温，即 $T=qT$，若 T 小于结束温度，则停止迭代输出当前状态，否则继续迭代。

5. 优化结果

优化前的一个随机路线如图 8-16 所示，随机路线为：

$$4\rightarrow 11\rightarrow 13\rightarrow 10\rightarrow 3\rightarrow 6\rightarrow 14\rightarrow 7\rightarrow 9\rightarrow 5\rightarrow 8\rightarrow 12\rightarrow 1\rightarrow 2\rightarrow 4$$

总距离为 74.4651。

优化后的路线如图 8-17 所示。最优路线为：

$$12\rightarrow 6\rightarrow 5\rightarrow 4\rightarrow 3\rightarrow 14\rightarrow 2\rightarrow 1\rightarrow 10\rightarrow 9\rightarrow 11\rightarrow 8\rightarrow 13\rightarrow 7\rightarrow 12$$

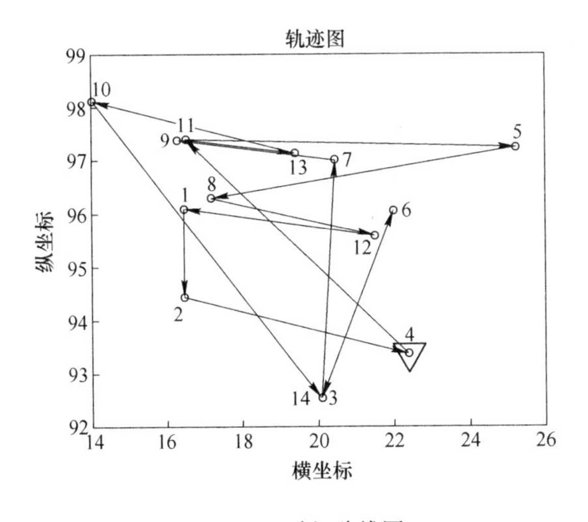

图 8-16 随机路线图

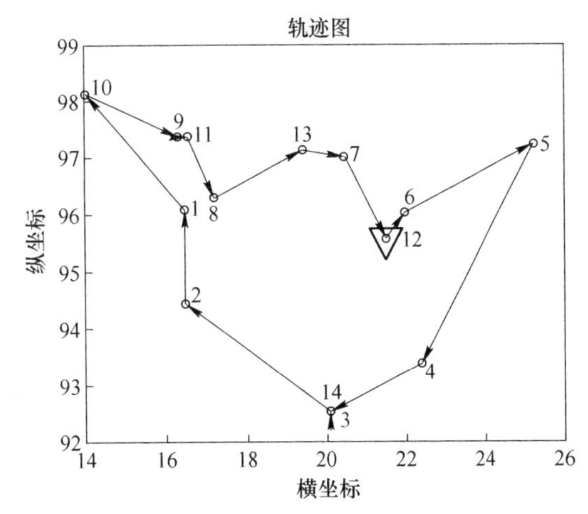

图 8-17 最优解路线图

总距离为 29.3405，优化迭代过程如图 8-18 所示。

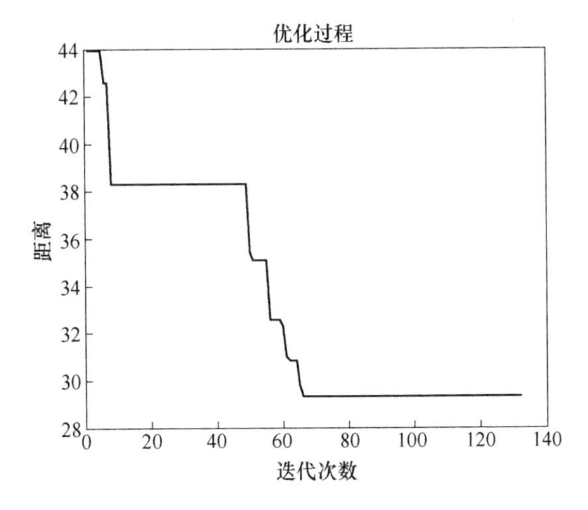

图 8-18 模拟退火优化迭代过程图

从图 8-18 可以看出，优化前后路径长度得到很大改进，由优化前的 74.4651 变为 29.3405，变为原来的 39.40%，80 代以后路径长度已经保持不变了，可以认为已经是最优解了。

6. 算法的局限性

问题规模 n 比较小时，得到的一般都是最优解，而当规模比较大时，一般只能得到近似解。这时可以通过增大最大迭代数使最优值更接近最优解。

8.4 多目标优化算法及应用

自 20 世纪 70 年代以来，多目标优化问题（Multi-objective Optimization Problem，MOP）的研究在国内和国际上都引起了人们极大的关注和重视。单目标优化的最优解一般可明确定义，但却不能简单地定义多目标优化问题的最优解。因为 MOP 的结果并不是单个解，而是一组均衡解，即所谓的 Pareto 最优解。20 世纪 80 年代中期，人们开始应用人工智能的进化算法求解多目标优化问题。近十几年来，随着多目标优化理论探索的不断深入，涌现出很多 MOP 的算法，其应用范围日益广泛，研究队伍迅速壮大，在学术界显示出勃勃生机。MOP 随着数值优化的深入和发展，已成为应用数学和决策科学交叉学科的一个分支，并在经济规划、金融投资、工业设计、交通运输、环境污染以及军事决策等领域有着广泛的应用。

8.4.1 传统的多目标优化算法

求解多目标优化问题的一个传统的、很自然的方法就是将其转化为单目标优化问题，然后用单目标优化问题的方法求解。在满足一定的条件下，转化后的单目标优化问题的最优解对应着原多目标优化问题的 Pareto 最优解，从而可用这些解近似原多目标优化问题的 Pareto 最优解。常见的传统的多目标优化方法有线性加权法、约束法、目标规划法和极小化极大法等，这里简略介绍前两个方法。

1. 线性加权法

主要思想是通过目标函数的线性组合将多目标问题转换成单目标问题，加权和方法可以表示为：

$$\begin{aligned} &\min f(x) = \sum_{i=1}^{k} \omega_i \cdot f_i(x) \\ &s.t.\ \ x \in X \end{aligned} \tag{8-28}$$

其中，$\omega_i \geqslant 0$ 为权重，且 $\sum_{i=1}^{k} \omega_i = 1$。

如果所有权重取正值，这种方法可得到一些 Pareto 最优解。假设一可行决策向量 a 在给定权重组合下使 f 取极大值，但 a 不是 Pareto 最优解；另有一个优于 a 的解向量 b，不失一般性对 $i=1, 2, \cdots, k$ 存在 $f_1(b) > f_1(a)$ 和 $f_i(b) > f_i(a)$ 。因此 $f(b) > f(a)$ ，这与$f(a)$是极大值相矛盾，故如果能使f取极大，必然是 Pareto 最优解。

该方法的优点是容易理解、便于计算；缺点是权重不容易确定。此外，加权法对 Pareto 前端的形状很敏感，不能处理其前端的凹部，而且多个目标之间往往不可比较，从而限制了其应用。但由于该方法简单易操作，许多学者最近又提出了若干种权重调整方法，如固定权重法、随机权重法和适应性权重法等。

2. 约束法

其主要思想是随机将k个函数中的某个目标函数作为优化目标，其余的$k-1$个函数作为约束函数，经约束法转化后的单目标优化问题为：

$$\begin{aligned} &\min f(x)=f_h(x) \\ &s.t.\ f_i(x)\leqslant \varepsilon_i,\quad x\in X \end{aligned} \tag{8-29}$$

其中ε_i作为下界可在优化过程中取不同值，以便发现多个 Pareto 最优解。

该方法的优点是简单易行，ε_i在优化过程中取不同的值，便可找到多个 Pareto 最优解，因而在实际问题中是很实用的；缺点是选取合适的容许值ε_i往往需要先验知识，但这些先验知识往往是未知的。

另一方面，上述传统方法为了获得原问题的多个 Pareto 最优解往往需要多次运行求解单目标优化问题的算法，由于这些运行求解过程相互独立，它们之间的信息无法共享，导致计算的开销较大，且得到的解有可能不可比较，令决策者难以有效决策，同时造成时间及资源的浪费。因此对比较复杂、函数性质不好的多目标优化问题，应用这些传统方法往往是不可行的。虽然求解多目标优化问题的方法非常多，但是在许多复杂问题中，要想搜索到 Pareto 解是很困难的，更不用说问题的整个 Pareto 解集。另外，由于现实问题的复杂性，要想精确求得 Pareto 最优集一般来说是不经济、不可能的，因而目前有关多目标优化算法方面的主要工作集中在如何求得 Pareto 最优集的近似集（下称近似 Pareto 最优集）。相应的，出现了一系列的随机优化技术如进化算法、粒子群算法、模拟退火算法等，这些算法通常不能保证找到真实的 Pareto 最优集，但可以找到 Pareto 最优集的近似集。下面简单介绍这几种多目标算法。

8.4.2 多目标进化算法

从 Schaffer 首次提出向量估计遗传算法（VEGA）开始，多目标进化算法（MOEA）至今在电力系统、制造系统和控制系统等各个领域的应用已经取得了很大的进展。和单目标进化算法不同，MOEA 必须围绕如何有效地实现以下三个目的：有数量尽可能大的非劣解；要求这组解逼近问题的全局 Pareto 最优前端；尽可能均匀地分布在整个全局最优前端。每一种算法都是实现这些目的的特定方法的组合。

Lanumanns 等提出 MOEA 的一种集成模型（UMMEA），许多 MOEA 都是 UMMEA 的变形。该模型的算法框架如下。

```
t: =0
(A^0, B^0, p_e^0): =initialize ()
while terminate (A^0, B^0, t) =false do
    t: =t+1
```

A^t：$=truncate$（$update$（A^{t-1}，B^{t-1}））

p_e^t：$=adapt$（A^t，B^{t-1}，p_e^{t-1}）

B^t：$=vary$（$sample$（$evaluate$（A^t，B^{t-1}，p_e^t）））

end while

其中 B^0 为初始群体，A^0 为初始档案，且为空集。在每一代，$A^{t-1} \cup B^{t-1}$ 的非劣解构成集合 $A^{t'}$，为了提高搜索效率，当档案大小（即档案内能保留的非劣解的个数）超过规定值时，对 $A^{t'}$ 进行修剪（truncate）。在对个体赋予适应度（evaluate）之后，从群体中选择个体进入下一代（sample），然后对群体进行交叉和变异等操作（vary）。

修正的精英策略的 MOEA 模型如下。

t：$=0$

（A^0，B^0，S^0，p_e^0）：$=initialize$（）

while terminate（ A^0，B^0，t）$=false$　*do*

t：$=t+1$

A^t：$=truncate$（$update$（A^{t-1}，S^{t-1}））

p_e^t：$=adapt$（A^{t-1}，B^{t-1}，p_e^{t-1}）

B^t：$=update$（B^{t-1}，S^{t-1}）

S^t：$=vary$（$sample$（$evaluate$（A^t，B^{t-1}，S^{t-1}，p_e^t）））

end while

其中 S^t 为子代种群。该模型与 UMMEA 的根本区别在于：修正模型在进化过程中强调子代种群同父代种群之间的竞争作用。

根据以上两种模型，在设计 MOEA 时，通常都要考虑外部档案升级和个体适应度赋值，它们对算法性能产生很大的影响。一般情况下，适应度赋值方法将影响算法逼近全局最优前端的程度，而外部档案维护直接决定算法的多样性性能。不同的 MOEA 采用不同的方法来实现上述两个步骤，这也是 MOEA 研究的关键问题。

1. 算法的性能指标和测试函数

（1）性能指标

性能指标是用来评价是否实现了要求达到的目标。在 MOEA 中，一个好的指标必须能反映算法实现上述三个目的中的一个或几个的程度，没有一个指标可以同时描述三个目的的实现程度。在设计性能指标，通常考虑如下特征：

1）指标的取值范围应当在 0~1。

2）期望指标值应当可知，即根据理论上的非受支配集的分布度是可以计算出来的。

3）评价结果应该能随代数的增加而增加或减少，这样有利于不同集合之间的比较。

4）指标应适用于任意多个目标。

5）指标的计算复杂度不能太高。

目前，已提出了多种性能评价指标，如世代距离（GD）、收敛性指标 γ 和多样性指标 Δ 等，大致可以分成三类：一类是用来评价所求解与问题的全局 Pareto 最优前端的逼近程度的指标，主要用来评价收敛性指标；另一类则用来评价解的多样性性能；最后一类评价包含收敛性和多样性在内的综合性能。

（2）测试函数

为了提高算法研究与比较的效率，必须设计一些能反映实际多目标优化问题基本特征的标准测试函数集，这一类标准函数集合包含了多目标问题领域的基本知识。Whitley 等对多目标优化问题的测试函数设计提出了以下几点准则：

1）测试函数必须是简单搜索策略所不易解决的。

2）测试函数中应包括非线性耦合和非对称问题。

3）测试函数中应包含问题规模可伸缩的问题。

4）一些测试函数的评估代价应具有可伸缩性。

5）测试函数应有规范的表达形式。

2. 第一代 MOEA 具有代表性的四种算法

（1）向量估计遗传算法（VEGA）

VEGA 具体过程如下：设有 M 个目标函数，针对每个目标利用比例选择法，分别产生 M 个子种群，每个子种群的规模为 N/M；这 M 个子种群分别得到进化后，再将它们合并为一个大小为 N 的种群，再执行遗传操作包括选择、交叉和变异等；重复上述过程直到终止条件成立。N 为种群规模。

VEGA 存在很多缺陷，如无法保证优良个体能够进入下一代，似乎只能发现最优前端上的极端点。

（2）多目标遗传算法（MOGA）

在 MOGA，个体的值等于当前种群中支配它的染色体数目加 1，所有非劣个体的值均为 1（所有这样的个体适应度都相同，以便能以相同的概率被选择使用），而被支配的个体依据属于它们所在区域的种群密度被惩罚（适应度共享用于验证个体区域的拥挤程度）。适应度赋值方式如下：

1）基于个体的值将种群排序；

2）利用线性或非线性的插值方法在最低序号（非劣最优个体）与最高序号之间进行插值；

3）具有相同序号的个体的适应值共享，即通过除以相同序号的个体数得到新的适应值。

MOGA 的优点是算法执行相对容易且效率高，缺点是算法易受小生镜大小的影响，但 Fonseca 等已经从理论上解决了小生镜大小的计算问题。

（3）非劣排序遗传算法（NSGA）

基于 Goldberg 的方法，NSGA 对个体分类，形成多个层次。具体过程为，在选择操作之前，个体基于 Pareto 最优进行排序，所有非劣的个体归为一类，并引入决策向量空间的共享函数法，保持种群的多样性；然后，忽略这些已经分类的个体，考虑另一层非劣的个体；这个过程一直持续，直到将所有个体分类。由于最先得到的非劣个体有最大的适应度，它们被复制的机会更多。

NSGA 的优点是优化目标个数任选，非劣最优解分布均匀，允许存在多个不同等效解；缺点是由于 Pareto 排序要重复多次，计算效率较低。计算复杂度为 $O(MN^3)$，未采用精英保留策略，共享参数 σ_{share} 需要预先确定。

（4）小生镜 Pareto 遗传算法（NPGA）

NPGA 使用基于 Pareto 支配的锦标赛选择模式，其基本思想非常巧妙：随机性选择两个个体，与来自群体的一个子集比较（典型的，子集占整个种群的 10%），若其中一个个体支配子集，而另一个个体被子集支配，则非劣个体获胜；若两个个体都不受或都受子集支配，则采用共享机制来选择其中之一参与下一代进化。因为该算法的非劣解选择是基于种群的部分而非群体，所以其优点是能很快找到一些好的 Pareto 最优解域，并能维持一个较长的种群更新期；缺点是除需要设置共享参数外，还需要选择一个适当的锦标赛规模，因而限制了该算法的实际应用效果。

8.4.3　多目标粒子群算法

PSO 与 EA 之间有很多的相似性，例如群体搜索和搜索过程中群体成员之间都进行信息交换等，这导致了 MOPSO 和 MOEA 之间比较相似，同时它们之间也存在一些差异。与 MOEA 不同，MOPSO 一般不必依据 Pareto 支配和密度值等信息进行适应度赋值，可简化算法设计；同时由于群体中始终存在多个全局最好位置，这些解彼此不受支配，并保留在外部种群或外部档案，MOPSO 必须为每个粒子从外部档案中选取一个合适的全局最好位置。

MOPSO 的主要步骤包括外部档案维护、全局最好位置选取、自身最好位置更新以及如何保证粒子始终在搜索空间内飞行等。与 MOEA 类似，外部档案用来保留 MOPSO 在搜索过程中获得的部分非劣解，其维护策略可以直接借用 MOEA 的相应方法。

无论单目标 PSO 还是 MOPSO，粒子都可能飞出可行搜索区域的边界，保证粒子在搜索空间内飞行，对 PSO 的性能有较大影响。目前，提出了很多策略，如：一旦粒子飞出了某个决策变量的边界，该粒子停留在该边界上，同时改变飞行方向；对速度公式中的随机项重复取值直到粒子位于搜索空间内为止；当粒子飞出某个决策变量的边界，则降低粒子飞行速度，使粒子能停留在边界上，但粒子的飞行方向保持不变。

与 MOEA 相比，MOPSO 发展较晚，相应的算法成果也比较少，在 MOPSO 的发展过程中，Coello 等于 2004 年提出的 MOPSO 具有里程碑意义，以下概述 3 种比较成功的 MOPSO 算法。

1. CMOPSO

算法具体步骤：

（1）初始化粒子群 P，对每个粒子，确定其初始位置和零初始速度，计算粒子群 P 中每个粒子的目标向量。

（2）将粒子群 P 中部分粒子保存在外部粒子群 NP 中，这些粒子的位置就是非劣解。

（3）确定每个粒子的初始自身最好位置，即每个粒子本身的初始位置。

（4）将目标空间分割成很多格子（超立方体），并根据粒子所对应的目标向量确定每个粒子所在的格子。

（5）为每个至少包含一个外部粒子群个体的格子定义适应度值（等于或大于 1 的数与格子内包含的 NP 成员个数之比），然后对每个粒子，根据轮盘赌方法选择一个格子，并从中随机选择一个外部粒子群的个体作为粒子的 gbest。

（6）根据 PSO 的基本公式更新所有粒子的位置和速度。

（7）采用如下措施以避免粒子飞出搜索空间：一旦粒子飞出了某个决策变量的边界，该粒子就停留在边界上，同时改变飞行方向。

（8）计算粒子群 P 中每个粒子的目标向量。

（9）利用自适应网格法对外部粒子群 NP 进行更新和维护。

（10）更新粒子的 pbest。根据粒子飞行过程中获得的新解与其自身最好位置的 pbest 比较，若新解支配了 pbest，则新解为新的 pbest；否则，pbest 保持不变；若新解与 pbest 彼此不受支配，则从两者随机选择一个作为新的自身最好位置。

（11）如果终止条件成立，则停止搜索；否则，转到（6）。

CMOPSO 的性能并不是特别的优异，特别是对一些复杂的多目标优化问题，它没有太大的优势。为了改善其性能，Coello 等将变异引入到 CMOPSO 中，在搜索早期，变异作用于所有粒子和决策变量区间，随着搜索的进行，参与变异的粒子越来越少。

2. 多目标全面学习的粒子群算法（MOCLPSO）

CLPSO 使用一种新的学习策略，该策略利用所有粒子的历史最好信息来更新粒子的速度，它保证了粒子群的多样性，从而避免 PSO 过早收敛。在 CLPSO 中，粒子群向全局最好位置 gbest、粒子的自身最好位置 pbest 和其他粒子的 pbest 学习，剩下的 $n-m$ 维要么向随机选择的粒子的 pbest 学习，要么向粒子本身的 pbest 学习。

在 CLPSO 中，粒子群大小固定，其粒子不会被替代，而只是调整它们的 pbest 和整个粒子群的 gbest。在多目标情况下，存在一组非劣解，而不是单个的全局最好位置，而且当两个解彼此互不支配时，每个粒子可能不止一个 pbest。因此 pbest 和 gbest 选取比单目标优化更加困难，也更重要。

（1）pbest 选取方法。

具体过程如下：如果 pbest 支配了粒子 x，则 count = count + 1，如果 x 支配了 pbest，pbest = x；如果 x 和 pbest 彼此不受支配，随机产生一个［0，1］区间随机数 s；如果 s < 0.5，则 pbest = x；否则 count = count + 1。如果 x 不能在一定代数内得到改进，则 pbest 将保持不变。

（2）gbest 选取方法。

当 CLPSO 处理多目标优化问题时，全局最好位置不再是单独一个解，而是一组非劣解。MOCLPSO 采取随机选择方法，从非劣解集中随机选择一个解作为粒子的全局最好位置。

（3）外部档案。

外部档案用来保留 MOCLPSO 在进化过程中获得的非劣解，MOCLPSO 的外部档案更新策略非常简单：对于每个新解，如果新解受档案成员支配，则拒绝新解加入档案中；如果新解支配了部分档案成员，则移除那些受支配的成员，同时将新解加入档案中；如果新解和档案中的所有成员彼此不受支配，则直接将新解加入档案中。当档案大小超过或达到规定的最大规模 N_M 时，计算所有档案成员的拥挤距离，并从大到小排序，保留其中拥挤距离最大的 N_M 个档案成员，其他成员从档案中剔除。

（4）算法描述。

1）随机产生粒子的位置和零初始速度。

2）对每个粒子：

① 从外部档案中选择 gbest；

② 为速度向量的每个分量，确定学习对象；

③ 根据学习对象调整粒子的速度；

④ 更新粒子的位置；

⑤ 保证粒子的飞行在搜索空间内；

⑥ 利用前面介绍的方法更新粒子 pbest；

⑦ 计算粒子的适应度值；

3）更新外部档案。

4）检验终止条件是否得到满足，如得到满足，则停止搜索；否则，转到 2）。

MOCLPSO 有如下几个参数：

① 学习概率 P_1，学习概率决定粒子的一维向其自身的 pbest 或其他粒子的 pbest 学习的概率。

② 精英概率 P_e，在 CLPSO 中，向 gbest 学习的 m 维是随机选择的。由于不同的问题维数各不相同，很难确定一个适合所有问题的 m。为此，定义精英概率，根据精英概率大小，随机地选择粒子的一定数量的维或分量，向 gbest 学习，这时维数不再固定为 m。

8.4.4　多目标模拟退火算法

在 MOEA 和 MOPSO 引起广泛关注和研究的同时，利用其他智能优化算法如模拟退火算法（SA）处理多目标问题也得到人们的关注。Ulungu 等于 1985 年设计了一个完整的多目标模拟退火算法（MOSA），并将其应用于多目标组合优化问题。下面介绍几种应用广泛的 MOSA，由于模拟退火算法设计的关键是接受准则和冷却进度表，将重点讨论多目标条件下如何设计接受规则和冷却进度表。

1. SMOSA

Suppapitnarm 等提出一种接受准则，在此基础上设计了 SMOSA。

SMOSA 具体步骤描述如下：

（1）随机产生初始解 x，计算其所有目标函数值并将其加入 Pareto 解集中。

（2）给定一种随机扰动，产生 x 的邻域解 y，计算其所有目标函数值。

（3）比较新产生的邻域解与 Pareto 解集中的每个解并更新 Pareto 解集。

（4）如果新邻域解 y 进入 Pareto 解集，则用 y 替代 x，并转到（7）。

（5）如果 y 未进入 Pareto 解集，则根据如下概率接受新解：

$$P = \min\left\{1,\ \prod_{i=1}^{M} \exp\left[\frac{f_i(x) - f_i(y)}{T_i}\right]\right\} \tag{8-30}$$

如果新解被接受，则令其为新的当前解 x 并转到（7）。

（6）如果新解未被接受，则保留当前解并转到（7）。

（7）每隔一定代数，从 Pareto 解集中随机选择一个解，作为初始解，重新搜索。

(8) 每隔一定代数降一次温。

(9) 重复 (2)~(8)，直到规定的迭代次数达到为止。

2. UMOSA

对单目标优化问题，坏解的接受概率是唯一和清楚的，对于多目标优化问题，从当前位置向新位置的移动存在三种不同的可能：改进方向（即新解优于当前解），这种情况以概率 1 接受；某些目标函数得到了改进，而另一些目标函数变差，这时，新解和当前解彼此不受支配，所提出的策略必须能区分这些彼此不受支配的解；所有目标函数都变差了，这时接受概率必须考虑新解和旧解之间的距离。Ulungu 等综合考虑了以上三种情况，提出一种新的接受准则，具体描述如下：

$$P = \begin{cases} 1, & \Delta s \leqslant 0 \\ \exp\left(\dfrac{-\Delta s}{T}\right), & \text{其他} \end{cases} \tag{8-31}$$

其中，$\Delta s = s(f(y), \lambda) - s(f(x), \lambda)$，$s(F, \lambda) = \sum_{l=1}^{M} \lambda_l f_l$，$\lambda$ 为权向量。

UMOSA 的具体过程如下：

(1) 产生服从均匀分布的随机权向量集合 L，$\lambda^l = (\lambda_i^l, i = 1, 2, \cdots, M)$，$\sum_{i=1}^{M} \lambda_i^l = 1$。

(2) 随机产生初始解 x，计算其所有目标函数值并将其加入 Pareto 解集中。

(3) 给定一种随机扰动，产生 x 的邻域解 y，计算目标函数值。

(4) 比较新产生的邻域解与 Pareto 解集中的每个解并更新 Pareto 解集。

(5) 如果新邻域解 y 进入 Pareto 解集，则用 y 替代 x，并转到 (8)。

(6) 如果 y 未进入 Pareto 解集，则根据上述概率决定是否接受新解，如果新解被接受，则令其为新的当前解 x 并转到 (8)。

(7) 如果新解未被接受，则保留当前解并转到 (8)。

(8) 每隔一定代数，从 Pareto 解集中随机选择一个解，作为初始解，重新搜索。

(9) 每隔一定代数降一次温。

(10) 重复 (3)~(9)，直到规定的迭代次数达到为止。

(11) 从集合 L 选择另一组权向量，重复 (2)~(10) 直到所有权向量都被用过一次为止。

3. PSA

Czyzak 等对 UMOSA 进行了修改，提出了 Pareto 模拟退火算法 PSA。在 PSA 的每次迭代中，用一组称为产生样本的解控制目标函数权值大小，从而改变目标函数的接受概率。通过控制权值大小，可以增加或降低某个特定目标的接受概率，从而保证所产生的解具有良好的多样性。

PSA 具体过程如下：

(1) 选择一个开始样本 $x \in G$，并利用产生解集中的每个解更新非劣解。

（2）在产生样本的每个解 x 的邻域内随机产生一个新解 y，计算其目标函数值。

（3）如果 y 非劣，则更新非劣解。

（4）从集合 G 中选择一个最靠近 x 的非劣解 x' 。

（5）如果没有 x' 或者对 x 进行第一次迭代，则设置随机权重 $\forall \lambda_i \geqslant 0$，$\sum_i \lambda_i = 1$；否则，对目标函数 f_i ，设置如下权重：

$$\lambda_i = \begin{cases} \alpha\lambda_i^\beta, & f_i(x) \geqslant f_i(x') \\ \lambda_i^\beta/\alpha, & \text{其他} \end{cases} \tag{8-32}$$

其中，$\alpha > 1$。对上述权值进行归一化。

（6）以如下概率接受解：

$$P = \min\left(1,\ \prod_{i=1}^{M} \exp\left\{\frac{-\Delta s_i}{T_i}\right\}\right) \tag{8-33}$$

其中，$\Delta s = \lambda_i(f_i(y) - f_i(x))$ 。如果解 y 被接受，则令其为当前解，并转到（8）。

（7）如果解 y 不能被接受，则保留当前解并转到（8）。

（8）每隔一定代数，降低温度。

（9）重复（1）~（8）直到规定的迭代次数达到为止。

8.4.5　多目标优化算法在优化决策中的应用

车辆路径问题（VRP）由 Dantzig 和 Ramser 于 1959 年首次提出，一直是组合优化领域的热点和前沿问题。标准 VRP 是指一个配送中心为多个客户提供服务，每个用户需求一定，都能得到且只能得到一辆车的服务，车辆均从配送中心出发，最终回到配送中心。车辆有容量、运输时间、运输距离等限制，其目标是使运输总费用或者总时间最小。

1. 问题描述

VRP 可以描述为：一个配送中心 O 为 n 个客户提供服务（共 n+1 个节点），配送中心拥有车辆数为 m，车辆最大容量为 Q，车辆由配送中心出发完成任务后，回到配送中心。第 i 个客户的需求量为 q_i ，车辆在第 i 个客户处停留的时间为 s_i（可认为与需求量成正比)，要求货物送到的时间满足时间窗 $(b_i,\ e_i)$ 。为方便起见，假设配送中心和客户均在同一平面上，在统一坐标系下，配送中心的坐标为 $(O_x,\ O_y)$ ，第 i 个客户的坐标为 $(x_i,\ y_i)$ 。通常车辆调度的目标如下：

（1）总运输时间最小。车辆从配送中心出发，到完成任务回到配送中心，为该车辆的运输时间，所有车辆运输时间的和构成总运输时间。

（2）总时间延迟最少。由于所有客户都有自己的时间窗。要求货物在时间窗内送到，货物送到时间早于时间窗的上界时，车辆必须等待，货物送到时间晚于时间窗的下界时，带来时间延迟，所有车辆等待时间和货物晚到时间的和构成总时间延迟。

（3）车辆使用最少。用最少的车辆来完成现有的任务，使停在配送中心的车辆最多。

（4）车辆利用率最高，车辆完成任务所用时间与工作日区间长度之比为车辆利用率。

考虑前两个目标函数，建立如下数学模型：

$$f_1 = \sum_{i=0}^{n}\sum_{j=0}^{n}\sum_{k=1}^{m} t_{ij}x_{ijk} + \sum_{i=1}^{n} S_i \tag{8-34}$$

$$f_2 = \sum_{i=1}^{n}(t_i - e_i)p(t_i - e_i) + \sum_{i=1}^{n}(b_i - t_i)p(b_i - t_i) \tag{8-35}$$

$$s.t.$$

$$\sum_{k=1}^{m} y_{ki} = 1,\quad i = 1,\ 2,\ \cdots,\ n \tag{8-36}$$

$$\sum_{k=1}^{m} y_{k0} = m \tag{8-37}$$

$$\sum_{i=1}^{n} q_i y_{ki} \leqslant Q \tag{8-38}$$

$$\sum_{j=0}^{n} x_{ijk} = y_{ki} \tag{8-39}$$

$$\sum_{i=0}^{n} x_{ijk} = y_{kj} \tag{8-40}$$

$$y_{ki} = 0 \text{ or } 1,\ x_{ijk} = 0 \text{ or } 1 \tag{8-41}$$

$$i = 1,\ 2,\ \cdots,\ n,\ j = 1,\ 2,\ \cdots,\ n,\ k = 1,\ 2,\ \cdots,\ m \tag{8-42}$$

该模型中，f_1 为总运输时间，f_2 为总时间延迟，式（8-36）表示一个客户有且只有一辆车服务，式（8-37）表示车辆的出发点和终点都是配送中心，式（8-38）表示安排给某车辆的运输量不超过最大容量，式（8-39）和式（8-40）表示从一个节点到另一个节点有且只有一辆车。

$$p(r) = \begin{cases} 1, & r>0 \\ 0, & \text{其他} \end{cases} \tag{8-43}$$

$$y_{ki} = \begin{cases} 1, & \text{节点 } i \text{ 的客户由车辆 } k \text{ 服务} \\ 0, & \text{其他} \end{cases} \tag{8-44}$$

$$x_{ijk} = \begin{cases} 1, & \text{车辆 } k \text{ 从节点 } i \text{ 出发前往节点 } j \\ 0, & \text{其他} \end{cases} \tag{8-45}$$

2. 粒子群优化算法

PSO 适合求解连续问题，不能直接用于组合优化问题的求解。为了能利用 PSO 解决 VRP 等组合优化问题，必须对原算法进行改进。下面介绍一些关于多目标车辆路径优化问题的研究工作。

（1）算法改进

求解单目标问题，PSO 有较快的收敛速度，但这有可能使多目标的求解变得糟糕，原因在于粒子可能收敛到偏差的非劣解最优解集（正如局部最优和全局最优的关系）。为弥补算法的这个缺点，在迭代的过程中引入变异算子，以保证得到的非劣解符合以下两个性质：得到的非劣解逼近于理想的 Pareto 最优前端，但是理想的最优前端往往无法得到，评价方法为使得到的近似 Pareto 最优前端尽可能靠近坐标轴（针对最小化目标函数问题)，提出了评价解集优劣的相对最短距离法；在更新非劣解集时，要求其中的解能够张成一定的空间，即已经找到的解有一定的间隔，使得到的非劣解均匀地分布在整个全局最优前端上。

变异算子的作用原理：只有在当前粒子最优位置没有被更新的情况下才有可能变异，变异的概率随着迭代次数的增加而增大，变异的结果是重新排列所有的客户点。其具体实施：用 ρ_i 表示粒子 i 在算法迭代过程中评价值连续没有改善的次数，当 ρ_i 增加到 $\rho_{\max}$ 时（$\rho_{\max}$ 为常数)，设置一个随着迭代次数变化的常数 $C=1/\sqrt{G}$，当随机生成数 $s>1/\sqrt{G}$ 时执行变异操作。执行变异操作的概率随着迭代次数的增加而减少。其中 G 为迭代次数。

(2) 问题表示

配送中心记为0，其他 n 个客户分别用 1 到 n 之间的整数表示，通常车辆调度问题解用 $n+1$ 个数的排列来表示，中间 0 将排列分成 m 段，表示把整个配送任务分配给 m 辆车来完成，每一段表示一辆车的配送任务（从配送中心出发，最终回到配送中心)。

如 0 4 6 0 1 7 0 2 8 0 5 9 0，该解表示：9 个客户的配送任务由 4 辆车完成，各自的配送任务为车辆 1：0 4 6 3 0，车辆 2：0 1 7 0，车辆 3：0 2 8 0，车辆 4：0 5 9 0。

这种表示方法简单有效，但有一个缺点：在解的更新过程中，容易出现连续多个零的情况，导致所得到的解不可行。解决这个问题的方法是去掉解中的零，解仅由客户点的排列组成，即上述解表示为 4 6 3 1 7 2 8 5 9。剩下的问题就是把这个排列分给各个车辆。徐杰等使用先聚类、后分解的方法表示多目标问题的解，该方法可以使车辆载重接近满载，使用的车辆较少。

(3) 路径信息矩阵计算

路径信息矩阵 P 的求解算法伪代码如下表示：

```
T=ones (1, n) ×1000;
for i=1 to n
    chg=0, t=0, j=i;
    while (chg≤Q and j≤n)              //车辆没有超载，任务没有完成
        chg=chg+q (cm_j);
        if    (当前车辆只有一个客户的配送任务)
              if    (t(0,cm_j)≥b(cm_j))          //在时间窗的起始时间之后到达 cm_j
                      t=t(0,cm_j)+s(cm_j)+t(cm_j,0);
              else
                      t=b(cm_j)+s(cm_j)+t(cm_j,0);
              end if
        else                                    //当前车辆有多个客户的配送任务
              if    ((t-t(cm_{j-1},0)+t(cm_{j-1},n_j))≥b(cm_j))
                  t=t-t(cm_{j-1},0)+t(cm_{j-1},cm_j)+s(cm_j)+t(cm_j,0);
              else                              //经 cm_{j-1} 到达 cm_j 过早
                  t=b(cm_j)+s(cm_j)+t(cm_j,0);
              end if
        end if
```

```
          if        (chg≤Q)
                    if(T_{i-1}+t<T_j)
                        T_j = T_{i-1}+t;
                        p(j) = i-1'
                    end if
        end if
    end while
  end for
```

其中，$t(cm_{j-1},\ cm_j)$ 表示车辆从点 cm_{j-1} 到 cm_j 花费的时间。chg 代表车辆当前的载重，$s(cm_j)$ 代表车辆在点 cm_j 的服务时间（卸载货物），$b(cm_j)$ 代表点 cm_j 要求提供服务的最早时间，即时间窗上限。

将 n 个点的排列记作 cm_1，cm_2，…，cm_n，对于第 i 个节点 cm_i，记录以下信息：从配送中心 0 到 cm_i 的最小时间 T_i（经过 cm_1，cm_2，…，cm_{i-1}）；从配送中心 0 车完成任务，还需要记录节点 cm_i 在同一路径中的前一个节点 $p(i)$，根据 $p(i)$ 就可以得到各个车辆的路径，$p(i)$ 构成路径信息矩阵 P。

根据得到的信息矩阵 P，求解各个车辆的路径方法如下：

```
queue=zeros(m, n), k=0, j=n
while   (i>0)
    v=1;
    k=k+1;
    i=p(j);
    for  t=i+1 to j
        queue(k, v) =cm_t;
        v=v+1;
    end for
    j=i;
end while
```

其中，$queue$ 记录各个车辆路径，每一行代表一辆车的行车路径，$p(j)$ 记录节点 j 的同一条路径的前一个节点，根据 $p(j)$ 得到各个车辆的路径。

（1）编码

根据上面的结果，可以简单地用 1 到 n 的自然数的一个排列来表示问题的一个潜在解，但根据 PSO 速度与位置公式，容易得到粒子 i 的速度即位置更新是在一个连续空间内，却不能保证 1 到 n 的自然数的一个二位排列，即二者不相匹配。为此，有研究工作者提出解决方法：在例子的位置与它所代表的解之间建立对应关系，把 n 个客户点按照与配送中心的距离进行排列，规则是离配送中心越远，客户点的编号越大，客户点 n 离配送中心越远。

（2）混合粒子群算法

首先初始化粒子群 pop（保存粒子的位置向量），粒子群中所含粒子数为 N，第 i 个粒子 pop(i) 为 $n+2$ 维向量，其中前 n 列为解，后两列为目标函数，初始化粒子 i 速度向量；接下来评价 pop 中的各个粒子 i，$F(\text{pop}(i))=[f_1^i,\ f_2^i]$，其中 $F(\cdot)$ 为评价函数，根据上面描述的解 pop(i)（各个节点的一个排列）得到车辆路径的安排，然后返回两个目标函数。然后初始化各个粒子的自身最好位置，将 pop 中满足非劣解存放在 P_r 行，$n+2$ 列的矩阵 P_α 中；最后在未达到最大迭代次数或者所求解未达到事先要求的精度的情况下，执行以下操作：

1）计算各个粒子的速度，更新各个粒子的位置。

2）当粒子的速度以及位置超过设定的界限时，采取如下措施：如果粒子的位置超过了规定的边界，则粒子直接停留在边界上；如果粒子速度超过了规定的最大速度或最小速度，则令粒子速度等于边界速度。

3）评价各个粒子，更新矩阵 P_α 。

4）若粒子 i 的位置优于其当前自身最好位置，则更新自身最好位置，否则，保持不变。

5）若 $R>1/\sqrt{G}$ ，执行变异操作。

6）迭代次数 $G=G+1$。

3. 实验结果分析

将其中的距离转化为时间，车辆服务时间改为与客户需求量成正比，目标函数分别为车辆完成任务所用时间和违反时间窗的时间。评价的参数主要包括：

（1）假设根据两种不同的方法得到两个最终的 Pareto 最优解集，从中求得两个目标各自的最小值$f_{\min}^1$和$f_{\min}^2$，过点（$f_{\min}^1$，$f_{\min}^2$）作曲线 $y=1/kx$ ，由最优解的定义可知，所有的 Pareto 最优解均在曲线的一侧，Pareto 最优解集中的点（f_1^i，f_2^i）到曲线的最短距离为：

$$d_{\min}^i=\min_{x,\ y}\sqrt{(f_1^1-x)^2+(f_2^1-y)^2}=\min_{x,\ y}\sqrt{(f_1^i-x)^2+(f_2^i-1/kx)^2} \tag{8-46}$$

Pareto 最优解的最优指数 $\mathrm{opt}=\sqrt{\dfrac{1}{n}\sum_{i=1}^{n'}(d_{t_{\min}}^i)^2}$，$n'$ 为 Pareto 最优解中解的个数。opt 值越小，越接近假设的曲线，解的质量越好。

（2）指标 η 描述非劣解在目标空间上的分布均匀性。

为了说明混合粒子群算法的有效性，将其应用于所有仿真实例的求解，并与 Ho 等的 GA 进行比较。混合 PSO 参数设置如下：粒子群规模为 50，$P_r=20$，惯性权重 $\omega=0.4$，加速常数 $r_1=r_2=0.4$，速度大小限定区间为［−9，9］，位置允许变化范围为［−25，25］。计算结果见表 8-6。

表 8-6　车辆路径优化问题的实验结果

实例	混合 PSO			GA		
	时间 /s	opt	η	时间 /s	opt	η
C101	3. 835	8. 877	4. 857	4. 065	20. 547	6. 737
C102	4. 626	6. 708	5. 583	4. 797	26. 739	5. 442
C109	3. 915	5. 635	4. 977	4. 526	19. 951	10. 85
C104	4. 186	7. 929	6. 115	5. 968	11. 412	5. 904
C105	2. 356	5. 583	6. 701	6. 056	26. 914	12. 242

续表 8-6

实例	混合 PSO			GA		
	时间 /s	opt	η	时间 /s	opt	η
R101	2. 356	7. 848	13. 931	5. 688	41. 100	14. 540
R102	4. 546	8. 119	17. 158	5. 127	7. 432	18. 615
R201	6. 339	7. 816	14. 586	5. 447	16. 816	23. 657
R202	5. 307	7. 754	14. 166	5. 027	23. 113	19. 386
R203	6. 519	6. 753	9. 477	6. 419	21. 701	19. 753
RC203	19. 988	11. 933	3. 947	23. 904	42. 520	10. 326
RC204	21. 116	13. 966	7. 112	13. 729	34. 421	12. 344
RC206	20. 058	13. 357	36. 022	21. 730	23. 640	29. 712
RC207	20. 930	11. 119	33. 039	24. 984	30. 127	17. 220
RC208	20. 649	10. 947	29. 856	27. 818	43. 728	8. 381

绝大多数情况下，混合 PSO 算法效果明显，结果优于 GA。以一个实验的详细数据分析两个算法的性能。实验数据为 56 个标准范例的第一个，将客户服务时间设置成与客户需求量成一阶线性关系，即 $T_a = b + kQ$，$b = 0.5$，$k = 0.05$。得到的仿真数据见表 8-7。从表 8-7 可知，两种算法在求解统一问题中表现出来的差异，混合 PSO 优于 GA，从而也说明运用混合 PSO 处理 VRP 的有效性。

表 8-7　PSO 和 GA 两种算法的比较

算法	非劣解个数	时间 /s	opt	η
PSO	18	11. 4264	7. 4839	4. 1213
GA	10	13. 7721	8. 9412	6. 1482

本 章 小 结

本章介绍了现代优化方法在智能决策中的应用，主要内容包括：

(1) 进化算法中应用广泛的遗传算法和差分进化算法的算法流程、基本要素和特点等，以及遗传算法在 BP 神经网络中的应用。

(2) 粒子群算法的基本原理和算法流程以及粒子群算法的改进，例如：标准粒子群算法、压缩因子粒子群算法和离散粒子群算法等，以及粒子群算法在 PID 参数整定方面的应用。

(3) 模拟退火算法的基本原理和算法流程中的几个基本概念，以及应用模拟退火算法解决 TSP 问题。

(4) 多目标优化的基本理论，几种应用广泛的多目标优化算法，以及多目标优化算法在车辆路径问题（VPR）中的简单应用。

第9章　深 度 学 习

我们正处在一个巨变的时代，人工智能已经成为这个时代的主题，而深度学习便是人工智能领域一个非常重要的研究方向。近年来深度学习发展神速，在语音、图像、自然语言处理等技术上取得了前所未有的突破，正因为深度学习技术是构建在神经网络技术基础之上的，本章从深度学习中至关重要的几种神经网络入手，并阐述了这些网络重要的改进和应用，使读者在了解并掌握这些知识的同时感受到深度学习的强大。

9.1　卷积神经网络

9.1.1　卷积原理

卷积神经网络（Convolutional Neural Network，CNN）是一种专门用来处理具有类似网络结构的数据的神经网络。例如时间序列数据（可以认为是在时间轴上有规律地采样形成的一维网络）和图像数据（可以看作二维的像素网络）。卷积神经网络在很多应用领域都表现优异。“卷积神经网络”一词表明该网络使用了卷积这种数学运算。卷积是一种特殊的线性运算。

在通常形式中，卷积是对两个实变函数的一种数学运算。为了给出卷积的定义，我们从两个可能会用到的函数的例子出发。

假设我们正在用激光传感器追踪一艘宇宙飞船的位置。我们的激光传感器给出一个单独的输出 $x(t)$，表示宇宙飞船在时刻 t 的位置。x 和 t 都是实值的，这意味着我们可以在任意时刻从传感器中读出飞船的位置。

现在假设我们的传感器受到一定程度的噪声干扰。为了得到飞船位置的低噪声估计，我们对得到的测量结果进行平均。显然，时间上越近的测量结果越相关，所以我们采用一种加权平均的方法，对于最近的测量结果赋予更高的权重。我们可以采用一个加权函数 $w(a)$ 来实现，其中 a 表示测量结果距当前时刻的时间间隔。如果我们对任意时刻都采用这种加权平均的操作，就得到了一个新的对于飞船位置的平滑估计函数 s：

$$s(t) = \int x(a)w(t-a)\mathrm{d}a \tag{9-1}$$

这种运算就叫作卷积。卷积运算通常用星号表示：

$$s(t) = (x * w)(t) \tag{9-2}$$

在我们的例子中，w 必须是一个有效的概率密度函数，否则输出就不再是一个加权平均，另外，在参数为负值时，w 的取值必须为 0。但这些限制仅仅是对我们这个例子来说。通常，卷积被定义在满足上述积分式的任意函数上，并且也可能被用于加权平均以外的目的。

在卷积网络的术语中，卷积的第一个参数（在这个例子中，函数 x）通常叫作输入，第二个参数（函数 w）叫作核函数。输出有时被称作特征映射。

在本例中，激光传感器在每个瞬间反馈测量结果的想法是不切实际的。一般来讲，当我们用计算机处理数据时，时间会被离散化，传感器会定期地反馈数据。所以在我们的例子中，假设传感器每秒反馈一次测量结果是比较现实的。这样，时刻 t 只能取整数值。如果假设 x 和 w 都定义在整数时刻 t 上，就可以定义离散形式的卷积：

$$s(t)=(x*w)(t)=\sum_{a=-\infty}^{\infty}x(a)w(t-a) \tag{9-3}$$

在机器学习的应用中，输入通常是多维数组的数据，而核通常是由学习算法优化得到的多维数组的参数。我们把这些多维数组叫作张量。因为在输入与核中的每个元素都必须明确地分开存储，我们通常假设在存储了数值的有限点集以外，这些函数的值都为零。这意味着在实际操作中，我们可以通过对有限个数组元素的求和来实现无限求和。

最后，我们经常一次在多个维度上进行卷积运算。例如，如果把一张二维的图像 I 作为输入，我们也许也想要使用一个二维的核 K：

$$S(i,j)=(I*K)(i,j)=\sum_{m}\sum_{n}I(m,n)K(i-m,i-n) \tag{9-4}$$

卷积是可交换的，我们可以等价地写作：

$$S(i,j)=(K*I)(i,j)=\sum_{m}\sum_{n}I(i-m,j-n)K(m,n) \tag{9-5}$$

通常，下面的公式在机器学习库中实现更为简单，因为 m 和 n 的有效取值范围相对较小。

卷积运算可交换性的出现是因为我们将核相对输入进行了翻转，从 m 增大的角度来看，输入的索引在增大，但是核的索引在减小。我们将核翻转的唯一目的是实现可交换性。尽管可交换性在证明时很有用，但在神经网络的应用中却不是一个重要的性质。与之不同的是，许多神经网络库会实现一个相关的函数，称为互相关函数，和卷积运算几乎一样但是并没有对核进行翻转：

$$S(i,j)=(I*K)(i,j)=\sum_{m}\sum_{n}I(i+m,j+n)K(m,n) \tag{9-6}$$

许多机器学习的库实现的是互相关函数但是称之为卷积。在这本书中我们遵循把两种运算都叫作卷积的这个传统，在与核翻转有关的上下文中，我们会特别指明是否对核进行了翻转。在机器学习中，学习算法会在核合适的位置学得恰当的值，所以一个基于核翻转的卷积运算的学习算法所学得的核，是对未进行翻转的算法学得的核的翻转。单独使用卷积运算在机器学习中是很少见的，卷积经常与其他的函数一起使用，无论卷积运算是否对它的核进行了翻转，这些函数的组合通常是不可交换的。

图 9-1 演示了一个在二维张量上的卷积运算（没有对核进行翻转）的例子。

离散卷积可以看作矩阵的乘法，然而，这个矩阵的一些元素被限制为必须和另外一些元素相等。例如对于单变量的离散卷积，矩阵每行中的元素都与上一行对应位置平移一个单位的元素相同。这种矩阵叫作 Toeplitz 矩阵。对于二维情况，卷积对应着一个双重分块循环矩阵。除了这些元素相等的限制以外，卷积通常对应着一个非常稀疏的矩阵（一个几乎所有元素都为零的矩阵）。这是因为核的大小通常要远小于输入图像的大小。任何一个使用矩阵乘法但是并不依赖矩阵结构的特殊性质的神经网络算法，都适用于卷积运算，

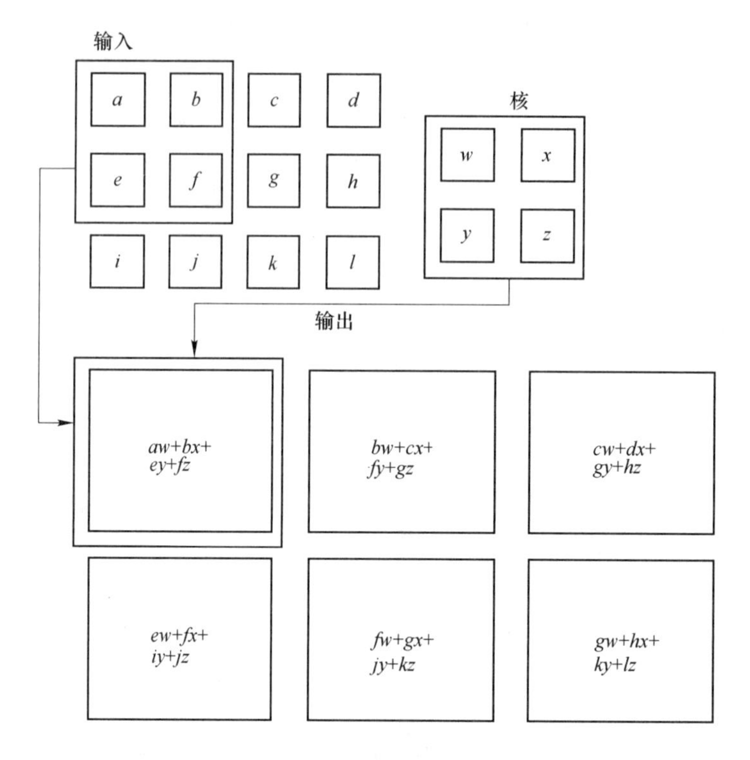

图 9-1　二维卷积的例子

并且不需要对神经网络做出大的修改。典型的卷积神经网络为了更有效地处理大规模输入，确实使用了一些专门化的技巧，但这些在理论分析方面并不是严格必要的。

9.1.2　卷积神经网络

卷积神经网络结构（LeNet）是多层感知机（MLP）的一个变种模型，它是从生物学概念中演化而来的。从 Hubel 和 Wiesel 早期对猫的视觉皮层的研究工作，我们知道在视觉皮层存在一种细胞的复杂分布，这些细胞对于外界的输入局部是很敏感的，它们被称为“感受野”，以某种方法覆盖整个视觉域。这些细胞就像一些滤波器一样，能够更好地挖掘出自然图像中目标的空间关系信息。此外，视觉皮层存在两类相关的细胞，S 细胞（Simple Cell）和 C 细胞（Complex Cell）。S 细胞在自身的感受野内最大限度地对图像中类似边缘模式的刺激做出响应，而 C 细胞具有更大的感受野，可以对图像中产生刺激模式的空间位置进行精准定位。

卷积神经网络是一类包含卷积计算且具有深度结构的前馈神经网络，主要由输入层、卷积层、池化层、全连接层、输出层构成。

1. 卷积层

由输出特征图和相应的卷积核构成。假设一个卷积层的输入张量为（W_i，H_i，D_i），输出张量为（W_o，H_o，D_o），输出张量中每一个数值对应一个神经元（Neuron）。该神经元的激活值则是由一个三维的卷积核（C_L，C_W，D_i）与输入的一个局部张量卷积得到。最终输出神经元的激活值是将输入的每个通道的卷积结果相加，再加上一个偏置量 b 得到。每个卷积核对输入张量的一次滤波都得到一张特征图，也就是说，输出特征图的数量是由卷积核的数量决定的。所有的特征图沿着深度排列，组成下一层的输入张量。每组卷积核将输出一个特征图。因此，卷积层可以用一个四维张量（D_i，C_L，C_W，D_o）描述，其中 D_o 决定了输出特征图的数量，也决定了下一个卷积层的 D_i。$C_L \times C_W$ 是卷积核的大小，通常卷积核的长宽是相同的，即 $C_L = C_W$。

输入经过卷积层后，往往得到很多的特征图，在一个完整的 CNN 中，总是有多个卷积层，每层有多个卷积核，原始图片如果过大会导致卷积后的特征图过大。这就有必要对卷积后的结果进行压缩，这个压缩行为称作池化（Pooling）。

在得到特征图后，往往关心的是图像具不具有某个特征，而不在乎特征具体出现在哪。比如要分类一张汽车的图片，更关心“车轮”这个特征有没有在图片里，而不在乎这辆车的角度或者方位。池化就是对局部特征进行的聚合统计操作，利用了特征的空间不变性，即在一个感受域有用的特征在另一个区域同样适用，这样不但能够大幅降低特征的维度从而减少计算量，同时还能降低过拟合的风险。

2. 池化层

池化的方法有最大池化和平均池化，显然两者的区别就在于是用平均操作还是用最大值操作，现在比较常用的是最大池化。

池化层由两个超参数决定：池化大小 P_L，P_W 和池化步长 S，以最大池化为例，对于输入向量深度方向上的每个切片，从切片左上角的 $P_L \times P_W$ 区域开始，只选取该区域的最大值，然后继续移动 S 做相同操作。

图中 9-2 展示了一个 $C_L = C_W = 3$，$S = 1$，$P = 0$ 的最大池化操作。从一个 5×5×1 的特征区左上角开始，每个 3×3 的感受域选取最大数值放到对应的输出位置上。最终池化为一个 3×3 的输出特征图。在实际往往把 S 设为 2 或更大，这样可以对特征图进行大幅降维。

1	1	2	1	0
0	1	1	3	1
3	1	2	2	3
2	0	1	0	3
3	1	0	1	1

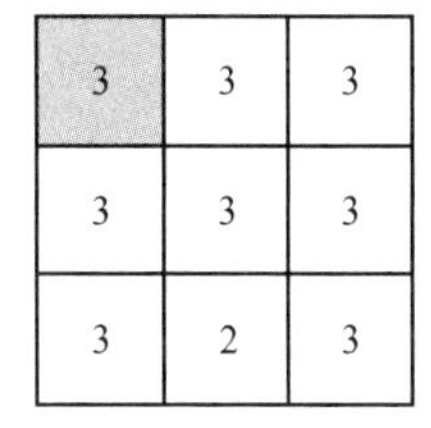

3	3	3
3	3	3
3	2	3

图 9-2　最大池化

3. 全连接层

全连接层和之前多层感知器内部的层相同，通常出现在 CNN 的末端，对前面卷积层所提取的特征进行分类或者回归任务。需要注意的是，只是从最后一个卷积层的输出到第一个全连接层的输入的转换，由于卷积层输出的是三维张量，而全连接层只能接受二维矩阵，所以需要用特殊的方法处理。目前主要有两种方式：一是把卷积层的输入重新排列成一个长向量，二是利用卷积层来代替全连接层。

有了基本的搭建模块，构建一个完整的 CNN 就如同搭积木一样。目前主流的 CNN 往往采用卷积层和最大值池化层交替相连的形式提取特征，最后在末端接上若干全连接层对特征进行分类。训练过程与多层感知器无异，都是采用反向传播算法。

介绍一下早期用来识别手写数字图像的经典卷积神经网络——LeNet，LeNet 是由深度学习三巨头之一的 Yann LeCun 教授于 1998 年发明的，是第一个有效且投入实际应用的 CNN。LeNet 整体结构如图 9-3 所示，输入是（32，32，1）的手写字母图像，字母都大致位于图像的中间位置，训练集中最大的字母大约占 20×20 像素，而且像素值都经过了规范化，使得白色像素值等于-0.1，黑色值为 1.175。并且 LeNet 只有五层。LeNet 结构如图 9-3 所示。

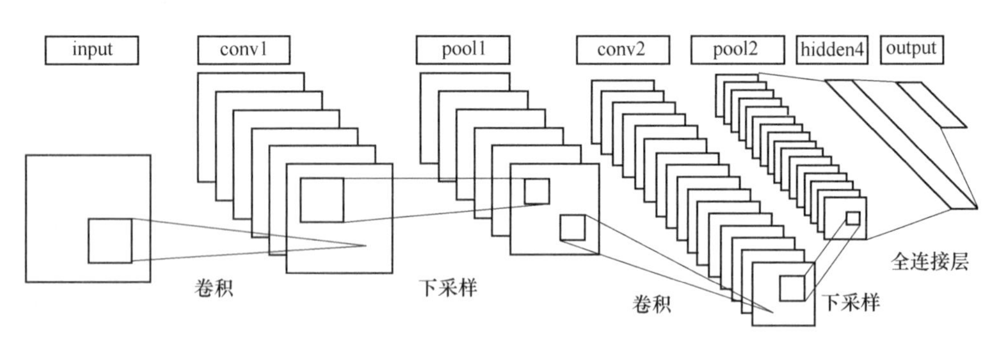

图 9-3　LeNet 结构

9.1.3　深度卷积神经网络

在 LeNet 提出后的将近 20 年里，神经网络一度被其他机器学习方法超越，如支持向量机。虽然 LeNet 可以在早期的小数据集上取得好的成绩，但是在更大的真实数据集上的表现并不尽如人意。一方面，神经网络计算复杂。虽然 20 世纪 90 年代也有过一些针对神经网络的加速硬件，但并没有像之后 GPU 那样大量普及。因此，训练一个多通道、多层和有大量参数的卷积神经网络在当年很难完成。另一方面，当年研究者还没有大量深入研究参数初始化和非凸优化算法等诸多领域，导致复杂的神经网络的训练通常较困难。

尽管一直有一群执着的研究者不断钻研，试图学习视觉数据的逐级表征，然而一直有两个缺失要素困扰着研究者。第一是数据，包含许多特征的深度模型需要大量的有标签的数据才能表现得比其他经典方法更好。限于早期计算机有限的存储和 20 世纪 90 年代有限的研究预算，大部分研究只基于小的公开数据集。例如，不少研究论文基于加州大学欧文分校（UCI）提供的若干个公开数据集，其中许多数据集只有几百至几千张图像。这一状况在 2010 年前后兴起的大数据浪潮中得到改善。特别是，2009 年诞生的 ImageNet 数据集包含了 1000 大类物体，每类有多达数千张不同的图像。这一规模是当时其他公开数据集无法与之相提并论的。ImageNet 数据集同时推动计算机视觉和机器学习研究进入新的阶段，使此前的传统方法不再有优势。第二是硬件，深度学习对计算资源要求很高。早期的硬件计算能力有限，这使训练较复杂的神经网络变得很困难。然而，通用 GPU 的到来改变了这一格局。很久以来，GPU 都是为图像处理和计算机游戏设计的，尤其是针对大吞吐量的矩阵和向量乘法，从而服务于基本的图形变换。值得庆幸的是，这其中的数学表达与深度网络中的卷积层的表达类似。通用 GPU 这个概念在 2001 年开始兴起，涌现出诸如 OpenCL 和 CUDA 之类的编程框架。这使得 GPU 也在 2010 年前后开始被机器学习社区使用。

2012 年深度卷积神经网络（AlexNet）横空出世，这个模型的名字来源于论文第一作者的姓名 Alex Krizhevsky。AlexNet 使用了 8 层卷积神经网络，并以很大的优势赢得了 ImageNet 2012 图像识别挑战赛。它首次证明了学习到的特征可以超越手工设计的特征，从而一举打破计算机视觉研究的现状。

AlexNet 与 LeNet 的设计理念非常相似，但也有显著的区别。

第一，与相对较小的 LeNet 相比，AlexNet 包含 8 层变换，其中有 5 层卷积和 2 层全连接隐藏层，以及 1 个全连接输出层。下面我们来详细描述这些层的设计。

AlexNet 第一层中的卷积窗口形状是 11×11。因为 ImageNet 中绝大多数图像的高和宽均比 MNIST 图像的高和宽大 10 倍以上，ImageNet 图像的物体占用更多的像素，所以需要更大的卷积窗口来捕获物体。第二层中的卷积窗口形状减小到 5×5，之后全采用 3×3。此外，第一，第二和第五个卷积层之后都使用了窗口形状为 3×3、步幅为 2 的最大池化层。而且，AlexNet 使用的卷积通道数也数十倍于 LcNet 中的卷积通道数。

紧接着最后一个卷积层的是两个输出个数为 4096 的全连接层。这两个巨大的全连接层带来将近 1GB 的模型参数。由于早期显存的限制，最早的 AlexNet 使用双数据流的设计使一块 GPU 只需要处理一半模型。幸运的是，显存在过去几年得到了长足的发展，因此通常我们不再需要这样的特别设计了。

第二，AlexNet 将 sigmoid 激活函数改成了更加简单的 ReLU 激活函数。一方面，ReLU 激活函数的计算更简单，例如它并没有 sigmoid 激活函数中的求幂运算。另一方面，ReLU 激活函数在不同的参数初始化方法下使模型更容易训练。这是由于当 sigmoid 激活函数输出极接近 0 或 1 时，这些区域的梯度几乎为 0，从而造成反向传播无法继续更新部分模型参数；而 ReLU 激活函数在正区间的梯度恒为 1。因此，若模型参数初始化不当，sigmoid 函数可能在正区间得到几乎为 0 的梯度，从而令模型无法得到有效训练。

第三，AlexNet 通过丢弃法来控制全连接层的模型复杂度。而 LeNet 并没有使用丢弃法。

第四，AlexNet 引入了大量的图像增广，如翻转、裁剪和颜色变化，从而进一步扩大数据集来缓解过拟合。

9.1.4 使用重复元素的网络

AlexNet 在 LeNet 的基础上增加了 3 个卷积层。但 AlexNet 作者对它们的卷积窗口、输出通道数和构造顺序均做了大量的调整。虽然 AlexNet 指明了深度卷积神经网络可以取得出色的结果，但并没有提供简单的规则以指导后来的研究者如何设计新的网络。使用重复元素的网络（VGG）提出了可以通过重复使用简单的基础块来构建深度模型的思路。

VGGNet 是牛津大学的研究者于 2014 年提出的网络结构，该网络是 CNN 家族中最能体现“深度”对于网络的影响的。VGGNet 严格控制卷积核的大小 F 为 3×3，步长 S 和补零 P 的大小都是 1，只是逐层增加卷积核的数量，并且所有池化层都是 F=2 和 S=2 的最大池化层。加深网络直至 16 层或者 19 层。就是这样简单的原则，把 ImageNet 的错误率下降到了 7.3%。VGGNet 的成功充分说明了深度对于 CNN 由低级到高级提取特征的重要性，VGGNet 结构如图 9-4 所示。

ConvNet Configuration					
A	A-LRN	B	C	D	E
11 weight layers	11 weight layers	13 weight layers	16 weight layers	16 weight layers	19 weight layers
input (224×224 RGB image)					
conv3-64	conv3-64 **LRN**	conv3-64 **conv3-64**	conv3-64 **conv3-64**	conv3-64 **conv3-64**	conv3-64 **conv3-64**
maxpool					
conv3-128	conv3-128	conv3-128 **conv3-128**	conv3-128 conv3-128	conv3-128 conv3-128	conv3-128 conv3-128
maxpool					
conv3-256 conv3-256	conv3-256 conv3-256	conv3-256 conv3-256	conv3-256 conv3-256 **conv1-256**	conv3-256 conv3-256 **conv3-256**	conv3-256 conv3-256 conv3-256 **conv3-256**
maxpool					
conv3-512 conv3-512	conv3-512 conv3-512	conv3-512 conv3-512	conv3-512 conv3-512 **conv1-512**	conv3-512 conv3-512 **conv3-512**	conv3-512 conv3-512 conv3-512 **conv3-512**
maxpool					
conv3-512 conv3-512	conv3-512 conv3-512	conv3-512 conv3-512	conv3-512 conv3-512 **conv1-512**	conv3-512 conv3-512 **conv3-512**	conv3-512 conv3-512 conv3-512 **conv3-512**
maxpool					
FC-4096					
FC-4096					
FC-1000					
soft-max					

图 9-4　VGG 结构

VGGNet 的结构非常简洁，整个网络都使用了同样大小的卷积核尺寸（3×3）和最大池化尺寸（2×2），几个小滤波器（3×3）卷积层的组合比一个大滤波器（5×5 或 7×7）卷积层好，验证了通过不断加深网络结构可以提升性能。

9.1.5 含并行联结的网络

含并行联结的网络（GoogLeNet）与 VGGNet 都参加了 2014 年 ImageNet 视觉识别竞赛，最终 GoogLeNet 以 6.7%的错误率击败 VGGNet 拿下冠军。与 VGGNet 的简单叠加不同，GoogLeNet 则是在不同层之间引入了 Inception 模块。这个模块的功能就是提供并行多种处理特征图的方法。对于前一层生成的特征图，往往有多种选择：可以在后面接上池化层，也可以再接另一个卷积层，卷积层的大小也有多种选择。面对这么多选择，GoogLeNet 的作者就干脆通过 Inception 模块同时处理这些特征图，模块内有多条通道，对应不同的结构选择，最后将每个通道的输出拼接起来，送入下一层。通过 Ineeption 模块和其他层的结合，GoogLeNet 最终构成 22 层的网络架构。GoogLeNet 的 Inception 如图 9-5 和图 9-6 所示。

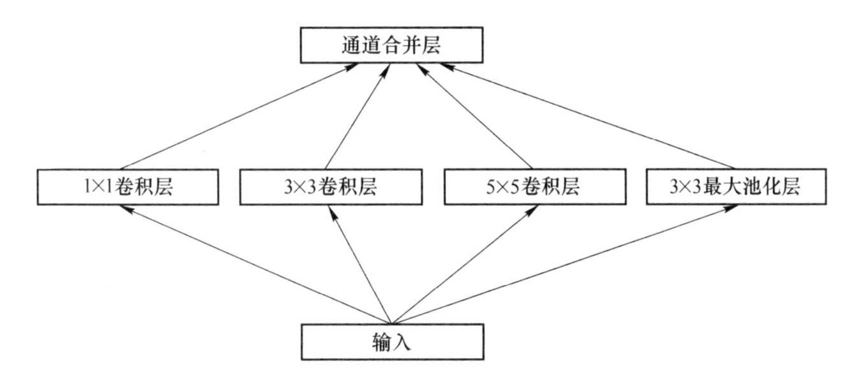

图 9-5 Inception 模块（改进前）

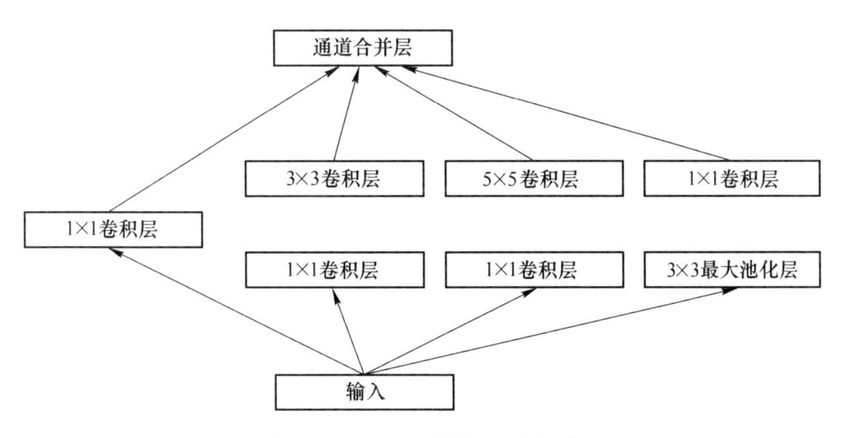

图 9-6 Inception 模块（改进后）

GooLeNet 的 Inception 对特征图进行了三种不同的卷积（1×1，3×3，5×5）来提取多个尺度的信息，也就是提取更多的特征。举个例子，一张图片有两个人，近处一个远处一个，如果只用 5×5，可能对近处的人的学习比较好，而对远处那个人，由于尺寸的不匹配，达不到理想的学习效果，而采用不同卷积核来学习，相当于融合了不同的分辨率，可以较好地解决这个问题。把这些卷积核卷积后提取的特征图（再加多一个 Max Pooling 的结果）进行聚合操作合并（在输出通道数这个维度上聚合）作为输出，也就是图 9-5 的结构，会发现这样结构下的参数暴增，耗费大量的计算资源。所以有了图 9-6 的改进方案，在 3×3，5×5 之前，以及 Pooling 以后都跟上一个 1×1 的卷积用以降维，就可以在提取更多特征的同时，大量减少参数，降低计算量。1×1 的卷积核性价比很高，很小的计算量就能增加一层特征变换和非线性化。GoogLeNet 打破了“简单顺序叠加公积层”的常规方法，通过特殊的模块减小参数数量的同时提高了网络表现。

9.2 循环和递归神经网络

9.2.1 循环神经网络

循环神经网络（RNN）是一类用于处理序列数据的神经网络。就像卷积网络是专门用于处理网格化数据 X（如一个图像）的神经网络，循环神经网络是专门用于处理序列的神经网络。正如卷积网络可以很容易地扩展到具有很大宽度和高度的图像，以及处理大小可变的图像，循环网络可以扩展到更长的序列（比不基于序列的特化网络长得多）。大多数循环网络也能处理可变长度的序列。

从多层网络出发到循环网络，我们需要利用 20 世纪 80 年代机器学习和统计模型早期思想的优点：在模型的不同部分共享参数。参数共享使得模型能够扩展到不同形式的样本（这里指不同长度的样本）并进行泛化。如果我们在每个时间点都有一个单独的参数，不但不能泛化到训练时没有见过序列长度，也不能在时间上共享不同序列长度和不同位置的统计强度。当信息的特定部分会在序列内多个位置出现时，这样的共享尤为重要。例如，考虑这两句话：“I went to Beijing in 2009” 和 “In 2009, I went to Beijing。” 如果我们让一个机器学习模型读取这两个句子，并提取叙述者去北京的年份，无论“2009 年”是作为句子的第六个单词还是第二个单词出现，我们都希望模型能认出“2009 年”作为相关资料片段。假设我们要训练一个处理固定长度句子的前馈网络。传统的全连接前馈网络会给每个输入特征分配一个单独的参数，所以需要分别学习句子每个位置的所有语言规则。相比之下，循环神经网络在几个时间步内共享相同的权重，不需要分别学习句子每个位置的所有语言规则。

一个相关的想法是在一维时间序列上使用卷积，这种卷积方法是时延神经网络的基础。卷积操作允许网络跨时间共享参数，但是浅层的。卷积的输出是一个序列，其中输出中的每项是相邻几项输入的函数。参数共享的概念体现在每个时间步中使用的相同卷积核。循环神经网络以不同的方式共享参数。输出的每项是前项的函数。输出的每项对先前的输出应用相同的更新规则而产生。这种循环方式导致参数通过很深的计算图共享。

为简单起见，我们说的 RNN 是指在序列上的操作，并且该序列在时刻 t 包含向量 $x^{(t)}$。在实际情况中，循环网络通常在序列的小批量上操作，并且小批量的每项具有不同序列长度τ。我们省略了小批量索引来简化记号。此外，时间步索引不必是字面上现实世界中流逝的时间。有时，它仅表示序列中的位置。RNN 也可以应用于跨越两个维度的空间数据（如图像）。当应用于涉及时间的数据，并且将整个序列提供给网络之前就能观察到整个序列时，该网络可具有关于时间向后的连接。

循环神经网络中一些重要的设计模式包括以下几种：

(1) 每个时间步都有输出，并且隐藏单元之间有循环连接的循环网络，如图 9-7 所示。

(2) 每个时间步都产生一个输出，只有当前时刻的输出到下个时刻的隐藏单元之间有循环连接的循环网络，如图 9-8 所示。

(3) 隐藏单元之间存在循环连接，但读取整个序列后产生单个输出的循环网络，如图 9-9 所示。

图 9-7 是非常具有代表性的例子。

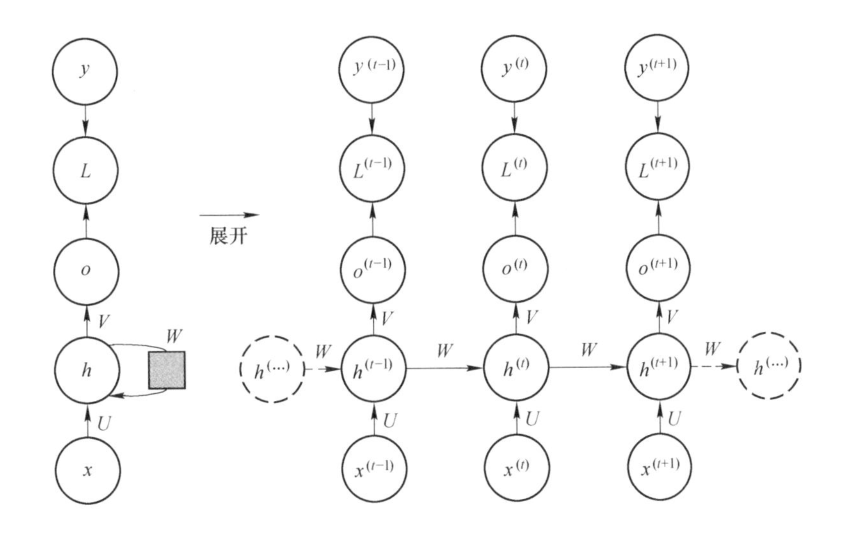

图 9-7 计算循环网络训练损失的计算图

图 9-7 为计算循环网络（将 x 值的输入序列映射到输出值 o 的对应序列）训练损失的计算图。损失 L 衡量每个 o 与相应的训练目标 y 的距离。当使用 softmax 输出时，我们假设 o 是未归一化的对数概率。损失 L 内部计算 $\hat{y}=\mathrm{softmax}(o)$，并将其与目标 y 比较。RNN 输入到隐藏的连接由权重矩阵 U 参数化，隐藏到隐藏的循环连接由权重矩阵 W 参数化以及隐藏到输出的连接由权重矩阵 V 参数化。

任何图灵可计算的函数都可以通过这样一个有限维的循环网络计算，在这个意义上图 9-7 的循环神经网络是万能的。RNN 经过若干时间步后读取输出，这与由图灵机所用的时间步是渐近线性的，与输入长度也是渐近线性的。由图灵机计算的函数是离散的，所以这些结果都是函数的具体实现，而不是近似。RNN 作为图灵机使用时，需要一个二进制序列作为输入，其输出必须离散化以提供二进制输出。利用单个有限大小的特定 RNN 计算在此设置下的所有函数都是可能的。图灵机的“输入”是要计算函数的详细说明，所以模拟此图灵机的相同网络足以应付所有问题。用于证明的理论 RNN 可以通过激活和权重（由无限精度的有理数表示）来模拟无限堆栈。

如图 9-8 所示，此类 RNN 的唯一循环是从输出到隐藏层的反馈连接。在每个时间步 t，输入为 $x^{(t)}$ 隐藏层激活为 $h^{(t)}$，输出为 $o^{(t)}$，目标为 $y^{(t)}$，损失为 $L^{(t)}$。这样的 RNN 没有图 9-7 表示的 RNN 那样强大（只能表示更小的函数集合）。图 9-7 中的 RNN 可以选择将其想要的关于过去的任何信息放入隐藏表示 h 中并且将 h 传播到未来。该图中的 RNN 被训练为将特定输出值放入 o 中，并且 o 是允许传播到未来的唯一信息。此处没有从 h 前向传播的直接连接。之前的 h 仅通过产生的预测间接地连接到当前。o 通常缺乏过去的重要信息，除非它非常高维且内容丰富。这使得该图中的 RNN 不那么强大，但是它更容易训练，因为每个时间步可以与其他时间步分离训练，允许训练期间更多的并行化。

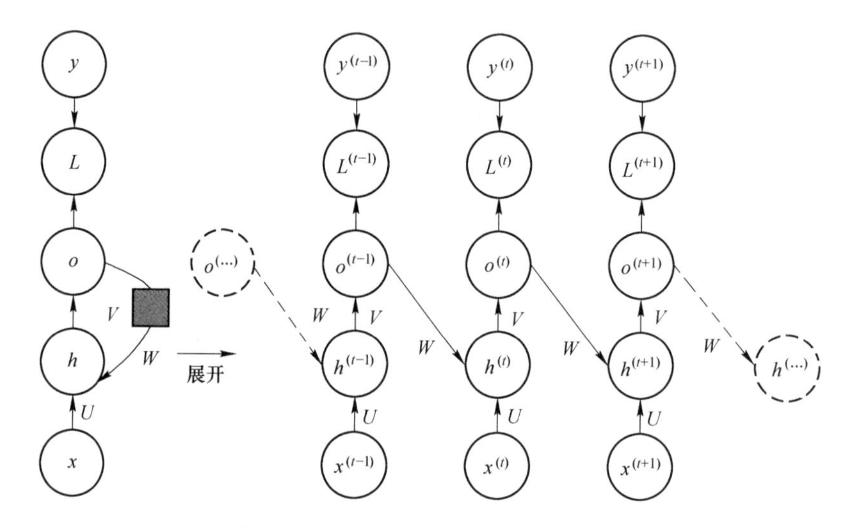

图 9-8　计算循环网络训练损失的计算图

图 9-9 是关于时间展开的循环神经网络，在序列结束时具有单个输出。这样的网络可以用于概括序列并产生用于进一步处理的固定大小的表示。在结束处可能存在目标（如此处所示），或者通过更下游模块的反向传播来获得输出 $o^{(t)}$ 上的梯度。

现在我们研究图 9-7 中 RNN 的前向传播公式。这个图没有指定隐藏单元的激活函数。假设使用双曲正切激活函数。此外，图中没有明确指定何种形式的输出和损失函数。假定输出是离散的，如用于预测词或字符的 RNN。表示离散变量的常规方式是把输出 o 作为每个离散变量可能值的非标准化对数概率。然后，我们可以应用 softmax 函数后续处理后，获得标准化后概率的输出向量 $\hat{y}$。RNN 从特定的初始状态 $h^{(0)}$ 开始前向传播。从 $t=1$ 到 $t=\tau$的每个时间步，我们应用以下更新方程：

$$a^{(t)} = b + Wh^{(t-1)} + Ux^{(t)} \tag{9-7}$$

$$h^{(t)} = \tanh(a^{(t)}) \tag{9-8}$$

$$o^{(t)} = c + Vh^{(t)} \tag{9-9}$$

$$\hat{y}^{(t)} = \mathrm{softmax}(o^{(t)}) \tag{9-10}$$

其中的参数的偏置向量 b 和 c 连同权重矩阵 U、V 和 W，分别对应于输入到隐藏、隐藏到输出和隐藏到隐藏的连接。这个循环网络将一个输入序列映射到相同长度的输出序列。与 x 序列配对的 y 的总损失就是所有时间步的损失之和。例如，$L^{(t)}$ 为给定的 $x^{(1)}$，…，$x^{(t)}$ 后 $y^{(t)}$ 的负对数似然，则：

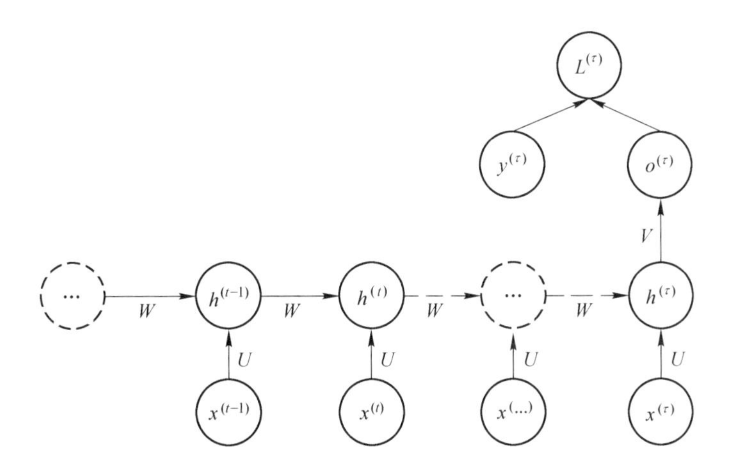

图 9-9 关于时间展开的循环神经网络

$$\begin{aligned}&L(\{x^{(1)}, \cdots, x^{(\tau)}\}, \{y^{(1)}, \cdots, y^{(\tau)}\})\\=&\sum_t L^{(t)}\\=&-\sum_t \log p_{\text{model}}(y^{(t)} \mid \{x^{(1)}, \cdots, x^{(t)}\})\end{aligned} \tag{9-11}$$

其中 $p_{\text{model}}(y^{(t)} \mid \{x^{(1)}, \cdots, x^{(t)}\})$ 需要读取模型输出向量 $\hat{y}^{(t)}$ 中对应于 $y^{(t)}$ 的项。关于各个参数计算这个损失函数的梯度是计算成本很高的操作。梯度计算涉及执行一次前向传播，接着是从右到左的反向传播。运行时间是 $O(\tau)$，并且不能通过并行化来降低，因为前向传播中的各个状态必须保存，直到反向传播中被再次使用，因此内存代价也是 $O(\tau)$。应用于展开图且代价为 $O(\tau)$ 的反向传播算法称为通过时间反向传播（BPTT）。

仅在一个时间步的输出和下一个时间步的隐藏单元间存在循环连接的网络（见图 9-8）确实没有那么强大（因为缺乏隐藏到隐藏的循环连接）。例如，它不能模拟通用图灵机。因为这个网络缺少隐藏到隐藏的循环，它要求输出单元捕捉用于预测未来的关于过去的所有信息。因为输出单元明确地训练成匹配训练集的目标，它们不太能捕获关于过去输入历史的必要信息，除非用户知道如何描述系统的全部状态，并将它作为训练目标的一部分。消除隐藏到隐藏循环的优点在于，任何基于比较时刻 t 的预测和时刻 t 的训练目标的损失函数中的所有时间步都解耦了。因此训练可以并行化，即在各时刻 t 分别计算梯度。因为训练集提供输出的理想值，所以没有必要先计算前一时刻的输出。

由输出反馈到模型而产生循环连接的模型可用导师驱动过程进行训练。训练模型时，导师驱动过程不再使用最大似然准则，而在时刻 $t+1$ 接收真实值 $y^{(t)}$ 作为输入，我们可以通过检查两个时间步的序列得知这一点。条件最大似然准则是：

$$\begin{aligned}&\log p(y^{(1)}, y^{(2)} \mid x^{(1)}, x^{(2)})\\=&\log p(y^{(2)} \mid y^{(1)}, x^{(1)}, x^{(2)}) + \log p(y^{(1)} \mid x^{(1)}, x^{(2)})\end{aligned} \tag{9-12}$$

在这个例子中，同时给定迄今为止的 x 序列和来自训练集的前一 y 值，我们可以看到在时刻 $t = 2$ 时，模型被训练为最大化 $y^{(2)}$ 的条件概率。因此最大似然在训练时指定正确反馈，而不是将自己的输出反馈到模型，如图 9-10 所示。

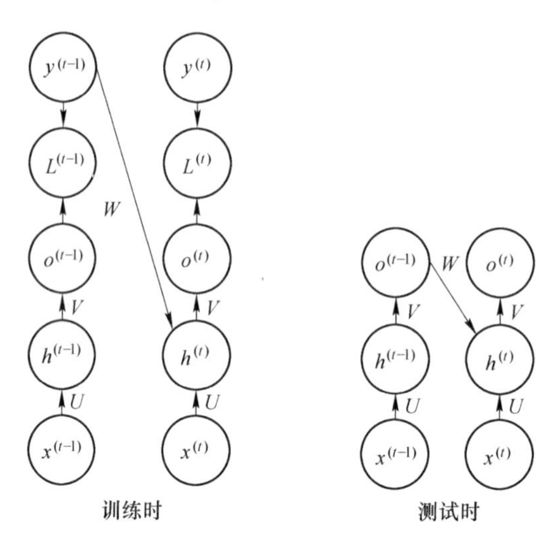

图 9-10　导师驱动过程的示意图

图 9-10 是导师驱动过程的示意图，导师驱动过程是一种训练技术，适用于输出与下一时间步的隐藏状态存在连接的 RNN。我们使用导师驱动过程的最初动机是为了在缺乏隐藏到隐藏连接的模型中避免通过时间反向传播。只要模型一个时间步的输出与下一时间步计算的值存在连接，导师驱动过程仍然可以应用到这些存在隐藏到隐藏连接的模型。然而，只要隐藏单元成为较早时间步的函数，BPTT 算法是必要的。因此训练某些模型时要同时使用导师驱动过程和 BPTT。

如果之后网络在开环模式下使用，即网络输出（或输出分布的样本）反馈作为输入，那么完全使用导师驱动过程进行训练的缺点就会出现。在这种情况下，训练期间该网络看到的输入与测试时看到的会有很大的不同。减轻此问题的一种方法是同时使用导师驱动过程和自由运行的输入进行训练，例如在展开循环的输出到输入路径上预测几个步骤的正确目标值。通过这种方式，网络可以学会考虑在训练时没有接触到的输入条件（如自由运行模式下，自身生成自身），以及将状态映射回使网络几步之后生成正确输出的状态。另一种方式是通过随意选择生成值或真实的数据值作为输入以减小训练时和测试时看到的输入之间的差别。这种方法利用了课程学习策略，逐步使用更多生成值作为输入。

计算循环神经网络的梯度是容易的。由反向传播计算得到的梯度，并结合任何通用的基于梯度的技术就可以训练 RNN。为了获得 BPTT 算法行为的一些直观理解，我们举例说明如何通过 BPTT 计算上述 RNN 公式的梯度。计算图的节点包括参数 U、V、W、b 和 c，以及以 t 为索引的节点序列 $x^{(t)}$、$h^{(t)}$、$o^{(t)}$ 和 $L^{(t)}$。对于每一个节点 N，我们需要基于 N 后面的节点的梯度，递归地计算梯度 $\nabla_N L$。我们从紧接着最终损失的节点开始递归：

$$\frac{\partial L}{\partial L^{(t)}} = 1 \tag{9-13}$$

在这个导数中，假设输出 $o^{(t)}$ 作为 softmax 函数的参数，我们可以从 softmax 函数获得关于输出概率的向量 $\hat{y}$。我们也假设损失是迄今为止给定了输入后的真实目标 $y^{(t)}$ 的负对数似然。对于所有 i、t，关于时间步 t 输出的梯度 $\nabla_{o^{(t)}}L$ 如下：

$$(\nabla_{o^{(t)}}L)_i = \frac{\partial L}{\partial o_i^{(t)}} = \frac{\partial L}{\partial L^{(t)}}\frac{\partial L^{(t)}}{\partial o_i^{(t)}} = \hat{y}_i^{(t)} - 1_{i,\ y^{(t)}} \tag{9-14}$$

我们从序列的末尾开始，反向进行计算。在最后的时间步 τ，$h^{(\tau)}$ 只有 $o^{(\tau)}$ 最为后续节点，因此这个梯度很简单：

$$\nabla_{h^{(\tau)}}L = V^T \nabla_{o^{(\tau)}}L \tag{9-15}$$

然后，我们可以从时刻 $t=\tau-1$ 到 $t=1$ 反向迭代，通过时间反向传播梯度，注意 $h^{(t)}(t<\tau)$ 同时具有 $o^{(t)}$ 和 $h^{(t+1)}$ 两个后续节点。因此，它的梯度由下式计算：

$$\begin{aligned}\nabla_{h^{(t)}}L &= \left(\frac{\partial h^{(t+1)}}{\partial h^{(t)}}\right)^T(\nabla_{h^{(t+1)}}L) + \left(\frac{\partial o^{(t)}}{\partial h^{(t)}}\right)^T(\nabla_{o^{(t)}}L)\\ &= W^T(\nabla_{h^{(t+1)}}L)diag(1-(h^{(t+1)})^2) + V^T(\nabla_{o^{(t)}}L)\end{aligned} \tag{9-16}$$

其中 $diag(1-(h^{(t+1)})^2)$ 表示包含元素 $1-(h_i^{(t+1)})^2$ 的对角矩阵。这是关于时刻 $t+1$ 与隐藏单元 i 关联的双曲正切的 Jacobian。

一旦获得了计算图内部节点的梯度，我们就可以得到关于参数节点的梯度，因为参数在许多时间步共享，我们必须在表示这些变量的微积分操作时谨慎对待。我们希望实现的等式使用 bprop 方法计算计算图中单一边对梯度的贡献。然而微积分中的$\nabla_W f$ 算子，计算 W 对于 f 的贡献时将计算图中的所有边都考虑进去了。为了消除这种歧义，我们定义只在 t 时刻使用的虚拟变量 $W^{(t)}$ 作为 W 的副本。然后，可以使用 $\nabla_{W^{(t)}}$ 表示权重在时间步 t 对梯度的贡献。

使用这个表示，关于剩下参数的梯度可以由以下式子给出：

$$\nabla_c L = \sum_t \left(\frac{\partial o^{(t)}}{\partial c}\right)^T \nabla_{o^{(t)}}L = \sum_t \nabla_{o^{(t)}}L \tag{9-17}$$

$$\nabla_b L = \sum_t \left(\frac{\partial h^{(t)}}{\partial b^{(t)}}\right)^T \nabla_{h^{(t)}}L = \sum_t diag(1-(h^{(t)})^2)\ \nabla_{h^{(t)}}L \tag{9-18}$$

$$\nabla_V L = \sum_t \sum_i \left(\frac{\partial L}{\partial o_i^{(t)}}\right)\nabla_{V}o_i^{(t)} = \sum_t (\nabla_{o^{(t)}}L)h^{(t)^T} \tag{9-19}$$

$$\begin{aligned}\nabla_W L &= \sum_t \sum_i \left(\frac{\partial L}{\partial h_i^{(t)}}\right)\nabla_{W^{(t)}}h_i^{(t)}\\ &= \sum_t diag(1-(h^{(t)})^2)(\nabla_{h^{(t)}}L)h^{(t-1)^T}\end{aligned} \tag{9-20}$$

$$\begin{aligned}\nabla_U L &= \sum_t \sum_i \left(\frac{\partial L}{\partial h_i^{(t)}}\right)\nabla_{U^{(t)}}h_i^{(t)}\\ &= \sum_t diag(1-(h^{(t)})^2)(\nabla_{h^{(t)}}L)x^{(t)^T}\end{aligned} \tag{9-21}$$

因为计算图中定义的损失的任何参数都不是训练数据 $x^{(t)}$ 的父节点，所以我们不需要计算关于它的梯度。

9.2.2　递归神经网络

递归神经网络代表循环网络的另一个扩展，它被构造为深的树状结构而不是 RNN 的链状结构，因此是不同类型的计算图。递归网络的典型计算图如图 9-11 所示。递归神经网络由 Pollack（1990）引入，而 Bottou（2011）描述了这类网络的潜在用途——学习推论。递归网络已成功地应用于输入是数据结构的神经网络，如自然语言处理和计算机视觉。

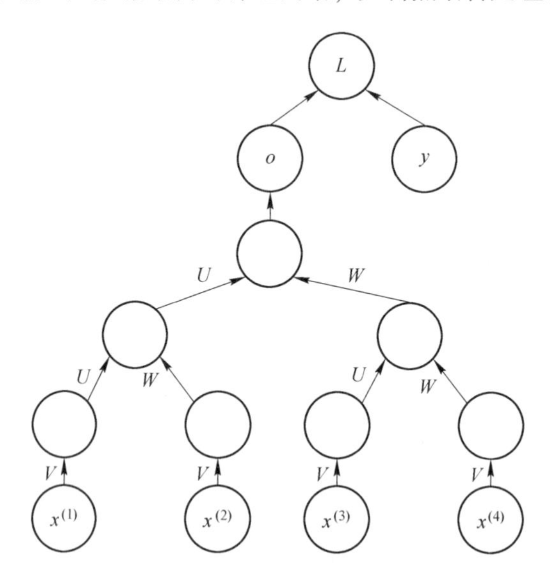

图 9-11　递归网络的典型计算图

递归网络的一个明显优势是，对于具有相同长度 T 的序列，深度（通过非线性操作的组合数量来衡量）可以急剧地从 T 减小为 $O(\log T)$，这可能有助于解决长期依赖。一个悬而未决的问题是如何以最佳的方式构造树。一种选择是使用不依赖于数据的树结构，如平衡二叉树。在某些应用领域，外部方法可以为选择适当的树结构提供借鉴。例如，处理自然语言的句子时，用于递归网络的树结构可以被固定为句子语法分析树的结构（可以由自然语言语法分析程序提供）。理想的情况下，人们希望学习器自行发现和推断适合于任意给定输入的树结构，如（Bottou，2011）所建议。

递归网络将循环网络的链状计算图推广到树状计算图。可变大小的序列 $x^{(1)}$、$x^{(2)}$，…，$x^{(t)}$ 可以通过固定的参数集合（权重矩阵 U、V、W）映射到固定大小的表示（输出 o）。该图展示了监督学习的情况，其中提供了一些与整个序列相关的目标 y。

递归网络想法的变种存在很多。例如，Frasconi et al.（1997）和 Frasconi et al.（1998）将数据与树状结构相关联，并将输入和目标与树的单独节点相关联。由每个节点执行的计算无须是传统的人工神经计算（所有输入的仿射变换后跟一个单调非线性）。例如，Socher et al.（2013a）提出用张量运算和双线性形式，在这之前人们已经发现当概念是由连续向量（嵌入）表示时，这种方式有利于建模概念之间的联系。

9.2.3　深度循环神经网络

大多数 RNN 中的计算可以分解成 3 块参数及其相关的变换：

（1）从输入到隐藏状态。

（2）从前一隐藏状态到下一隐藏状态。

（3）从隐藏状态到输出。

根据图 9-7 中的 RNN 架构，这 3 个块都与单个权重矩阵相关联。换句话说，当网络被展开时，每个块对应一个浅的变换。能通过深度 MLP 内单个层表示的变换称为浅变换。通常，这是由学成的仿射变换和一个固定非线性表示组成的变换。

循环神经网络可以通过许多方式变得更深。图 9-12（a）隐藏循环状态可以被分解为具有层次的组。图 9-12（b）可以向输入到隐藏、隐藏到隐藏以及隐藏到输出的部分引入更深的计算（如 MLP）。这可以延长链接不同时间步的最短路径。图 9-12（c）可以引入跳跃连接来缓解路径延长的效应。

在这些操作中引入深度会有利吗？Graves et al 和 Pascanu et al 分别在 2013 和 2014 年提出的实验证据强烈暗示理应如此。实验证据与我们需要足够的深度以执行所需映射的想法一致。Graves et al.（2013）第一个展示了将 RNN 的状态分为多层的显著好处，如图 9-12（a)所示。我们可以认为，在图 9-12（a）所示层次结构中较低的层起到了将原始输入转化为对高层的隐藏状态更适合表示的作用。Pascanu et al.(2014a）更进一步提出在上述 3 个块中各使用一个单独的 MLP（可能是深度的），如图 9-12（b）所示。考虑表示容量，我们建议在这三个步中都分配足够的容量，但增加深度可能会因为优化困难而损害学习效果。在一般情况下，更容易优化较浅的架构，加入图 9-12（b）的额外深度导致从时间步 t 的变量到时间步 $t+1$ 的最短路径变的更长。例如，如果具有单个隐藏层的 MLP 被用于状态到状态的转换，那么与图 9-7 相比，我们就会加倍任何两个不同时间步变量之间最短路径的长度。然而 Pascanu et al.(2014a）认为，在隐藏到隐藏的路径中引入跳跃连接可以缓和这个问题，如图 9-12（c）所示。

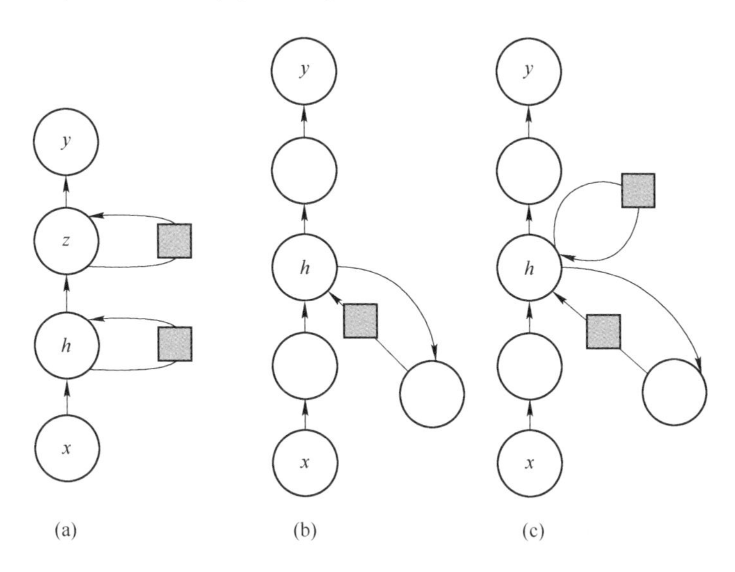

图 9-12　循环神经网络深度化方式

9.2.4　长短期记忆神经网络

在处理长期序列输入时，RNN 在训练中会产生梯度爆炸和梯度消失的问题，从而无法记忆长期信息。具体来说，在训练RNN时，使用的梯度下降的方法优化误差函数（目标函数），一般通过误差反向传播的方法计算梯度。在梯度反向传播阶段，计算得到的梯度可能会随着往前传播而发生指数级的衰减或放大，使得之前时刻的状态对输出失去影响。这是因为梯度会通过权重矩阵倍增。将任意时刻 k 的误差项 δ_k 表示为公式（9-22）所示，其中 W 为上个时刻隐层到当前时刻隐层的权重矩阵。对该式转换，得到公式（9-23），其中 β 定义为矩阵的模的上界。如果 $t-k$ 很大，由于右侧为指数项，会导致对应的误差项的值增大或减小得非常快（取决于 β 大于1还是小于1），如果该指数项衰减特别快，梯度变得非常小以至于学习过程变得非常慢或完全停止。这样通过梯度下降的反向传播过程对长期依赖性的任务会变得更加困难。

$$\delta_k^T = \prod_{i=k}^{t-1} W diag[f'(net_i)] \tag{9-22}$$

$$\begin{aligned} \| \delta_k^T \| &\leqslant \| \delta_k^T \| \prod_{i=k}^{t-1} \| W \| \| diag[f'(net_i)] \| \\ &\leqslant \| \delta_k^T \| (\beta_W \beta_f)^{t-k} \end{aligned} \tag{9-23}$$

为了解决RNN中长期序列问题中梯度消失或者梯度爆炸带来的长期学习难题，Hochreiter在1997年提出基于RNN的变体：长短期记忆网络。Schmidhuber等人在1999年对LSTM增加了遗忘门，得到了现在广泛应用的LSTM结构。

LSTM引入了一种称为单元状态（Cell State）的新结构（见图9-13中的单元C）。细胞单元由三个主要部分组成：输入门（Input Gate）、遗忘门（Forget Gate）和输出门（Output Gate）。这些门（Gate）是不同的神经网络，其输入为向量，输出是一个0到1之间的实数向量。

若 W 是门的权重向量，b 是偏置项，则门可以表示如公式（9-24）所示。门决定在细胞状态上允许通过哪些信息。输入门可以允许输入信号改变细胞单元的状态，将前一个时刻的隐藏状态和当前输入分别传递给sigmoid函数和tanh函数，以进行输入信息的保留程度选择和调节网络。

遗忘门将来自之前隐藏状态的信息和来自当前输入的信息通过sigmoid函数传递。门输出的值介于0和1之间。越接近0意味着越忘记之前的信息，越接近1意味着越保留该信息。通过将先前的隐藏状态和当前输入传递给sigmoid函数，将状态更新后的单元信息传递给tanh函数，将两者的输出相乘来决定当前时刻LSTM层的隐层输出。具体的计算和原理如下：

$$g(x) = \sigma(Wx + b) \tag{9-24}$$

如图9-13所示，对于任一时刻的LSTM神经网络，以当前时刻 t 为例（输入为 X_t），其输入包括当前时刻输入 X_t，上一时刻输出 h_{t-1}，上一时刻细胞状态 C_{t-1} 三部分。输出包括当前输出 h_t 和当前细胞状态 C_t。相对于循环神经网络RNN，LSTM最关键的部分即增加的单元状态（细胞单元）在时间序列前后起到了历史信息的记忆与延续，其内部结构中的门结构对序列进行分析，决定哪些数据应该保留或丢弃。

其中，细胞单元 c 和隐层 h 的内部结构如图9-14所示，分别对三个门控结构进行分析。

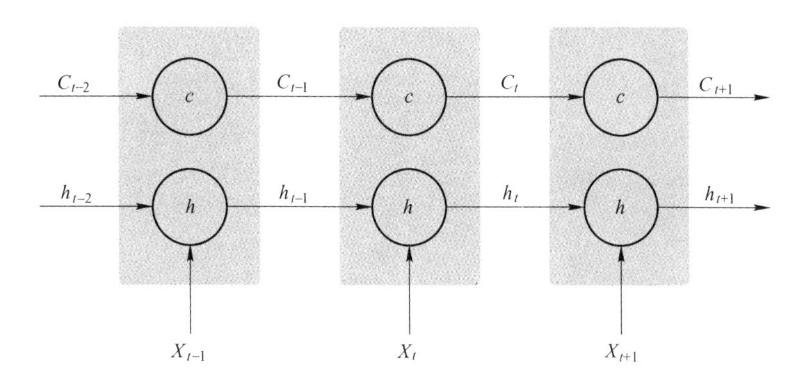

图 9-13 LSTM 简单结构图

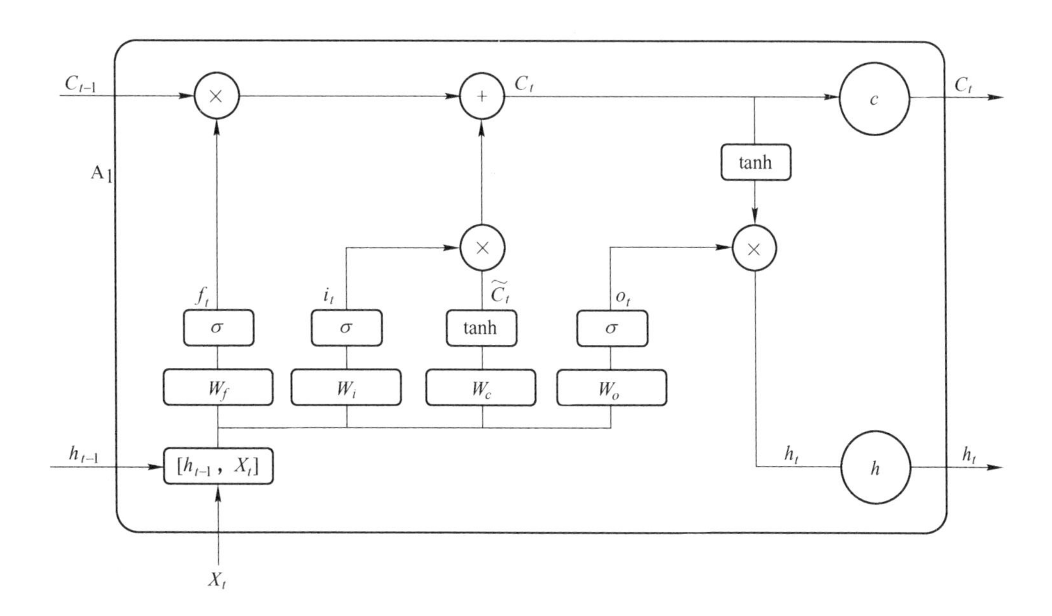

图 9-14 LSTM 单元内部结构

1. 遗忘门

遗忘门将当前时刻输入与上时刻的输出，如图 9-15 所示，通过 sigmoid 函数转为［0，1］之间的数，确定网络对细胞状态中信息的保留程度。sigmoid 函数可以将输入的任何大小的数值约束到［0，1］之间，通过这个小于 1 的数（可以看作一个比例），来选择对输入数据的保留百分比，也就是保留程度。其中，1 表示“完全保留”，0 表示“完全舍弃”。

遗忘门的输出为公式（9-25），W_f 为遗忘门的权重矩阵，b_f 为偏置项：

$$f_t = \sigma(W_f[h_{t-1}, x_t] + b_f) \tag{9-25}$$

2. 输入门

输入门负责将当前状态输入到长期记忆 C_t 中，简单来说就是向单元状态添加信息。

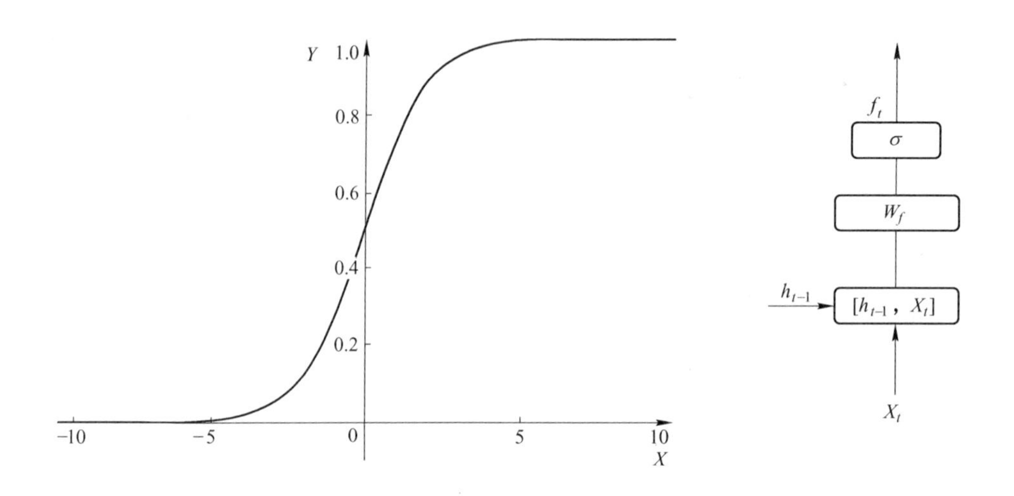

图 9-15　sigmoid 函数和遗忘门

如图 9-16 所示，输入门首先通过 sigmoid 函数来调整需要添加到单元状态的值。通过 tanh 函数将 h_{t-1} 和 X_t 的输入信息添加到单元状态作为选择向量 C_t，tanh 函数输出−1 到+1 之间的值。

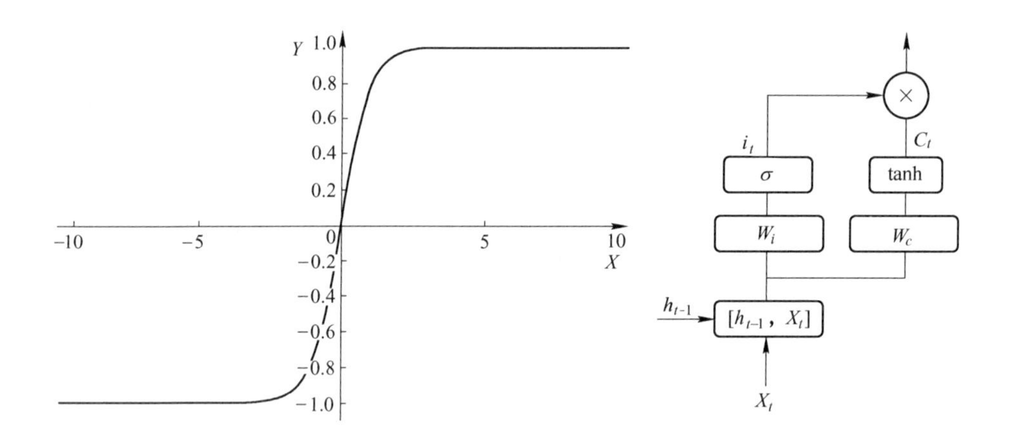

图 9-16　tanh 函数和输入门

输入门的输出为公式（9-26），W_i 为输入门的权重矩阵，b_i 为偏置项：

$$i_t = \sigma(W_i[h_{t-1}, x_t] + b_i) \tag{9-26}$$

3. 单元状态更新

如图 9-17 所示，结合前两步，将上个时刻的单元状态 C_{t-1} 与遗忘门的输出 f_t 相乘，确定需要丢弃的信息；在输入门中将 sigmoid 的输出值乘以创建的矢量（tanh 函数输出），然后通过加法运算将信息添加到单元状态。这样当前的记忆 C_t 和长期的记忆 C_{t-1} 组合在一起，形成了新的单元状态 C_t。

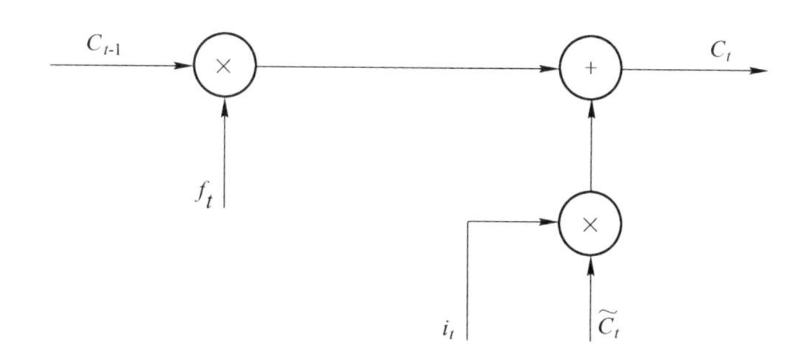

图 9-17 单元状态的更新

当前时刻单元状态的更新值 C_t如式（9-27）所示：

$$C_t = f_t * C_{t-1} + i_t * \tilde{C}_t \tag{9-27}$$

4. 输出门

输出门决定该层输出哪些内容。LSTM 最终的输出，是由输出门和单元状态共同确定的。首先，使用 sigmoid 函数（输出为 0~1 之间的数值 o_t）决定要输出细胞状态的信息比例。通过 tanh 函数将细胞状态 C_t映射到−1~1 之间。最后将映射值与 sigmoid 的输出相乘，这样就决定了当前时刻 LSTM 的输出的值 h_t。输出门的内部结构如图 9-18 所示。

输出门的输出为公式（9-28），W_o 为输出门的权重矩阵，b_o 为偏置项：

$$o_t = \sigma(W_o[h_{t-1}, x_t] + b_o) \tag{9-28}$$

$$h_t = o_t * \tanh(C_t) \tag{9-29}$$

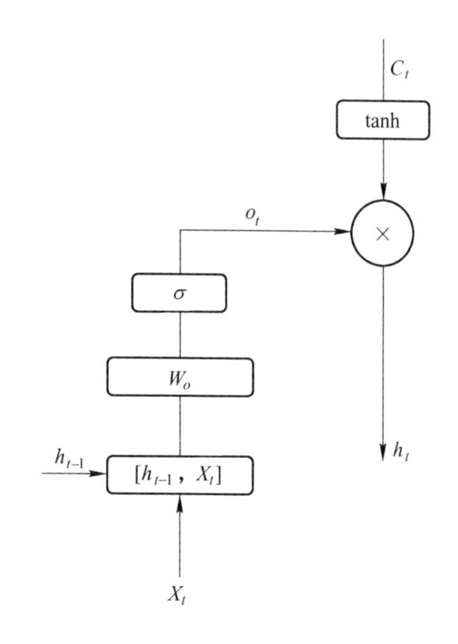

图 9-18 输出门的内部结构

LSTM 网络的训练算法仍是反向传播算法，有三个步骤：

（1）前向（输出的方向）计算 LSTM 中每个神经元的输出，即 f_t、i_t、C_t、o_t、h_t 五个向量的值；

（2）反向计算其中各个神经元的误差项；

（3）根据相应的误差项，计算每个权重的梯度。

总体而言，LSTM 增加的记忆单元通过遗忘门、输入门、输出门来实现对时序中全局信息的存储，如图 9-19 所示。分析不同门的控制作用，发现三个门中都有相似的 sigmoid 激活函数和一个乘运算，分别控制三种不同信息的输入和输出。通过以上的步骤，LSTM 实现了对历史信息的长期记忆，解决了 RNN 的长期依赖性差的问题。

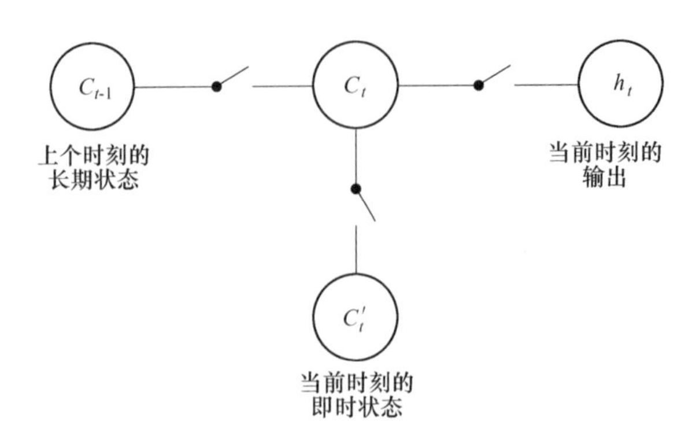

图 9-19　LSTM 中 Cell State 对长期信息的控制示意图

9.3　深度强化学习

强化学习（Reinforcement Learning）是一个根据给定环境下的反馈做序列化决策，以获取最大化回报为目标的机器学习框架。将深度学习与强化学习的思想结合而提出了深度强化学习的思想，深度强化学习利用深度学习强大的特征提取能力，近年来在数据量、计算力和算法的快速发展下，取得了一系列里程碑式的人工智能成果。例如，谷歌旗下 Deepmind 公司利用深度强化学习开发了阿尔法围棋 AI（AlphaGo，世界上第一个击败人类职业围棋选手和世界冠军的围棋 AI）、雅达利（Atari）游戏 AI（只通过游戏画面和得分来进行学习的游戏 AI，在 23 种雅达利 2600 平台的游戏中击败了人类职业玩家），以及可微分神经计算机（Differentiable Neural Computer，具有短时记忆和推理能力的架构，用来规划伦敦地铁线路等问题）等。

9.3.1　强化学习

强化学习是人工智能的一个通用框架。强化学习中的代理通过动作的选择与环境进行交互。这种交互的结果会更新代理的状态。交互结果的判定由一个客观的回报标量衡量。举一个简单的例子，赛车游戏中，我们控制的汽车就是代理，控制汽车的操作就是动作，游戏本身就是环境，游戏过程中汽车的位置方向及汽车观察到的环境都是状态，游戏的胜负就是回报。

强化学习的目的是让代理选择动作使得未来长期的回报最大化。图 9-20 展示了强化学习中代理与环境的交互。具体地说，在时间点 t，代理接收状态 s_t 及回报 r_t，并做出动作 a_t，环境则接收动作 a_t，并产生状态 s_{t+1} 和回报 r_{t+1}。

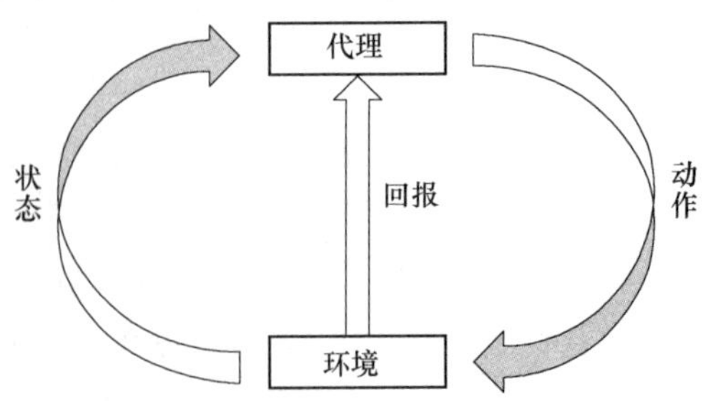

图 9-20　强化学习中代理与环境的交互

我们用 $\pi(a|s)=p(a=a_t|s=s_t)$ 以概率的形式来表达代理的策略。策略是一个从状态到动作的映射概率，它定义了代理的行为：给定某个状态 s_t，代理根据策略

从动作空间中选取某个动作 a_t。另外，我们用折算累计回报 G_t 来表达前面提到的未来长期的回报：

$$G_t = \sum_{k=0}^{\infty} \gamma^k r_{t+k+1} \tag{9-30}$$

其中折算因子 $\gamma \in \{0, 1\}$。γ 决定了 G_t 更偏重即时的回报或者长期的整体回报。比如说，我们玩一盘游戏只有最后一步才知道输赢，即最后一步动作的即时回报为+1（对应赢得胜利）或者-1（对应输掉游戏），其他时间点的动作的即时回报为 0。假如我们走了 5 步并且赢了，则每步的即时回报是［0，0，0，0，1］。若 γ 为 1，则这盘游戏中每步的 G_t 都为 1，即这一盘游戏里所有动作对最后赢的结果都是同样重要的；若 γ 为 0.9，则每一步的 G_t 为［0.59，0.6561，0.729，0.81，0.9，1］，即虽然这一盘游戏里所有动作都对最后赢的结果有帮助，但越接近结束时的动作越关键。

代理学习的目标即在给定状态 s 下，根据策略 π，选择执行动作 a，使得 G_t 的期望值最大。为此我们定义价值函数来表示这个期望值。几乎所有的强化学习方法都会涉及评估价值函数。价值函数有两种表达，分别是状态价值函数和动作价值函数。

状态价值函数定义了在给定状态和策略下回报的期望值：

$$V^{\pi}(s) = \mathrm{E}_{\pi}[G_t | s = s_t] \tag{9-31}$$

而动作价值函数定义了在给定状态和策略下执行某个动作后的回报的期望值：

$$Q^{\pi}(s, a) = \mathrm{E}_{\pi}[G_t | s = s_t, a = a_t] \tag{9-32}$$

价值函数为代理定义了在某个策略下，给定的一个状态（或者状态和动作）有多大的价值。价值函数的一个基本性质是它们符合迭代的关系。例如，对于动作价值函数 $Q^{\pi}(s, a)$，它的贝尔曼方程可以表征当前 t 时刻某个状态和动作的价值与其之后的 $t+1$ 时刻状态和动作的价值的关系：

$$Q^{\pi}(s, a) = \mathrm{E}_{\pi}[r_{t+1} + \gamma Q^{\pi}(s_{t+1}, a_{t+1}) | s = s_t, a = a_t] \tag{9-33}$$

最优的价值函数就是对于所有可能的策略，价值函数可以取得的最大值：$V_*(s) = \max_{\pi} V^{\pi}(s)$，$Q_*(s, a) = \max_{\pi} Q^{\pi}(s, a)$。如果我们可以求得最优动作价值函数 $Q_*(s, a)$，那么就可以得到最优的策略，从而实现强化学习的目标。类似地，最优动作价值函数也可以被迭代地展开（也叫作贝尔曼最优方程）：

$$Q_*(s, a) = \mathrm{E}_{s_{t+1}}[r_{t+1} + \gamma \max_{a_{t+1}} Q_*(s_{t+1}, a_{t+1}) | s = s_t, a = a_t] \tag{9-34}$$

这里我们用强化学习中经典的迷宫问题来说明以上基本概念。如图 9-21（a）所示，迷宫问题的过程是从入口进入迷宫并最终走到出口。每个事件点的回报值设定为-1，即要求代理在尽可能短的时间里完成这个任务（最大化回报）。代理可以采取的四个动作分别是上、下、左、右。代理的状态是代理所在的位置。图 9-21（b）展示了一个策略的例子，即在每个位置（状态）代理采取箭头所指的方向（动作），也就是状态和动作的映射关系。图 9-21（c）展示了利用公式计算出的每个状态的价值（状态价值函数）。对于这个简单的迷宫问题，我们可以直接从出口处向前计算每个状态的最优价值。例如，距离出口最近的位置的价值是这个位置的即时回报-1，前一个位置-2 等。根据这个最优状态价值函数，我们可以很容易地得到最优策略，例如在价值为-5 的位置代理的最优策略是选择价值更大的上方的-4。

有了以上基本概念后，我们接下来介绍在强化学习中最重要的几个方法。这些方法可

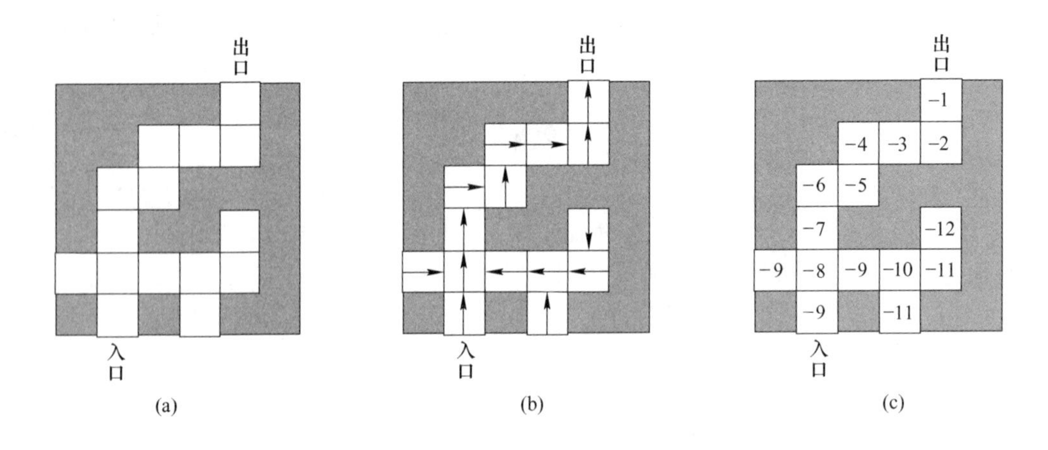

图 9-21　迷宫问题

以分为几个类别：基于价值的强化学习、基于策略的强化学习和基于模型的强化学习。

1. 基于价值的强化学习

基于价值的强化学习直接寻求最优的价值函数。有很多强化学习的方法是基于价值的。为了更明确地区分这些方法，首先介绍几个概念。

基于模型和无模型：这里的模型是指与代理交互的环境的模型，例如，某个环境模型定义为给定一个当前状态生成新状态的概率分布，即状态转移概率。根据问题和任务的不同，环境模型可能已知，也可能未知。

在策略和离策略：在策略是指在寻找最优的价值函数过程中只使用当前的策略所生成的样本。离策略则相反，是指在问题求解过程中可能使用其他策略产生的样本。在策略可以看成是离策略的特殊形式。

自举法：自举法这里是指评估当前时间点的价值函数是基于之后时间点的状态的评估，即当前的评估是基于对其未来的评估。自举法可能会导致系统的偏差增大，并且结果的好坏对于学习到的评估函数有很大的依赖性，但同时会降低系统的方差并且加速学习过程。

动态规划是在给定环境模型的情况下最经典的基于价值的强化学习方法，具体方法包括策略迭代和价值迭代等。动态规划的思想是直接利用贝尔曼方程或贝尔曼最优方程更新价值，最后收敛的价值即为最优解。动态规划需要利用自举法。

蒙特卡洛法是从有限步数的任务产生的样本中学习最优策略。有限步数是指任务有结束状态（如下棋或玩游戏），在这种情况下每一步的回报都可以被确定（根据结束状态的回报）。与有限步数的任务对应的是没有终止状态的无限步数的任务，比如控制机器人步行。蒙特卡洛法的思想是反复多次地执行任务，然后将得到的价值估计结果平均化，以接近真实的结果。与动态规划相比，蒙特卡洛法不需要知道环境模型，同时也不需要利用自举法。蒙特卡洛法可以利用在策略或离策略的不同变化。以下公式展示了蒙特卡洛法更新价值函数（α 是更新步长系数），可以看到蒙特卡洛法利用了 G_t，即实际的长期回报。

$$V(s_t) \leftarrow V(s_t) + \alpha(G_t - V(s_t)) \tag{9-35}$$

蒙特卡洛法需要多次完成整个有限步数的任务来获取回报。不过在无限步数的任务中我们没办法求出 G_t，而且这在很多场景中因计算力的限制而很难完成或者过于耗时。时序差分法是另一类基于价值的方法。简单地说，这种方法利用了对未来价值的估计来更新价值函数（即利用自举法），而不需要完成整个有限步数的任务，如以下公式所示。

$$V(s_t) \leftarrow V(s_t) + \alpha(r_{t+1} + \gamma V(s_{t+1}) - V(s_t)) \tag{9-36}$$

推导过程如下：

$$G_t = \sum_{k=0}^{\infty} \gamma^k r_{t+k+1} = r_{t+1} + \gamma r_{t+2} + \gamma^2 r_{t+3} + \cdots + \gamma^{T+1} r_T = r_{t+1} + \gamma V(s_{t+1}) \tag{9-37}$$

这里 $r_{t+1} + \gamma V(s_{t+1})$ 为时序差分目标，$r_{t+1} + \gamma V(s_{t+1}) - V(s_t)$ 为时序差分误差。我们可以看到这里时序差分目标即是用贝尔曼方程的方法来估计价值的。注意时序差分法也是无模型的。与蒙特卡洛法相比，时序差分法的每步都可以更新，所以速度快；不过由于使用的是估计价值的方法，具体描述如下，因此准确度有偏差。

时序偏差法同样可以利用在策略或者离策略。利用在策略的方法叫作 Sarsa 算法。Sarsa 增加了利用了下一个时间点的动作来更新动作价值函数。如以下公式所示。

$$Q(s_t, a_t) \leftarrow Q(s_t, a_t) + \alpha(r_{t+1} + \gamma Q(s_{t+1}, a_{t+1}) - Q(s_t, a_t)) \tag{9-38}$$

时序偏差法利用离策略的方法叫作 Q-Learning 算法。Q-Learning 和它的其他变化版本取得了很多重要的成果。Q-Learning 更新如以下公式所示。

$$Q(s_t, a_t) \leftarrow Q(s_t, a_t) + \alpha(r_{t+1} + \gamma \max_a Q(s_{t+1}, a) - Q(s_t, a_t)) \tag{9-39}$$

这里 Q-Learning 学习到的动作价值函数直接近似最优动作价值函数，而独立于使用的策略。虽然使用的策略依然决定哪些状态和动作被用到或更新，但是最终动作价值函数的收敛只需要使得这些状态和动作持续更新，而不依赖具体使用的策略。Q-Learning 的算法如下述算法所示。

Q-Learning 算法：

任意初始化 $Q(s, a)$，$\forall s \in S, a \in A(s) Q(s_{terminate}, *) = 0$

对每一次任务循环：

  初始化 s

  对每一步循环：

    用与 Q 中学习的策略根据 s_t 选择 a_t。

    执行动作 a_t，得到 r_{t+1} 和 s_{t+1}。

    根据公式（9-39）更新 Q。

    $s_t \leftarrow s_{t+1}$。

  到最终状态 $s_{terminal}$。

2. 基于策略的强化学习

基于策略的强化学习直接学习最优策略，而不再从最优价值函数中隐性地获得最优策略（如已知价值函数后利用贪心算法的在策略）。这里使用的策略是参数化的，即代理在状态 s_t 且参数 $\theta = \theta_t$ 的情况下，在 t 时间采取 a_t 动作的概率。基于策略的方法的目标是寻找最优的参数 θ，因此这种方法属于最优化问题。这里我们介绍策略梯度法。

我们用 $J(\theta)$ 来表示任意可导的策略目标函数。在有限步长的环境下我们可以用初始价值来表示策略目标函数 $J(\theta)=V_{\pi_\theta}(s_1)=\mathrm{E}_{\pi_\theta}[v_1]$，即要求策略从头就是最好的。策略梯度法利用策略目标函数的梯度来更新参数，即寻找目标函数的最优值：

$$\theta=\theta+\alpha\nabla_\theta J(\theta) \tag{9-40}$$

$\nabla_\theta J(\theta)$ 即所谓的策略梯度，α 是更新参数的步长。$\nabla_\theta J(\theta)$ 可以进一步由策略梯度定理写成以下形式：

$$\nabla_\theta J(\theta)=E_{\pi_\theta}[\nabla_\theta \log\pi_\theta(s,a)Q_{\pi_\theta}(s,a)] \tag{9-41}$$

策略梯度定理是函数梯度估计的特例，推导过程如下：

$$\begin{aligned}\nabla_\theta E_x[f(x)]&=\nabla_\theta\sum_x p_\theta(x)f(x)\\&=\sum_x\nabla_\theta p_\theta(x)f(x)\\&=\sum_x p_\theta(x)\frac{\nabla_\theta p_\theta(x)}{p_\theta(x)}f(x)\\&=\sum_x p_\theta(x)\nabla_\theta\log p_\theta(x)f(x)\\&=E_x[f(x)\nabla_\theta\log p_\theta(x)]\end{aligned} \tag{9-42}$$

式（9-41）说明，策略梯度可以由策略的对数的梯度与在该策略下选取动作后的价值的乘积决定。$\nabla_\theta\log\pi_\theta(s,a)$ 决定参数 θ 的更新使得在未来出现的某个状态 s 下，选择某个动作 a 的概率变大；而 $Q_{\pi_\theta}(s,a)$ 决定了某个状态 s 下选择某个动作 a 的价值。这两项相乘的结果是参数 θ 的更新使得在未来的某个状态 s 下选取策略决定的动作 a 后得到的回报期望变大。

利用式（9-41），并利用回报 v_t 作为 $Q_{\pi_\theta}(s,a)$ 在 t 时间的无偏差样本，基于蒙特卡洛的策略梯度 REINFORCE 算法如下所示：

初始化策略参数 θ，$\forall s\in S$，$a\in A(s)$，$\theta\in R^n$

根据 $\pi_\theta(s,a)$ 生成一个有限步长的任务 $\{s_0,a_0,r_1,\cdots,s_{T-1},a_{T-1},r_T\}$

对每一步循环 $t=0,\cdots,T-1$：

$\theta\leftarrow\theta+\alpha\nabla_\theta\log\pi_\theta(s_t,a_t)v_t$

REINFORCE 算法是无模型的方法。之所以称这个算法是基于蒙特卡洛的，是因为它在每一步利用的是从这个时间点到任务结束的整体回报 v_t。与之前的蒙特卡洛法类似，REINFORCE 需要代理先完成有限步长的任务，得到最终的回报后再反向对之前所有的时间点进行更新。

与基于价值的强化学习方法相比，像 REINFORCE 算法这种基于策略的方法的优势是策略目标函数更简单，并且可以显性地学习到随机的策略（在某些问题中最优策略可能是随机的，即需要在同一种状态下选择不同的动作）。REINFORCE 的问题是可能会收敛到局部最优而非全局最优，并且如同其他蒙特卡洛算法一样，收敛速度慢并且方差大。

另外，我们也可以利用基于价值的方法来评估动作价值函数，以减轻基于策略的方法（如 REINFORCE）波动性大的问题。这种方法叫作 Actor-Critic 算法，它同时利用了基于策略和基于价值的方法。具体地说，Actor-Critic 算法包含两套需要被更新的参数：Critic 用来更新动作价值函数的参数 w；Actor 则在由 Critic 建议的更新方向上来更新策略参数 θ。Critic 这里尝试解决策略评估问题，即目前的策略参数 θ 定义的策略有多好。用由参数

w 定义的 Critic 来评估动作价值函数相当于用 $Q_w(s, a)$ 来近似式（9-41）中的 $Q_{\pi_\theta}(s, a)$，即 $Q_w(s, a) \approx Q_{\pi_\theta}(s, a)$。这正是上面介绍的基于价值的方法（如蒙特卡洛法或者时序差分法）的目的。

3. 基于模型的强化学习

基于模型的强化学习直接从经验中学习模型本身，并用规划的方法构建价值函数或者策略。这里的模型是指环境的模型，即代理可以利用它来预测执行动作后环境如何做出回应。模型可以被用来模拟环境并产生经验数据，这些经验进而被用来计算价值函数以改进策略。

基于模型的方法好处有：

（1）可以利用机器学习来更有效地学习模型；

（2）可以推理模型的不确定性。

不过由于需要先学习模型再计算价值函数，因此基于模型的方法包含了两个误差来源。

这里介绍的蒙特卡洛树搜索及其改进方法在很多经典问题中都取得了非常好的效果（例如 AlphaGo 利用了一个改进版本的蒙特卡洛树搜索）。蒙特卡洛树搜索的每次迭代由 4 个步骤实现。

（1）选择：从当前的根节点出发，沿路径选择最有可能是最优状态的节点，直到选中某个叶节点（即该节点代表的状态在之前并未探索过）。

（2）扩展：从这个选择的节点增加一个或者多个节点来扩展搜索树。新增加的节点代表了从未尝试过的动作。

（3）模拟：从扩展的节点开始利用默认策略（如随机选择动作）得到一个完整游戏的最终结果。

（4）反向传播：把模拟得到的最终结果反向更新到所有经过的节点上。

每一次需要选择动作时，蒙特卡洛树搜索持续进行以上 4 个步骤组成的迭代过程（直到用尽时间或者可用的计算资源），再根据这些迭代的结果执行一个最优的动作。

9.3.2 深度强化学习

将强化学习应用到实际问题中时，一个最大的挑战是如何去表示价值函数或者策略。实际问题的状态数量可能巨大，以至于计算机无法直接记录查找状态及其对应的价值。对于具体问题，我们可以尝试人为地设计特征来近似表达不同的状态。一个更具有扩展性的方案是利用神经网络来自动地学习需要近似表达的状态的特征。而深度强化学习（Deep Reinforcement Learning）结合了深度学习和强化学习。在深度强化学习中，我们利用神经网络来表达价值函数、策略或者环境模型，以端对端的方式对价值函数、策略或者环境模型直接进行优化。

1. 根据深度学习模型的不同划分

（1）基于卷积神经网络的深度强化学习

由于卷积神经网络对图像处理拥有天然的优势，将卷积神经网络与强化学习结合处理图像数据的感知决策任务成了很多学者的研究方向，深智团队提出的深度Q网络（Deep Q Network，DQN），是将卷积神经网络和Q学习结合，并集成经验回放技术实现的，经验回放通过重复采样历史数据增加了数据的使用效率，同时减少了数据之间的相关性。

深度Q网络是深度强化学习领域的开创性工作，它采用时间上相邻的4帧游戏画面作为原始图像输入，经过深度卷积神经网络和全连接神经网络，输出状态动作Q函数，实现了端到端的学习控制。

（2）基于递归神经网络的深度强化学习

深度强化学习面临的问题往往具有很强的时间依赖性，而递归神经网络适合处理和时间序列相关的问题。强化学习与递归神经网络的结合也是深度强化学习的主要形式。Cuccu等提出将神经演化方法应用到基于视觉的强化学习中，用一个预压缩器对递归神经网络进行训练，采集的图像数据通过递归神经网络降维后输入给强化学习进行决策，在基于视觉的小车爬山任务中获得了良好的控制效果。Narasimhan等提出一种长短时记忆网络与强化学习结合的深度网络架构来处理文本游戏，这种方法能够将文本信息映射到向量表示空间从而获取游戏状态的语义信息。

对于时间序列信息，深度Q网络的处理方法是加入经验回放机制。但是经验回放的记忆能力有限，每个决策点需要获取整个输入画面进行感知记忆。将长短时记忆网络与深度Q网络结合，提出深度递归Q网络，在部分可观测马尔科夫决策过程中表现出了更好的鲁棒性，同时在缺失若干帧画面的情况下也能获得很好的实验结果。

2. 根据强化学习的决策过程划分

（1）基于值函数的深度强化学习

Mnih等人将卷积神经网络与传统RL中的Q学习算法相结合，提出了深度Q网络模型。该模型用于处理基于视觉感知的控制任务，是DRL领域的开创性工作。

DQN是一种基于值函数逼近的强化学习方法，是在Q-learning基础上改进的，主要的改进有三个：

1）利用深度卷积神经网络逼近行为值函数，DQN使用的网络结构为三个卷积层和两个全连接层，输入是棋盘图像，输出是动作对应的概率。

2）利用经验回放（均匀采样）训练强化学习的学习过程，通过对历史数据的均匀采样，实现数据的历史回放，打破采集和学习的数据之间关联性，保证值函数稳定收敛。

3）设置单独目标网络来处理时间差分算法中的TD偏差，即动作值函数中的参数每步更新一次，计算TD偏差的参数每隔固定步数更新一次。

（2）基于策略梯度的深度强化学习

策略梯度是一种常用的策略优化方法，它通过不断计算策略期望总奖赏关于策略参数的梯度来更新策略参数，最终收敛于最优策略。策略梯度方法是一种直接使用逼近器来近似表示和优化策略，最终得到最优策略的方法，因此在解决DRL问题时，可以采用参数为θ的深度神经网络来进行参数化表示策略。并利用策略梯度方法来优化策略。值得注意的是，在求解DRL问题时，往往第一选择是采取基于策略梯度的算法，原因是它能够直接优化策略的期望总奖赏，并以端对端的方式直接在策略空间中搜索最优策略，省去了烦琐的中间环节。因此与DQN及其改进模型相比，基于策略梯度的DRL方法适用范围更广，策略优化的效果也更好。

与 DQN 是深度学习的基于价值类算法一样，DeepMind 也提出了基于策略的深度学习算法——从 DPN、DDPG 到 A3C。

接下来详细介绍一下深度 Q 学习，由 Google Deepmind 提出的深度 Q 学习将深度学习与 Q 学习结合来训练雅达利游戏 AI，游戏 AI 通过游戏画面和得分进行学习，并在 23 种游戏中击败了人类职业玩家。在深度 Q 学习中，用参数化的神经网络（例如卷积神经网络）来表示动作状态函数 Q：$Q(s, a, w) \approx Q^{\pi}(s, a)$。其中，$w$ 为神经网络的参数。具体地说，神经网络的输入是状态，输出是代理可能选取的每个动作对应的价值。这些动作价值与输入状态构成了状态—动作及其对应的价值。优化后即为最优 Q 函数。该神经网络由卷积层和全连接层组成。输入是游戏的画面，输出是游戏控制器所有可能的动作。

在深度 Q 学习中，目标函数被定义为 Q 值的均方差：

$$L(w) = \mathrm{E}[(r_{t+1} + \gamma \max_a Q(s_{t+1}, a, w) - Q(s_t, a, w))^2] \tag{9-43}$$

参数 w 由 Q 学习的梯度更新：

$$\begin{aligned} w &= w + \alpha \nabla_w L(w) \\ &= w + \alpha \mathrm{E}[(r_{t+1} + \gamma \max_a Q(s_{t+1}, a, w) - Q(s_t, a, w)) \nabla_w Q(s_t, a, w)] \end{aligned} \tag{9-44}$$

神经网络直接结合 Q 学习会导致系统训练不稳定甚至不收敛。这主要有三个原因：

1）连续的采样过程得到的经历是相关的，而不是独立同分布的。

2）目标函数中的目标 $\gamma \max_{a'} Q(s', a', w)$ 依赖于当前参数 w（自举法），很小的 Q 值改变可能导致自举策略的大幅度改变，即策略不够稳定。

3）Q 值与回报值的比例是未知的。过大的值会产生过大的梯度，从而使网络训练不稳定。

深度 Q 学习针对以上问题提出了三点改进：

1）经验回放。经验回放将代理在每个事件点的经历（如当前状态、采取的动作、回报以及下一个状态）存到一个回放内存中。每次网络更新时，给网络提供的数据从回放内存中随机地采样。Q 学习本身是离策略的，因此并不需要被提供根据某个策略产生的连续的经历。经验回放消除了数据之间的相关性，使得训练的稳定性加强。

2）固定目标。Q 网络参数为了让使用自举法的 Q 学习的策略稳定，利用固定的参数（如相隔某些事件点之前的参数）来计算 Q 学习的目标。这使得深度 Q 学习依然利用自举法，同时自举的策略变得更加稳定，网络的训练也变稳定。

3）误差剪切。直接将误差值 $(r_{t+1} + \gamma \max_a Q(s_{t+1}, a, w) - Q(s_t, a, w))$ 剪切至−1 到 1 的范围，可以有效增加网络训练的稳定性。

综合以上改进，深度 Q 学习的算法如下所示：

给定经历回放内存 D

用随机参数 w 初始化 Q 网络

循环直到超时：

  获得初始状态 s_1

  对每一步循环 $t=1, \cdots, T$：

    用贪心法选取动作 a_t

    执行动作 a_t，得到回报 r_{t+1} 和下一个状态 s_{t+1}

存储经历 $(s_t, a_t, r_{t+1}, s_{t+1})$ 到 D

随机采样批量 $(s_i, a_i, r_{i+1}, s_{i+1}) \sim D$

如果 S_{i+1} 是结束状态，则令 $y_i = r_{i+1}$；其他情况则令

$y_i = r_{i+1} + \gamma \max_a \hat{Q}(s_{i+1}, a, w)$

剪切 $r_{i+1} + \gamma \max_a \hat{Q}(s_{i+1}, a, w) - Q(s_i, a, w)$ 至 $[-1, 1]$

根据式（9-43）利用梯度下降法更新参数 w

每隔 C 时间点重置 $\hat{Q} = Q$

9.4 应 用

9.4.1 卷积神经网络的应用

利用卷积神经网络进行文本情感分类，可以将文本当作一维图像，从而可以用一维卷积神经网络来捕捉临近词之间的关联。下面介绍将卷积神经网络应用到文本分析的开创性工作之一——textCNN。

首先导入实验所需的包和模块（以下编程语言均为 python)。

```
In [1]: import d2lzh as d2l
        from mxnet import gluon, init, nd
        from mxnet. contrib import text
        from mxnet. gluon import data as gdata, loss as gloss, nn
```

在介绍模型前我们先来解释一维卷积层的工作原理。与二维卷积层一样，一维卷积层使用一维的互相关运算。在一维互相关运算中，卷积窗口从输入数组的最左方开始，按从左往右的顺序，依次在输入数组上滑动。当卷积窗口滑动到某一位置时，窗口中的输入子数组与核数组按元素相乘并求和，得到输出数组中相应位置的元素。如图 9-22 所示，输入是一个宽为 7 的一维数组，核数组的宽为 2。可以看到输出的宽度为 6，且第一个元素是由输入的最左边的宽为 2 的子数组按元素相乘后再相加得到的：0×1+1×2=2。

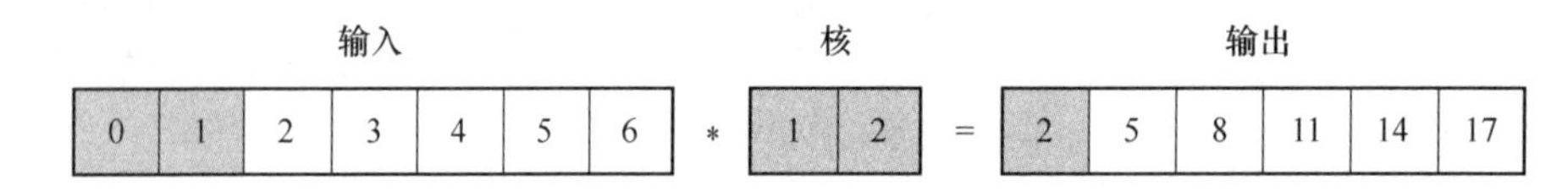

图 9-22 一维互相关运算

下面我们将一维互相关运算实现 corrld 函数里。它接受输入数组 X 和核数组 K，并输出数组 Y。

```
In [2]: def corrld (X, K):
            W=K. shape [0]
            Y=nd. zeros ((X. shape [0]-W+ 1))
            for i in range (Y. shape [0]):
                Y [i]=(X [i: i + W] * K) . sum ()
            return Y
```

复现图 9-22 中一维互相关运算的结果。

```
In [3]: X, K = nd.array ([0 , 1 , 2 , 3 , 4 , 5 , 6]), nd.array ([1 , 2])
        corrld (X , K)
Out [3]:
        [2. 5. 8. 11. 14. 17. ]
```

多输入通道的一维互相关运算也与多输入通道的二维互相关运算类似：在每个通道上，将核与相应的输入做一维互相关运算，并将通道之间的结果相加得到输出结果。图 9-23 展示了含 3 个输入通道的一维互相关运算，其中阴影部分为第一个输出元素及其计算所使用的输入和核数组元素：0×1+1×2+1×3+2×4+2×(−1)+3×(−3)= 2。

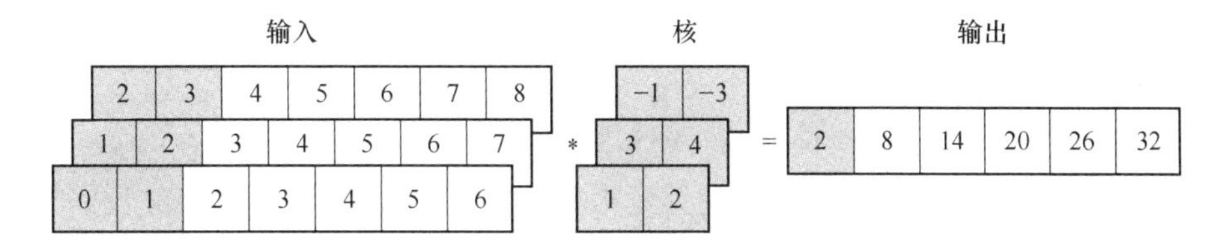

图 9-23　含 3 个输入通道的一维互相关运算

让我们复现图 9-23 中多输入通道的一维互相关运算的结果。

```
In [4]: def corrld_multi_in (X , K):
            # 首先沿着 X 和 K 的第 0 维遍历。然后使用 * 将结果列表变成 add_ n 函数的位置参数
            # (positional argument) 来进行相加
            return nd.add_n ( * [corrld (x , k) for x , k in zip (X, K)])
        X = nd.array ([[0, 1, 2, 3, 4, 5, 6],
                        [1, 2, 3, 4, 5, 6, 7],
                        [2, 3, 4, 5, 6, 7, 8]])
        K = nd.array ([[1, 2], [3, 4], [-1, -3]])
        corrld_multi_in (X, K)
Out [4]:
        [2. 8. 14. 20. 26. 32. ]
```

由二维互相关运算的定义可知，多输入通道的一维互相关运算可以看作单输入通道的二维互相关运算。如图 9-24 所示，我们也可以将图 9-23 中多输入通道的一维互相关运算以等价的单输入通道的二维互相关运算呈现。这里核的高等于输入的高。图 9-24 中的阴影部分为第一个输出元素及其计算所使用的输入和核数组元素：2×(−1)+3×(−3)+1×3+2×4+0×1+1×2=2。

输入　　核　　输出

2	3	4	5	6	7	8
1	2	3	4	5	6	7
0	1	2	3	4	5	6

*

-1	-3
3	4
1	2

=

2	8	14	20	26	32

图 9-24　单输入通道的二维互相关运算

图 9-23 和图 9-24 中的输出都只有一个通道。我们前面已经介绍了如何在二维卷积层中指定多个输出通道。类似地，我们也可以在一维卷积层指定多个输出通道，从而拓展卷积层中的模型参数。并且类似地也就有一维池化层。textCNN 中使用的时序最大池化层实际上对应一维全局最大池化层：假设输入包含多个通道，各通道由不同时间步上的数值组成，各通道的输出即该通道所有时间步中最大的数值。因此，时序最大池化层的输入在各个通道上的时间步数可以不同。

为提升计算性能，我们常常将不同长度的时序样本组成一个小批量，并通过在较短序列后附加特殊字符令批量中各时序样本长度相同。这些人为添加的特殊字符当然是无意义的。由于时序最大池化的主要目的是抓取时序中最重要的特征，它通常能使模型不受人为添加字符的影响。

使用斯坦福的 IMDb 数据集作为文本情感分类的数据集。这个数据集分为训练和测试用的两个数据集，分别包括 25000 条从 IMDb 网站下载的关于电影的评论。在每个数据集中，标签为“正面”和“负面”的评论数量相等。下面读取和预处理 IMDb 数据集。

```
In [5]: batch_size = 64
        d2l.download_imdb ()
        train_data, test_data = d2l.read_imdb('train'), d2l.read_imdb('test')
        vocab = d2l.get_vocab_imdb (train_data)
        train_iter = gdata.DataLoader (gdata.ArrayDataset (
            *d2l.preprocess_imdb (train_data, vocab)), batch_size, shuffle = True)
        test_iter = gdata.DataLoader (gdata.ArrayDataset (
            *d2l.preprocess_imdb (test_data, vocab)), batch_size)
```

textCNN 模型主要使用了一维卷积层和时序最大池化层。假设输入的文本序列由 n 个词组成，每个词用 d 维的词向量表示。那么输入样本的宽为 n，高为 1，输入通道数为 d。textCNN 的计算主要分为以下几步。

（1）定义多个一维卷积核，并使用这些卷积核对输入分别做卷积计算。宽度不同的卷积核可能会捕捉到不同个数的相邻词的相关性。

（2）对输出的所有通道分别做时序最大池化，再将这些通道的池化输出值连结为向量。

（3）通过全连接层将联结后的向量变换为有关各类别的输出。这一步可以使用丢弃层应对过拟合。

用一个例子解释 textCNN 的设计。这里的输入是一个有 11 个词的句子，每个词用 6 维词向量表示。因此输入序列的宽为 11，输入通道数为 6。给定 2 个一维卷积核，核宽分别为 2 和 4，输出通道数分别设为 4 和 5。因此，一维卷积计算后，4 个输出通道的宽为 $11-2+1=10$，而其他 5 个通道的宽为 $11-4+1=8$。尽管每个通道的宽不同，我们依然可以对各个通道做时序最大池化，并将 9 个通道的池化输出联结成一个 9 维向量。最终，使用全连接将 9 维向量变换为 2 维输出，即正面情感和负面情感的预测。下面来实现 textCNN 模型。

```
In [6]: class TextCNN (nn.Block):
            def __init__(self, vocab, embed_size, kernel_sizes, num_channels,
                         **kwargs):
```

```
        super (TextCNN, self) .__init__(**kwargs)
        self.embedding = nn.Embedding (len (vocab), embed_size)
        #不参与训练的嵌入层
        self.constant_embedding = nn.Embedding (len (vocab), embed_size)
        self.dropout = nn.Dropout (0.5)
        self.decoder = nn.Dense (2)
        self.pool = nn.GlobalMaxPool1D ()
        self.convs = nn.Sequential ()
        for c, k in zip (num_channels, kernel_sizes):
            self.convs.add (nn.Conv1D (c, k, activation = 'relu'))
    def forward (self, inputs):
        embeddings = nd.concat (
            self.embedding (inputs), self.constant_embedding (inputs), dim=2)
        embeddings = embeddings.transpose ((0, 2, 1))
        encoding = nd.concat (*[nd.flatten (
            self.pool (conv (embeddings))) for conv in self.convs], dim = 1)
        outputs = self.decoder (self.dropout (encoding))
        return outputs
```

创建一个 TextCNN 实例。它有 3 个卷积层，它们的核宽分别为 3、4 和 5，输出通道数均为 100。

```
In [7]: embed_size, kernel_sizes, nums_channels = 100, [3, 4, 5], [100, 100, 100]
        ctx = d2l.try_all_gpus ()
        net = TextCNN (vocab, embed_size, kernel_sizes, nums_channels)
        net.initialize (init.Xavier (), ctx = ctx)
```

加载预训练的 100 维 GloVe 词向量，并分别初始化嵌入层 embedding 和 constant_embedding，前者权重参与训练，而后者权重固定。

```
In [8]: glove_embedding = text.embedding.create (
            'glove', pretrained_file_name = 'glove.6B.100d.txt', vocabulary = vocab)
        net.embedding.weight.set_data (glove_embedding.idx_to_vec)
        net.constant_embedding.weight.set_data (glove_embedding.idx_to_vec)
        net.constant_embedding.collect_params () .setattr('grad_req', 'null')
```

现在就可以训练模型了。

```
In [9]: lr, num_epochs = 0.001, 5
        trainer = gluon.Trainer (net.collect_params (), 'adam', {'learning_rate': lr})
        loss = gloss.SoftmaxCrossEntropyLoss ()
        d2l.train (train_iter, test_iter, net, loss, trainer, ctx, num_epochs)
```

下面使用训练好的模型对两个简单句子的情感进行分类。

```
In [10]: d2l.predict_sentiment (net, vocab, ['this', 'movie', 'is', 'so', 'great'])
Out [10]: 'positive'
In [11]: d2l.predict_sentiment (net, vocab, ['this', 'movie', 'is', 'so', 'bad'])
Out [11]: 'negative'
```

9.4.2　循环和递归神经网络的应用

介绍一个将长短期记忆神经网络应用于离心式压缩机故障预测的例子，时间序列是按时间索引排序的数字序列，对应到数据中其为有序值的列表。假设 t 时刻输入数据向量为 X_t，则在 t 时刻前后 n 个时刻的输入序列如下：

$$x_{t-n},\ x_{t-(n-1)},\ \cdots,\ x_{t-1},\ x_t,\ x_{t+1},\ \cdots,\ x_{t+(n-1)},\ x_{t+n} \tag{9-45}$$

LSTM 神经网络的本质是利用输入数据来预测相应的输出，区别于传统的神经网络，LSTM 循环神经网络能够对时间序列数据做出内部时间依赖性的记忆，并以此记忆信息获得输出的预测值。因此，鉴于其特殊的内部结构，在构建神经网络时，LSTM 的输入数据矩阵需要转换为归类于监督学习的数据形式。

在长短期记忆网络中，时间步（timesteps）是一个很重要的概念，区别于其他神经网络，LSTM 长短期神经在训练时每个样本点之间拥有时间上的依赖关系，即相邻的时间采样点 t_n和 t_{n+1}之间必须在输入时也保持前后连续输入。如果我们有 1000 个样本，时间步设为 10，取十个时间连续的样本为一个组，t_0时刻输入 LSTM 得到的隐层状态值 h_0会在下个时刻 t_1的样本输入时作为该层网络的隐含层输入。如图 9-25 所示，当 $t=10$ 时，LSTM 的结构即为 timestep = 10，在一次训练中，X_1到 X_{10}将保持连续输入。

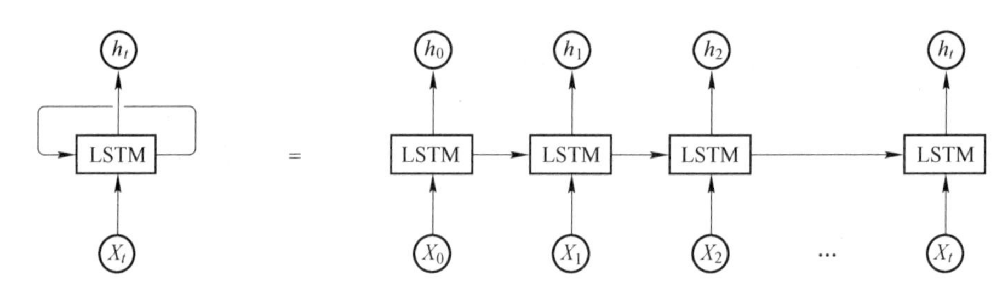

图 9-25　LSTM 时间步的示意图

图 9-25 每一次的输入运算都是一个单独的时间步，LSTM 网络一共执行了 t 个时间步。每一个时间步输入 X_t，得到输出 h_t。因为循环的存在，h_t的运算结果与 X_0-X_t相关。这 t 个时间步称为一个完整的序列（Sequence），也可以称为训练数据集中的一个样本。这里需要区分与原始数据集中样本的区别，我们将原始数据集转换为适合 LSTM 网络输入的形式，如图 9-26 所示。其中假设数据有三个特征变量 Var1、Var2、Var3，选择的 timestep 为 3，即用三个时刻 $t-2$、$t-1$、t 的输入变量作为网络输入。图中每个时刻的输入在前后保持时间顺序，在同一个 LSTM 样本序列中，序列右侧的变量为新的时刻变量。

Var1($t-2$)	Var2($t-2$)	Var3($t-2$)	Var1($t-1$)	Var2($t-1$)	Var3($t-1$)	Var1(t)	Var2(t)	Var3(t)
$x_1(t-2)$	$x_2(t-2)$	$x_3(t-2)$	$x_1(t-1)$	$x_2(t-1)$	$x_3(t-1)$	$x_1(t)$	$x_2(t)$	$x_3(t)$
$x_1(t-3)$	$x_2(t-3)$	$x_3(t-3)$	$x_1(t-2)$	$x_2(t-2)$	$x_3(t-2)$	$x_1(t-1)$	$x_2(t-1)$	$x_3(t-1)$
$x_1(t-4)$	$x_2(t-4)$	$x_3(t-4)$	$x_1(t-3)$	$x_2(t-3)$	$x_3(t-3)$	$x_1(t-2)$	$x_2(t-2)$	$x_3(t-2)$

图 9-26　原始数据转换为 LSTM 输入序列示例

在图 9-26 中，每一个时间步网络都会得到一个输出 h。在实际情况中可能会舍弃某些输出，只保留需要输出的部分。

对于利用 LSTM 长短期记忆网络预测压缩机等旋转机械设备故障来说，预测结果的优劣很大程度取决于所建立模型的好坏，而网络模型所能拟合设备内在模型的程度依赖于数据集的质量和模型结构的设计和合适的模型超参数。经过多次对 LSTM 网络的训练实验后，确立本文使用的 LSTM 网络由 5 层序列组成：输入层，2 个 LSTM 隐含层，1 个具有线性激活的 Dense 全连接层和输出层。图 9-27 说明了所提出的 LSTM 网络的层次结构和具体包含的节点（神经元）数。输入层为一个包含 34 维变量的向量。LSTM 隐含层用于模拟过去和未来时间序列信号之间的关系。第一个隐含层为 50 维向量，是第一层相应 LSTM 单元的输出。第二层隐含层为 20 维向量，是第二层 LSTM 单元的输出。Dense 全连接层维数为 10，作用是改变来自上一层 LSTM 层的输出向量的大小（size），而输出层作为最后一层，将上层的全连接层输出映射到最终预测时间序列的最后一个时间步的输出，为 1 维向量。通过 ReliefF 算法得出了对故障贡献最高的振动特征，即压缩机非联端 A 的 1 倍频幅值 1x_fz_2，由于该特征能够敏感地捕捉故障的变化，我们选取该变量作为表征压缩机状态的性能变量，作为 LSTM 网络的输出。在此之后，经过训练的 LSTM 网络可用于执行压缩机振动幅值的数值预测和故障预报。

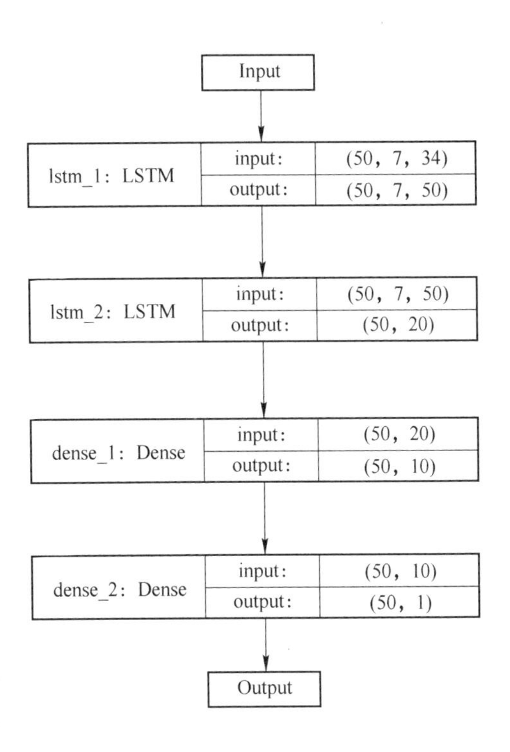

图 9-27　时间序列预测模型网络结构

如果只利用长短期神经网络对时间序列的压缩机历史数据进行训练，进而对测试数据预测未来时刻的振动特征数值时，仅仅能够得到该特征的预测输出，不能对该数值相对之前时刻的变化和是否存在故障趋势有准确的数学计算。因而，在训练集训练出准确的 LSTM 压缩机正常模型后，我们对故障测试数据的基于正常模型的预测值与实际测试振幅值进行误差计算，通过对测试误差与正常训练误差的对比来判别故障。具体的操作如图 9-28 所示。

通过上述的流程便实现了利用长短期记忆神经网络对工业生产中的离心式压缩机的故障预测，该项应用可以有效预防和处理故障，降低经济损失，有很大的应用价值。

9.4.3 深度强化学习的应用

深度强化学习巧妙地结合了深度学习和强化学习的优势，能够高效地解决智能体在高维复杂状态空间中的感知决策问题。近年来，深度强化学习在机器人、游戏等领域取得了突破性的进展。尤其是 DeepMind 团队研发的 AlphaGo 程序，先后分别战胜了围棋职业棋手欧洲冠军樊麾、世界围棋冠军李世石以及当今世界围棋等级分排名第一的柯洁，是第一

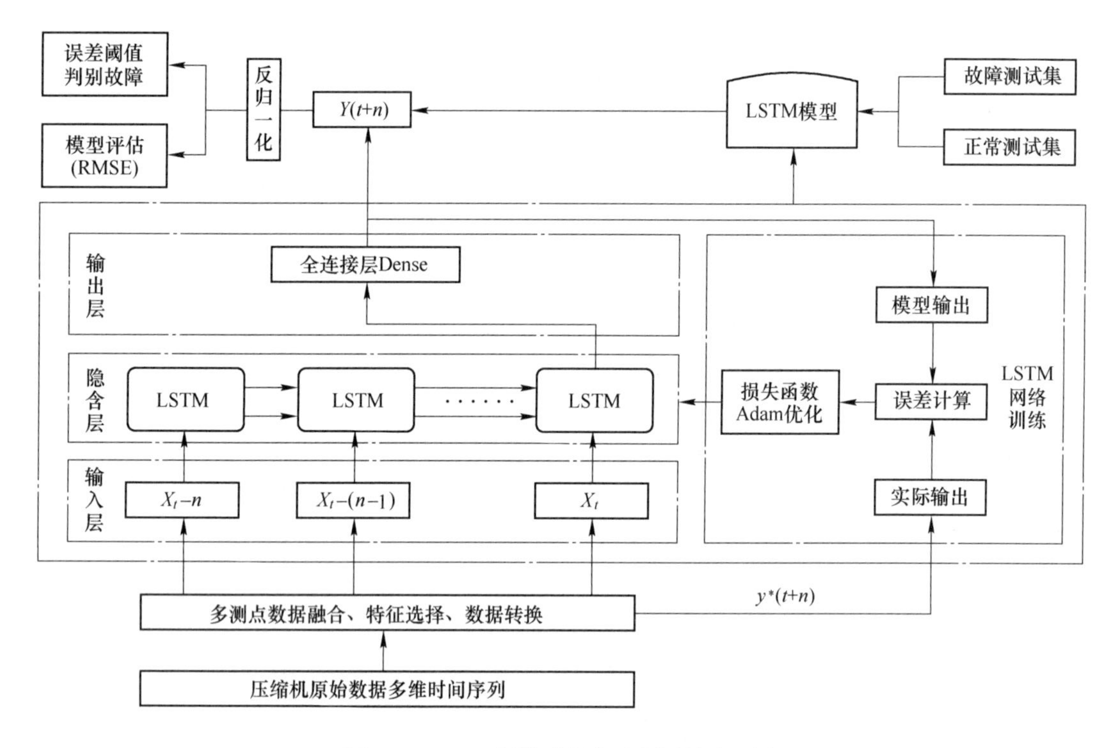

图 9-28　LSTM 网络进行故障预测的流程图

款战胜人类职业选手的围棋程序。

AlphaGo 的获胜是人工智能界的里程碑事件之一，比专家预计的人工智能软件攻克围棋的时间至少提前了 10 年。尤为重要的是，从 2016 年 DeepMind 在 Nature 杂志上正式公开 AlphaGo 程序开始，AlphaGo 程序就一直处在进化的过程中：从需要人类棋谱进行有监督学习的 AlphaGo Lee（战胜李世石的版本），到无须任何专家知识、只需经过短短 3 天的自我对弈就能以 100 ∶ 0 的成绩轻松赢取 AlphaGo Lee 的 AlphaGo Zero。完成上述过程，DeepMind 只用了不到两年的时间。

虽然在进化的过程中，AlphaGo 的棋力得到大幅提升，但所使用到的主要技术一直是围绕深度学习、强化学习和蒙特卡洛树搜索（MCTS）的深度融合来开展的。毫无疑问，AlphaGo 的成功不仅证明了深度学习的强大表征能力，也将有力地推动深度强化学习在更多领域的进一步发展。

随着 2016 年李世石与 AlphaGo 以 1 ∶ 4 的战绩落幕，围棋这个号称人类智力的最后堡垒也被人工智能给攻陷了。相比于其他棋类，围棋具有无可比拟的状态空间，尤其是在下棋过程中需要棋手具有良好的直观、洞察力、大局观等难以量化的能力。也正因如此，围棋才一直被视为人类智力的最后堡垒。

在 1997 年，IBM 的“深蓝”机器人战胜了当时世界排名第一的国际象棋大师卡斯帕罗夫，虽然给当时的人们带来了很大的震惊与不安，但远没有 AlphaGo 战胜李世石给人们所带来的震撼感强烈。因为围棋的变化空间和困难程度远远高于国际象棋，据“信息论之父”克劳德香农所论证的国际象棋的变化总数在 10^{120} 量级左右，而一个 19×19 路的围棋变化总数却不少于 10^{600}，远远大于目前可观测的宇宙原子总量 10^{80}。这从一定程度上表明了想直接利用计算机程序在围棋上战胜人类顶尖职业棋手是如何之难，AlphaGo 所面临的挑战是如何之大。

据 DeepMind 的首席执行官 Demis Hassabis 介绍，之所以启动 AlphaGo 研究项目，是因为围棋一直被认为是人工智能无法战胜人类的领域，而谷歌想要做的就是打破这个“不可能”。

围棋虽然存在状态空间过于巨大的挑战，但同时也是个非常“干净”的问题。“干净”主要体现在围棋规则清晰明了、求解过程相对直观。尤为重要的是，围棋易转化为计算机可以理解的感知决策问题。

一个 19×19 路的棋盘，一共有 361 个交叉点。每个交叉点可以有 3 种选择：黑子为 1、白子为-1 和无子为 0。针对任何一个棋盘状态，可以用一个 361 维的向量 s 来表示，每维的取值由落子状态而定（黑子、白子或无子）。针对走棋方而言，需要根据当前的棋盘状态来决定下一步的落子位置，也就是从棋盘的 361 个交叉点中选择一个最优的位置进行落子。假设选择的落子位置记为 1，其余的 360 个交叉点记为 0，可以用一个 361 维的向量 a 来表示下一步的走棋行为。

据此可知，围棋的后续走棋行为就转化成了我们所熟悉的强化学习问题。即任意给定一个棋盘状态 s，求解下一步的走棋策略，使得最终的获胜概率最大。围棋的状态空间比目前已知的宇宙原子数目还要多，想要根据当前的围棋状态求解接下来的走棋策略，是一件非常棘手的任务。

AlphaGo 不是第一个计算机围棋程序，也不是第一个基于神经网络的围棋程序。早在 1996 年，Enzenberger 就提出了第一款基于神经网络的围棋程序，不过该围棋程序棋力并不高。2014 年，Christopher Clark 和 Amos Storkey 首先提出了基于深度卷积神经网络（DCNN）的围棋程序。

需要注意的是，虽然 AlphaGo 不是第一个基于神经网络的围棋程序，但却是所有围棋程序里面棋力最高，并且将深度学习、强化学习以及蒙特卡洛树搜索进行深度结合的程序。AlphaGo 的进化主要分为 3 个阶段。

阶段 1：以大量人类棋谱为样本进行监督学习，构建了基于策略网络（Policy Network）和价值网络（Value Network）的蒙特卡洛树搜索的策略决策程序，代表程序为 AlphaGo Fan 和 AlphaGo Lee。

阶段 2：与阶段 1 的主要不同在于将策略网络和价值网络合二为一，并直接从阶段 1 的 AlphaGo 版本生成的样本中学习。除此之外，新版的 AlphaGo 能够基于更少的计算资源生成棋力更强的围棋程序，代表程序为 AlphaGo Master。

阶段 3：与阶段 1 相比，阶段 3 的 AlphaGo 程序主要存在 4 点不同：

（1）在特征设计上，舍弃了围棋的领域知识，只采用了黑子与白子两种状态。

（2）在模型上，与阶段 2 类似，将策略网络和价值网络合二为一，更为简洁、明了。需要注意的是，从阶段 2 开始，深度学习的主模型就开始采用残差网络，具有更强的学习能力。

（3）在策略选择上，基于训练好的神经网络进行简单的树形搜索，降低了搜索的复杂程度。

（4）最后一点尤为重要，也是引起各界广泛关注的一点，该阶段的 AlphaGo 完全摒弃了人类的棋谱知识，直接从零开始进行自我对弈，最终生成的 AlphaGo 的棋力超过了当前最好的围棋程序和人类职业棋手。该阶段的代表程序为 AlphaGo Zero。

根据以上 3 个阶段的 AlphaGo 介绍可知，随着时间的推移，AlphaGo 程序能够在更弱的计算资源、更少的人类样本知识（甚至是没有）的情况下，获得更强的棋力，达到更高的围棋水平。

1. AlphaGo 算法的解释

围棋的状态空间过于巨大，难以穷举，而在实际的走棋过程中，不是每种走法都有价值。如果能够正确地评估每一种走法对最终取胜的贡献，就会大大降低搜索空间的宽度和深度，而这也正是 AlphaGo 程序的重心所在。

AlphaGo 程序通过设计一个策略网络来降低搜索的宽度；利用价值网络降低搜索的深度。最后通过蒙特卡洛树搜索有机地将策略网络和价值网络结合起来，实现了对棋局赢面的准确评估和下一步走棋概率精准预测。

策略网络主要用于评估接下来各种走棋行动的概率大小，帮助蒙特卡洛树搜索更好地决策下一步的落子位置。Silver 等人首先利用人类的棋谱训练两个有监督的策略网络：监督策略网络和快速走棋网络。其中，第一个网络主要用于学习专家的走棋行为，而第二个网络主要用在蒙特卡洛树搜索的评估阶段，帮助搜索树更快地评估棋局。随后，在第一个网络的基础上，算法通过自我对弈的方式获得强化学习策略网络。需要特别说明的是，监督策略网络通过监督学习的方式学习专家的走棋行为，而强化学习策略网络主要用来最大化赢棋所对应的走棋行为。

为了能够快速地预估棋局的输赢概率大小，Silver 基于策略网络自我对弈产生的数据集，训练了一个价值网络。价值网络的模型结构与策略网络的模型结构类似，均采用 12 层的卷积神经网络。需要注意的是，从人类对弈的完整棋局中抽取足够训练数据，容易出现过拟合。其主要原因是同一轮棋局中的两个棋面之间的相关性很强，使得深度网络很容易记住棋面的最终结果，而对新棋面的泛化能力很弱。为了较好地解决该问题，Silver 等人通过强化学习策略网络的自我对弈产生 3000 万个从不同棋局中提取出来的组合的训练数据。基于该数据训练出的价值网络，在人类对弈结果的预测中，远远超过了使用快速走棋网络的预测准确度。

到目前为止，我们已获得精确度高但速度较慢的监督策略网络、速度快但精度有待提升的快速走棋网络、以赢棋为目标的强化学习策略网络和能对棋局进行综合评估的价值网络。

接下来需要考虑如何将这些网络有机地整合到一起，以获得棋力卓越的围棋程序。与之前的工作类似，Sliver 等人采用蒙特卡洛树搜索来结合上述网络模型，以实现下棋过程中的策略决策。蒙特卡洛树搜索每一轮模拟一般包括 4 个步骤：选择、扩展、评估和回溯。

AlphaGo 程序的算法流程如图 9-29 所示。

2. AlphaGo Zero 算法的解释

相比于 AlphaGo 初期版本，AlphaGo Zero 有了很多新的突破。其中最为重要的是，AlphaGo Zero 完全从零开始，无须任何人类专家棋谱数据，直接采用自我对弈的方式来提升自己的棋力，也就是“无师自通”。AlphaGo Zero 程序通过 3 天的自我训练学习，其棋

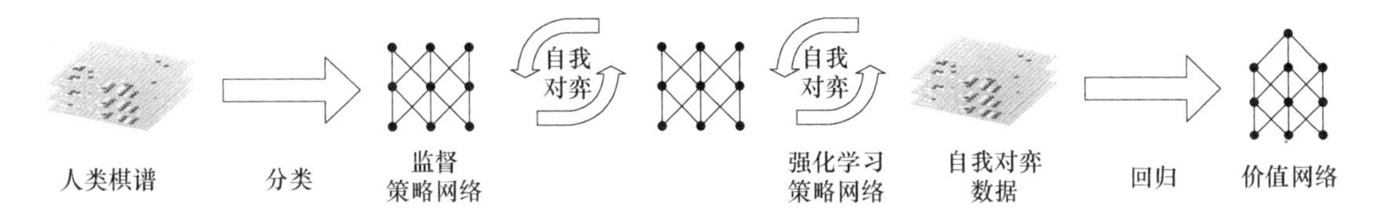

图 9-29 AlphaGo 程序的算法流程

力可以轻松超越 AlphaGo Lee 版本；通过不到 30 天的自我训练学习，便可以超越 AlphaGo Master。除此之外，AlphaGo Zero 所需要的计算资源远远小于早期的 AlphaGo 版本，可以直接运行在单台计算机上。

在 AlphaGo 版本中，策略网络与价值网络是分开单独训练的，通过监督学习和强化学习分别获得相应的策略网络模型参数和价值网络模型参数。这在无形之中增加了网络的复杂度，并需要消耗更多的计算资源。新版本的 AlphaGo Zero 将策略网络与价值网络合二为一（简称为联合网络）。仅使用一个深度神经网络结构，但是有两套输出，分别为 362 维的走棋概率和一个输赢评估值标量。

在 AlphaGo Zero 中，采用了新的强化学习方法进行自我对弈以提升程序的棋力。给定棋局状态，在每个状态位置利用联合网络的输出作为蒙特卡洛树搜索的参考，最终获得当前状态的后续每个位置的动作概率值。

需要说明的是，虽然联合网络也能输出相应的落子概率，但通过结合联合网络的输出值的蒙特卡洛树搜索而获得的落子概率，会使得预测和评估效果更强。该阶段可视为强化学习中的策略改进过程。随后，利用基于蒙特卡洛树搜索提升后的走棋策略来走棋，用围棋程序自我对弈的最终输赢结果作为参考，以评估策略的质量。该阶段为强化学习中典型的策略评估过程。最后，利用策略改进和策略评估的相应步骤，完成通用的策略迭代算法来更新神经网络的参数，使得神经网络的输出值更加趋向于能赢棋的走棋方式。这样经策略网络和价值网络合二为一，公用一套网络结构，通过优化目标，有效地降低了模型的复杂度和计算资源需求。

并且，相比于早期 AlphaGo 版本中所使用的蒙特卡洛树搜索算法，新版的蒙特卡洛树搜索算法更为简洁、高效，因为其不需要使用快速走棋网络，只使用一个联合的深度神经网络即可。同时，每一次蒙特卡洛树搜索的搜索线程需要等到神经网络评估完之后才会进行下一步，而之前版本的评估和回溯是可以分开进行的。

近年来，深度强化学习在感知决策领域的落地，尤其是在游戏、自动驾驶和围棋领域所取得的重大成就，大大提升了深度强化学习的应用范围。尤为重要的是，吸引了越来越多的研究者投入深度强化学习领域，为解决深度强化学习理论和实践上的不足与瓶颈带来了更多可能。

从 1956 年的达特茅斯会议开始，人工智能领域的发展起起伏伏。到今天，随着计算力的提升、深度学习的成熟，计算机的智能化水平达到了一个新的阶段。但不可否认的是，目前的人工智能还属于专一型的人工智能，只能用来解决特定的问题，难以迁移和扩展，通用性还有待提升。人工智能的下一步该如何发展，AlphaGo 的发展历程可以为我们带来一定的启发。

2016年，AlphaGo Fan取得了超平公众想象的对弈成绩，是第一个赢了人类最为顶尖围棋职业选手的围棋程序。虽然AlphaGo Fan所用到的技术都不是独创的，但它却是将深度学习、强化学习和蒙特卡洛树搜索融合得最为巧妙、最为优美的围棋程序。这也在一定程度表明，哪怕难如围棋这样的决策求解问题，都能利用已有的技术进行解决。虽然AlphaGo Fan的效果如此卓越，但这并不代表它就是完美无缺的，它依然存在着一定的不足，如依赖于人类专家棋谱知识、模型不够简洁、需要大量的计算资源等。而这些不足都一定程度上束缚了AlphaGo Fan的应用范围，使其只能成为博物馆的观赏品，而无法满足大众的实际需求。

幸运的是，DeepMind团队并没有止步于AlphaGo Fan所取得的成绩，而是继续前行，又推出了棋力更强的AlphaGo Master，轻松赢取了AlphaGo Lee和柯洁。紧接着推出的AlphaGo Zero完全打破了人类的固有认知，大大超出了人们的想象与期待。AlphaGo Zero可以在不使用任何人类专家棋谱知识的前提下，用更简洁的网络结构、更少的计算资源，完全从零开始自我学习，只用3天左右的训练时间就轻松超过了当今人类最顶尖的围棋高手，让人叹为观止。

AlphaGo的成功让我们看到，深度强化学习的能力如此强大。而目前还只是开始，相信随着越来越多的人关注深度强化学习，该技术能够解决的问题将会更多。AlphaGo的成功也给人们带来了一定程度的不安和危机感，各种“人工智能威胁论”一时甚嚣尘上。很多时候，质疑与不安都来源于未知。

本章小结

本章详细介绍了深度学习的一些主要知识。

（1）介绍了卷积神经网络，详细地阐述了卷积原理，在有了原理概念的条件下介绍了一般卷积网络的基本构成并对各结构进行了解释，在对基本结构有了一定了解的基础上介绍了其他三个典型的有一定应用价值的卷积网络。

（2）介绍了循环神经网络和递归神经网络，并说明了两者的区别，了解了基本的循环和递归网络紧接着详细介绍了被广泛应用的深度循环神经网络，最后详细介绍了作为循环神经网络领域一个重要突破的长短期记忆神经网络，其中对其独特的门控结构进行了描述。

（3）介绍了人工智能的一个通用学习框架也就是强化学习，接着详细介绍了深度强化学习的分类和其关键算法的原理，深度强化学习是将深度学习和强化学习的有机地结合，并发挥出了惊人的效果。

（4）经过了前面的介绍，每一部分都有着很大的实际应用价值，并也都已经被应用在现实中的很多地方，本节便分别介绍了卷积神经网络、长短期记忆神经网络和深度强化学习在不同方面的实际应用，说明它们都有着巨大的应用价值。

参考文献

[1] 李士勇，夏承光．模糊控制和智能控制理论与应用［M］. 哈尔滨：哈尔滨工业大学出版社，1990.

[2] 刘白林．人工智能与专家系统［M］. 西安：西安交通大学出版社，2012.

[3] 李士勇．模糊控制、神经控制和智能控制论［M］. 哈尔滨：哈尔滨工业大学出版社，1996.

[4] 武波，马玉祥．专家系统（修订版）［M］. 北京：北京理工大学出版社，1900.

[5] 蔡自兴．智能控制：基础与应用［M］. 北京：国防工业出版社，1998.

[6] 程伟良．广义专家系统［M］. 北京：北京理工大学出版社，2005.

[7] 尹朝庆．人工智能与专家系统［M］. 2 版．北京：中国水利水电出版社，2009.

[8] 郑丽敏．人工智能与专家系统原理及其应用［M］. 北京：中国农业大学出版社，2004.

[9] 张建民．智能控制原理及应用［M］. 北京：冶金工业出版社，2003.

[10] 李人厚．智能控制理论和方法［M］. 北京：电子工业出版社，1999.

[11] 梁景凯，曲延滨．智能控制技术［M］. 哈尔滨：哈尔滨工业大学出版社，2016.

[12] 郭广颂，崔建锋，刘顺新，等．智能控制技术［M］. 北京：北京航空航天大学出版社，2014.

[13] 孙增圻，邓志东，张再兴．智能控制理论与技术［M］. 北京：清华大学出版社，2011.

[14] 韩璞．智能控制理论及应用［M］. 北京：中国电力出版社，2012.

[15] 李少远，王景成．智能控制［M］. 北京：机械工业出版社，2009.

[16] 王耀南．智能控制系统：模糊逻辑・专家系统・神经网络控制［M］. 长沙：湖南大学出版社，1996.

[17] 杨汝清．智能控制工程［M］. 上海：上海交通大学出版社，2001.

[18] 楼顺天，胡昌华，张伟．基于 MATLAB 的系统分析与设计-模糊系统［M］. 西安：西安电子科技大学出版社，2001.

[19] 王顺晃，舒迪前．智能控制系统及其应用［M］. 北京：机械工业出版社，1995.

[20] 李国勇．神经・模糊・预测控制及其 MATLAB 实现［M］. 北京：电子工业出版社，2013.

[21] 王士同．模糊系统、模糊神经网络及应用程序设计［M］. 上海：上海科学技术文献出版社，1998.

[22] 涂承宇，涂承媛，杨晓莱，贺佳．模糊控制理论与实践［M］. 北京：地震出版社，1997.

[23] 柴天佑．工业过程控制系统研究现状与发展方向［J］. 中国科学，2016，6（8）：1003-1015.

[24] 柴天佑．复杂工业过程运行优化与反馈控制［J］. 自动化学报，2013，39（11）：1744-1757.

[25] 柴天佑，丁进良．流程工业智能优化制造［J］. 中国工程科学，2018，20（4）：51-58.

[26] 柴天佑．自动化科学与技术发展方向［J］. 自动化学报，2018，44（11）：1923-1930.

[27] 丁进良．复杂工业过程智能优化决策系统的现状与展望［J］. 自动化学报，2018，44（11）：1931-1943.

[28] 侯媛彬，杜京义，汪梅．神经网络［M］. 西安：西安电子科技大学出版社，2007.

[29] 喻宗泉，喻晗．神经网络控制［M］. 西安：西安电子科技大学出版社，2009.

[30] 陈雯柏．人工神经网络原理与实践［M］. 西安：西安电子科技大学出版社，2016.

[31] 文常保，茹锋．人工神经网络理论及应用［M］. 西安：西安电子科技大学出版社，2019.

[32] 李祖枢．仿人智能控制［M］. 北京：国防工业出版社，2003.

[33] 马芸生，杜俊俐. 决策支持系统与智能决策支持系统［M］. 北京：中国纺织出版社，1995.

[34] 张荣梅．智能决策支持系统研究开发及应用［M］. 北京：冶金工业出版社，2003.

[35] 孙佰清．智能决策支持系统的理论及应用［M］. 北京：中国经济出版社，2010.

[36] 俞瑞钊．智能决策支持系统实现技术［M］. 杭州：浙江大学出版社，2001.

[37] Holland J H. Adaptation in Natural and Artificial Systems［J］. Ann Arbor，1992，6（2）：126-137.

[38] Goldberg D E. A Comparative Analysis of Selection Schemes Used in Genetic Algorithms［J］. Foundations

of genetic algorithms, 1991 (1): 1081-6593.

[39] Storn R, Price K. Differential Evolution—A Simple and Efficient Heuristic for Global Optimization Over Continuous Spaces [J]. Journal of Global Optimization, 1997, 11 (4): 341-359.

[40] 梁旭, 黄明. 现代智能优化混合算法及其应用 [M]. 北京: 电子工业出版社, 2011.

[41] 周明, 孙树栋. 遗传算法原理及应用 [M]. 北京: 国防工业出版社, 1999.

[42] Holland J H. Building Blocks, Cohort Genetic Algorithms, and Hyperplane-defined Functions [J]. Evolutionary Computation, 2000, 8 (4): 373-391.

[43] 周品. MATLAB 神经网络设计与应用 [M]. 北京: 清华大学出版社, 2013.

[44] Kennedy J. Swarm Intelligence [M] // Swarm intelligence. Morgan Kaufmann Publishers Inc. 2001.

[45] Shi X H, Wan L M, Lee H P, et al. An Improved Genetic Algorithm with Variable Population-size and a PSO-GA Based Hybrid Evolutionary Algorithm [C] // Proceedings of the 2003 International Conference on Machine Learning and Cybernetics. IEEE Computer Society, 2003.

[46] 王维博. 粒子群优化算法研究及其应用 [D]. 成都: 西南交通大学, 2012.

[47] Eberhart R, Kennedy J. A New Optimizer Using Particle Swarm Theory [C] // MHS'95. Proceedings of the Sixth International Symposium on Micro Machine and Human Science. IEEE, 1995.

[48] Clerc M, Kennedy J. The Particle Swarm-explosion, Stability, and Convergence in a Multidimensional Complex Space [J]. IEEE Transactions on Evolutionary Computation, 2002, 6 (1): 58-73.

[49] Kirkpatrick S, Vecchi M P. Optimization by Simulated Annealing [M] // Spin Glass Theory and Beyond: An Introduction to the Replica Method and Its Applications. 1987.

[50] Eiben A E, Aarts E H L, Hee K M V. Global Convergence of Genetic Algorithms: A Markov Chain Analysis [M] // Parallel Problem Solving from Nature. 1991.

[51] Metropolis N. Equation of State Calculations by Fast Computing Machines [J]. Journal of Chemical Physics, 1953 (21): 1087-1092.

[52] Chen W H, Srivastava B. Simulated Annealing Procedures for Forming Machine Cells in Group Technology [J]. European Journal of Operational Research, 1994 (75): 100-111.

[53] 汪定伟, 王俊伟, 王洪峰. 智能优化方法 [M]. 北京: 高等教育出版社, 2007.

[54] 高海昌, 冯博琴, 朱利. 智能优化算法求解 TSP 问题 [J]. 控制与决策, 2006, 21 (3): 241-247.

[55] 杨卫波, 赵燕伟. 求解 TSP 问题的改进模拟退火算法 [J]. 计算机工程与应用, 2010, 46 (15): 34-36.

[56] Schaffer J D. Multiple Objective Optimization with Vector Evaluated Genetic Algorithms [C] // Proceedings of the 1st International Conference on Genetic Algorithms, Pittsburgh, PA, USA, July 1985. Lawrence Erlbaum Associates Publishers, Hillsdale, 1985.

[57] Fonseca C M, Fleming P J. Genetic Algorithms for Multiobjective Optimization: Formulation, Discussion and Generalization [C] //Proceedings of the 5th International Conference on Genetic Algorithms, Urbana-Champaign, IL, USA, June 1993. Morgan Kaufmann, 1993.

[58] 崔逊学. 多目标进化算法及其应用 [M]. 北京: 国防工业出版社, 2006.

[59] Zitzler E, Deb K, Thiele L. Comparison of Multiobjective Evolutionary Algorithms: Empirical Results [M]. MIT Press, 2000.

[60] 雷德明, 严新平. 多目标智能优化算法及其应用 [M]. 北京: 科学出版社, 2009.

[61] Coello C A, Pulido G T. A Micro-Genetic Algorithm for Multiobjective Optimization [C] // International Conference on Evolutionary Multi-criterion Optimization. 2001.

[62] Suppapitnarm A, Seffen K A, Parks G T, et al. Simulated Annealing Algorithm for Multiobjective Optimization [J]. Engineering Optimization, 2000, 33 (1): 59-85.

[63] Piotr Czyzżak, Jaszkiewicz—A . Pareto Simulated Annealing A Metaheuristic Technique for Multiple-objective Combinatorial Optimization [J]. Journal of Multi-Criteria Decision Analysis, 1998, 7 (1): 34-47.

[64] Dantzig G B, Ramser J H. The Truck Dispatching Problem [M]. 1959.

[65] 徐杰，黄德先．基于混合粒子群算法的多目标车辆路径研究 [J]. 计算机集成制造系统，2007，13 (3)：573-579.

[66] Ho S L, Yang S, Ni G, et al. A Particle Swarm Optimization-based Method for Multiobjective Design Optimizations [J]. IEEE Transactions on Magnetics, 2005, 41 (5): 1756-1759.

[67] Pollack, J. B. Recursive Distributed Representations. Aritificial Intelligence, 1990, 46 (1): 77-105.

[68] Bottou, L. From Machine Learning to Machine Reasoning. Technical report, 2011, arXiv. 1102. 1808.

[69] Frasconi P, Gori M, Sperduti A. On the Efficient Classification of Data Structures by Neural Networks. In Proc. Int. Joint Conf. on Artificial Intelligence. 1997.

[70] Frasconi P, Gori M, Sperduti A. A General Framework for Adaptive Processing of Data Structures. IEEE Transactions on neural Networks, 1998, 9 (5): 768-786.

[71] Socher R, Perelygin A, Wu J Y, CFhuang J, Manning C D, Ng A Y, Potts C. Recursive Deep Models for Semantic Compositionality Over A Sentiment Treebank. In EMNLP' 2013.

[72] Graves A. Generating Sequences with Recurrent Neural Networks. Technical Report, 2013, arXiv: 1308. 0850.

[73] Pascanu R, Gulcehre C, Cho K, Bengio Y. How to Construct Deep Recurrent Neural Networks. In ICLR. 2014.

[74] IanGoodfellow, Yoshua Bengio, Aaron Courville. Deep Learning. 2017: 201-243.

[75] 陈仲铭，何明．深度强化学习原理与实践 [M]. 北京：人民邮电出版社，2019.

[76] 董豪，郭毅可，杨光．深度学习：一起玩转 TensorLayer [M]. 北京：电子工业出版社，2018.

[77] 阿斯顿·张，李沐，扎卡里·C. 立顿，亚历山大·J. 斯莫拉. 动手学深度学习 [M]. 北京：人民邮电出版社，2019.

[78] 史国强．基于深度神经网络的离心式压缩机故障预报方法研究 [D]. 沈阳：东北大学，2018.

[79] 张晴，赵晶心，董德存. 交通事故管理智能决策支持系统设计初探 [J]. 铁道科学与工程学报，2008，5 (3)：83-88.